普通高等教育教材·机械系列

扫码获取电子资源

U0292653

HUAFA JIHE YU JIXIE ZHITU

画法几何与机械制图

主　编◎刘　伟　张新予　杨迎新
副主编◎刘书灵　雷　鸣　张　彬　汪胜莲
主　审◎刘　辉

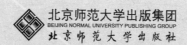

北京师范大学出版集团
BEIJING NORMAL UNIVERSITY PUBLISHING GROUP
北京师范大学出版社

图书在版编目(CIP)数据

画法几何与机械制图/刘伟，张新予，杨迎新主编.—北京：北京师范大学出版社，2021.12

（普通高等教育教材·机械系列）

ISBN 978-7-303-26746-0

Ⅰ.①画… Ⅱ.①刘… ②张… ③杨… Ⅲ.①画法几何—高等学校—教材②机械制图—高等学校—教材 Ⅳ.①TH126

中国版本图书馆 CIP 数据核字(2021)第 011827 号

营 销 中 心 电 话	010-58802181	58805532
北师大出版社科技与经管分社	www.jswsbook.com	
电 子 信 箱	jswsbook@163.com	

出版发行：北京师范大学出版社　www.bnupg.com
　　　　　北京市西城区新街口外大街 12-3 号
　　　　　邮政编码：100088
印　　刷：天津中印联印务有限公司
经　　销：全国新华书店
开　　本：787 mm×1092 mm　1/16
印　　张：24.25
字　　数：600 千字
版　　次：2021 年 12 月第 1 版
印　　次：2021 年 12 月第 1 次印刷
定　　价：65.00 元

策划编辑：雷晓玲　　　　　责任编辑：雷晓玲
美术编辑：李向昕　　　　　装帧设计：李向昕
责任校对：陈　民　　　　　责任印制：赵　龙

前　言

　　工程图学是各类工程技术人员进行信息交流的基本语言，在工程界具有极其重要的地位。机械制图作为工程图学的一个分支，是机械类和近机类专业的一门重要的专业基础课，对培养学生的工程素质具有重要作用。

　　本书按照教育部高等学校工程图学教学指导委员会制订的《普通高等院校工程图学课程教学基本要求》以及最新发布的机械制图国家标准，综合考虑了编者多年的实际教学经验和教材、制图软件等的发展情况编写而成。

　　全书内容共分16章，包括：制图的基本知识；点、直线和平面的投影；平面基本体的投影及其截切；回转体的投影及其截切；立体表面的相贯线；组合体的视图；轴测图；机件的表达方法；标准件和常用件；零件结构的设计与表达；零件图的尺寸标注；零件图的技术要求；零件图的看图方法与步骤；装配图；零部件的测绘；立体表面的展开。根据以往教学过程中的反馈情况，属于较难理解和工程实践运用较少的内容，如"直线与平面以及平面间的相对位置""换面法"等未编写在教材中。

　　本书由刘伟、张新予、杨迎新担任主编，刘书灵、雷鸣、张彬、汪胜莲担任副主编，刘辉担任主审。其中刘伟编写了第10、第12、第13、第14、第15、第16章和附录，张新予编写了第6、第7章，杨迎新编写了第1、第2、第3、第4章，刘书灵编写了第8、第9章，雷鸣编写了第11章，张彬和汪胜莲编写了第5章。

　　本书可作为高等学校机械类、近机类各专业的机械制图课程的教材，也可作为高职院校和各类有关工程技术人员的参考教材。刘伟等人主编的《画法几何与机械制图习题集》可与本书配套使用。

　　在本书的编写过程中，参考借鉴了众多相关学者的著作，在此一并表示感谢！由于编者水平有限，书中难免存在疏漏和不足之处，恳请读者批评指正。

编　者

课程说明

1. 本课程的性质、内容和任务

和人们相互之间交流所使用的语言功能一样，工程图样是现代工业生产中各类工程技术人员之间相互交流的"语言"，特别是机械设备的制造和土木工程的建造都必须依据工程图样，才能快速、准确地完成工程任务。因此，每一位工程技术人员都必须熟练掌握工程图样的绘制和阅读。本课程也是工科院校普遍开设的一门专业技术基础课。

本课程的主要内容包括：采用正投影法图示空间几何形体和图解空间几何问题的基本理论和方法(点线面的投影、基本体的投影、基本体的截交线和相贯线)；制图的基本知识；用投影图表达形体内外形状及其大小(三视图的绘制)；根据投影图想象出形体的内外部形状(三视图的阅读)；培养绘制和阅读机械图样的基本能力(零件图和装配图)。

本课程的主要任务是培养学生的以下能力：

(1)空间想象能力和分析能力；

(2)绘制和阅读机械工程图样的能力。

同时，还培养学生认真负责的工作态度和严谨细致的工作作风。

2. 本课程的学习方法

根据本课程的要求和特点，在学习过程中应注意以下方面。

(1)强调实践性

要在理解基本理论和基本概念的基础上注重实践。空间想象能力与空间分析能力、画图能力与看图能力只有在实践中才能培养和建立。因此，学生应认真、及时、独立地完成每次布置的作业和绘图训练。

(2)重视空间想象能力的培养

工程图学的一项重要内容是研究三维形体的形状与二维平面图形之间的关系，也就是"由物画图、由图想物"的过程，即把投影分析与空间想象紧密地结合起来，在学习过程中应多看、多画和多想，不断提高空间想象与空间分析能力。

(3)树立严谨的工作作风

工程图样是加工、制造的依据，在生产中起着重要的作用。绘图时，每一条线、每一个字都要严格要求，图纸上的细小差错将会给生产带来影响和损失。同时，制图作业还必须保证图面整洁美观。只有培养了认真负责的工作态度和严谨细致的工作作风，才能使所画的图样满足工程要求。

目　录

第1章　制图的基本知识

1.1　机械制图国家标准的规定

工程实践中所使用的机械图样，是机械产品从设计、加工制造到装配和检验的唯一依据，为了使设计人员所表达的机械产品的图样和他人阅读该图样得出的结果一致，机械图样的画法和阅读必须遵守统一的标准。机械制图的国际标准由国际标准化组织颁布，简称为ISO，它得到了世界各国的广泛认可并参照执行。但是，由于各个国家和地区的技术发展水平不同，大多数国家都在国际标准的基础上制定了符合本国特点的国家标准。我国的国家标准是《中华人民共和国国家标准》，简称为国标（GB）。以前国内很多行业也制定了符合自身行业特点的标准，如机械行业的标准"JB"等，随着科技水平的进步和社会的发展，目前许多行业标准已经废除，开始执行国家标准。本章将对国家标准中关于机械制图的部分内容进行详细讲解，其余将在后续章节中分别叙述。

1.1.1　图纸幅面和格式（GB/T 14689—2008）

1. 图纸幅面

图纸幅面是指图纸的长度与宽度。绘制图样时，应优先采用表 1-1 中规定的基本幅面。必要时，也允许选用加长幅面，加长幅面的尺寸由基本幅面的短边成整数倍增加后得出，如图 1-1 中虚线所示部分。

表 1-1　图纸幅面及图框格式尺寸　　　　　　　　　　　　　　单位：mm

幅面代号	A0	A1	A2	A3	A4
$B \times L$	841×1189	594×841	420×594	297×420	210×297
a	25				
c	10			5	
e	20		10		

2. 图框格式

在图纸上必须用粗实线画出图框，其格式分为不留装订边和留有装订边两种，但同一产品的图样只能采用一种格式。

不留装订边的图纸，其图框格式如图 1-2(a)和图 1-2(b)所示；留有装订边的图纸，其图框格式如图 1-2(c)和图 1-2(d)所示。

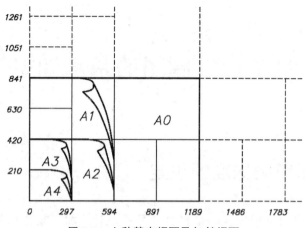

图 1-1 六种基本幅面及加长幅面

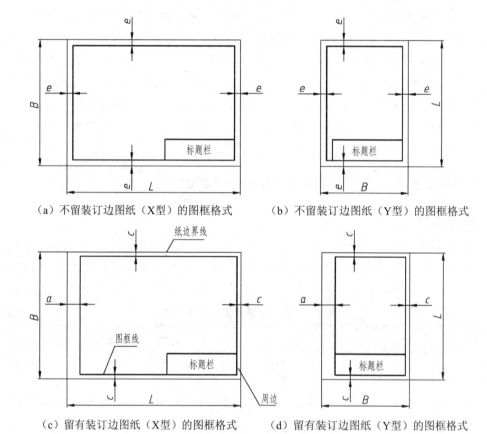

（a）不留装订边图纸（X型）的图框格式　　　　（b）不留装订边图纸（Y型）的图框格式

（c）留有装订边图纸（X型）的图框格式　　　　（d）留有装订边图纸（Y型）的图框格式

图 1-2 图框格式及标题栏方位

　　加长幅面的图框尺寸，按所选用的基本幅面大一号的图框尺寸确定。例如 A2×3 的图框尺寸，按 A1 的图框尺寸确定，即 e 为 20mm（或 c 为 10mm），而 A3×4 的图框尺寸，按 A2 的图框尺寸确定，即 e 为 10mm（或 c 为 10mm）。

3. 标题栏的方位及格式（GB/T 10609.1—2008）

　　每张图纸上都必须画出标题栏。标题栏的位置应位于图纸的右下角，标题栏的底边与下图框线重合，标题栏的右边与右图框线重合。画图和看图时的方向与看标题栏的方向必须保持一致。

标题栏的格式和尺寸可参考如图 1-3 所示。

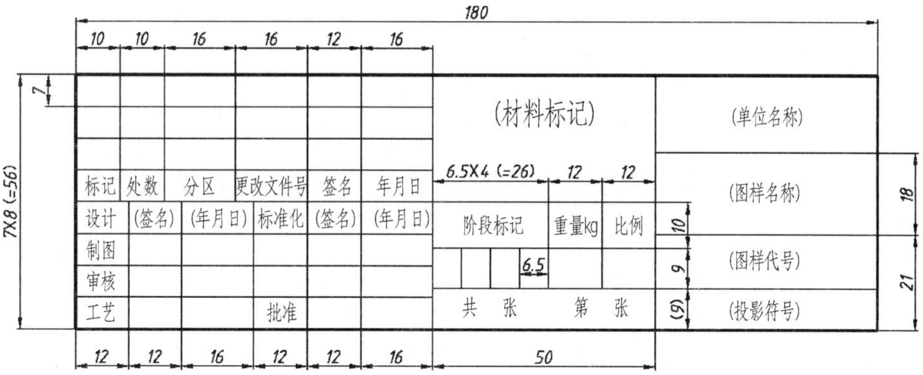

图 1-3　标题栏的格式和尺寸

（1）更改区：一般由标记、处数、分区、更改文件号、签名和签名时间等组成。

（2）签字区：一般由设计、制图、审核、工艺、标准化、批准、签名和签名时间等组成。

（3）其他区：一般由材料标记、阶段标记、重量、比例、图纸总张数和张次数据及投影符号等组成。

（4）名称及代号区：一般由单位名称、图样名称、图样代号等组成。

在学校的制图作业中，标题栏建议采用图 1-4 所示的简化形式。标题栏内"零件名称"用 7 号字书写，其余用 5 号字书写。

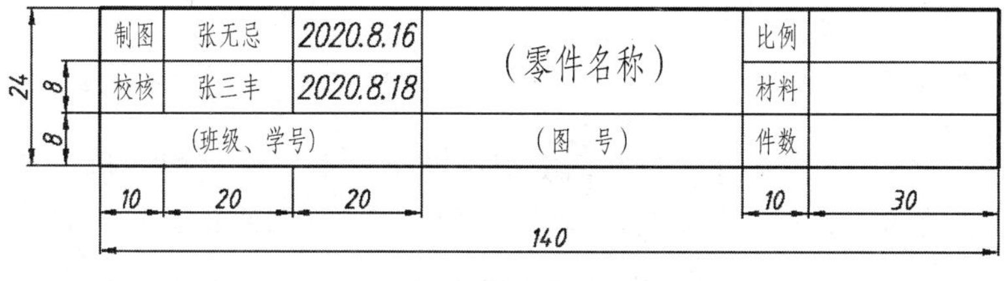

图 1-4　简化标题栏

标题栏的长边置于水平方向并与图纸的长边平行时，则构成 X 型图纸，如图 1-2（a）、图 1-2（c）所示。若标题栏的长边与图纸的长边垂直时，则构成 Y 型图纸，如图 1-2（b）、图 1-2（d）所示，在此情况下看图的方向与看标题栏的方向一致。

为了利用预先印制的图纸，允许将 X 型图纸的短边置于水平位置使用，如图 1-5（a）所示，或将 Y 型图纸的长边置于水平位置使用，如图 1-5（b）所示。

4. 附加符号

（1）对中符号。为了使图样复制和缩微摄影时定位方便，在图纸各边长的中点处分别画出对中符号。对中符号用粗实线绘制，线宽不小于 0.5mm，长度从纸边界开始至伸入图框内约 5mm，如图 1-6 所示。当对中符号处在标题栏范围内时，则伸入标题栏部分省略不画，如图 1-5（b）所示。

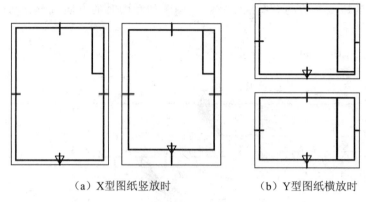

（a）X型图纸竖放时 （b）Y型图纸横放时

图 1-5 印制图纸中标题栏的方位

（2）方向符号。使用预先印制的图纸时，为了明确绘图与看图时图纸的方向，应在图纸的下边对中符号处画一个方向符号，如图 1-6 所示。方向符号是用细实线绘制的等边三角形，其大小和所处的位置如图 1-6 所示。

（3）投影符号。第一角画法的投影识别符号，如图 1-7(a)所示；第三角画法的投影识别符号，如图 1-7(b)所示。投影符号中的线型用粗实线和细点画线绘制，其中粗实线的线宽不小于 0.5mm。投影符号一般放在标题栏中名称及代号区的下方，如图 1-3 所示。

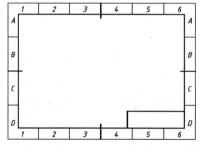

图 1-6 方向符号画法

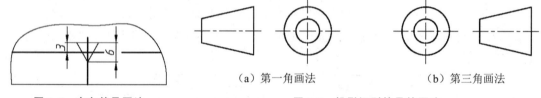

（a）第一角画法 （b）第三角画法

图 1-7 投影识别符号的画法

（4）图幅分区。为方便交流过程中查询图纸中某个部分，必要时，可以用细实线在图纸周边内画出分区，如图 1-8 所示。图幅分区书面按图样的复杂程度确定，但必须取偶数，每一分区的长度应在 25～75mm。分区的编号，沿上下方向(按看图方向确定图纸的上下和左右)用大写拉丁字母从上到下顺序编写，沿水平方向用阿拉伯数字从左到右顺序编写。在图样中标注分区代号时，分区代号由拉丁字母和拉伯数字组合而成，字母在前、数字在后并排地书写，如 B3、C5 等。当分区代号与图形名称同时标注时，则分区代号写在图形名称的后边，中间空出一个字母的宽度，例如：A B3；E—E A7；$\dfrac{D}{2:1}$ C5 等。

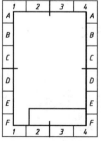

图 1-8 图纸的分区

(5)米制参考分度。对于用作缩微摄影的原件，可在图纸的下边设置不注尺寸数字的米制参考分度，用以识别缩微摄影放大或缩小的倍率。米制参考分度用粗实线绘制，线宽不小于 0.5mm，总长为 100mm，等分为 10 格，格高为 5mm，对称地配置在图纸下边的对中符号两侧，如图 1-9 所示。

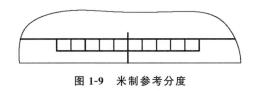

图 1-9　米制参考分度

1.1.2　比例(GB/T 14690—1993)

1. 比例的概念

比例指的是图中图形与其实物相应要素的线性尺寸之比。如图 1-10 所示，因机械零件的大小不一，为使其图形适应于图幅，有时将图形画得和相应实物一样大小，比值等于 1；图形画得比相应实物大时，比值大于 1，称为放大比例；图形画得比相应实物小时，比值小于 1，称为缩小比例。

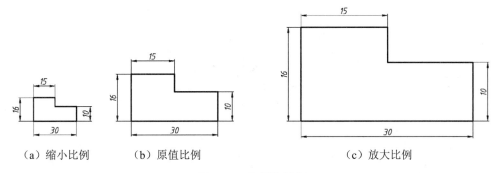

（a）缩小比例　　　　（b）原值比例　　　　　　　　（c）放大比例

图 1-10　比例的概念

2. 比例的选取

需要按比例绘制图样时，应从表 1-2 规定的系列中选取适当的比例。

表 1-2

种类	比例
原值比例	1∶1
放大比例	2∶1　(2.5∶1)　(4∶1)　5∶1　$1×10^n∶1$　$2×10^n∶1$　$(2.5×10^n∶1)$　$(4×10^n∶1)$　$5×10^n∶1$
缩小比例	(1∶1.5)　1∶2　(1∶2.5)　(1∶3)　(1∶4)　1∶5　(1∶6)　1∶10　$1∶1×10^n$　$(1∶1.5×10^n)$　$1∶2×10^n$　$(1∶2.5×10^n)$　$(1∶3×10^n)$　$(1∶4×10^n)$　$1∶5×10^n$　$(1∶6×10^n)$

注：(1)n 为正整数。

(2)应优先选用未加括号的比例。

3. 标注方法

为便于读图和空间想象，绘制同一机件的各个视图时，应尽可能采用相同的比例（且尽量采用1∶1的比例绘图），并在标题栏内的比例栏中填写。当某个视图必须采用不同比例时，可在视图名称的下方标注比例，例如：$\dfrac{\text{I}}{2∶1}$，$\dfrac{\text{A 向}}{1∶100}$，$\dfrac{\text{B—B}}{2.5∶1}$。

注意：不管绘制机件时采用的比例是多少，在标注尺寸时，均按机件的实际大小标注尺寸。

1.1.3 字体(GB/T 14691—1993)

国家标准中对工程图样中的字体做了具体的要求。

1. 基本要求

(1)书写字体必须做到：字体工整、笔画清楚、间隔均匀、排列整齐。

(2)字体高度（用 h 表示）必须规范，其公称尺寸系列为：1.8mm、2.5mm、3.5mm、5mm、7mm、10mm、14mm、20mm。字体的号数就是字体的高度，如5号字的字体高度为5mm。

(3)汉字应写成长仿宋字，并采用简化字。汉字的高度 h 不应小于3.5mm，其字宽一般为 $h/\sqrt{2}$。

(4)字母和数字分为 A 型和 B 型。A 型字体的笔画宽度(d)为字高(h)的1/14，B 型字体笔画宽度为字高的1/10。字母和数字可写成斜体或直体，斜体字字头向右倾斜，与水平基准线成75°。

在同一图样上，只允许选用一种形式的字体。

2. 字体书写示例

(1)汉字书写

字体工整 笔画清楚 排列整齐 间隔均匀

横平竖直 结构均匀 注意起落 填满方格

机械制图技术要求螺栓垫圈镶销弹簧轴承齿轮

(2)字母和数字书写

ABCDEFGHIJKLMNOPQRSTUVWXYZ

abcdefghijklmnopqrstuvwxyz

$\alpha\beta\gamma\delta\varepsilon\zeta\eta\theta\iota\kappa\lambda\mu\nu\xi o\pi\rho\sigma\tau\upsilon\varphi\chi\psi\omega$

1 2 3 4 5 6 7 8 9 10

I II III IV V VI VII VIII IX X XI XII

（3）组合书写

$$R5 \quad 2\times45° \quad C2 \quad M24-6H$$

$$\varnothing30^{+0.009}_{-0.015} \quad \varnothing20^{\ 0}_{-0.015} \quad \varnothing25H7\left(^{+0.021}_{\ 0}\right)$$

$$80\pm0.012 \quad 60js7\pm0.015$$

$$\varnothing45H7 \quad 30k6 \quad 28P6 \quad 28p6$$

$$\varnothing62\frac{H7}{k6} \quad \varnothing78H7/k6 \quad \varnothing36K7/h6$$

1.1.4　图线（GB/T 17450—1998）

1. 图线的基本线型及其应用

为了满足机械工程图样中各种结构和技术要求的表达，图样中采用的图线有不同的形式要求，如表 1-3 所示。图 1-11 是图线的应用示例。

表 1-3　图线的基本线型及其应用

图线名称	图线形式及其画法	线宽	应用
粗实线		d	可见轮廓线
细实线		$d/3$	尺寸线和尺寸界线、剖面线、重合断面轮廓线、螺纹的牙底线及齿轮的齿根线、引出线、分界线及范围线、钣金弯折线、辅助线、不连续的同一表面的连线、成规律分布的相同要素的连线
波浪线		$d/3$	断裂处的边界线 视图和剖视的分界线
双折线		$d/3$	断裂处的边界线
虚线	4~6　1	$d/3$	不可见轮廓线
细点画线	15~20　2~3	$d/3$	轴线、对称中心线 轨迹线、节圆及节线
粗点画线		d	有特殊要求的线或表面的表示线
细双点画线	15~20　4~5	$d/3$	相邻复杂零件的轮廓线 极限位置的轮廓线

2. 图线宽度

所有线型的图线宽度（d）应根据图样的大小和复杂程度在下列数系中选择，该数系的公比为 $1:\sqrt{2}$。

0.13mm，0.18mm，0.25mm，0.35mm，0.5mm，0.7mm，1mm，1.4mm，2mm。

如果图样中必须画出三种不同线宽的图线，其粗线、中粗线和细线的宽度比例为 4∶2∶1。

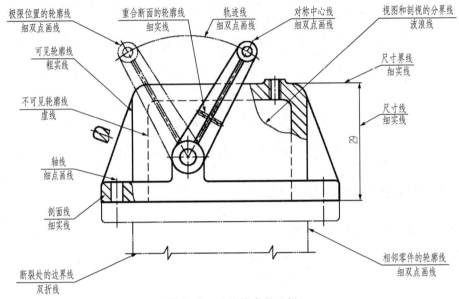

图 1-11　图线的应用示例

3. 图线的画法

图线的形式和宽度除以上要求外，其画法也必须注意以下几点。

(1)在同一图样中，同类图线的宽度应一致。画线、间隔的长短也应一致。

(2)两条平行线之间的最小间隙不得小于 0.7mm。

(3)绘制圆的中心线时，圆心应为画线(线段)相交，不得画成短横或间隔相交。点画线的首末两端应是画线而不是点(短横)，且应超出图形轮廓线 2～5mm。绘制小圆(直径小于 12mm)的中心线或小图形的细双点画线时，均可用细实线代替。

(4)当细线是粗实线的延长线时，在相接处应断开约 1mm 的间隙；当虚线与虚线、虚线与粗实线相交时，应该是画线相交。

(5)当各种线型重合时，应按粗实线、虚线、点画线的优先顺序画出。

图 1-12 是各种图线画法的正确与错误情况，读者可自行对照判断。

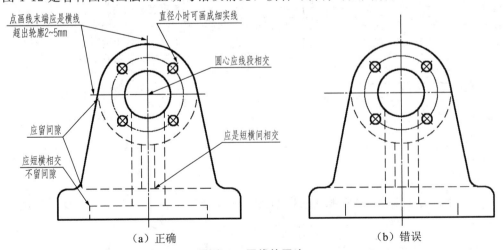

(a) 正确　　　　　　　　　　　　　　(b) 错误

图 1-12　图线的画法

1.1.5 尺寸注法(GB/T 4458.4—2003)

图样中表达机件结构形状大小和相对位置都必须由尺寸来确定,一个完整的尺寸由尺寸界线、尺寸线、尺寸终端(尺寸箭头)和尺寸数字组成,如表 1-4 所示。

表 1-4 尺寸的组成

项目	详情
标注图例	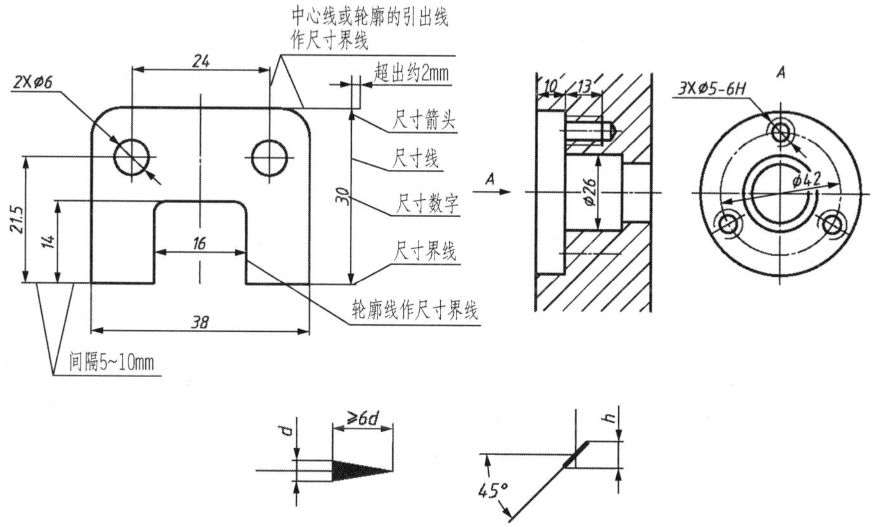
说明	(1)尺寸线与尺寸界线一律用细实线绘制。 (2)尺寸数字按标准字体书写。同一张图上字高要一致。数字不能被任何图形所通过,否则必须将图线断开,如右图中的 10、13、$\phi 26$、$\phi 42$。 (3)尺寸线必须单独画出,不能用其他图线代替。一般也不得与其他图线重合或画在其延长线上。 (4)尺寸线两端画箭头(或斜线),同一张图上箭头大小要一致,不随尺寸数值大小变化,箭头尖端应与尺寸界线接触。 (5)尺寸界线应自图形的轮廓线、轴线、对称中心线引出。轮廓线、轴线或对称中心线也可用作尺寸界线

1. 基本规则

(1)机件的真实大小应以图样上所标注的尺寸数值为依据,与图形的大小及绘图的准确程度无关。

(2)图样中(包括技术要求和其他说明)的尺寸,以毫米为单位时,不需标注单位符号或名称;如采用其他单位,则必须注明相应的单位符号或名称。

(3)图样上所标注的尺寸,为该图样所示机件的最后完工尺寸,否则应另加说明。

(4)机件的每一个尺寸,在图样上一般只标注一次,并应标注在反映该结构最清晰的图形上。

2. 常见尺寸的注法

线性尺寸、圆及圆弧尺寸、角度、弧度、弦长尺寸、曲线尺寸、小尺寸、对称机件注法、简化注法及等其他注法如表 1-5 所示。

表 1-5　常见尺寸的注法

项目		详情
线性尺寸注法	图例	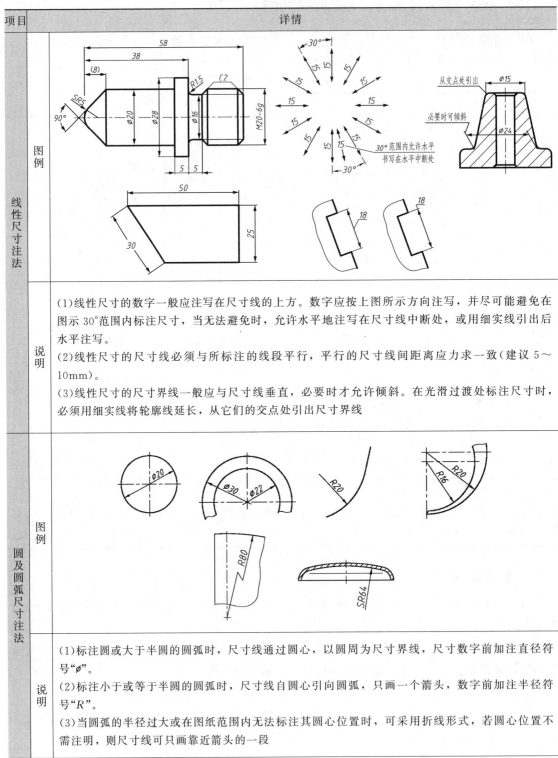
	说明	(1)线性尺寸的数字一般应注写在尺寸线的上方。数字应按上图所示方向注写，并尽可能避免在图示 30°范围内标注尺寸，当无法避免时，允许水平地注写在尺寸线中断处，或用细实线引出后水平注写。 (2)线性尺寸的尺寸线必须与所标注的线段平行，平行的尺寸线间距离应力求一致（建议 5～10mm）。 (3)线性尺寸的尺寸界线一般应与尺寸线垂直，必要时才允许倾斜。在光滑过渡处标注尺寸时，必须用细实线将轮廓线延长，从它们的交点处引出尺寸界线
圆及圆弧尺寸注法	图例	
	说明	(1)标注圆或大于半圆的圆弧时，尺寸线通过圆心，以圆周为尺寸界线，尺寸数字前加注直径符号"∅"。 (2)标注小于或等于半圆的圆弧时，尺寸线自圆心引向圆弧，只画一个箭头，数字前加注半径符号"R"。 (3)当圆弧的半径过大或在图纸范围内无法标注其圆心位置时，可采用折线形式，若圆心位置不需注明，则尺寸线可只画靠近箭头的一段

项目		详情				
角度、弧长、弦长注法	图例	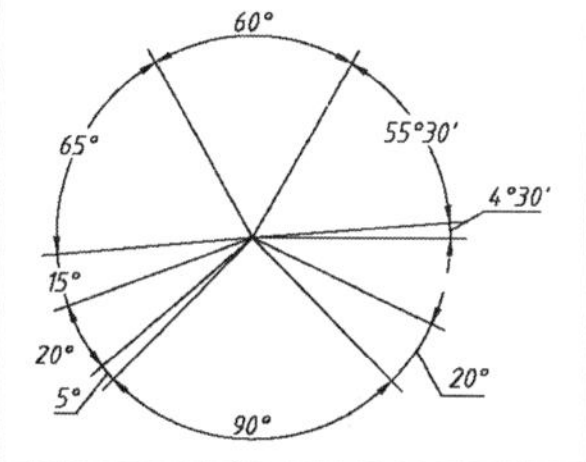	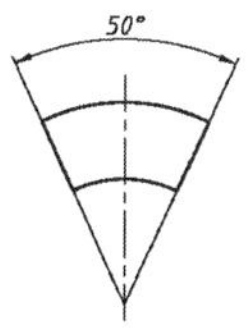	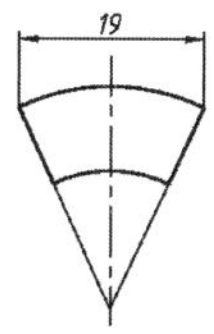	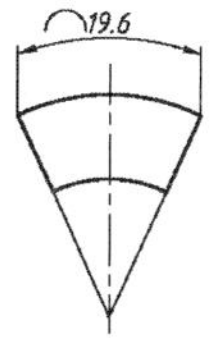	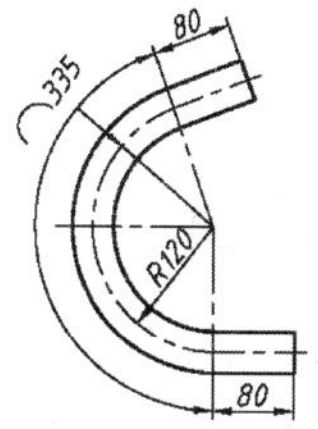
	说明	角度的数字一律写成水平方向注写在尺寸线的中断处，必要时可写在尺寸线上方或外边，也可引出标注	角度尺寸的尺寸线为同心圆弧，尺寸界线沿径向引出	弦长的注法按直线尺寸标注	弧长的尺寸线为同心弧，尺寸界线垂直于其弦	弧度较大时，尺寸界线可沿径向引出
小尺寸注法	图例	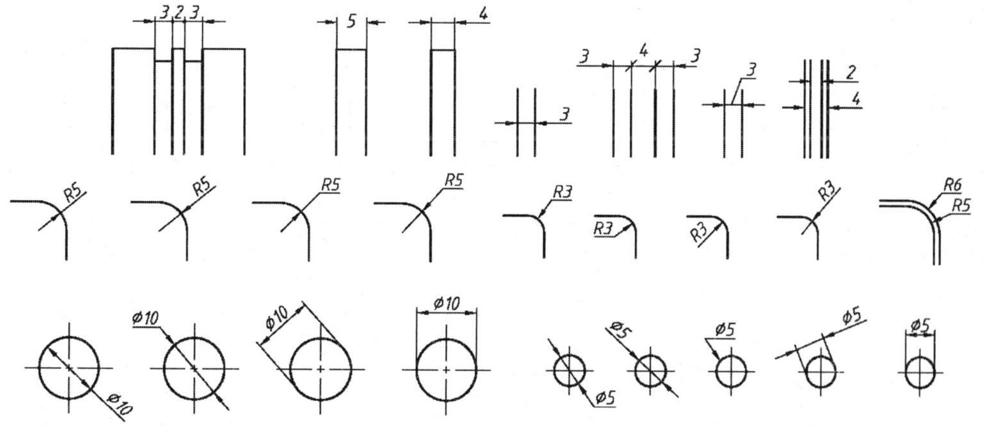				
	说明	在尺寸界线之间没有足够位置画箭头及写数字时，可按上图形式标注，即把箭头放在外面，指向尺寸界线，尺寸数字可引出写在外面。连续尺寸无法画箭头时，可用圆点代替中间省去的两个箭头				
曲线轮廓尺寸注法	图例	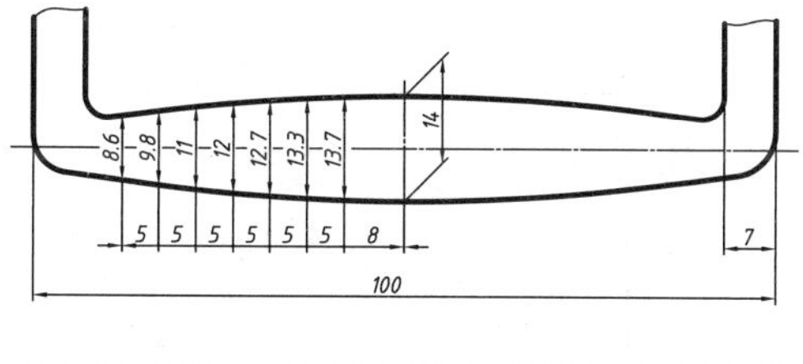 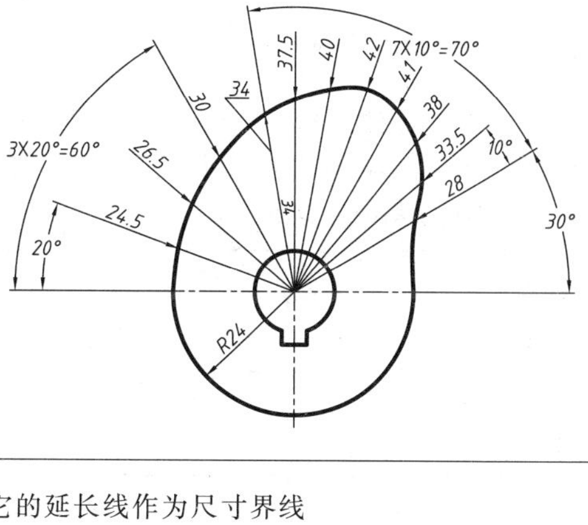				
	说明	当表示曲线轮廓上各点的坐标时，可将尺寸线或它的延长线作为尺寸界线				

续表

项目		详情
对称机件的尺寸注法	图例	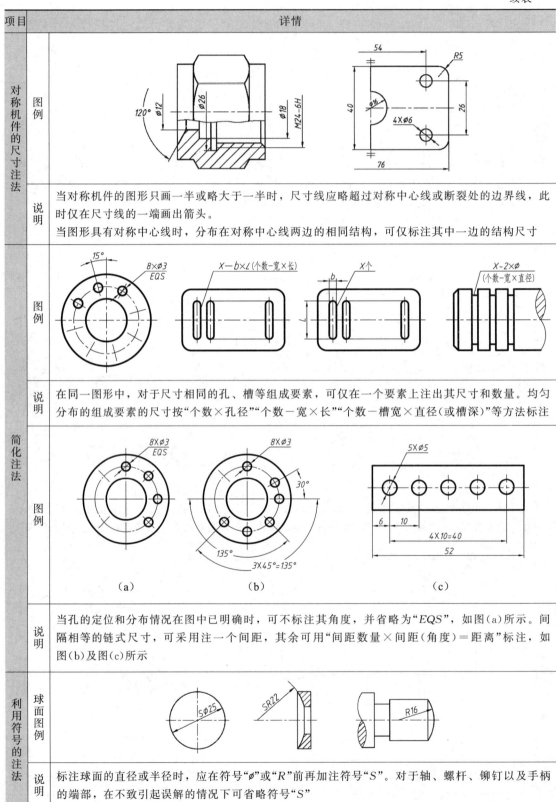
	说明	当对称机件的图形只画一半或略大于一半时，尺寸线应略超过对称中心线或断裂处的边界线，此时仅在尺寸线的一端画出箭头。 当图形具有对称中心线时，分布在对称中心线两边的相同结构，可仅标注其中一边的结构尺寸
简化注法	图例	
	说明	在同一图形中，对于尺寸相同的孔、槽等组成要素，可仅在一个要素上注出其尺寸和数量。均匀分布的组成要素的尺寸按"个数×孔径""个数—宽×长""个数—槽宽×直径（或槽深）"等方法标注
	图例	
	说明	当孔的定位和分布情况在图中已明确时，可不标注其角度，并省略为"EQS"，如图（a）所示。间隔相等的链式尺寸，其余可用"间距数量×间距（角度）＝距离"标注，如图（b）及图（c）所示
利用符号的注法	球面图例	
	说明	标注球面的直径或半径时，应在符号"∅"或"R"前再加注符号"S"。对于轴、螺杆、铆钉以及手柄的端部，在不致引起误解的情况下可省略符号"S"

续表

项目	详情			
利用符号的注法	图例	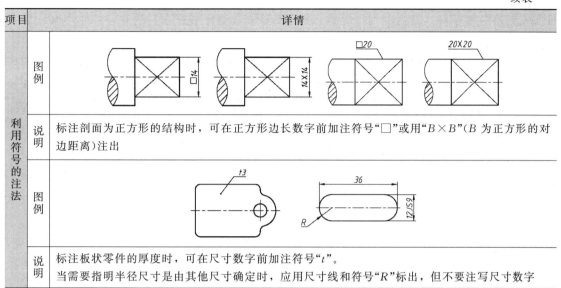		
	说明	标注剖面为正方形的结构时，可在正方形边长数字前加注符号"□"或用"$B \times B$"（B 为正方形的对边距离）注出		
	图例	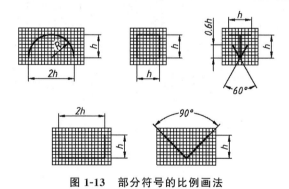		
	说明	标注板状零件的厚度时，可在尺寸数字前加注符号"t"。 当需要指明半径尺寸是由其他尺寸确定时，应用尺寸线和符号"R"标出，但不要注写尺寸数字		

国家标准还规定了一些注写在尺寸数字周围的标注尺寸的符号或缩写词，如表 1-6 所示。

表 1-6　尺寸标注常用符号或缩写词

序号	含义	符号或缩写词	序号	含义	符号或缩写词
1	直径	ϕ	7	均布	EQS
2	半径	R	8	正方形	□
3	球直径	$S\phi$	9	深度	▼
4	球半径	SR	10	沉孔或锪平	⌄
5	厚度	t	11	埋头孔	⌄
6	45°倒角	C	12	弧长	⌒

图 1-13　部分符号的比例画法

1.2　尺规制图工具及其使用

尺规作图是用三角板、圆规、铅笔等常规工具，在图纸上经过手工画底稿、检查、描深等过程完成机械图样的作图方法。当前计算机及绘图软件的使用已非常普及，但尺规作图仍

13

是计算机绘图的重要基础。以往的教学实例和用人单位的反馈可以得知，尺规作图画不好，计算机绘图也画不好，读图能力也欠缺，所以应认真学好尺规作图，为专业的学习和发展打下坚实基础。

尺规作图的常规工具有图板、丁字尺、三角板、圆规、分规、比例尺、曲线板、擦图片、绘图铅笔、绘图橡皮、胶带纸、削笔刀等。除图板和丁字尺外，其余的绘图工具通常组合在一个工具包内，便于携带。掌握绘图工具的正确使用，并在绘图过程中实施，是提高图样质量的前提和保证。初学者应在认真听取老师的讲解后，在绘图过程中不断地总结经验，养成良好的作图习惯，以提高绘图的技术水平和速度。

1.2.1　图板和丁字尺

图板、丁字尺是尺规作图最重要的基本工具。

图板是木制的矩形板，用于铺放图纸，上下表面平坦、光滑，四边平直。与图纸对应，有0号、1号、2号等型号，本课程的教学一般只需用2号图板。图板的短边为丁字尺的移动导边，作图时要保证与丁字尺的内侧边紧密靠紧。

丁字尺用于画水平线，由相互垂直的尺头和尺身组成，两者结合处必须牢固。尺头内侧边及尺身工作边必须平直。使用时，左手扶住尺头，使内侧边紧靠图板的左导边，然后执笔沿尺身工作边画水平线，笔尖应靠紧尺身，笔杆稍向右倾斜，自左向右匀速画线，注意画线时铅笔要用力均匀。在画好一条水平线后，将丁字尺沿图板导边上下移动，可画出一系列相互平行的水平线，如图1-14(a)所示。

丁字尺的好坏，直接影响画图的质量。画图过程中，丁字尺如不使用时必须平直地水平放置在图板空余处，存放时应悬挂以保证尺身的平直。

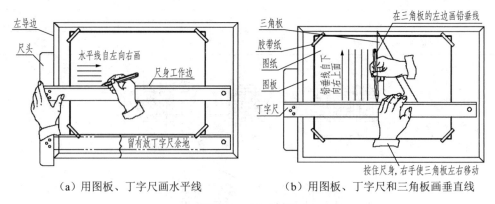

（a）用图板、丁字尺画水平线　　　　（b）用图板、丁字尺和三角板画垂直线

图1-14　画图示例

1.2.2　三角板

一副三角板有45°和30°-60°直角三角板各一块，它常与丁字尺配合使用，可画铅垂线和15°倍角的斜线，如图1-14(b)和图1-15所示。

画铅垂线时，首先保证丁字尺的内侧边靠紧在图板的左导边，再将三角板的一直角边紧靠丁字尺工作边，然后左手按住尺身和三角板，使笔紧贴另一直角边自下而上画线。将三角

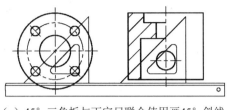 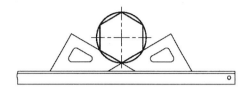

（a）45°三角板与丁字尺联合使用画45°斜线　　　　（b）30°-60°三角板与丁字尺联合使用画圆的六等分

图 1-15　三角板与丁字尺联合使用

板紧贴尺身作左右移动，可画出一系列平行的铅垂线，如图 1-14(b)所示。

两块三角板配合使用，可画任意斜线的平行线及其垂直线，如图 1-16 所示。

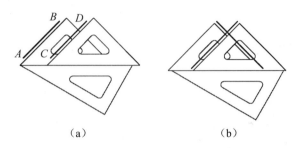

（a）　　　　　　　　　　（b）

图 1-16　用一副三角板画任意斜线的平行线和垂直线

1.2.3　比例尺

比例尺供量取不同比例的尺寸用，可不经过比例的换算。常见的比例尺为三棱式，它的三条棱两侧共 6 个面刻有六种不同比例的刻度，如 1∶1（或 1∶100、1∶1000 等），1∶2，1∶3……如图 1-17 所示。

比例尺不能作为直尺画线用，常按所选比例用分规在尺上截取长度，其用法如图 1-18 所示。也可直接把比例尺放在已画出的直线上量取长度。

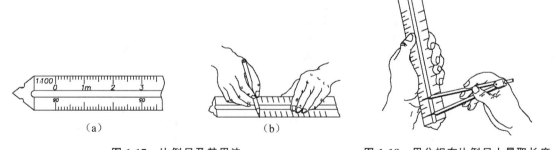

（a）　　　　　　　　　　　（b）

图 1-17　比例尺及其用法　　　　　图 1-18　用分规在比例尺上量取长度

1.2.4　分规

分规是用来量取线段和等分线段的工具，常用的有大分规及弹簧分规两种，如图 1-19 所示。为了准确作图，分规的两针尖应伸出一样齐，如图 1-19(a)所示。用分规量取尺寸，如图 1-18 所示，不应把针尖插入尺面。

等分线段时，将分规的两针尖调整到所需的距离，然后用右手拇指、食指捏住分规手柄，使分规两针尖沿线段交替作为圆心旋转前进，如图 1-19(c)所示。

当截取较小而精确的距离时，最好用弹簧分规，转动微调轮可作微调，使用方法如图 1-19(b)所示。

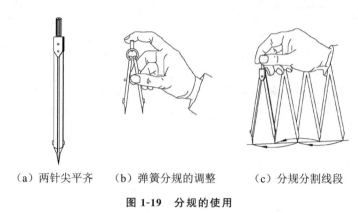

　　（a）两针尖平齐　　（b）弹簧分规的调整　　（c）分规分割线段

图 1-19　分规的使用

1.2.5　圆规及其附件

圆规是画圆和圆弧的工具。大的圆规一般附有三只插腿(铅芯、定心针、鸭嘴)和一只延长杆，如图 1-20 所示。圆规一只脚上的活动定心针有两个尖端，一端是普通锥形针尖用于画圆时的定心，另一端带是带支承面的小针尖作分规用，避免针尖插入图板过深；另一只脚上有活动关节及可换插腿，装上延长杆时可画大圆。

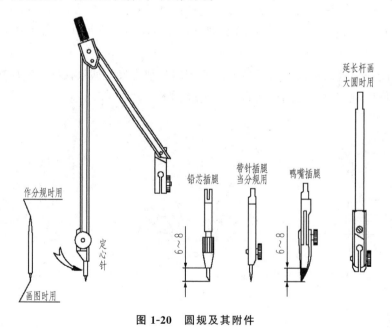

图 1-20　圆规及其附件

使用圆规时应注意以下几点：

(1)画粗实线圆时，为了与粗直线色泽浓淡一致，铅笔芯应比画粗直线的铅笔芯软一些，一般用 2B 铅笔芯，并削成矩形截面，且铅芯端部截面应比画粗实线截面稍细；画细线圆时，用 HB 的铅笔芯并削成铲形，削成圆锥形也可，如图 1-21 所示。

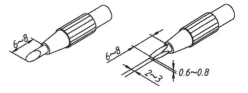

图 1-21　圆规铅芯削法

（2）画圆时应使用带支承面的小针尖一端，圆规两腿并拢时，针尖应调整得比铅芯尖稍长，保证在画圆时当针尖插入图板后支承面与铅芯尖在同一个高度，如图 1-22(a) 所示。

（3）不论所画圆的直径多大，圆规的针尖和插腿均应与纸面垂直，如图 1-22(b) 所示。

（4）画圆时，应当着力均匀，匀速前进，并使圆规稍向前进的方向倾斜，如图 1-22(c) 所示。

（5）画大直径的圆时，需另加延长杆进行作图，以保证作图的准确性，如图 1-22(d) 所示。

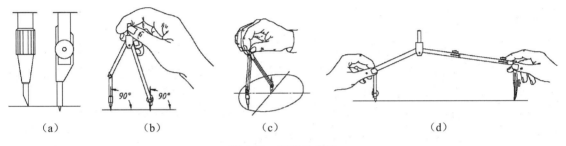

（a）　　　　　（b）　　　　　（c）　　　　　（d）

图 1-22　圆规的使用

1.2.6　曲线板

曲线板如图 1-23(a) 所示，用于画非圆曲线。作图时，应先用铅笔徒手把曲线上各点轻轻地勾描连接起来，再选择曲线板上与所画曲线相吻合的部分逐步描深。为了使所画的曲线光滑，每次要有 4 个点与曲线板上曲线重合，并把中间一段画出。曲线两端的两小段，一段与上一次画出的曲线段重合，另一段留待下一次再画，如图 1-23(b) 所示。

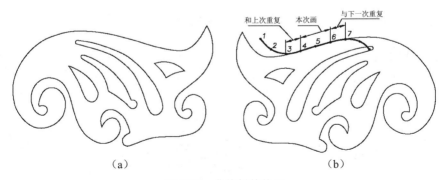

（a）　　　　　　　　　　　　　（b）

图 1-23　曲线板的使用

1.2.7　铅笔

绘图铅笔用 B 和 H 代表铅芯的软硬程度，B 的号数越大则越软（黑），H 的号数越大则越硬。绘图时，一般建议选用 H 或 HB 铅笔画底稿，HB 铅笔画细线和写字，B 或 2B 铅笔画粗实线。

绘图时，铅笔的削法直接影响所画图线的粗细和光滑程度。画细线和写字时铅芯应削成锥状，如图 1-24(a)所示；画粗实线时，铅芯应削成四棱柱状，如图 1-24(b)所示。

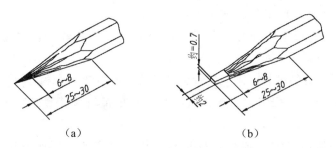

图 1-24　铅笔的削法

1.2.8　多功能模板

市场上的模板种类很多，但多用透明塑料制成，上面有多种镂空的图形、符号或字体，如图 1-25(a)所示的是一般绘图工具包里的多功能模板。该模板上面有供写仿宋字用格、数字用格、小圆用格、尺寸箭头用格、表面粗糙度符号、标高符号等。

图 1-25(b)所示的模板还具有零的字模（如"2"的上标、"3"的下标等）等，因该模板由不锈钢片制成，厚度很薄，其中的一些镂空还可供擦图形使用。

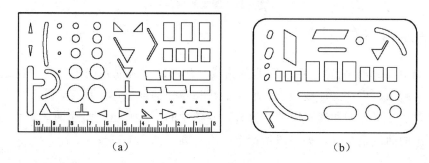

图 1-25　多功能模板

1.2.9　其他绘图工具

除上述工具外，在绘图时，还需要准备削铅笔小刀、橡皮、量角器、清除图面上橡皮屑用的小刷，固定图纸用的塑料透明胶带纸等，如图 1-26 所示。

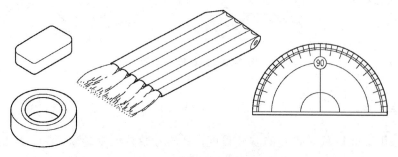

图 1-26　其他绘图工具

1.3   几何作图

各种结构形状不同的机件都是由基本几何形体组成，而基本几何形体在图样的表达中都是一些几何图形，如三角形、四边形、圆形等，熟练掌握这些几何图形的作图方法，有利于确保绘图的质量，提高绘图速度。

1.3.1   直线段的任意等分

例 1-1   如图 1-27(a)所示，对直线段 AB 进行五等分。

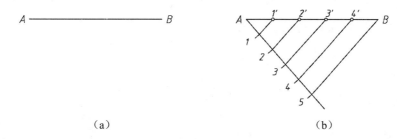

（a）   （b）

图 1-27   任意等分直线段

作图步骤：

(1)过该直线段 AB 的一个端点(如 A 点)作任意一射线；

(2)用分规在该射线上截取 5 等分，得到等分点 1，2，3，4，5；

(3)连接最后一个等分点 5 和直线段的另一个端点 B，得到直线 5B；

(4)过其余四个等分点分别作直线 5B 的平行线，与直线 AB 相交，得到四个交点 1′，2′，3′，4′，即为直线段 AB 的五等分点，如图 1-27(b)所示。

1.3.2   圆周的等分及正多边形

1. 圆周的六等分和正六边形画法

例 1-2   已知外接圆直径 D，求作圆的内接正六边形(见图 1-28)。

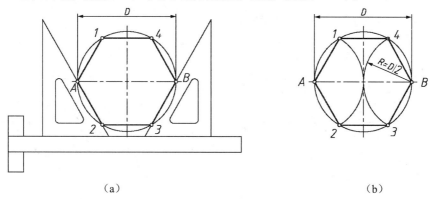

（a）   （b）

图 1-28   圆周的六等分及正六边形画法

解法 1：

(1)利用丁字尺和 30°-60°三角板，过圆直径的两个端点 A，B 分别作辅助线与圆相交，得到交点 2 和交点 3；

(2)重复步骤(1)，得到交点 1 和交点 4；

(3)用三角板借助丁字尺顺序连接 14，4B，B3，32，2A，A1，即得到圆的内接正六边形。

解法 2：

(1)分别以圆直径的两个端点 A 和 B 为圆心，外接圆半径 D/2 为半径，作圆弧与外接圆相交于点 1，2 和 3，4；

(2)再用直尺顺序连接 14，4B，B3，32，2A，A1，即得到圆的内接正六边形。

2. 圆周的五等分和正五边形画法

例 1-3　作已知圆的内接正五边形(见图 1-29)。

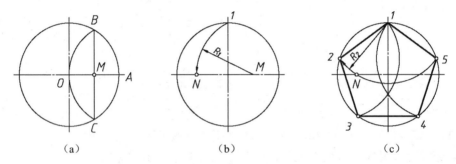

(a)　　　　　　　　(b)　　　　　　　　(c)

图 1-29　圆周的五等分及正五边形画法

作图步骤：

(1)作出圆的半径 OA 的等分点 M；

(2)以 M 点为圆心，M1 之间的距离为半径，作圆弧和圆的水平直径交于点 N；

(3)以 1 点为圆心，1N 之间的距离为半径，作圆弧和圆周交于点 2、点 5；

(4)再分别以点 2 和点 5 为圆心，1N 之间的距离为半径，作圆弧和圆周交于点 3、点 4；

(5)依次连接点 1，2，3，4，5，得到圆的内接正五边形。

3. 圆周的 N 等分和正 N 边形画法

例 1-4　作圆的内接任意 N 边形，其中 N=7(见图 1-30)。

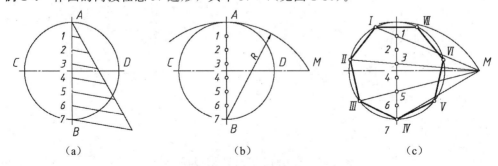

(a)　　　　　　　　(b)　　　　　　　　(c)

图 1-30　圆周的 N 等分及正 N 边形画法

作图步骤：

(1)将圆在垂直方向的直径 AB 进行 7 等分，得到 7 个等分点 1，2，3，4，5，6，7；

(2)以 B 点为圆心、直径 BA 为半径作圆弧，和圆在水平方向的直径 CD 的延长线交于点 M；

(3)分别连接 M1，M3，M5 并延长和圆周交于点Ⅰ，Ⅱ，Ⅲ，再作出对称的点Ⅴ，Ⅵ，Ⅶ，加上点Ⅳ，共 7 个点将圆周 7 等分；

(4)顺序连接点Ⅰ Ⅱ，Ⅱ Ⅲ，Ⅲ Ⅳ，Ⅳ Ⅴ，Ⅴ Ⅵ，Ⅵ Ⅶ，Ⅶ Ⅰ，即可得到圆的内接正七边形。

1.3.3　斜度和锥度

1. 斜度

斜度是一直线(或平面)相对于另一直线(或平面)的倾斜程度，其大小用该两直线(或平面)间夹角的正切来表示，如图 1-31(a)所示，即

$$斜度 = \tan\alpha = \frac{H}{L} = 1 : n$$

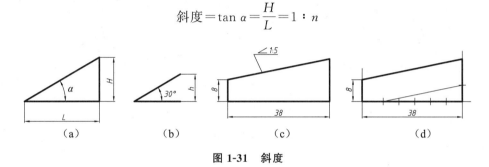

图 1-31　斜度

在图样上，一般把斜度值化转为 1∶n 的形式进行标注，并在数值前加注斜度符号"∠"，符号的画法如图 1-31(b)所示，h 为字体高度。标注时，符号的斜线方向应与直线或平面的倾斜方向一致，如图 1-31(c)所示。斜度的作图方法如图 1-31(d)所示。

2. 锥度

锥度是圆锥底圆直径与锥体高度的比值。如果是锥台，则为上、下两底圆直径差与锥台高度的比值，如图 1-32(a)所示。即

$$锥度 = \frac{D}{L} = \frac{D-d}{l} = 2\tan\alpha = 1 : n$$

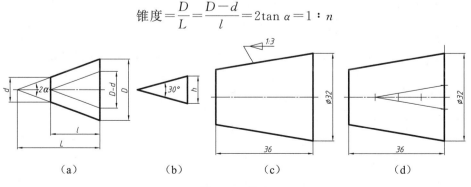

图 1-32　锥度

在图样上，锥度值也是转化为 $1:n$ 的形式进行标注，并在数值前加注锥度符号"◁"，符号的画法如图 1-32(b)所示，h 为字体高度。标注时，符号的方向应与锥度的方向一致，如图 1-32(c)所示。锥度的作图方法如图 1-32(d)所示。

1.3.4　圆弧连接

受结构、受力和加工方法等影响，机件图样中的多数图形是由直线与圆弧、圆弧与圆弧连接而成的，如图 1-33 所示。圆弧连接就是用已知半径的圆弧光滑地连接已知线段(直线或圆弧)，也就是使之与已知线段相切，其中起连接作用的圆弧称为连接弧。

圆弧连接的过程就是求连接圆弧的圆心和切点的过程。

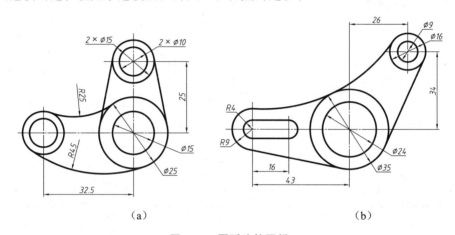

（a）　　　　　　　　　　　　　　　（b）

图 1-33　圆弧连接图样

1. 连接圆弧的作图原理

(1)与已知直线相切的圆弧半径为 R，其圆心的轨迹是一条与已知直线平行的直线，距离为 R。从选定的圆心向已知直线作垂线，垂足就是切点，如图 1-34(a)所示。

(2)与已知圆弧(圆心 O、半径 R)相切的圆弧半径为 r，其圆心轨迹为已知圆弧的同心圆。该圆半径 R_x 要根据相切情形而定。

当两圆外切时，$R_x = R + r$，连接圆弧的切点在连心线与已知圆弧的交点，如图 1-34(b)所示。

当两圆内切时，$R_x = |R - r|$，连接圆弧的切点在连心线的延长线与已知圆弧的交点，如图 1-34(c)所示。

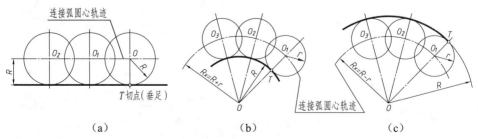

（a）　　　　　　　　　（b）　　　　　　　　　（c）

图 1-34　连接圆弧的作图原理

2. 各种连接圆弧的作图方法

（1）圆弧连接两直线

例 1-5　已知两直线，连接圆弧的半径为 R，如图 1-35 所示，求作两直线的连接圆弧。

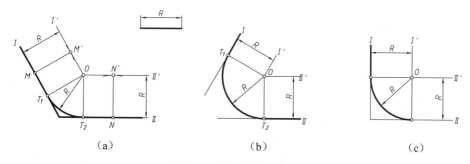

图 1-35　圆弧连接两直线

作图步骤：

①求圆心。在已知直线 I（II）上各任取一点 M 和 N，自 M 和 N 分别作 I，II 的垂线，在两垂线上截取 $MM' = R = NN'$，过 M' 和 N' 分别作 $I' /\!/ I$、$II' /\!/ II$，I' 和 II' 交于点 O，O 点即为连接圆弧的圆心。

②求切点。过圆心 O 分别作已知直线 I，II 的垂线，得到垂足 T_1 和 T_2 即为连接圆弧的切点。

③画连接圆弧。以点 O 为圆心，距离 R 为半径，切点 T_1 和 T_2 分别为起点和终点，画圆弧即为所求。

（2）圆弧连接两圆弧

已知两圆弧半径分别为 R 和 r，分别以 $R_外$，$R_内$ 和 $R_{内外}$ 作两圆弧的连接圆弧。

因圆弧连接两圆弧分三种情况，下面分别介绍。

①当连接圆弧为两圆弧的外切圆弧时的作图步骤，如图 1-36 所示。

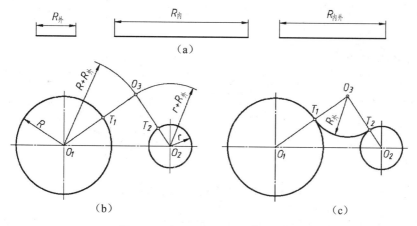

图 1-36　作两圆弧的外切连接圆弧

a. 求圆心。分别以两已知圆弧的圆心 O_1 和 O_2 为圆心，距离 $R + R_外$ 和 $r + R_外$ 为半径作圆弧交于点 O_3，即为所求圆心。

b. 求切点。连接 O_3 和 O_1 的直线交圆弧于点 T_1，连接 O_3 和 O_2 的直线交圆弧于点 T_2，T_1 和 T_2 即为切点。

c. 画连接圆弧。以点 O_3 为圆心，距离 $R_外$ 为半径，切点 T_1 和 T_2 分别为起点和终点，画圆弧即为所求。

②当连接圆弧为两圆弧的内切圆弧时的作图步骤，如图 1-37 所示。

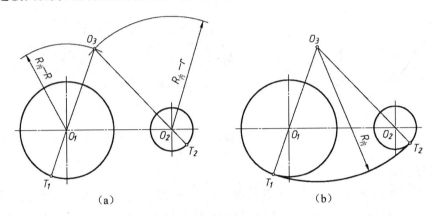

图 1-37　作两圆弧的内切连接圆弧

a. 求圆心。分别以两已知圆弧的圆心 O_1 和 O_2 为圆心，距离 $|R_内-R|$ 和 $|R_内-r|$ 为半径作圆弧交于点 O_3，即为所求圆心。

b. 求切点。连接 O_3 和 O_1 的直线延长后交圆弧于点 T_1，连接 O_3 和 O_2 的直线延长后交圆弧于点 T_2，T_1 和 T_2 即为切点。

c. 画连接圆弧。以点 O_3 为圆心，距离 $R_内$ 为半径，切点 T_1 和 T_2 分别为起点和终点，画圆弧即为所求。

③当连接圆弧为两圆弧的内外公切圆弧时的作图步骤，如图 1-38 所示。

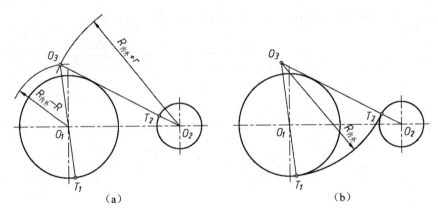

图 1-38　作两圆弧的内外公切连接圆弧

a. 求圆心。分别以两已知圆弧的圆心 O_1 和 O_2 为圆心，距离 $|R_{内外}-R|$ 和 $R_{内外}+r$ 为半径作圆弧交于点 O_3，即为所求圆心。

b. 求切点。连接 O_3 和 O_1 的直线延长后交圆弧于点 T_1，连接 O_3 和 O_2 的直线交圆弧于点 T_2，T_1 和 T_2 即为切点。

c. 画连接圆弧。以点 O_3 为圆心，距离 $R_{内外}$ 为半径，切点 T_1 和 T_2 分别为起点和终点，画圆弧即为所求。

1.3.5　椭圆的画法

已知椭圆的长轴和短轴，这里分别介绍它的精确画法和四心画法。

1. 椭圆的精确画法

作图步骤：

(1)分别以长轴 AB 和短轴 CD 为直径画两个大小不一的同心圆；

(2)将 360°圆周角进行 12 等分，过圆心作一系列直径与两圆相交；

(3)自大圆交点作垂线，小圆交点作水平线，每两对应直线的交点即为椭圆上的点；

(4)用曲线板顺序光滑连接各点，即得所需椭圆[见图 1-39(a)]。

由作图方法可以得出，将 360°圆周角等分的数量越多，所画的椭圆越精确。

2. 椭圆的四心画法

作图步骤：

(1)连接 AC，以 O 为圆心、OA 为半径画弧，交 DC 延长线于 E；

(2)以 C 为圆心，CE 为半径画弧，截 AC 于 F，作 AF 的中垂线，交长轴于 O_1，交短轴于 O_2；

(3)找出 O_1 和 O_2 的对称点 O_3 和 O_4，连接 O_1O_2，O_2O_3，O_3O_4，O_4O_1 并延长；

(4)以 O_1，O_3 为圆心，O_1A 为半径；O_2，O_4 为圆心，O_2C 为半径，分别画弧至连心线的延长线，得到连接点 K，L，M，N，连接各点得到一个近似椭圆[见图 1-39(b)]。

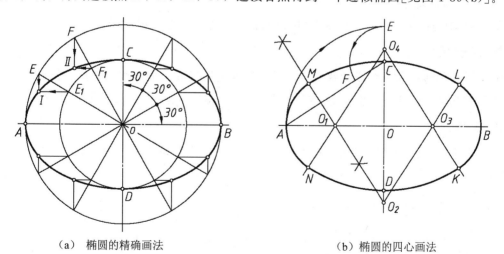

　　　(a)　椭圆的精确画法　　　　　　　　(b)　椭圆的四心画法

图 1-39　作两圆弧的内外公切连接圆弧

1.4　平面图形的分析与画法

如图 1-40 所示，平面图形是由一系列直线、圆弧等基本元素通过一定的方式连接而成的一个或数个封闭线框所构成。绘制平面图形就是将其中的各条线段画出，但在画图过程中，各条线段是有先后顺序的，即要确定画图步骤，否则可能无法画出图形。在标注尺寸时，也必须根据线段间的关系，分析尺寸的注法，以免出现自相矛盾等现象。

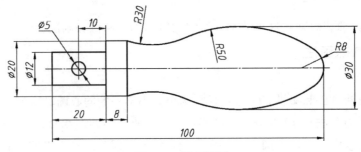

图 1-40　平面图形

1.4.1　平面图形的尺寸分析

根据尺寸在平面图形中的作用，可分为定形尺寸和定位尺寸两类。要确定平面图形中线段之间的相对位置，首先要了解掌握基准的概念。

1. 基准

基准就是定位尺寸标注的起点。平面图形中常用的基准有：

(1)对称图形的对称线；

(2)重要圆的中心线；

(3)重要的直线等。

图 1-40 中是以水平对称轴线和尺寸 20 右侧的铅垂线作基准线的。

2. 定形尺寸

确定平面图形中各条线段形状大小的尺寸称为定形尺寸，如直线的长度、圆和圆弧的直径或半径、角度的大小等。图 1-40 中的定形尺寸有：$\phi 20$、$\phi 12$、$R30$、$R50$、$R8$。

3. 定位尺寸

确定平面图形上的线段或线框间相对位置的尺寸称为定位尺寸，图 1-40 中的尺寸 10 为定位尺寸。

1.4.2　平面图形的线段分析

画平面图形之前，应先对该图形上注出的尺寸、各线段的连接关系及封闭线框间的相互关系进行分析，弄清楚哪些可先画，哪些需通过几何作图才能画出，只有这样，才能既快又准确地画出图形。平面图形中的线段按所给尺寸的数量可分为三类：已知线段、中间线段和连接线段。

定形尺寸和定位尺寸齐全的线段称为已知线段，画图时应首先画出。如图 1-40 中尺寸 $\phi 20$、$\phi 12$、20、8、10、$\phi 5$ 所确定的直线段和圆，它们都可直接画出。

仅有定形尺寸、其定位尺寸被几何约束(如相交于一点、相切等)所取代的线段，一般要根据它与其相邻的两个线段的连接关系,用几何作图的方法将它们画出,这类线段称为连接线段。如图 1-40 中,轮廓上 $R30$ 的圆弧即为连接弧,作图时应先根据相切和通过一点的关系找出其圆心位置以及起点和终点。

具有定形尺寸和一个定位尺寸,另一个定位尺寸由几何约束确定的线段,称为中间线段。在图 1-40 中,轮廓上的 $R50$ 和 $R8$ 两个圆弧就是中间线段,它们的一个定位尺寸分别是 $\phi30$ 和 100。

1.4.3　平面图形的作图步骤

现以图 1-40 所示图形为例,在上述对其进行线段分析的基础上,确定其作图步骤如下:

(1)画出图形的基准线,并根据各个封闭图形的定位尺寸画出定位线,如图 1-41(a)所示;

(2)画出已知线段,如图 1-41(b)所示;

(3)画出中间线段,如图 1-41(c)所示;

(4)画出连接线段,如图 1-41(d)所示;

(5)检查图形,擦去多余的作图辅助线,按线型要求加深图线,完成全图,如图 1-40所示。

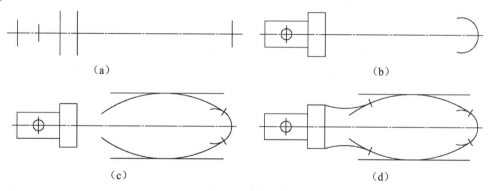

(a)　　　　　　　　　　　　　　(b)

(c)　　　　　　　　　　　　　　(d)

图 1-41　平面图形的画图步骤

1.5　画图方法与步骤

目前,工程技术人员使用的绘图方法有三种:尺规绘图、徒手绘图和计算机绘图。其中计算机绘图作为专业课程在后续中学习,本课程主要介绍尺规绘图和徒手绘图的步骤和方法。

1.5.1　尺规绘图的一般方法与步骤

要使图样绘制得又快又好,除了必须熟悉国家制图标准,掌握几何作图方法和正确使用各种绘图工具外,还需有一定的工作程序。

(1)绘图前的准备工作

先准备好绘图用的图板、丁字尺、三角板、绘图仪器及其他工具用品,并把图板、丁字尺和三角板表面清理干净；把铅笔按线型要求削好，圆规中的铅芯应准备几份备用；然后把手洗净。

（2）固定图纸

确定要绘制的图样以后，按其大小和比例选择图纸幅面。把图纸铺在图板左方并放正后，用胶带纸将它固定，如图1-42（a）所示。

（3）画图框和标题栏

按国家标准规定的幅面和周边，先用细线画出。标题栏可采用图1-4所示的简化标题栏，如图1-42（b）所示。

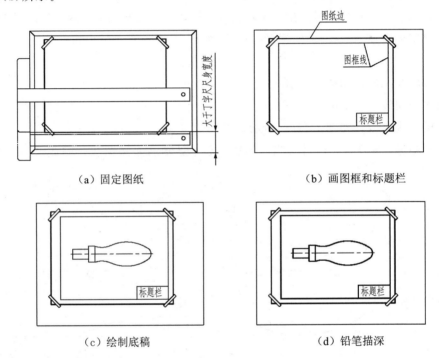

（a）固定图纸   （b）画图框和标题栏

（c）绘制底稿   （d）铅笔描深

图1-42　尺规绘图的一般方法与步骤

（4）布置图形的位置

布置图形务必匀称、美观。根据每个图形的长、宽尺寸确定位置，同时要考虑标注尺寸或说明等其他内容所占位置。位置确定之后，画出各图的基准线。最后用一张洁净的纸盖在上面，只把要画图的地方露出来。

（5）绘制底稿

根据定好的基准线，按尺寸先画主要轮廓线。然后画细节。要提高绘图的速度和质量，就要在画图过程中做到认真、细致、一丝不苟，避免画错。一旦画错，在不影响绘图的情况下，可先做记号。待底稿完成后一起擦掉。量取尺寸要精确，避免看错刻度，对于各图中的相同尺寸，有可能时一次量出，以便同时绘出，避免经常调换工具并减少测量时间。最后要仔细检查，把图上的错误在描深之前改正过来，如图1-42（c）所示。

（6）铅笔描深

描深时按线型选择不同的铅笔；描深过程中要保持铅笔端的粗细一致。修磨过的铅笔在使用前要试描，以核对图线宽度是否合适。描深时用力要均匀，描错或描坏的图线，用擦图片来控制擦去的范围，然后用橡皮顺纹擦净。

描深的步骤与画底稿不同，一般先描图形。图形描深时应尽量将同一类型、同样粗细的图线一起描深。首先，描圆及圆弧(当有几个圆弧相连接时，应从第一个开始，按顺序描深，才能保证相切处连接光滑)；然后从图的左上方开始顺序向下描所有的水平粗实线，再以同样顺序描垂直的粗实线。

其次，按画粗实线的顺序，画所有的虚线、细点画线，细实线(包括尺寸线、尺寸界线)。

最后，画箭头、注写尺寸数字(若轮廓线上或剖面线内有尺寸时，应先注写数字或预留数字和箭头的空位)、写注解、描图框线。全部描深后，还须仔细检查有无错误或遗漏。最后填写标题栏，并按图纸幅面线裁去多余的纸边，如图 1-42(d)所示。

1.5.2　徒手绘图

徒手绘图是一种不用绘图仪器和工具，而按目测形状及大小，徒手绘制图样的绘图方法。徒手绘图是工程技术人员对现有机械设备仿制或改进设计，在工作现场对零部件进行表达，或在现场调研交流以及参观学习新技术时进行记录等情况下使用的一种绘图方法。

因受现场条件或时间限制，徒手绘制草图经常被使用，工程技术人员必须具备徒手绘图的能力。

徒手绘图的要求：绘图速度快；目测尺寸比例准确；图面质量好。

徒手绘图的铅笔比尺规作图的铅笔软一号，削成圆锥状，用于画粗实线的要钝些，画细线的要尖些。

各种零件的图形都是由直线、圆、圆弧、曲线等组成，所以必须掌握徒手绘制各种线条的基本手法。

1. 握笔的方法

手握笔的位置要比用尺规绘图时较高些，以利于运笔和观察目标。笔杆与纸面成 45°~60°角，执笔稳而有力。

2. 直线的画法

画直线时，手腕靠着纸面，沿着画线方向移动，眼睛注意终点方向，便于控制图线笔直。

画垂直线时自上而下运笔，如图 1-43(a)所示；画水平线以图 1-43(b)中的画线方向较为顺手，这时图纸可以斜放；斜线一般不太好画，在画图时可以转动图纸，使欲画的斜线正好处于顺手方向，如图 1-43(c)所示。画短线时常以手腕运笔，画长线则以手臂动作。

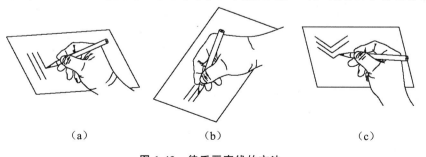

　　　(a)　　　　　　　　　　　(b)　　　　　　　　　　　(c)

图 1-43　徒手画直线的方法

3. 圆和圆弧的画法

画圆时，应先定圆心位置，再过圆心画对称中心线，在对称中心线上距圆心等于半径处截取四点，过四点画圆即可，如图 1-44（a）所示。画稍大的圆时可再加画一对十字线并同样截取四点，过八点画圆，如图 1-44（b）所示。

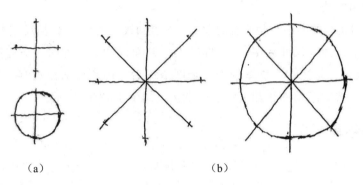

（a）　　　　　　　　　　　　　　（b）

图 1-44　徒手画圆的方法

对于圆角、椭圆及圆弧连接的画法，也是尽量利用与正方形、长方形、菱形相切的特点画图，如图 1-45 所示。

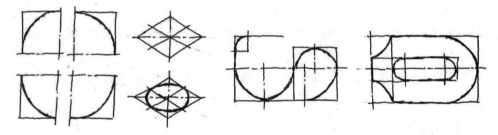

图 1-45　圆角、椭圆及圆弧连接的徒手画法

第 2 章　点、直线和平面的投影

2.1　投影法的基本知识

2.1.1　投影法的基本概念

如图 2-1 所示，设空间中有一平面 P 为投影面，投影面外的点 S 为点光源（即投影中心），平面 P 和点 S 之间有一空间点 A。S 点发出的光线（即投射线）照射到空间点 A 后，在投影面 P 上会留下一个影子点 a，点 a 就是空间点 A 在投影面上 P 的投影。空间元素在投射线的照射下，在投影面上留下投影的方法就称为投影法。由投影的定义可以得出，投影 a 其实也是点 S 和 A 连线的延长线与平面 P 的交点。

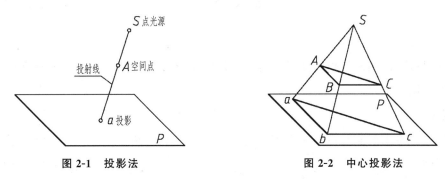

图 2-1　投影法　　　　　　　　　图 2-2　中心投影法

投射线可以是由集中的一点发出，如图 2-2 所示，这种投影法称为中心投影法。如果投射线都是相互平行的，此时空间几何元素在投影面上也会在投影面上得到一个投影，这种投影法称为平行投影法。当平行的投射线与投影面倾斜时，称为斜投影法，如图 2-3（a）所示。当平行的投射线与投影面垂直时，称为正投影法，如图 2-3（b）所示。

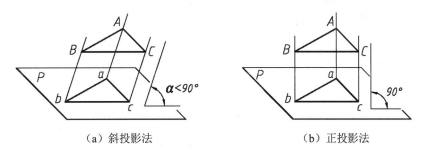

（a）斜投影法　　　　　　　　　（b）正投影法

图 2-3　平行投影法

中心投影法和平行投影法中，投影面上的投影均能反映空间几何元素的形状，但随着空间几何元素与投影面的距离发生变化，中心投影法中产生的投影的大小是跟着变化的，而平行投影法中产生的投影的大小始终不变，特别是空间的平面图形与投影面平行时，此时的投影和空间平面图形的形状大小完全相同，如图 2-3 所示。

2.1.2 正投影法的基本性质

1. 同类性

点的投影为点，直线的投影在一般情况下仍为直线，而平面图形的投影在一般情况下仍为原图形的类似形（见图 2-4）。

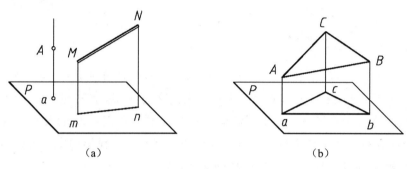

（a） （b）

图 2-4　同类性

2. 真实性

当直线段或平面图形与投影面平行时，它们的投影将反映直线段的实长或原平面图形的真实形状，如图 2-5 所示。

3. 积聚性

当直线段或平面图形与投影面垂直时，直线段的投影积聚为点，平面图形的投影积聚为一直线，如图 2-6 所示。

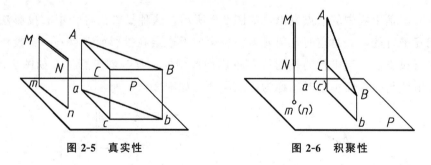

图 2-5　真实性 **图 2-6　积聚性**

4. 平行性

空间中相互平行的两直线在投影面上的投影仍相互平行，如图 2-7 所示。

5. 从属性

如图 2-8 所示，若点 K 在直线 MN 上，则点的投影 k 必定在该直线的投影 mn 上。

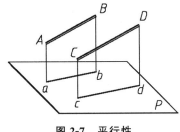

图 2-7 平行性

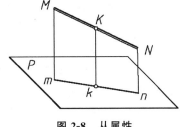

图 2-8 从属性

6. 等比性

由图 2-6 和图 2-7 可分析得出，空间中两平行线段之比，或空间一条直线上两线段长度之比，等于它们的投影长度之比。

因正投影法具有以上特性，特别是正投影法中投射线与投影面的夹角是唯一角度的 $90°$，所以机械工程图样中主要使用的是正投影法。后续如没有特别说明，本教材中的图样均采用正投影法绘制。

2.2 点的投影

点是构成一切几何图形的基本元素，下面从最简单的点来说明正投影法的基本原理。

2.2.1 点在两投影面体系中的投影

首先在空间中建立一**水平投影面** H，H 面外有一空间点 K，H 面内有一投影点 a，如图 2-9(a)所示。由正投影法的定义可以知道，空间点 K 在投影面 H 上有唯一的投影 k，但投影点 a 却可以由无数个空间点 A_1，A_2，A_3……投影而成，即由几何元素的一个投影是不能确定它的空间位置及形状。

在图 2-9(a)的基础上再增加一个与 H 面垂直的投影面 V，称为**正立投影面**，该投影面 V 和 H 面的交线为 OX 称为**投影轴**，此时可以发现，当 V 面上也有空间点的投影 a' 时，两个面上的投影 a 和 a' 就可以确定点 A 的空间位置。

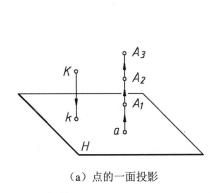

（a）点的一面投影

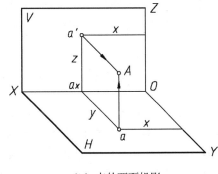

（b）点的两面投影

图 2-9 点的投影

规定：(1)空间点在水平投影面 H 上的投影用相应的小写字母表示，在正立投影面上的

33

投影用相应的小写字母加"'"表示，如空间点 A 在水平投影面上的投影为 a，在正立投影面上的投影为 a'。

（2）图 2-9（b）所示称为直观图。

由图 2-9（b）可以知道，对于最简单的几何元素点，它的直观图就较为复杂难画，那更复杂的直线、平面特别是空间几何形体的直观图就更不易画了。

为了用简单的图形能够表达出空间几何的原形，可以将两个投影 a 和 a' 画在同一平面（图纸）上，如图 2-10（a）所示，保持 V 面不动，将 H 面绕 OX 轴按图示箭头方向旋转 $90°$，使 H 面和 V 面在同一个平面上，这样就得到了如图 2-10（b）所示的正投影图。投影面可以认为是任意大的，通常在投影图上不画它们的范围，也不标注它们的名称字母 H 和 V，有时甚至 OX 轴的两个字母也不注出，如图 2-10（c）所示。

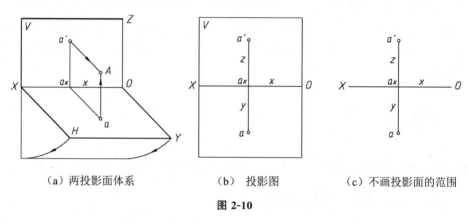

(a) 两投影面体系 　　　　(b) 投影图 　　　　(c) 不画投影面的范围

图 2-10

投影图中，两投影面上的投影 a 和 a' 用细实线连接，该线称为投影连线。

这样得到的两面投影图具有以下两个位置和距离的重要性质。

①点的正面投影和水平投影的连线 $a'a$ 垂直于投影轴，即 $a'a \perp OX$。

由图 2-10（a）可知，$a'A \perp V$ 面即 $a'A \perp OX$ 轴，$aA \perp H$ 面即 $aA \perp OX$ 轴，也就是 OX 轴垂直于 $a'Aaa_x$ 平面，则 OX 轴必垂直于该平面上的直线 $a'a_x$ 和 aa_x，即有 $a'a_x \perp OX$ 和 $aa_x \perp OX$。当 a 跟着 H 面旋转而和 V 面重合时，$aa_x \perp OX$ 的关系不变，因此投影图上的 a'，a_x，a 三点共线，且 $a'a \perp OX$。

②空间点到 H 面的距离（Aa）等于该点的正面投影到 OX 轴的距离（$a'a_x$）；该点到 V 面的距离（Aa'）等于其水平投影到 OX 轴的距离（aa_x）。即

$$Aa = a'a_x, \qquad Aa' = aa_x$$

2.2.2　点在三投影面体系中的投影

由上一节可知，点的两个投影能够确定该点的空间位置。但有时两个面的投影不能唯一地确定某些几何形体的结构特征，此时必须增加第三个面的投影。如图 2-11（a）所示，新增加的投影面 W 与 H 面和 V 面都垂直，该投影面称为**侧立投影面**。W 面和 H 面的交线为 OY 轴，W 面和 V 面的交线为 OZ 轴。

规定：空间点在侧立投影面 W 上的投影用相应的小写字母加"″"表示，如空间点 A 在侧立投影面上的投影为 a''。

和两投影面体系一样，将第三个投影面 W 也展开，使其和 V 面、W 面同在一个面上。

此时，将 OY 轴一分为二，一半 OY_H 在 H 面上随 H 面一起绕 OX 轴旋转，另一半 OY_W 在 W 面上随 W 面绕 OZ 轴旋转，最后得到如图 2-11(b)所示的投影图。

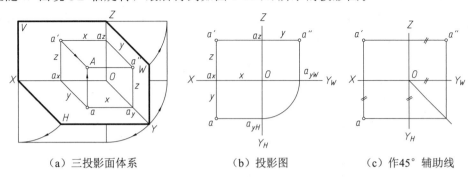

（a）三投影面体系　　　　　　（b）投影图　　　　　　（c）作45°辅助线

图 2-11

三面投影图也具有以下两个位置和距离的重要性质。

(1)点的侧面投影与正面投影的连线垂直于 OZ 轴，即 $a'a'' \perp OZ$ 轴。

因侧立投影面 W 和正立投影面 V 也构成两投影面体系，故该性质成立。

(2)空间点到 W 面的距离(Aa'')等于该点的正面投影 a' 到 OZ 的距离($a'a_z$)，也等于该点的水平投影 a 到 OY_H 轴的距离(aa_y)，即

$$Aa'' = a'a_z = aa_y$$

为了方便作图，一般自 O 点作 45°辅助线，以实现该距离关系，如图 2-11(c)所示。

例 2-1　如图 2-12(a)所示，已知空间点 K 的正面投影和侧面投影，求作其水平投影。

解： 根据三面投影图的两个性质，首先 k' 和 k 的连线垂直于 OX 轴，所以水平投影 k 在过 k' 作垂直于 OX 轴的线上；又因为距离相等即 $k_z k'' = k_x k$，作如图 2-12(b)所示的辅助线就可确定空间点的水平投影 k 的位置。

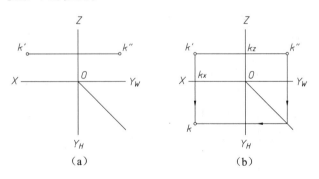

（a）　　　　　　　　　　（b）

图 2-12

2.2.3　空间两点的相对位置

由图 2-11(a)可知，三投影面体系中的 OX，OY，OZ 轴两两相互垂直，在其上可以建立笛卡儿直角坐标体系。空间点 A 的坐标为(x，y，z)，则其水平投影 a 的坐标为(x，y，0)，正面投影 a' 的坐标为(x，0，z)，侧面投影 a'' 的坐标为(0，y，z)。

例 2-2　已知空间两点的坐标分别为 $M(10，6，15)$ 和 $N(19，14，7)$，求作两点的投影图和直观图。

解：由图 2-13(a)自点 O 向左沿 OX 轴量取 10mm，得 m_x，过 m_x 作垂直于 OX 轴的投影连线；自 m_x 向下量取 6mm 处确定水平投影 m；自 m_x 向上量取 15mm 确定正面投影 m'；再利用 45°线作出侧面投影 m''。用相同步骤可作出点 N 的投影图。再根据两点的坐标可绘制出它们的直观图，如图 2-13(b)所示。

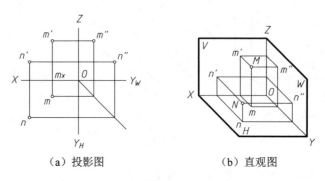

（a）投影图　　　　　　　（b）直观图

图 2-13

从图 2-13(b)中可以确定，N 点在 M 点的左方和下方，但它们的前后关系因缺乏判断标准不好确定。因此，本教材中规定：**空间两点中，Y 坐标数值大者在前面**。所以点 N 在前方，而点 M 在后方。在投影图中也可根据此性质明确地判断出两点的相对位置关系。

2.2.4　重影点及其可见性

当空间两点处于同一投射线上时，它们在与该投射线垂直的投影面上的投影重合，这两点称为该投影面的重影点。

如图 2-14(a)所示，点 M 和 N 同时位于垂直于 H 面的投射线上，它们的 H 面投影 $m(n)$ 是 H 面的重影点。

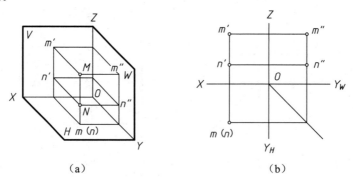

（a）　　　　　　　　　　（b）

图 2-14　H 面的重影点

两点重影后将产生可见性问题，如何判断它们的可见性？可以假想判断者站在投影面和空间点的相同外侧，眼睛视线从空间点朝投影面看去，先看见的为可见，后看见的为不可见；当空间两点都在垂直于投影面的视线时，此时只能看到一个点，即可明确判断出它们的可见性。

图 2-15(a)所示为 V 面的重影点，根据上述内容即可判断出两点在 V 面的投影中，m' 可见，n' 不可见；图 2-15(b)所示为 W 面重影点，投影图中，m'' 可见，n'' 不可见。

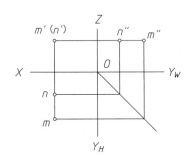

（a）V 面的重影点

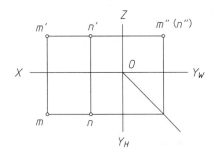

（b）W 面的重影点

图 2-15　V 面和 W 面的重影点

例 2-3　已知点 $M(12，10，18)$ 与点 N 空间对称于 OX 轴，作出点 M 与点 N 的直观图及投影图。

解：由点 M 与点 N 对称于 OX 轴可以判断出，空间点 M 与点 N 的连线垂直于 OX 轴，故点 N 的坐标应为 $(12，-10，-18)$。

（1）按坐标数值作点 N 的投影；

（2）在同一条投影连线上，在 OX 轴的上方量取 10mm，得 n'，在 OX 轴的下方量取 18mm，得 n。

结果如图 2-16 所示。

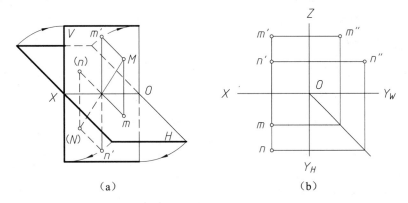

（a）　　　　　　　　　　　　　　　　（b）

图 2-16

2.3　直线的投影

由 2.1 节可以知道，当直线与投影平面的夹角变化时，该直线的投影情况是不同的。如图 2-17 所示，直线与投影面垂直时（$\alpha=90°$），该直线的投影积聚成一个点；直线与投影面平行时（$\alpha=0°$），投影与该直线等长；当直线与投影面成一夹角时（$0°<\alpha<90°$），直线的投影仍然是一条直线，但长度小于实际长度。

空间一直线的投影，可以由该直线两个端点的投影来

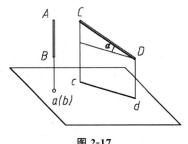

图 2-17

确定，如图 2-18 所示。空间中的一般直线，如果它的两个端点 M，N 的投影已知，如图 2-19(a)所示，则分别用直线连接同一投影面上两端点的投影，即可得到该直线的投影图，如图 2-19(b)所示。

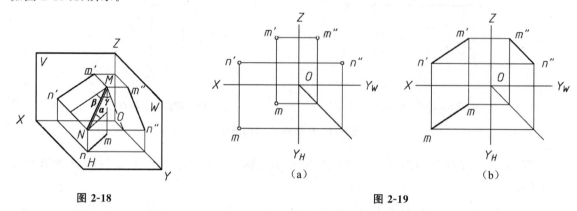

图 2-18　　　　　　　　　　　　　　　(a)　　　　　　　　　(b)

　　　　　　　　　　　　　　　　　　　　　　图 2-19

2.3.1　各种位置直线的投影特性

直线按其在三面投影体系中的位置可分为：一般位置直线和特殊位置直线。

一般位置直线和三个投影面都是倾斜的，图 2-18 所示的即为一条一般位置直线，空间直线与 H 面、V 面和 W 面的倾斜角度分别用 α，β 及 γ 表示。

特殊位置直线又为投影面平行线和投影面垂直线。下面分别介绍这两类直线的投影特点。

1. 投影面垂直线

垂直于某一投影面的直线称为投影面垂直线。其中垂直于 H 面的直线，称为铅垂线；垂直于 V 面的直线，称为正垂线；垂直于 W 面的直线，称为侧垂线。

表 2-1 中分别列出了铅垂线、正垂线和侧垂线的投影特性。

表 2-1　投影面垂直线的投影特性

名称	直观图	投影图	投影特点
铅垂线			(1)ab 积聚为一点 (2)$a'b'\perp OX$ 轴 　$a''b''\perp OY_W$ 轴 (3)$a'b'=a''b''=AB$
正垂线			(1)$a'b'$ 积聚为一点 (2)$ab\perp OX$ 轴 　$a''b''\perp OZ$ 轴 (3)$ab=a''b''=AB$

名称	直观图	投影图	投影特点
侧垂线			$(1)a''b''$ 积聚为一点 $(2)ab \perp OY_H$ 轴 　$a'b' \perp OZ$ 轴 $(3)ab = a'b' = AB$

由表 2-1 中各投影面垂直线的投影特性可以归纳投影面垂直线的特点如下:

(1)直线在所垂直的投影面上的投影积聚为一点。

(2)其余两个面上的投影,分别垂直于所垂直投影面上的相应投影轴。

(3)这其余两个投影反映线段的实长。

2. 投影面平行线

平行于某一投影面但不垂直于其余投影面的直线称为投影面平行线。其中,平行于 H 面的直线,称为水平线;平行于 V 的直线,称为正平线;平行于 W 面的直线,称为侧平线。

表 2-1 中分别列出了水平线、正平线和侧平线的投影特性。

表 2-2　投影面平行线的投影特性

名称	直观图	投影图	投影特点
水平线			$(1)a'b'//OX$ 轴 　$a''b''//OY_W$ 轴 $(2)ab = AB$ $(3)ab$ 与 OX,OY_H 轴的夹角分别反映与另两投影面的夹角
正平线			$(1)ab//OX$ 轴 　$a''b''//OZ$ 轴 $(2)a'b' = AB$ $(3)a'b'$ 与 OX,OZ 轴的夹角分别反映与另两投影面的夹角
侧平线			$(1)a'b'//OZ$ 轴 　$ab//OY_H$ 轴 $(2)a''b'' = AB$ $(3)a''b''$ 与 OZ,OY_H 轴的夹角分别反映与另两投影面的夹角

由表 2-2 中各投影面平行线的投影特性可以归纳投影面平行线的特点如下：

(1)直线在所平行的投影面上的投影反映线段的实际长度。

(2)直线在所平行的投影面上的投影与相应投影轴的夹角，分别反映该直线与另外两个投影面的倾角。

(3)其余两个面上的投影，分别平行于所平行投影面上的相应投影轴。

注意：虽然投影面的垂直线平行于另两个投影面，如铅垂线平行于正立投影面 **V** 和侧立投影面 **W**，但不能将该直线称为正平线或侧平线，因为铅垂线比正平线和侧平线都更特殊。

2.3.2 一般位置直线的实际长度

在特殊位置直线的投影中，空间直线平行于至少一个投影面，在这个投影面中的投影反映空间直线的实际长度。但一般位置直线和三个投影面都是倾斜的，三个投影面上的投影都比线段的实际长度要短。但在工程中，有时会遇到一般位置直线，又必须知道它的实际长度。此时，可以用直角三角形的投影作图法求出一般位置直线的实际长度。

如图 2-20 所示，线段 AB 为一般位置直线，在已知它的两面投影图的情况下，要求出线段 AB 的实际长度。

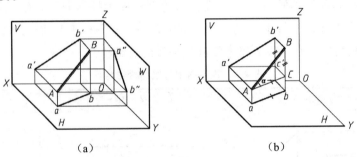

图 2-20

分析：为简化起见，只考虑线段 AB 在 V 面的投影 $a'b'$ 和在 H 面的投影 ab 已知的情况，如图 2-20(b)所示。在平面直角梯形 ABba 内，过点 A 作直线 AC 与水平投影 ab 平行，交投射线 Bb 于点 C。由于投射线 Bb 和 Aa 都垂直于投影面 H，也就垂直于投影 ab，亦即 $Bb \perp AC$，所以△ACB 是一个直角三角形，其中∠BCA＝90°。在直角三角形 ACB 中，如果知道两个直角边 AC 和 BC 的长度，就可以求出斜边 AB 的长度。而 $AC // ab$ 且在两平行线 Bb 和 ab 之间，所以 AC＝ab。由图 2-20 可以知道，直角边 BC 的长度就是等于线段 AB 在 V 面投影的两个端点在 OZ 方向的高度差 $b'c'$。下面利用直角三角形 ACB 求解线段 AB 的实际长度(见图 2-21)。

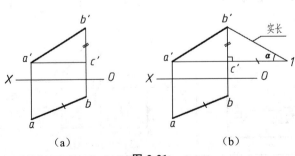

图 2-21

例 2-4 已知直线 AB 的两面投影 $a'b'$ 和 ab 如图 2-21(a)所示，求直线 AB 的实际长度。

解：(1)过点 a' 作辅助直线垂直于投影连线 $b'b$，垂足为 c'。

(2)过垂足 c' 沿辅助直线截取 $c'1=ab$。

(3)连接点 b' 和点 1，则线段 $b'1$ 的长度就是空间直线 AB 的实际长度。

另解如图 2-22 所示，读者可自行分析求解。

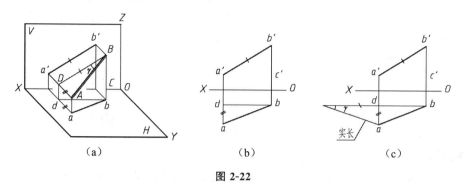

图 2-22

例 2-5 已知线段 AB 的正面投影 $a'b'$ 和点 A 的水平投影 a，如图 2-23(a)所示，且 AB 的实际长度为给定值 l，试求 b。

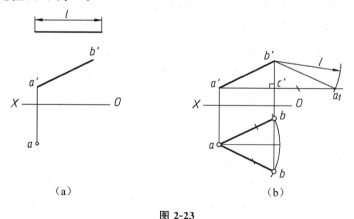

图 2-23

解：由于 $a'b'$ 与 OX 轴成倾斜位置，且短于已给实际长度 l，可以判定所求线段必定为一般位置线段。

(1)根据直角三角形求实际长度的方法，过点 a' 作投影连线 $b'b$ 的垂线 $a'c'$ 并延长。

(2)以点 b' 为圆心，长度 l 为半径作圆弧与 $a'c'$ 的延长线相交于点 a_1，因 $b'a_1$ 等于线段 AB 的实际长度，则直角边 $c'a_1$ 就等于线段 AB 的水平投影 ab 的长度。

(3)以点 a 为圆心，线段 $c'a_1$ 的长度为半径画圆弧，与投影连线 $b'b$ 的延长线分别交于两个点 b，则两个点 b 均为所求。

例 2-6 如图 2-24(a)所示，已知点 C 的水平投影，BC 为铅垂线，且点 B 在 C 的上方，$AC=25\text{mm}$，$BC=15\text{mm}$，AC 为水平线，点 A 距 V 面 20mm，距 H 面 6mm，试完成 AB，BC，AC 的两面投影。

分析：因为 AC 为水平线，所以其水平投影 $ac=25\text{mm}$，正面投影 $a'c'$ 平行于 OX 轴，又知 a，a' 距 OX 分别为 20mm 和 6mm，这样可以先求出点 A 的两面投影，再求出 c'。因

为 BC 是铅垂线，所以 $b'c'=15\mathrm{mm}$，由此求出 b'。

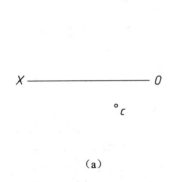

（a）

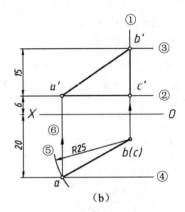

（b）

图 2-24

作图步骤：

(1)过点 c 作 OX 轴的垂线①并延长，在投影面 V 内作距离 OX 轴 6mm 的平行直线②与之相交，得交点为 c'。

(2)在投影面 V 内作距离直线②15mm 的平行线③与垂线①相交，得交点为 b'。

(3)在 H 投影面内作距离 OX 轴 20mm 的平行线④，再以点 c 为圆心，25mm 为半径作圆弧⑤与平行线④相交，得交点为 a。

(4)过交点 a 作 OX 轴的垂线，与平行线②相交，得交点为 a'。

(5)分别连接点 a'，b'，以及点 b，c；另有点 B 的水平投影 b 与点 C 的水平投影 c 重合。图 2-24(b)即为所求。

2.3.3 直线上的点

直线上的点，它的投影有以下性质。

(1)直线上的点的投影，必定在直线的各个同名投影之上。即该点的水平投影在直线的水平投影上，同时该点的正面投影在直线的正面投影上，该点的侧面投影在直线的侧面投影上。反之，如果满足这个条件，则点一定在直线上。

(2)点分直线段长度之比，等于其投影分直线段投影长度之比。

如图 2-25 所示，空间点 K 是直线段 AB 上的点，则必定有

$$AK:KB=ak:kb=a'k':k'b'=a''k'':k''b''$$

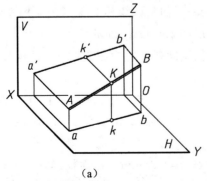

（a）

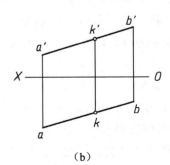

（b）

图 2-25

例 2-7　如图 2-26 所示，判断点 C，D，E 是否在直线段 AB 上。

解：根据直线上的点的投影性质第（1）条，C 点的正面投影不在直线段 AB 的正面投影上，D 点的水平投影不在直线段 AB 的水平投影上，可以判断点 C，D 都不在直线段 AB 上。

再根据投影性质第（2）条，$a'e' : e'b' \neq ae : eb$，所以点 E 也不在直线段 AB 上。

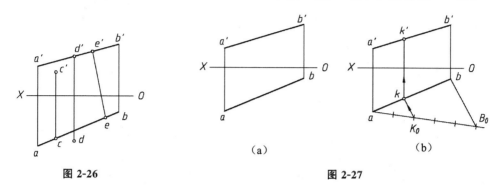

图 2-26　　　　　　　　　　　　　图 2-27

例 2-8　已知直线段 AB 的两面投影如图 2-27(a) 所示，试将 AB 分成 $2 : 3$ 两段，求作分点 K 的两面投影。

解：过点 a 作一任意直线，在该直线上用分规截取 5 等分长度，连接最后一个等分点 B_0 和点 b，再过第二个等分点作连接线的平行线交 ab 于点 k，然后过点 k 作垂直于 OX 轴的投影连线，交 $a'b'$ 于点 k'[见 2-27(b)]，点 $K(k，k')$ 即为所求。

例 2-9　已知直线段 AB 和点 K 的两面投影如图 2-28 所示，试判断点 K 是否在直线段 AB 上。

该题与例 2-7 类似，可以利用点在直线上的投影性质第 2 条直接判断出点 K 不在直线段 AB 上，也可以作出 AB 和点 K 的侧面投影后[见图 2-28(b)]再判断。

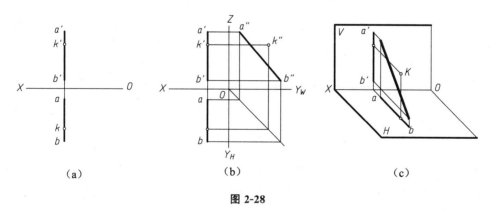

图 2-28

例 2-10　如图 2-29 所示，已知直线段 AB 的两面投影，试确定 AB 上的点 K 的投影，使 AK 的实际长度等于已知长度 L。

解：题目中要求求出直线段 AB 中线段 AK 的实际长度，则首先必须求出直线段 AB 的实际长度。

（1）用直角三角形法求出直线段 AB 的实际长度 $a'1$。

（2）在 $a'1$ 上截取一段长度为 L 的线段 $a'2$，得到点 k'。

（3）过点 k' 作垂直于 OX 轴的投影连线，和 ab 交于点 k。

点 $K(k，k')$ 即为所求。

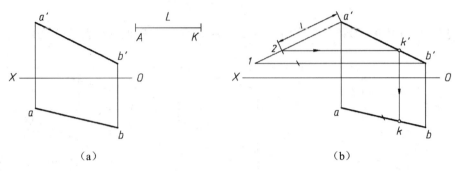

图 2-29

2.3.4　空间两直线的相对位置

空间两直线的相对位置有三种情形：平行、相交、交叉。其中平行和相交两直线都在同一个平面上，而交叉两直线属于不同的平面，又称为异面直线。

1. 空间两直线平行

（1）根据 2.1.2 可知，平行投影法的一个特性是：**若空间两直线相互平行，则它们的同面投影必定相互平行。反之，如果两直线的各个同名投影都相互平行，则此两直线在空间中也必定相互平行**，如图 2-30 所示。

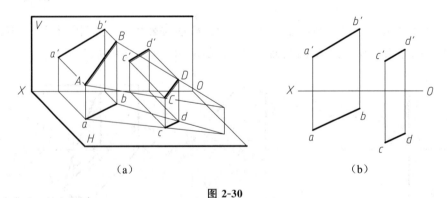

图 2-30

对于一般位置直线，如果有两组同面投影相互平行，就可以直接判定这两条直线是相互平行的。如果是投影面的平行线，就不能根据只有两组同面投影相互平行来判定空间两直线是否相互平行。

如图 2-31（a）所示，两条侧平直线段 AB，CD 在 V 面和 H 面的投影都相互平行，那它们在空间中是否相互平行还必须看在第三个投影面上的投影是否平行，作出它们在 W 面的投影［见图 2-31（b）］后可以知道，AB 和 CD 在空间中不是相互平行的。

（2）根据初等几何原理可以证明：**空间两平行直线段之比等于其各个同名投影之比**。如图 2-30 所示，如果 $AB/\!/CD$，则有 $AB:CD=ab:cd=a'b':c'd'=a''b'':c''d''$。

根据这条性质，图 2-31 中，因 $a'b' : c'd' \neq a''b'' : c''d''$，所以在不需作出第三面投影的情况下，可以直接判定 AB，CD 在空间中不是相互平行的。

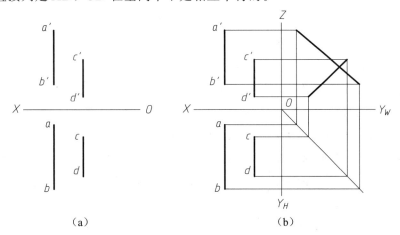

图 2-31

2. 空间两直线相交

若空间两直线相交，则它们的三面投影也必定相交，且交点符合点的三面投影规律。反之，若两直线的三面投影都相交且交点的投影规律符合点的三面投影规律，则两直线必定相交。

如图 2-32 所示，直线段 AB 和 CD 在空间中相交于点 K，则其正面投影相交于点 k'，其水平投影相交于点 k，且 $k'k \perp OX$。

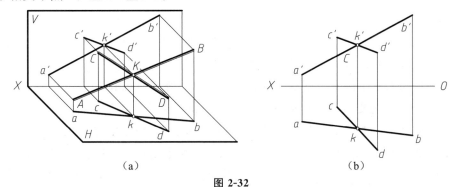

图 2-32

例 2-11　直线段 AB 和 CD 的两面投影如图 2-33(a)所示，判断它们是否相交。

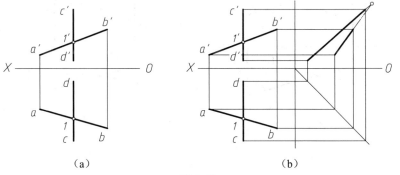

图 2-33

解： 从图中可以得知，虽然在 AB 的两面投影上有 $a'1' : 1'b' = a1 : 1b$，但在 CD 上却有 $c'1' : 1'd' \neq c1 : 1d$，即交点 1 分直线段 CD 之比在投影后不是相等的，根据空间两直线是否相交的投影特性判定原则，AB 和 CD 不相交。

该题也可作出第三面投影如图 2-33(b) 所示，更加直观地判断出 AB 和 CD 不相交。

3. 空间两直线交叉

空间两条直线如果既不平行，又不相交，则属于交叉。交叉两直线的三组同面投影不可能同时都平行，或三组同面投影虽然相交，但交点的三面投影不符合点的三面投影规律。

如图 2-34 所示，直线段 AB 和 CD 在空间中是交叉的，它们的两面投影都不平行。此时，两直线上各有一点会形成某个面上的重影点，如图 2-34(b) 中 AB 上的点 E 和 CD 上的点 F 就是 H 面上的重影点，**此时必须判断出重影点的可见性。**

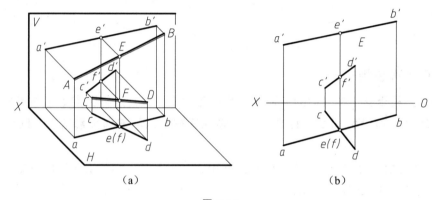

图 2-34

例 2-12 已知空间直线段 AB，CD 的两面投影如图 2-35(a) 所示，判断它们是否相交。

解： 由图 2-35(a) 可以得知，虽然两直线段在 V 面和 H 面上的投影都相交，但两投影面上的交点的连线与 OX 轴倾斜，不符合点的投影规律，故可判断出 AB，CD 是交叉的。

H 面上 ab 和 cd 的交点，分别是 AB 上的点 2 和 CD 上的点 1 的投影，它们在 H 面上是重影点，可判断出点 1 可见、点 2 不可见；V 面上 $a'b'$ 和 $c'd'$ 的交点，分别是 AB 上的点 4 和 CD 上的点 3 的投影，它们在 V 面上是重影点，可判断出点 3 可见、点 4 不可见。结果如图 2-35(b) 所示。

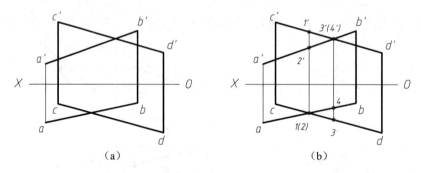

图 2-35

利用交叉的两条直线上的重影点判断两直线的相对位置的方法，是以后研究几何要素相交问题，判别投影可见与不可见的基本方法。

2.3.5　直角投影定理

两条直线的相对位置有一种特殊情况，即相互垂直，根据是否相交又可分为垂直相交和垂直交叉两种情形。下面分别讨论它们的投影特性。

1. 垂直相交两直线的投影特性

(1)垂直相交的两直线，当其中一条直线平行于某一投影面时，则两直线在该投影面上的投影相互垂直。

如图 2-36(a)所示，直线段 AB 和 AC 在空间中垂直相交，且 $AB/\!/H$ 面，AC 倾斜于 H 面。因为 $AB\perp AC$，$AB\perp Aa$，则有 $AB\perp ACca$ 平面；又 $AB/\!/H$ 面，则有 $AB/\!/ab$，所以 $ab\perp ACca$ 平面，即 $ab\perp ac$。

图 2-36(b)是 $AB/\!/H$ 面时的两面投影图，图 2-36(c)是 $AC/\!/V$ 面时的两面投影图。

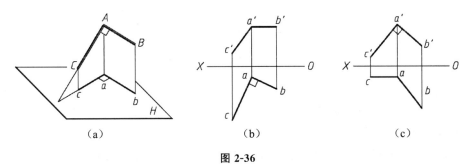

图 2-36

(2)相交两直线在同一投影面上的投影成直角，且有一条直线平行于该投影面，则两直线必定相互垂直。

利用该条投影特性可以判断空间两直线是否相互垂直。

例 2-13　已知直线段 AB 及其外的一点 C 的两面投影如图 2-37(a)所示，试过点 C 作 AB 的垂线 CD。

解：题中要求作一条直线垂直于另一条直线，而且分析图 2-37(a)可知，直线 AB 为一水平线，它平行于 H 面，因此该题符合垂直相交两直线的情况。

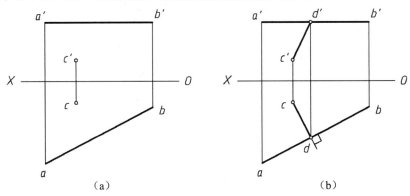

图 2-37

过 c 点作 ab 的垂线交于点 d，然后过点 d 作垂直于 OX 轴的投影连线交 $a'b'$ 于点 d'。图 2-37(b)中的 $CD(c'd',cd)$ 即为所求。

2. 垂直交叉两直线的投影特性

将上述情况的条件加以推广，可以得到：

（1）互相垂直的两直线（相交或交叉），当其中一条直线平行于某一投影面时，则两直线在该投影面上的投影相互垂直。

如图 2-38(a)所示，交叉直线段 $AB \perp MN$，且 $AB /\!/ H$ 面，但 MN 与 H 面倾斜。过点 A 作直线段 $AC /\!/ MN$，则 $AC \perp AB$。由垂直相交两直线的投影特性可知，$ab \perp ac$。又因为 $AC /\!/ MN$，则其投影 $ac /\!/ mn$，所以有 $ab \perp mn$。图 2-38(b)是其投影图。

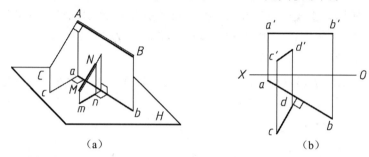

图 2-38

（2）相交或交叉两直线在同一投影面上的投影成直角，且有一条直线平行于该投影面，则两直线的夹角必定是直角。

例 2-14 作已知直线 AB 的垂直平分线 EF，且点 E 距 V 面为 30mm，$EF=AB$ 且同时也被 AB 平分。

解： 题中要求作 $EF \perp AB$，且由图 2-39(a)可知直线 $AB /\!/ V$ 面，因此可以利用垂直相交直线的投影特性求解。

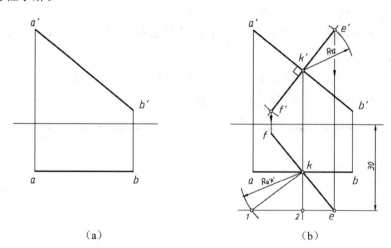

图 2-39

（1）在 H 面上作距离 OX 轴 30mm 的直线 $e1$，以 ab 的中点 k 为圆心，AB 实际长度的一半（即 $a'k'$）为半径画圆弧与 $e1$ 相交于点 1。

（2）以 $a'b'$ 的中点 k' 为圆心，以点 1，2 间的距离为半径画圆弧，交 $a'b'$ 的中垂线于点 e'，此时已求出 EF 的一个端点 E 在 V 面的投影。然后在中垂线上的另一端截取 $k'f'=k'e'$，求出另一个端点 F 的 V 面投影 f'。

（3）过点 e' 作垂直于 OX 轴的投影连线，与 12 的延长线交于点 e，最后根据 EF 也被 AB 平分求出 F 的 H 面投影 f。

结果如图 2-39（b）所示。

2.4　平面的投影

2.4.1　平面的表示法

大家都知道，不属于同一直线的三点确定一个平面。本课程中平面的表示法就在此基础上发展出共 5 种方法，如图 2-40 所示。

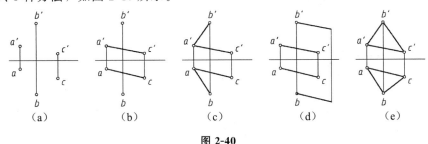

（a）　　　　（b）　　　　（c）　　　　（d）　　　　（e）

图 2-40

（1）不属于同一直线的三点；

（2）一条直线和直线外的一点；

（3）两相交直线；

（4）两平行直线；

（5）任意平面图形，如三角形、四边形、圆等。

因此，涉及平面的投影内容求解出的平面图形，可以用这 5 种方法中的任意一种表达，与以往用任意平面图形表达的习惯不同，这是要注意的。

2.4.2　各种位置平面的投影特性

在三面投影体系中，根据平面相对于投影面的位置可分为：特殊位置平面和一般位置平面。其中特殊位置平面又可分为垂直于投影面的平面和平行于投影面的平面。

1. 垂直于一个投影面的平面

垂直于一个投影面的平面，是指垂直于某一投影面而与其余两个投影面倾斜的平面，又称为投影面垂直面。垂直于 H 面同时倾斜于 V 面和 W 面的称为铅垂面，垂直于 V 面同时倾斜于 H 面和 W 面的称为正垂面，垂直于 W 面同时倾斜于 V 面和 H 面的称为侧垂面。

表 2-3 中分别列出了铅垂面、正垂面和侧垂面的投影特性。

表 2-3　投影面垂直面的投影特性

名称	直观图	投影图	投影特点
铅垂面			(1)水平投影积聚为一条直线段，且与 OX，OY 轴的夹角分别为 β，γ (2)正面投影和侧面投影都是平面图形的类似形
正垂面			(1)正面投影积聚为一条直线段，且与 OX，OZ 轴的夹角分别为 α，γ (2)水平投影和侧面投影都是平面图形的类似形
侧垂面			(1)侧面投影积聚为一条直线段，且与 OZ，OY_w 轴的夹角分别为 α，β (2)水平投影和正面投影都是平面图形的类似形

由表 2-3 中各投影面垂直面的投影特性可以归纳投影面垂直面的特点如下：

(1)平面在所垂直的投影面上的投影积聚为一条直线，且该直线与该投影面上的相应投影轴之间的夹角，等于平面与其余相应两投影面的夹角。

(2)平面在其余两个投影面上的投影都是其类似形。

2. 平行于一个投影面的平面

平行于一个投影面的平面，是指和某一投影面平行而与其余两个投影面垂直的平面，又称为投影面平行面。平行于 H 面的称为水平面；平行于 V 面的称为正平面；平行于 W 面的称为侧平面。

表 2-4 中分别列出了水平面、正平面和侧平面的投影特性。

表 2-4　投影面平行面的投影特性

名称	直观图	投影图	投影特点
水平面			(1)水平投影反映平面图形的实形 (2)正面投影积聚为一直线，且平行于 OX 轴 (3)侧面投影积聚为一直线，且平行于 OY_w 轴

续表

名称	直观图	投影图	投影特点
正平面			(1)正面投影反映平面图形的实形 (2)水平投影积聚为一直线，且平行于 OX 轴 (3)侧面投影积聚为一直线，且平行于 OZ 轴
侧平面			(1)侧面投影反映平面图形的实形 (2)正面投影积聚为一直线，且平行于 OZ 轴 (3)水平投影积聚为一直线，且平行于 OY_H 轴

由表 2-4 中各投影面平行面的投影特性可以归纳投影面平行面的特点如下：

(1)平面在所平行的投影面上的投影反映该平面的实形。

(2)平面在其余两个投影面上的投影都积聚为一条直线，且平行于所平行的投影面上的相应投影轴。

注意：虽然投影面的平行面垂直于另两个投影面，如水平面垂直于正立投影面 V 和侧立投影面 W，但不能将该平面称为正垂面或侧垂面，因为水平面比正垂面和侧垂面都更特殊。

3. 一般位置平面

如果一个平面和三个投影面都是倾斜的，如图 2-41(a)所示，它既不是投影面的垂直面，也不是投影面的平行面，而是称为一般位置平面。此时，一般位置平面在三个投影面上的投影都是该平面的类似形，如图 2-41(b)所示。

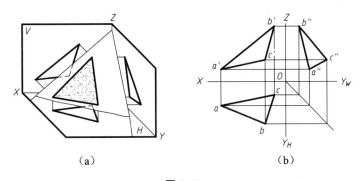

　　　　(a)　　　　　　　　　　　　　(b)

图 2-41

2.4.3　平面上的直线和点

1. 平面上的直线

由初等几何知识可知，判断一条直线是否在平面上有两种方法。

(1)若一条直线通过平面上的两个点，则此直线必定在该平面上。

如图 2-42(a)所示，BA 和 BC 是平面 P 上的两条直线，当直线 MN 通过 BA 上的点 K 和 BC 上的点 L 时，则 MN 必定在平面 P 上。在投影图中求 BA 和 BC 所决定的平面上的直线 MN 时，可以先在 BA 和 BC 上分别任意各取一点 M，N，再将点 M，N 连接，就得到了平面上的直线 MN，如图 2-42(b)所示。

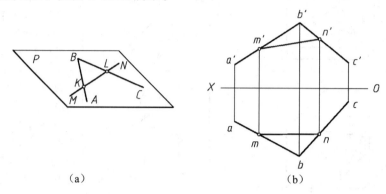

(a)   (b)

图 2-42

(2)若一条直线通过平面上的点，且平行于平面上的另一条直线，则此直线必定在该平面上。

如图 2-43(a)所示，BA 和 BC 是平面 P 上的两条直线，当直线 KL 通过 BC 上的点 K，且平行于 BA 时，则 KL 必定在平面 P 上。在投影图中求 BA 和 BC 所决定的平面上的直线 KL 时，可以先在 BC 上任意取一点 K，再过点 K 作 BA 的平行线 KL，就得到了平面上的直线 KL，如图 2-43(b)所示。

必须要注意的是，无论采用哪种方法求解，所求得的平面上的直线都应该有无数条。

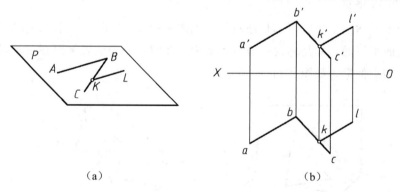

(a)   (b)

图 2-43

2. 平面上的点

判断一个点是否在平面上，可以先判断该点所在的某条直线是否在平面上，若该直线在平面上，则该点必定在平面上。求作平面上的一个点也是采用此种方法。

例 2-15 已知平面 ABC 的两面投影和 K 点的 V 面投影如图 2-44(a)所示，求 K 点在 H 面上的投影。

解：连接 a'，k' 并延长，和 $b'c'$ 交于点 $1'$，过点 $1'$ 作垂直于 OX 轴的投影连线与 bc 交于点 1，连接 $a1$，则点 k 必定在 $a1$ 上，求出结果如图 2-44(b)所示。

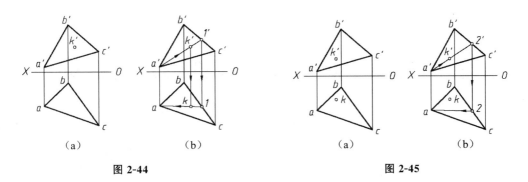

（a）　　　　　（b）　　　　　　　　　　（a）　　　　　（b）

图 2-44　　　　　　　　　　　　　　图 2-45

例 2-16　已知平面 ABC 和点 K 的两面投影如图 2-45(a)所示，试判断点 K 是否在平面 ABC 上。

解： 和例 2-15 一样，可以先连接 a'，k' 并延长，和 $b'c'$ 交于点 $2'$，过点 $2'$ 作垂直于 OX 轴的投影连线与 bc 交于点 2，连接 $a2$，结果如图 2-45(b)所示，因水平投影中，k 不在 $a2$ 上，所以点 K 不在平面 ABC 上。

例 2-17　已知五边形 $ABCDE$ 的部分两面投影如图 2-46(a)所示，且 BC 为正平线，试补全其两面投影。

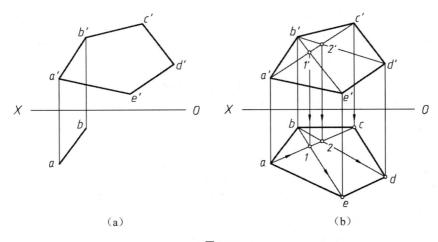

（a）　　　　　　　　　　　　　　（b）

图 2-46

分析： 题中需要补全的是其水平投影的四条直线段，但如果其水平投影中的剩下三个点 c，d，e 能求出，则该四条直线段就能得到。

解： 因 BC 为正平线，其 H 面的投影平行于 OX 轴。

(1)在 H 面上，过点 b 作直线平行于 OX 轴，并利用点的投影规律，求出 C 点的水平投影 c。

(2)在 V 面上，连接 a'，c'，再连接 b'，e' 交 $a'c'$ 于点 $1'$，连接 b'，d' 交 $a'c'$ 于点 $2'$。

(3)利用点的投影规律，求出 ac 上点 1，2 的水平投影。

(4)在 H 面上，连接 b，1 和 b，2 并延长，利用点的投影规律求出点 D，E 的水平投影。

(5)在 H 面上，用粗实线依次连接 b，c；c，d；d，e 和 a，e，结果如图 2-46(b)所示。

第3章 平面基本体的投影及其截切

前面章节中学习了点、线、面的投影，这一章学习体的投影。机械设备中的各种零件，大多是由一些简单的单一几何形体（又称基本体），如棱柱、棱锥、圆柱、球等经过各种方式组合而成。因此要掌握复杂组合体的投影，首先必须熟悉各种基本体的投影。从本章开始，将学习各种基本体以及它们的组合体的投影。

3.1 体的投影与视图的基本概念

3.1.1 体的投影

体的投影，实质是构成该体的所有表面的投影总和。能够把体的所有表面的投影都分析清楚，体的形状结构自然也能分析清楚。如图 3-1(a)所示的平面体，上平面 $ABCD$ 和下平面 $EFGH$ 都是水平面，它们的水平投影 $abcd(efgh)$ 都反映各自平面的实形，正面投影分别积聚为直线段 $a'b'c'd'$、$e'f'g'h'$，侧面投影分别积聚为直线段 $a''b''c''d''$、$e''f''g''h''$；左侧面 $ABFE$ 和右侧面 $DCGH$ 都是侧平面，它们的侧面投影 $a''b''f''e''(d''c''g''h'')$ 都反映各种平面的实形，正面投影分别积聚为直线段 $a'b'f'e'$、$d'c'g'h'$，水平投影分别积聚为直线段 $abfe$、$dcgh$；前面 $AEHD$ 是侧垂面，其侧面投影积聚为一条直线段 $a''e''h''d''$，正面投影 $a'e'h'd'$ 是其类似形，水平投影 $aehd$ 也是其类似形；后面 $BCGF$ 是正平面，其正面投影 $b'c'g'f'$ 反映平面的实形，水平投影积聚为直线段 $bcgf$，侧面投影也积聚为直线段 $b''c''g''f''$。

至此，该平面体的所有表面都分析完毕，但在画它的投影图时，因为平面体的棱线 EH 处于最下方，在向 H 面投影时被其他部分挡住，所以它的水平投影 eh 应画成一条虚线段。平面体的投影图如图 3-1(b)所示。

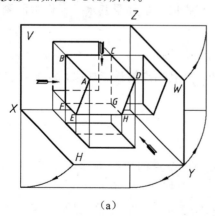

(a)

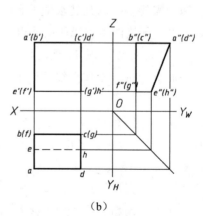

(b)

图 3-1

3.1.2　三面投影与三视图

对于体来说，它的三面投影在机械制图国家标准中称为视图。由此可见，视图也就是机械零件这些"体"在投影面上的投影，它们在本质上是一致的，而这些"体"在三面投影体系中的投影也有各自的名称，分别称为主视图、俯视图、左视图。

(1)主视图：由前向后投射，在 V 面上所得的投影。

(2)俯视图：由上向下投射，在 H 面上所得的投影。

(3)左视图：由左向右投射，在 W 面上所得的投影。

在后续的内容中，将使用这三个新名称，一般不再称为某个平面的投影。

注意：无论是"视图"还是"投影"，都可看作自己站在投影面和体的外侧，向投影面方向看去的结果，这一点对初学者非常重要，希望读者能够认真体会。

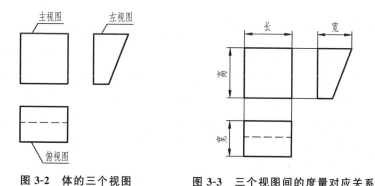

图 3-2　体的三个视图　　　　图 3-3　三个视图间的度量对应关系

将三个投影面展开后，得到体的三个视图(见图 3-2)。由于投影轴只反映物体对投影面的距离，对视图之间的投影关系并无影响，故省略不画。而且各视图间的距离可由绘图者自行确定。

根据前面内容的投影分析，三视图之间有以下的重要对应关系，在绘图时必须严格遵守。

1. 三视图间的度量对应关系

由图 3-3 可以知道，主视图能反映物体的长度和高度，俯视图能反映物体的长度和宽度，左视图能反映物体的高度和宽度。所以，**主视图和俯视图的长度相等，主视图和左视图的高度相等，俯视图和左视图的宽度相等**。这就是通常所说的三视图必须满足的**"长对正、高平齐、宽相等"**的度量对应关系，特别是在画俯视图和左视图时，它们的宽度关系以及下文的方向关系不能出错。

2. 三视图间的方位对应关系

在三维空间中，物体都有上下、左右和前后的方位关系，三视图之间也反映了物体的这些方位关系：主视图反映了物体的上、下和左、右方位；俯视图反映了物体的左、右和前、后方位；左视图反映了物体的上、下和前、后方位。其中左视图的前、后方位关系接触较少，需要多加领会。

3.2 平面基本体的三视图

根据体的表面组成情况，可分为平面基本体和曲面基本体。平面基本体的各个表面都是平面，具有至少一个曲面表面的基本体称为曲面基本体。

平面基本体中常见的是棱柱、棱锥两大类。曲面基本体中有一种由回转面组成的基本体称为回转体，其余为复杂的曲面基本体。

3.2.1 棱柱

棱柱由若干个棱面和上下两个底面组成。两个棱面之间的交线称为棱线，棱柱的棱线相互平行。按棱线的数量可分为三棱柱、四棱柱……棱线与至少一个底面垂直的称为直棱柱，这里只讨论直棱柱的投影。

以图 3-4 所示的正五棱柱为例，当正五棱柱与三投影面的位置如图 3-4(a) 所示时，上下两个底面是水平面，在俯视图中反映正五边形的实形，在其余两个视图中积聚为直线；后方一个棱柱面是正平面，在主视图中反映实形，在俯视图中积聚为一条直线和正五边形的一条边重合，在左视图中也积聚为一条直线；其余四个棱面是铅垂面，在俯视图中积聚为直线且和正五边形重合，在其他两个视图中是棱面的类似形。正五棱柱的 5 条棱线都是铅垂线，在俯视图中和正五边形的 5 个顶点重合，在其他两个视图中反映实际长度，需注意的是后方平面上的两条棱线在主视图中因看不见必须画成虚线。

根据以上分析，可以画出其三视图如图 3-4(b) 所示。

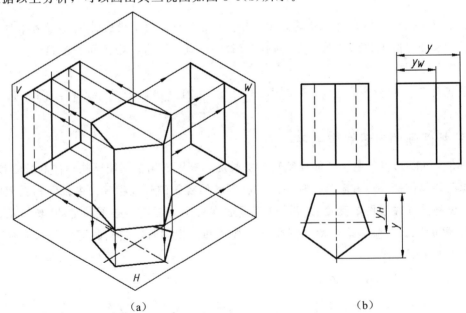

（a） （b）

图 3-4　棱柱的三视图

由此可见，当直棱柱棱线垂直于投影面放置时，其三视图的特点：一个视图反映上下底面的实形。其余两个视图反映棱线的长度。画图时应先画出反映底面形状的多边形视图，再由棱线的长度按投影关系画另外两个视图。

在视图对称时或具有回转结构时应画出对称中心线，对称中心线用细点画线表示，其画法如图 3-4(b)所示。

图 3-5 列出了三棱柱和六棱柱的三视图。

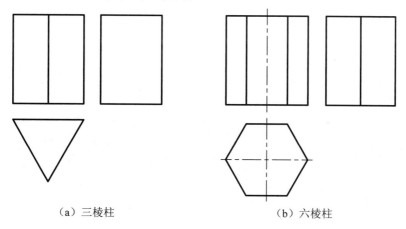

（a）三棱柱　　　　　　　　　　　（b）六棱柱

图 3-5

为了加深对基本体结构及其视图的理解，通常用三视图求解其表面上的点或线的投影进行练习。

例 3-1　已知正五棱柱的三视图如图 3-6(a)所示，补全其主视图中直线段 $m'n'$ 在其他两个视图中的投影。

解： 因为是在平面体正五棱柱的表面上，主视图中的直线段 $m'n'$ 在空间中是直线段，也就是说在其他两个视图中的投影也是直线段，只不过 $m'n'$ 和主视图中的中间棱线的投影相交，所以 $m'n'$ 应为两段直线 $m'a'$ 和 $a'n'$ 组成。直线段可以由它的两个端点决定，应该先求其三个端点 m'，a'，n' 的投影。各个端点都在棱面（平面）或棱线（直线）上，可以利用平面（或直线）上点的特性求解。

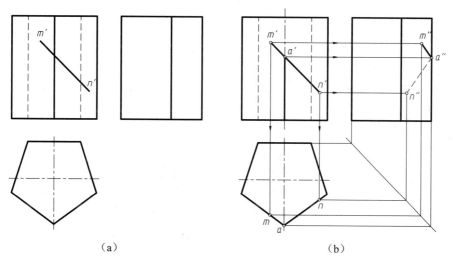

（a）　　　　　　　　　　　　（b）

图 3-6　正五棱柱表面上点和直线的投影

解题步骤：

（1）点 M 在前方的左棱柱面上，它在俯视图中的投影和正五边形的左下方直线段重合，根据点的投影规律可以分别求出其俯视图和左视图的投影；点 N 在前方的右棱柱面上，可用同样方法求出；点 A 在棱线上，其在俯视图中的投影和正五边形的前方顶点重合，左视图中的投影在右侧的直线上。

（2）将三个点求出后，根据两段直线在各个视图中是否可见，分别画出它们的线型如图 3-6(b)所示。

3.2.2　棱锥

和棱柱不同的是，棱锥的顶部不是平面，而是由各条棱线相交成的顶点，该顶点称为锥顶。按棱线的数量可分为三棱锥、四棱锥……

以图 3-7 所示的正三棱锥为例，当正三棱锥与三投影面的位置如图 3-7(a)所示时，底面 ABC 是水平面，在俯视图中反映正三角形的实形，在其余两个面上的投影积聚为直线；靠紧 V 面的棱面是侧垂面 SAC，在左视图中积聚为一条斜线，主视图和俯视图中都是等腰三角形；前方的左、右两个棱面（SAB，SBC）都是一般位置平面，在三个视图中都是三角形。三条棱线都是一般位置直线。

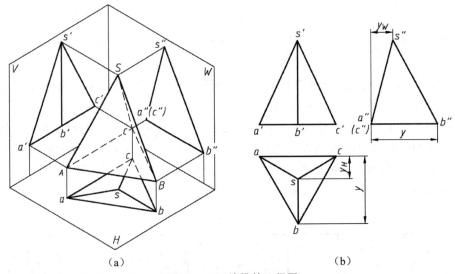

图 3-7　正三棱锥的三视图

根据以上分析，可以画出其三视图如图 3-7(b)所示。必须注意，锥顶 S 到底面 AC 线间的 Y 坐标值必须保证两视图中的关系 $y_H = y_W$。

图 3-8 列出了四棱锥和六棱锥的三视图。

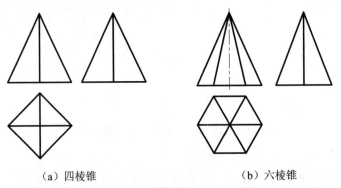

（a）四棱锥　　　　　　　　　　（b）六棱锥

图 3-8

例 3-2　已知正三棱锥的主视图、俯视图和它表面上的点 M 在主视图中的投影 m'，如图 3-9(a)所示，补画它的左视图及点 M 在其余两个视图中的投影。

解：棱锥表面上点的投影可以采用"底边平行线法"和"棱面斜线法"两种方法求解。本例题采用底边平行线法。

解题步骤：

(1)过主视图中点 m' 作底边 $a'b'$ 的平行线与棱线 $s'a'$ 交于点 $1'$。

(2)因点 Ⅰ 在棱线 AB 上，求出点 Ⅰ 在俯视图中的投影 1，过点 1 作底边 ab 的平行线 12。

(3)因点 M 在直线 12 上，利用点在直线上的投影规律分别求出其在俯视图和左视图的投影。

结果如图 3-9(a)所示。

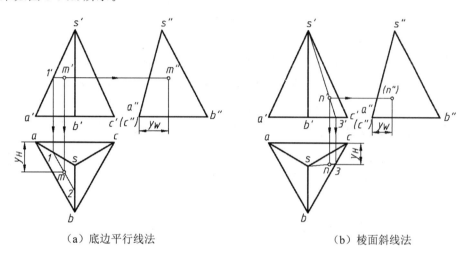

（a）底边平行线法　　　　　　　　　（b）棱面斜线法

图 3-9　三棱锥表面点的求法

例 3-3　已知正三棱锥的主视图、俯视图和它表面上的点 N 在主视图中的投影 n'，如图 3-9(b)所示，补画它的左视图及点 N 在其余两个视图中的投影。

解：(1)连接 s'，n' 并延长，和底边 $b'c'$ 相交于点 $3'$，则点 N 在直线 $S3$ 上。

(2)因点 3 在底边 BC 上，可以求出点 3 在俯视图中的投影 3，连接点 s，3 后再求出点 n 在俯视图的投影。

(3)根据俯视图和左视图宽度相等、主视图和左视图高度相等的原则，求出点 n 在左视图的投影。

结果如图 3-9(b)所示。

3.3　平面基本体的截切

机械设备中有许多由平面基本体被平面切割后形成的零件。如图 3-10 所示的三棱锥被一个平面截切、五棱柱被两个平面截切、四棱锥台被四个平面截切均是如此。平面基本体被平面截切后会形成新的交线和表面，新的交线称为截交线，新的表面称为截交面，截交面也是由截交线所组成。为了清楚表达这些由切割形成的零件形状，必须正确地画出截交线的投影。

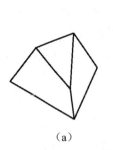 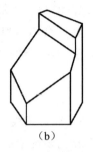 

（a） （b） （c）

图 3-10 平面基本体被截切

3.3.1 求平面基本体截交线的方法与步骤

因为截交线是由截平面和平面体的各表面相交形成的直线，所以截交面是由直线段组成的封闭多边形图。多边形的边数和截平面与平面体上表面相交的数目有关。

截交线是平面体上的各表面与截平面的共有线，因此求截交线的实质是求截平面与平面体上各表面的共有线问题；而直线段又由两个端点确定，所以也是求它们之间的共有点的问题。

1. 求平面体上截交线的方法

（1）棱线法：求各棱线与截平面的交点。

（2）棱面法：求各棱面与截平面的交线。

两种方法均有各自的特点，需根据具体情况分析。

2. 求平面体上截交线的一般步骤

（1）首先分析截交线的形状

平面体截交线的形状，和平面体的结构以及截平面与平面体的相对位置有关，但截交线都是封闭的平面多边形。

（2）分析截交线的投影

因截交线也属于截平面，必须分析截平面与投影面的相对位置，明确截交线在投影面上的投影特性，如积聚性、实形性和类似形，以便更快更好地求解。

（3）画出截交线的投影

分别求出截平面与平面体上各表面的交线，并判断其可见性，最后将其连接成多边形。

3.3.2 求平面基本体截交线的实例

例 3-4 如图 3-11（a）所示，已知正三棱锥被平面 P_V 截切后的主视图和部分俯视图，补全其全部视图。

（1）分析

因截平面 P_V 与三棱锥三个棱面相交，所以截交线为三角形，它的三个顶点为三棱锥的三条棱线与截平面 P_V 的交点。

截平面 P_V 垂直于正立投影面，与水平投影面和侧立投影面都是倾斜的。所以，截交线的正面投影积聚在 P_V 上，而其水平投影和侧面投影都是类似形，即三角形。

（2）作图

①首先画出正三棱锥的完整三视图。

②确定截交线在主视图中的投影为点 1′，2′，3′ 之间的连线，同时这三点分别属于三条棱线。

③根据直线上点的投影规律，求出这三点在俯视图中的投影 1，2，3，和在左视图中的投影 1″，2″，3″。

④判断各截交线的可见性后，将这三点的同面投影依次连接，得到截交线的投影。

⑤检查三视图，将正三棱锥被截平面 P_V 截去的投影擦除，判断并补全其余两视图中的轮廓线投影。

结果如图 3-11（b）所示。

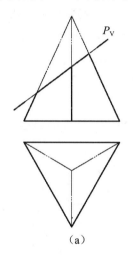
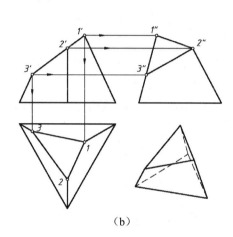

（a） （b）

图 3-11 正三棱锥被一个平面截切

例 3-5 如图 3-12（a）所示，已知正六棱柱被平面 P_V 截切后的主视图和部分俯视图，补全其全部视图。

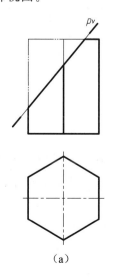
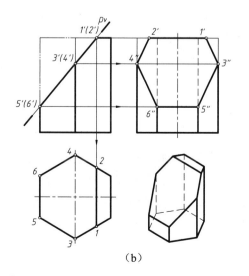

（a） （b）

图 3-12 正六棱柱被一个平面截切

（1）分析

因截平面 P_V 和六棱柱的五个棱面及一个上底面相交，所以截交线为对称的六边形。该六边形中的四个顶点为六棱柱的四条棱线与截平面 P_V 的交点，另两个顶点为六棱柱上底面的两条边与截平面 P_V 的交点。

截平面 P_V 垂直于正立投影面，与水平投影面和侧立投影面都是倾斜的。所以，截交线的正面投影积聚在 P_V 上，而其水平投影和侧面投影都是类似形，即对称的六边形。

（2）作图

①首先画出正六棱柱的完整三视图。

②确定截交线在主视图中的投影为点 $1'$，$2'$，$4'$，$6'$，$5'$，$3'$ 之间的连线，同时其中的点 $4'$，$6'$，$5'$，$3'$ 分别属于四条棱线，点 $1'$，$2'$ 属于上底面的两条边。

③根据直线上点的投影规律，求出这六点在俯视图中的投影和在左视图中的投影。

④判断各截线的可见性后，将这六点的同面投影依次连接，得到截交线的投影。

⑤检查三视图，将正六棱柱被截平面 P_V 截去的投影擦除，补全其余两视图中的轮廓线投影，特别是左视图中有两条棱线的投影看不见，必须画成虚线。

结果如图 3-12（b）所示。

例 3-6　如图 3-13（a）所示，已知正五棱柱被平面截切后的主视图和部分俯视图，补全其全部视图。

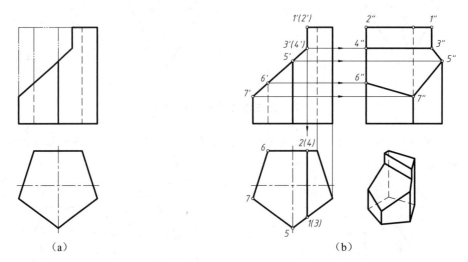

（a）　　　　　　　　　　　　（b）

图 3-13　正五棱柱被两个平面截切

（1）分析

由主视图可以知道，正五棱柱被两个平面（正垂面、侧平面）截切。正垂面和五棱柱的四个棱面有交线，侧平面和五棱柱两个棱面及一个上底面有交线，同时正垂面和侧平面之间也有一条交线。因此，截交面应为五边形和四边形共有一条边形成的空间多边形。

正垂面截切后所得的截交线在主视图上积聚成斜线，俯视图中和正五边形的部分边重合，在左视图中为一类似形，即五边形；侧平面截切后所得的截交线在主视图上积聚成最短的竖直线，在俯视图中的投影积聚成正五边形的部分直线，在左视图中反映实形。

（2）作图

①首先画出正五棱柱的完整三视图。

②确定截交线在主视图中的投影为点 1′，2′，4′，6′，7′，5′，3′ 之间的连线，同时其中的点 5′，6′，7′ 分别属于 3 条棱线，点 1′，2′ 属于上底面的两条边，其余的点 3′，4′ 和 1′，2′ 属于水平投影面的重影点。

③根据直线上点的投影规律，求出这七点在俯视图中的投影和在左视图中的投影。

④将这七点的同面投影依次连接，特别是左视图中点 3″，4″ 之间的连线，得到截交线的投影。

⑤检查三视图，将正五棱柱被截平面截去的投影擦除，检查加粗其余两视图中的轮廓线投影，特别是左视图中有一条棱线看不见，必须用虚线表示。

结果如图 3-13（b）所示。

例 3-7 如图 3-14（a）所示，已知正四棱锥被平面截切后的主视图和部分俯视图，补全其全部视图。

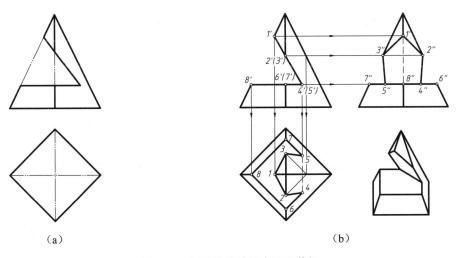

（a）　　　　　　　　　　　　　　　（b）

图 3-14　正四棱锥被两个平面截切

（1）分析

由主视图可以知道，正四棱锥被两个平面（水平面、正垂面）截切。水平面和四棱锥的四个棱面有交线，正垂面和四棱锥的四个棱面有交线，同时水平面和正垂面之间也有一条交线。因此，截交线应为两个四边形共有一条边形成的空间多边形。

水平面截切后所得的截交线在主视图上积聚成一直线，俯视图中的各边和正四边形的边平行，在左视图中积聚为一直线；正垂面截切后所得的截交线在主视图上积聚为一直线，在俯视图和左视图中是类似形。

（2）作图

①首先画出正四棱锥的完整三视图。

②确定截交线在主视图中的投影为点 1′，3′，5′，7′，8′，6′，4′，2′ 之间的连线，同时其中的点 1′，8′，3′，7′，2′，6′ 分别属于三条棱线，点 4′，5′ 属于两截平面的交线。

③根据直线上点的投影规律，求出这八点在俯视图中的投影和在左视图中的投影。

④判断各截交线的可见性后，将这八点的同面投影依次连接，得到截交线的投影。

⑤检查三视图，将正四棱锥被截平面截去的投影擦除，补全其余两视图中的轮廓线投影，特别是左视图中有一条棱线看不见，必须用虚线表示。

结果如图 3-14(b)所示。

例 3 8　如图 3 15(a)所示，已知四棱柱被平面截切后的主视图和部分俯视图，补全其全部视图。

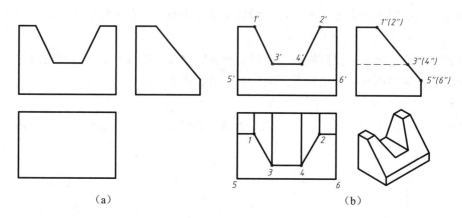

图 3-15　正四棱锥被两个平面截切

(1)分析

由主视图可以知道，四棱柱被四个平面(水平面、两个对称的正垂面、侧垂面)截切。左视图中的侧垂面和四棱柱的四个面有交线，水平面和四棱柱的一个棱面及侧垂面有交线，正垂面和四棱柱的两个面以及水平面和侧垂面都有交线。其截交线较复杂，但因两个正垂面对称，所以其截交线也是对称的。

侧垂面截切后所得的截交线在左视图上积聚成一斜线，主视图和俯视图中都有三条边和四边形的边重合；水平面截切后所得的截交线在主视图中积聚为一直线，在俯视图中和四边形的边重合，在左视图中看不见的边应画成虚线；其中一个左侧的正垂面截切后所得的截交线在主视图上积聚为一直线，在俯视图和左视图中是类似形。另外还有几个截平面之间的交线需要考虑。

(2)作图

①首先画出四棱柱的完整三视图。

②确定侧垂面形成截交线在左视图中的投影为右上方点 1″，2″，3″，4″，5″，6″间的斜线段，同时其中的点 1′，2′，5′，6′分别属于四条棱线；水平面形成的截交线在主视图的投影为点 3′，4′间的直线段，两个正垂面形成的截交线在主视图中的投影为 1′，3′和 2′，4′之间的斜线段。

③根据直线上点的投影规律，求出这六点在俯视图中的投影和在左视图中的投影。

④将这六点的同面投影按各自的截交线投影关系依次连接，得到截交线的投影。

⑤检查三视图，将四棱柱被截平面截去的投影擦除，补全其余两视图中的轮廓线投影，特别是左视图中水平截面看不见，必须用虚线表示。

结果如图 3-15(b)所示。

第4章　回转体的投影及其截切

常见的回转体有圆柱体、圆锥体、圆球和圆环，受机械加工工艺影响，大多数回转体零件都是在这些基本体的基础上经过各种方式组合而成。虽然这些回转体较常见，然而经过截切后结构形状变化较大，三视图中截交线的画法是个重点，必须先掌握各种回转体的形成过程，才能更好地理解后续内容中截交线的作图原理。

4.1　回转基本体的形成

1. 圆柱体的形成

如图 4-1(a)所示，圆柱体由圆柱面和上下两个底面圆组成。圆柱面可看成一条直线 AB 绕和它平行的轴线 OO_1 旋转一周形成。直线 AB 称为圆柱面的母线，圆柱面上任意一条平行于轴线的直线称为圆柱面的素线。

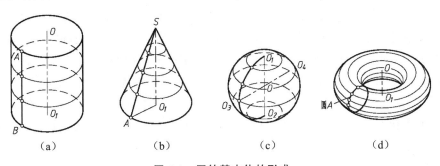

(a)　　　　　(b)　　　　　(c)　　　　　(d)

图 4-1　回转基本体的形成

和两个端点 A，B 一样，直线上的所有各点绕轴线 OO_1 旋转一周后的轨迹，都是和上下底面相同的圆。圆柱面上除素线外，没有也不能画出任何一条空间直线。

2. 圆锥体的形成

如图 4-1(b)所示，圆锥体由圆锥面和下底面圆组成。圆锥面可看成一条直线 SA 绕和它相交的轴线 SO_1 旋转一周形成。点 S 称为锥顶，直线 SA 称为圆锥面的母线，圆锥面上通过锥顶 S 的任一直线称为圆锥面的素线。

和端点 A 一样，母线上的所有各点绕轴线 SO_1 旋转一周后的轨迹，都是直径大小不一的圆，各圆的半径等于各点到轴线 SO_1 的距离，而且各圆的圆心都在轴线 SO_1 上。

圆锥面上除通过锥顶 S 的素线外，没有也不能画出任何一条空间直线。

3. 球体的形成

如图 4-1(c)所示，球体的表面可看成一条半圆弧母线绕其两个端点 O_1，O_2 之间的直径(轴线)旋转一周形成。

这条半圆弧上的所有点绕轴线 O_1O_2 的轨迹都是圆,其半径等于各点到轴线 OO_1 的距离,而且各圆的圆心都在轴线 O_1O_2 上。需注意的是,这条半圆弧上的所有点绕通过其球心的轴线旋转一周形成的轨迹也都是圆,读者可试着想象各点绕水平轴线 O_3O_4 旋转一周之后的轨迹形状。

球体的表面上没有也不能画出任何一条空间直线。

4. 圆环的形成

如图 4-1(d)所示,圆环的表面可看成一条母线圆 A 绕轴线 OO_1 旋转一周形成。

母线圆 A 上所有点绕轴线 OO_1 旋转一周后的轨迹都是圆,其半径等于各点到轴线 OO_1 的距离,而且各圆的圆心都在轴线 OO_1 上。

圆环的表面上没有也不能画出任何一条空间直线。

4.2 回转基本体的三视图

4.2.1 圆柱体的三视图

1. 圆柱体的投影

如图 4-2(a)所示,圆柱体的轴线垂直于 H 面放置。其上、下底面是水平面,在俯视图中的投影为反映其实形的圆,在主视图和左视图的投影都积聚为一条直线;圆柱面垂直于 H 面,在俯视图中的投影积聚成与上、下底面的投影重合的圆(圆柱面上所有的点和直线在俯视图中的投影都在该圆上),在主视图中的投影以其左右两条轮廓素线(又称转向轮廓线) AA_1 和 BB_1 的投影表示,在左视图中的投影以其前后两条转向轮廓线 CC_1 和 DD_1 的投影表示,这样主视图和左视图都反映为两个相等的矩形线框。4 条转向轮廓线在俯视图中的投影分别和圆的 4 个象限点重合。

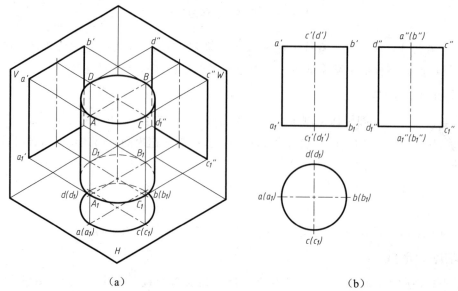

(a)   (b)

图 4-2 圆柱体的三视图

规定：投影为矩形的视图上要用点画线画出回转轴的投影，在投影为圆的视图上要用互相垂直的两条点画线的交点表示圆心位置，这些点画线称为中心线。在画其他回转体(如圆锥体、圆球、圆环)的投影图时也都有如此要求。

画圆柱体的三视图时，应先画出 3 个视图的中心线，然后画出投影为圆的视图，再按投影关系画其他 2 个视图，结果如图 4-2(b)所示。

2. 圆柱体转向轮廓线的投影与圆柱面的可见性

如图 4-2(b)所示，转向轮廓线 AA_1 和 BB_1 在主视图上的投影是主视图上的轮廓线 $a'a_1'$ 和 $b'b_1'$，在左视图中的投影和中心线重合(图中仍应画成点画线)，在俯视图中的投影是圆的左右 2 个象限点；转向轮廓线 CC_1 和 DD_1 在左视图上的投影是轮廓线 $c''c_1''$ 和 $d''d_1''$，在主视图中的投影和中心线重合(图中仍应画成点画线)，在俯视图中的投影是圆的前后 2 个象限点。

在回转体的视图中，某一视图中的转向轮廓线的投影就是曲面在该视图上可见与不可见部分的分界线。如图 4-2(b)所示，主视图中可见与不可见的分界线是 $a'a_1'$ 和 $b'b_1'$，在此分界线之前的半个圆柱面可见，在此分界线之后的半个圆柱面不可见。这可以由俯视图说明，半圆弧 acb 为前半个圆柱面的投影，其主视图中的投影可见，但其在左视图中的投影又分为可见与不可见的两部分；半圆弧 adb 为后半个圆柱面的投影，其主视图中的投影不可见，但其在左视图中的投影也可分为可见与不可见的两部分。

例 4-1　如图 4-3(a)所示，已知圆柱面的主视图上有投影为直线的折线，求该折线反映的空间线段在俯视图和左视图中的投影。

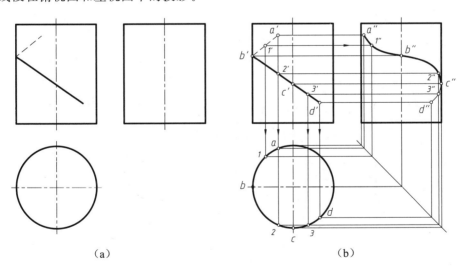

（a）　　　　　　　　　　　（b）

图 4-3　圆柱表面上点和线投影的求法

解：由第 1 节的内容可知，除了圆柱面上的素线、圆锥面上的素线外，回转表面上没有也不能画出任何一条空间直线。图 4-3(a)主视图中的两段直线因为与轴线不平行，所以只能是空间曲线。与直线段的投影求法不同，求曲线的投影时首先必须求出特殊点的投影，然后再补充其他点的投影，**每 2 个特殊点之间必须且至少要有 1 个中间点的投影。特殊点一般包括：最高点、最低点、最左点、最右点、最前点、最后点以及和中心线的交点。**

（1）在已知的主视图中给两段直线标记出各个特殊点 a'，b'，c'，d'（为阅读方便起见，各点注写字符，读者做作业时应尽量不注字符）。

（2）根据圆柱面上所有点的投影都在俯视图中的圆上，求出各点在俯视图中的投影，并根据俯视图和左视图宽度相等、主视图和左视图高度平齐的原则，求出各点在左视图中的投影。

（3）在各线段中，每 2 个特殊点之间补充 1 个中间点 $1'$，$2'$，$3'$。

（4）重复（2）的步骤，求出各中间点在俯视图和左视图中的投影。

（5）光滑地顺序连接各点的同面投影，并判断出可见性（不可见的线段画虚线）。

结果如图 4-3（b）所示。

4.2.2 圆锥体的三视图

1. 圆锥体的投影

如图 4-4（a）所示，圆锥体的轴线垂直于 H 面放置。其底面是水平面，在俯视图中的投影为反映其实形的圆，在主视图和左视图的投影都积聚为一条直线；圆锥面是空间曲面，在俯视图中的投影成与底面的投影重合的圆（圆锥面上所有的点和直线在俯视图中的投影都在该圆内），在主视图中的投影以其左右两条转向轮廓线 SA 和 SB 的投影表示，在左视图中的投影以其前后两条转向轮廓线 SC 和 SD 表示，这样主视图和左视图都反映为两个相等的等腰三角形。4 条转向轮廓线在俯视图中的投影分别和圆的 4 个象限点上的半径重合。

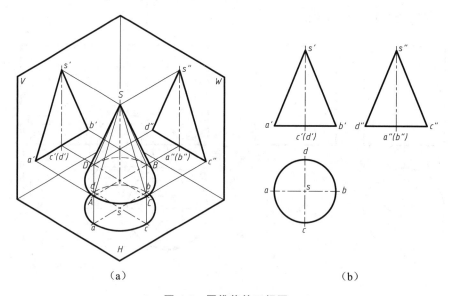

（a）　　　　　　　　　　　（b）

图 4-4　圆锥体的三视图

2. 圆锥体转向轮廓线的投影与圆锥面的可见性

如图 4-4（b）所示，转向轮廓线 SA 和 SB 的投影是主视图上的轮廓线 $s'a'$ 和 $s'b'$，其在左视图中的投影和中心线重合（图中仍应画成点画线），在俯视图中的投影是圆的 sa、sb 两条半径；转向轮廓线 SC 和 SD 的投影是左视图上的轮廓线 $s''c''$ 和 $s''d''$，在主视图中的投影和中心线重合（图中仍应画成点画线），在俯视图中的投影是圆的 sc、sd 两条半径。

如图 4-4(b)所示，圆锥体的主视图中可见与不可见的分界线是 $s'a'$ 和 $s'b'$，在此分界线之前的半个圆锥面可见，在此分界线之后的半个圆锥面不可见。这可以由俯视图说明，半圆弧 acb 和直径 asb 包围的半圆面为前半个圆锥面的投影，其在主视图中的投影可见，但其在左视图中的投影又分为可见与不可见的两部分；俯视图中半圆弧 adb 和直径 asb 包围的半圆面为后半个圆锥面的投影，其在主视图中的投影不可见，但其在左视图中的投影也可分为可见与不可见的两部分。

例 4-2　如图 4-5(a)所示，已知圆锥及其圆锥面上一点 A 的主视图，补全点 A 在俯视图和左视图中的投影。

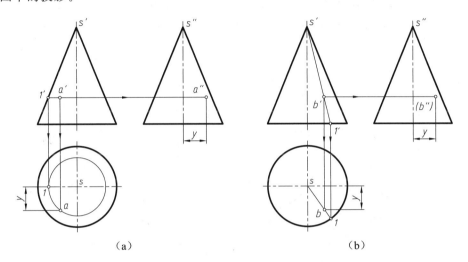

（a）　　　　　　　　　　　　　　（b）

图 4-5　圆锥体表面上点的求法

解：点 A 在圆锥面上，必须用面上求点的方法求解，该方法是先在圆锥面上找出一条通过点 A 的直线或曲线，再用直线或曲线上点的投影特性作图解出。从本章第 1 节中圆锥的形成过程可以知道，圆锥面上所有点绕其轴线旋转一周之后的轨迹为圆，且该点必定在这条轨迹圆上。

（1）主视图中，过点 a' 作水平线与左侧转向轮廓线的投影相交，交点到轴线的水平距离就是轨迹圆的半径。

（2）过交点作垂直于 OX 轴的投影连线和俯视图中的水平中心线相交，再以该交点到圆心的距离为半径作俯视图中的同心圆，该圆即为 A 点的轨迹圆在俯视图中的投影。

（3）利用点在线上的投影规律分别求出点 A 在俯视图中的投影 a 和左视图中的 a'' 投影，特别注意俯视图和左视图中的宽度相等的对应关系。

结果如图 4-5(a)所示。

例 4-3　如图 4-5(b)所示，已知圆锥及其圆锥面上一点 B 的主视图，补全点 B 在俯视图和左视图中的投影。

解：采用素线法求解。

（1）在主视图中，连接锥顶 s' 和点 b' 并延长至与底边交于点 $1'$，此时点 B 在圆锥面上的直线 $S1$ 上，点 1 在底圆的圆周上。

（2）过点 $1'$ 作垂直于 OX 轴的投影连线交俯视图中圆的前半个圆弧于点 1，连接点 s，1。

（3）利用直线上点的投影特性分别求出点 B 在俯视图中的投影 b 和左视图中的投影 b''。
结果如图 4-5（b）所示。

4.2.3　球体的三视图

1. 球体的投影

如图 4-6（a）和图 4-6（b）所示，球体的三个视图分别为 3 个与球体的直径相等的圆，这 3
个圆是球体三个方向转向轮廓线的投影。由图 4-6（a）可以看出，球体在平行于 H 面、V 面
和 W 面的三个方向的转向轮廓圆分别为 A，B 和 C。A 在俯视图中反映为圆 a，在主视图和
左视图中都积聚成一直线并与中心线重合（仍画中心线）。其他两个转向轮廓圆 B 和 C 也可
类似地分析。

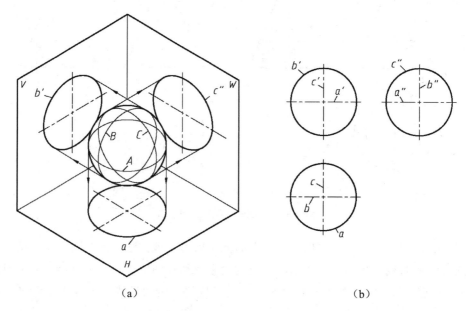

（a）　　　　　　　　　　　　　（b）

图 4-6　球体的三视图

2. 球体转向轮廓圆的投影与球面的可见性

如图 4-6（b）所示，转向轮廓圆 B 在主视图上的投影是 b'，其在俯视图中的投影和水平中
心线重合（图中仍应画成点画线），在左视图中的投影和垂直中心线重合。

球体在主视图中可见与不可见的分界线是 b'，在此分界线之前的半个球面可见，在此分
界线之后的半个球面不可见。这可以由俯视图说明，水平中心线前方的半圆面为前半个球面
的投影，其在主视图中的投影可见，但其在左视图中的投影又分为可见与不可见的两部分；
俯视图中水平中心线后方的半圆面为后半个球面的投影，其在主视图中的投影不可见，但其
在左视图中的投影也可分为可见与不可见的两部分。

例 4-4　如图 4-7 所示，已知球面上一点 A 在主视图中的投影，求作点 A 在俯视图和左
视图中的投影。

解：从球面的形成过程可知，球面上的任意一点绕有关轴线旋转一周之后的轨迹都是
圆，且该点必定在该轨迹圆上。

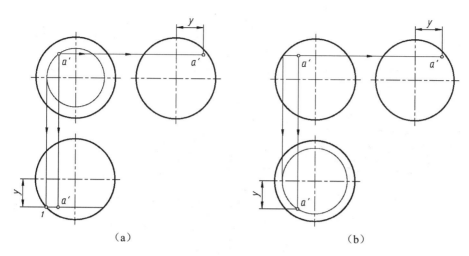

图4-7 球体表面上点的求法

方法一：假设点 A 绕过球心且垂直于纸面的轴线旋转一周。

(1)在主视图中，作过点 a' 的同心圆，该圆即为绕过球心且垂直于纸面的轴线旋转一周之后的轨迹圆在主视图中的投影，轨迹圆所在平面平行于 V 面。

(2)过主视图中轨迹圆与水平中心线的左侧交点作垂直于 OX 轴的投影连线，交俯视图中圆于点1，过点1可作出轨迹圆在俯视图中的投影。

(3)根据点在线上的投影规律，求出点 A 分别在俯视图和左视图中的投影。

结果如图4-7(a)所示。

方法二：假设点 A 绕过球心且在纸面上的轴线旋转一周。

作图步骤同方法一，读者可自行作图求解，其结果如图4-7(b)所示。

4.2.4 圆环的三视图

1. 圆环的投影

如图4-8(b)所示，圆环的主视图表示出最左、最右两素线圆的投影，即 $a'b'c'd'$ 和 $e'f'g'h'$；上下两条水平线是圆环面的转向轮廓圆的投影，也是圆环面的最高点(空间为一水平圆)和最低点(空间也是一水平圆)的投影；左右素线圆的投影各有半圆处于内环面，在正面投影中不可见，故为虚线，图中的点画线表示轴线。俯视图表示出了圆环面的最大圆和最小圆的投影，这两个圆是圆环面在俯视图上的轮廓线；图中的点画线圆表示素线圆圆心轨迹的投影。左视图与主视图只是投影方向不同，而投影图形则完全一样。

2. 圆环转向轮廓圆的投影与圆环面的可见性

如图4-8(b)所示，圆环面上也存在三个投影面上的转向轮廓圆，如俯视图中有内外也是最大和最小的两个圆是转向轮廓圆，这两个圆将圆环面分为上下对称的两部分，这两部分在主视图上各有一半为可见和不可见，在俯视图中则为上面部分可见、下面部分不可见，在左视图中也是各有一半可见和不可见。其他两个投影面上的转向轮廓圆也可类似分析。

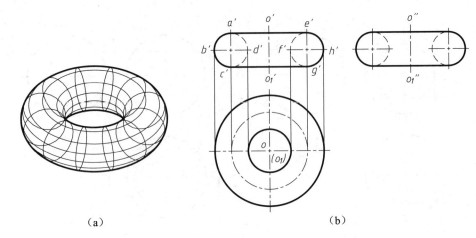

| (a) | (b) |

图 4-8 圆环的三视图

例 4-5 如图 4-9 所示，已知圆环面上点 M 和点 N 在主视图中的投影，求作它们在俯视图和左视图中的投影。

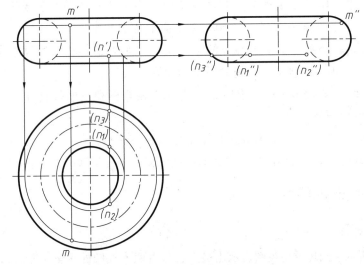

图 4-9 圆环面上点的求法

解： 圆环面的母线不是直线，其表面上也不能画出直线，故只能用圆环面上的点绕轴线旋转一周之后的轨迹为圆的原理求解。

(1)图中点 m' 可见，可以判定点 M 在圆环面的上半部、左半部和前半部，且所求的俯视图和左视图中的投影都是可见的。过点 M 在圆环面上作一水平圆，其水平投影为圆，正面投影和侧面投影都积聚成直线，再用线上求点的方法求出。

(2)图中点 n' 不可见，可以判定点 N 在圆环面的下半部、右半部，但不能确定是在前半部还是后半部，所以点 N 既可能在前半部，也可能在后半部的两个位置，也就是有三个答案。利用(1)的步骤，可求出点 N 在俯视图和左视图中的投影。

最终结果如图 4-9 所示。

4.3　回转基本体的截切

机械设备中更多的是回转基本体被平面或曲面切割后形成的零件。如图 4-10 所示，半球体被多个平面截切，圆柱和圆锥的组合体被 2 个平面截切，半球体和圆锥的组合体被 2 个平面和 1 个圆柱面截切。回转基本体被平面或曲面截切后也会形成截交线和截交面，截交面也是由截交线所组成。这类零件的视图中，同样必须正确地画出截交线的投影。

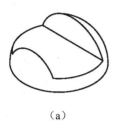 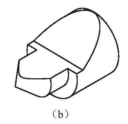 

（a）　　　　　　　　　　　（b）　　　　　　　　　　　（c）

图 4-10　回转基本体被截切

4.3.1　求回转基本体截交线的方法与步骤

回转基本体的截交线虽然也是由各种线段组成，但和平面体的截交线有所不同。因为它们的截交线是由各种截面（包括平面和曲面）和回转体的回转面或平面相交形成的线段，这些线段可能是直线也可能是平面曲线甚至是空间曲线，所以回转基本体的截交线更复杂。

回转基本体的截交线也是它的各种表面与截面的共有线，因此求截交线的本质上是求截面与回转基本体上各种表面的共有线问题；而这类截交线复杂，一般要先求线上各点的投影，再用光滑连接的方法求出。

（1）首先分析截交线的形状

各种回转基本体被不同位置的平面截切后有特定的形状，要分析清楚是什么回转基本体、被什么位置平面截切、截切后的截交线是什么形状。

（2）分析截交线的投影

因被平面截切后产生的截交线也属于截平面，同样必须分析截平面与投影面的相对位置，明确截交线在投影面上的投影特性，如积聚性、实形性和类似性，以便更快更好地求解。

（3）画出截交线的投影

如果截交线的投影为曲线，则必须分别求出截交线上各特殊点和中间点的投影，光滑顺序地连接，并判断其可见性；如果截交线的投影为直线段，则必须求出直线段的两个端点的投影，然后连接并判断其可见性；如果截交线的投影为圆，则必须确定圆的圆心和半径的大小直接用圆规画出，同时要判断可见性。

4.3.2　圆柱体被平面截切

根据截平面和圆柱体轴线的相对位置不同，圆柱面上的截交线有 3 种形状，即圆、两条与轴线平行的直线和椭圆，如表 4-1 所示。

表 4-1　圆柱体的截交线

截平面位置	与轴线垂直	与轴线平行	与轴线倾斜
平面图	P_{V}	P_{V}	P_{V}
截交线空间形状	P	P	P
截交线名称	圆	两条平行直线	椭圆

例 4-6　如图 4-11 所示，圆柱体被平行于轴线的平面和垂直于轴线的平面截切。已知其主视图和部分俯视图，求作其完整的三视图。

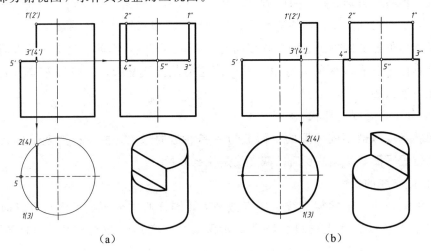

图 4-11　圆柱体被两个特殊位置平面截切

（1）分析

图 4-11(a) 中圆柱体被水平面和侧平面截切，水平面垂直于轴线但未完全切割圆柱体，其与圆柱面的截交线为一段圆弧，俯视图中的投影反映其实形，左视图中的投影积聚为一直线；侧平面平行于轴线，其与圆柱面的截交线为两条平行的铅垂线，在俯视图中的投影积聚为点，在左视图中的投影反映实形。

图 4-11(b) 中圆柱体被水平面和侧平面截切，情况和 4-11(a) 类似，不同之处是在图 4-11(a)中侧平面截在轴线的左侧，而在图 4-11(b) 中侧平面则截在轴线的右侧，由于截切部位不同，

在图 4-11(a)中圆柱的前后两条转向轮廓线仍然存在，而在图 4-11(b)中的前后两条转向轮廓线则被截去。

（2）作图

①先画出完整的圆柱体左视图。

②水平面与圆柱面截交线的投影分别积聚在主视图中的 $3'$，$5'$，$4'$，侧面投影 $3''$，$5''$，$4''$及水平投影 345 弧上。

③侧平面与圆柱面截交线的正投影 $1'$，$3'$，$2'$，$4'$及水平投影 1(3)，2(4)为已知，据此可求出侧面投影 $1''3''$，$2''4''$。

具体作图过程及结果如图 4-11 所示。

例 4-7　如图 4-12(a)所示，圆柱体的上下部分均被不同位置的水平面和侧平面截切，已知其主视图和部分俯视图，求作其完整的三视图。

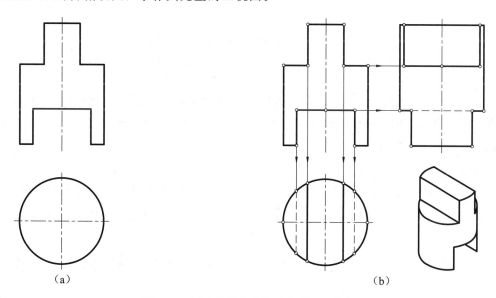

（a）　　　　　　　　　　　　　　　　　　（b）

图 4-12　圆柱体被多个特殊位置平面截切

（1）分析

图 4-12(a)的主视图中，圆柱体的上半部分的左侧的截切情况和例 4-6 类似，而其右侧和左侧对称；圆柱体的下半部分截平面的位置和上半部分的类似，但它是把圆柱体的中间部分截除，而留下两侧部分，故截交线的形状和上半部分类似，但剩下圆柱体的轮廓不同。

（2）作图

为锻炼读者的空间想象力，本例题不标注各点的名称。

①首先和例 4-6 一样，求出圆柱体的上、下两部分被水平面和侧平面截切后的截交线的投影。

②擦除圆柱体下半部分中间被切除后的转向轮廓线，并分析清楚各截交线在俯视图和左视图中的可见性。

作图步骤和结果如图 4-12(b)所示。

例 4-8　如图 4-13(a)所示，圆柱筒被水平面和侧平面截切，已知其主视图和部分俯视图，求作其完整的三视图。

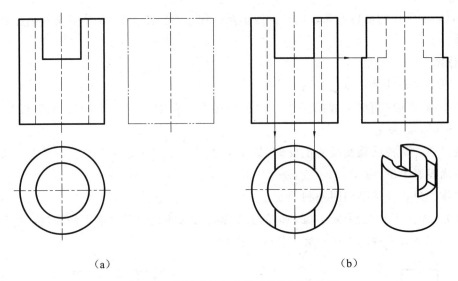

（a）   （b）

图 4-13　圆柱筒被多个特殊位置平面截切

（1）分析

在图 4-13（a）的主视图中，圆柱筒分外圆柱面和内圆柱面，而且外圆柱面和内圆柱面都被水平面和侧平面截切，将圆柱筒分别看作外圆柱面的截切和内圆柱面的截切，那它的截交线和例 4-6 就是完全一致了。

（2）作图

根据例 4-6 的作图步骤，可作出圆柱筒被水平面和截平面截切后的截交线的投影，但要注意的是，圆柱筒的内部是中空的、没有任何实体材料，所以它的俯视图和左视图中，小圆的内部不应该有线的投影。

例 4-9　如图 4-14（a）所示，圆柱体被侧平面和正垂面截切，已知其主视图和部分俯视图，求作其完整的三视图。

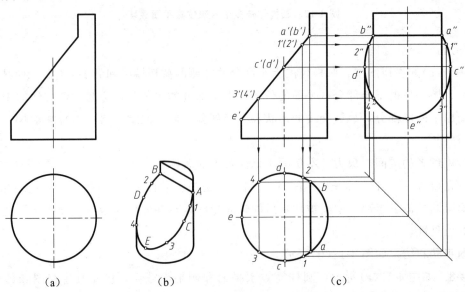

（a）   （b）   （c）

图 4-14　圆柱体被两个平面截切

（1）分析

在图 4-14(a) 的主视图中，圆柱体被侧平面和倾斜于轴线的正垂面截切。其中侧平面截切后的截交线为两条平行线，这是前面例题中多次做过的；正垂面截切后的截交线为椭圆，其在主视图中的投影积聚在斜线上，在俯视图中的投影和圆重合，在左视图中的投影是椭圆的类似形，即也应是椭圆，但因其是曲线，所以必须用描点法求解。

（2）作图

①先画出侧平面截切后截交线在俯视图和左视图中的投影。

②如图 4-14(b) 和图 4-14(c) 所示，先确定椭圆截交线上的特殊点 A，B，C，D，E 在主视图中的位置：$a'(b')$，$c'(d')$，e'，再分别求出各点在俯视图和左视图中的位置。

③在每两个特点之间选定一个中间点，如图 4-14(b) 和图 4-14(c) 中的主视图所示，再分别将各中间点 1，2，3，4 在俯视图和左视图的投影求出。

④顺序光滑地连接各视图中各点的投影，同时注意左视图中 a''，b'' 之间的连线是两个截平面的交线的投影。

最终结果如图 4-14(c) 所示。

4.3.3　圆锥体被平面截切

根据截平面和圆锥体轴线的相对位置不同，其截交线有 5 种形状：圆、等腰三角形、椭圆、抛物线和双曲线，如表 4-2 所示。

表 4-2　圆锥体的截交线

截平面位置	与轴线垂直	过锥顶	与轴线倾斜 $\theta > \alpha$	与轴线倾斜 $\theta = \alpha$	与轴线平行
平面图	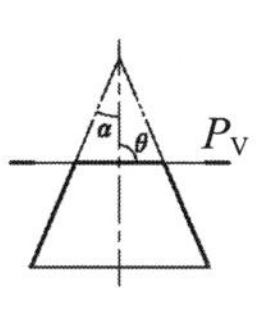	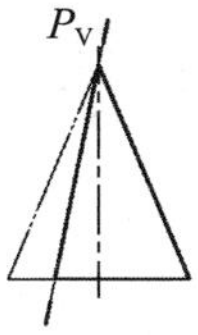	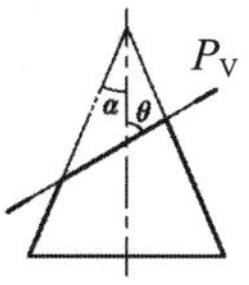	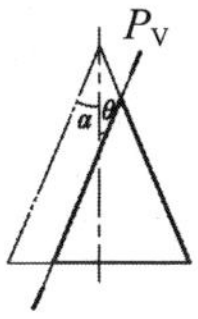	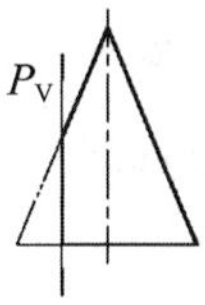
截交线空间形状	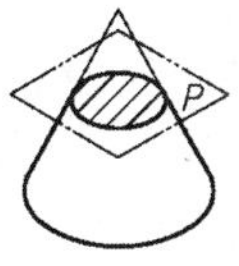	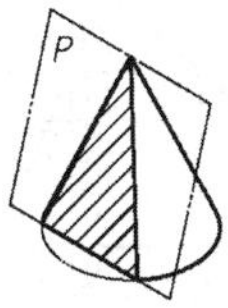	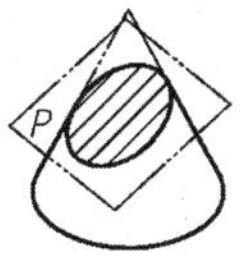	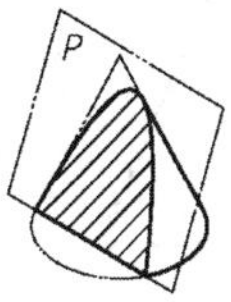	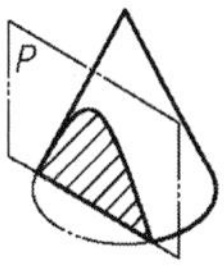
截交线名称	圆	等腰三角形	椭圆	抛物线	双曲线

例 4-10　如图 4-15(a) 所示，圆锥体被平行于其轴线的平面截切，已知其主视图，补画其俯视图和左视图的投影。

（1）分析

圆锥体被平行于其轴线的平面截切，其截交线为双曲线。因截平面是侧平面，截交线在左视图中的投影反映其实形，在俯视图中的投影积聚为一条垂直于 OX 轴的直线段。

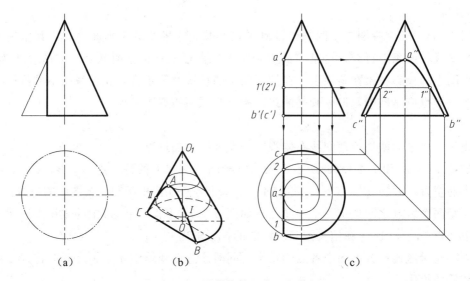

图 4-15　圆锥体被一个平面截切

（2）作图

①确定截交线上的特殊点 A，B，C 在主视图中的投影 a'，b'，c'，采用轨迹圆法（或素线法）求出各点在俯视图和左视图中的投影。

②在每两个特殊点之间确定一个中间点，共可确定点 Ⅰ，Ⅱ 在主视图中的投影 $1'$，$2'$，采用轨迹圆法求出它们在俯视图和左视图中的投影，并判断可见性。

③光滑顺序地连接各点。

④擦除圆锥体被截去的轮廓投影。

结果如图 4-15（c）所示。

例 4-11　如图 4-16（a）所示，圆锥体被与其轴线倾斜的平面截切，已知其主视图，补画其俯视图和左视图。

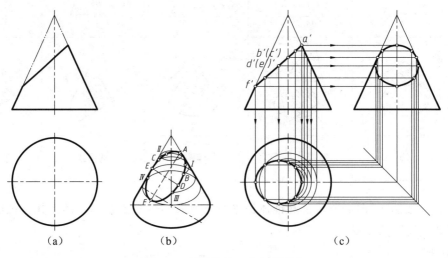

图 4-16　圆锥体被一个平面截切

（1）分析

圆锥体被倾斜其轴线的平面截切，其截交线为椭圆。因截平面为正垂面，截交线积聚在主视图中的斜线上，在俯视图和左视图中的投影都是其类似形，必须用描点法求解。

（2）作图

①确定截交线上的特殊点 A，B，C，D，E，F 在主视图中的投影 a'，b'，c'，d'，e'，f'，采用轨迹圆法（或素线法）求出各点在俯视图和左视图中的投影，并判断可见性。

②在每两个特殊点之间确定一个中间点，共可确定点Ⅰ，Ⅱ，Ⅲ，Ⅳ在主视图中的投影 $1'$，$2'$，$3'$，$4'$（图中未示出），采用轨迹圆法求出它们在俯视图和左视图中的投影，并判断可见性。

③光滑顺序地连接各点。

④擦除圆锥体被截去的轮廓投影。

例 4-12　如图 4-17(a)所示，圆锥体被三个平面截切，已知其主视图，补画其俯视图和左视图的投影。

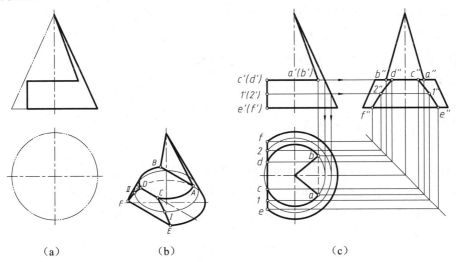

（a）　　　　　　（b）　　　　　　（c）

图 4-17　圆锥体被三个平面截切

（1）分析

例题中的圆锥体被正垂面、水平面和侧平面截切，这三个平面是 5 种基本情况中的 3 种，而且其中的正垂面和水平面截切的截交线分别是等腰三角形和圆，是比较特殊和简单的情况，应先求出。侧平面截切后的截交线是双曲线，在左视图中的投影反映实形，在俯视图中的投影积聚为一直线，且直线的两个端点都在底面投影的圆上。

（2）作图

①先确定各截交线上的特殊点 A，B，C，D，E，F 在主视图中的投影 a'，b'，c'，d'，e'，f'，采用轨迹圆法（或素线法）求出各点在俯视图和左视图中的投影。

②在 C，E 之间，D，F 之间各补充一个中间点Ⅰ，Ⅱ，并确定它们在主视图中的投影 $1'$，$2'$，采用轨迹圆法（或素线法）求出各点在俯视图和左视图中的投影。

③光滑地顺序连接各点的同名投影，注意俯视图中 a，b 之间的交线不可见。

结果如图 4-17(c)所示。

4.3.4　球体被平面截切

球体被平面截切，无论平面与球的相对位置如何，其截交线的空间形状都是圆，截交线上的点绕某条轴线的轨迹也是圆，如图 4-18 所示。但根据截平面与投影面的相对位置不同，其截交线的投影可能为圆、椭圆或积聚成一条直线。

求解球体截交线的关键在于确定截交线圆的半径和圆心。

图 4-18

例 4-13　图 4-19 中的主视图，圆球被侧平面和水平面截切，补全它的俯视图和左视图。

（1）分析

圆球被侧平面截切后的截交线圆在主视图中的投影积聚成过 a' 的垂直直线段，它的直径为直线段的长度，其在左视图中的投影为反映实形的圆，在俯视图中的投影积聚为一条直线段。

圆球被水平面截切后的截交线圆在主视图中的投影为积聚成过 b' 的水平直线段，它的直径为直线段的长度，其在俯视图中的投影为反映实形的圆，在左视图中的投影积聚为一条直线段。

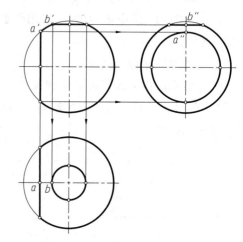

图 4-19

（2）作图

根据球体截交线上的点绕某条轴线的轨迹是圆，轨迹圆的圆心就是过球心且垂直于轨迹圆的交点，可作出圆球被侧平面和水平面截切后的俯视图和左视图，如图 4-19 所示。

例 4-14　如图 4-20（a）所示，已知半球体被几个平面截切后的主视图和部分俯视图，补全俯视图和左视图。

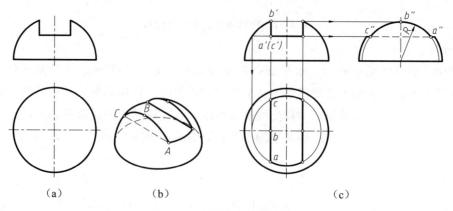

（a）　　　　　　（b）　　　　　　　　　　（c）

图 4-20　球体被三个平面截切

（1）分析

根据图 4-20（a）中的主视图，可知半圆球被一个水平面和两个侧平面截切，其截交线都是圆的一部分。

水平面与圆球相截，其截交线在俯视图中的投影反映实形，为圆的一部分；截交线在主视图和左视图中的投影积聚成一条直线。

侧平面与圆球相截，其截交线在左视图中的投影反映实形，为一段圆弧；截交线在主视图和俯视图中的投影积聚成一条直线。

（2）作图

在主视图上过水平面作一截面，在俯视图中得到一辅助圆，两个侧平面之间的圆弧即为截交线的水平投影。

同理，在主视图上过侧平面作一截面，在左视图中得到一辅助圆，水平面以上部分的圆弧即为截交线在左视图中的投影。

具体做法和结果如图 4-20（c）所示。

例 4-15　如图 4-21（a）所示，已知球体被几个平面截切后的主视图，补全俯视图和左视图。

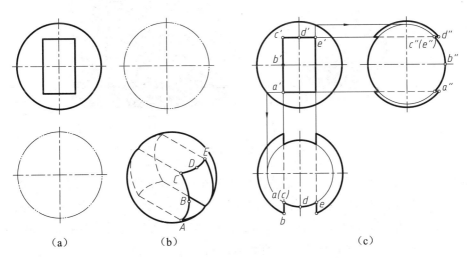

图 4-21　球体被多个平面截切

（1）分析

由图 4-21（a）可知，球体分别被两个对称于球心的水平面和侧平面截切，它们的截交线也是对称的，所以作图时应利用对称性先求出一侧，再对称地求另一侧。由于水平面和侧平面截切球体都不完全，它们的截交线也都是直径不同的圆的一部分。

（2）作图

①在主视图中过直线 $a'b'c'$ 作一侧平面截圆球，在左视图中得到一辅助圆，两条水平线间的圆弧即为截交线在左视图中的投影。

②在主视图中过直线 $c'd'e'$ 作一水平面截圆球，在俯视图中得到一辅助圆，两条垂直线间的圆弧即为截交线在俯视图中的投影。

具体做法和结果如图 4-21（c）所示。

第5章　立体表面的相贯线

机器零件上常常见到立体相交的情况，如图 5-1 所示，如家里用的水阀，可以分解成为若干个基本体，按照某种位置关系相交而成。相交的立体称为相贯体，相贯体表面的交线称为相贯线。为完整清楚地表达机器零件的结构形状，画图时要正确地画出相贯线。

（a）　　　　　　　　　　　　　　　　　（b）

图 5-1　水阀

两立体相交称为相贯，两立体表面的交线称为相贯线。根据参与相贯的两立体形状的不同，把两立体相贯分为平面体与平面体相贯[见图 5-2(a)]、平面体与回转体相贯[见图 5-2(b)]、回转体与回转体相贯[见图 5-2(c)、图 5-2(d)]三种情况。相贯里面最复杂的就是多体相贯[见图 5-2(e)]，即三个或者三个以上立体相贯为多体相贯。

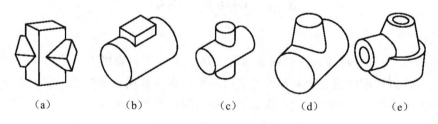

（a）　　　　（b）　　　　（c）　　　　（d）　　　　（e）

图 5-2　立体与立体相交

由于参与相贯两立体的形状不同、大小不同、相对位置不同，相贯线的形状也不同，但是相贯线均有着以下性质：

1. 表面性

相贯的两体是一个整体，相贯线位于两立体的表面上，也是两体表面的分界线。

2. 封闭性

相贯线一般情况下是封闭的空间折线（可以是若干段直线段构成的封闭折线，也可以是由直线和曲线组成的封闭线）或空间曲线，特殊情况下是平面曲线或直线。

3. 共有性

相贯线是两立体表面的共有线。

因此，求相贯线的作图实质是找出相贯的两立体表面的若干共有点的投影。而相贯线的可见性判断也是一个难点，只有位于两个立体的表面上均可见，相贯线才可见，否则相贯线不可见。本书重点讲解利用积聚性(即体面上取点、取线的方法)求解相贯线，也就是相贯两体至少有一个体是柱(圆柱或棱柱)的情况，此时相贯线在棱柱的棱面或圆柱的柱面的积聚性的投影上。如果两立体都不是柱，则采用辅助平面法求解。

利用积聚性求相贯线的步骤：空间分析和投影分析。

(1)分析相贯两个立体是什么立体，每个立体相对于各投影面的投影特性(重点找积聚性)。

(2)依据两立体相贯的相贯线共有性的特点，依据体的积聚性找出相贯线的一面或者两面投影。

(3)根据体面上取点、取线，在其中一个体上求相贯线的投影，并判断可见性。

在特殊情况下，当相贯线投影为圆、直线时，相贯线可以直接求出。

5.1　平面体与平面体相贯

平面体和平面体相贯形成的相贯线是由若干段直线段组成的空间折线，每一段是由一平面体的棱面与另一平面体的棱面的交线组成。求交线的实质是求各棱面之间的交线。

例 5-1　根据图 5-3(a)所示，求两四棱柱相贯的相贯线的投影。

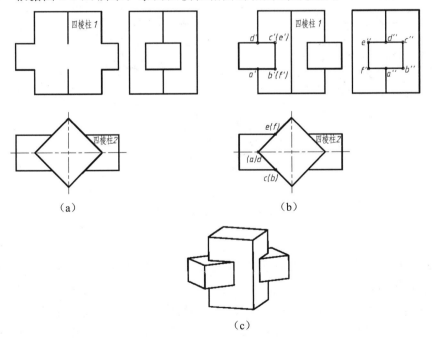

图 5-3　棱柱与棱柱相贯

分析：

根据投影分析，相贯的两个立体是两个正四棱柱，一个是棱线垂直 H 面的四棱柱 1，一

个是棱线垂直于 W 面的四棱柱 2，四棱柱 1 的柱面在 H 面积聚，四棱柱 2 的柱面在 W 面积聚，依据相贯线的表面性、封闭性和共有性，可以找出相贯线的 H 面、W 面投影，只需求出相贯线的 V 面投影即可。图 5-3(b)所示左视图中，封闭线 $a''b''c''d''e''f''a''$ 就是相贯线的 W 面投影，依据三等规律，可以找到俯视图对应各点投影。图 5-3(a)所示主视图中可以很明确地判断出，四棱柱 2 是穿过四棱柱 1 的，参看图 5-3(c)，主视图中有左右两部分相贯线，而且是对称的，只需要求出左部分的相贯线，右部分的相贯线对称画就可以了。

参看图 5-3(b)，作图步骤分析如下：

(1)相贯线在四棱柱 2 的积聚性投影上，依据相贯线的封闭性，左视图上找到相贯线的投影，标记为 $a''b''c''d''e''f''a''$（封闭），相贯线在四棱柱 1 的积聚性投影上，俯视图中找到左视图相贯线上对应点的投影，标记为 (a)，(b)，c，d，e，(f)，即找到了相贯线的两面投影。

(2)四棱柱 2 穿过四棱柱 1 的，相贯线左右对称，求出左边的相贯线，右边相贯线对称画。

(3)左边的相贯线的画法：依据相贯线的两面投影，在四棱柱 1 表面上取点、取线，判断可见性，得到相贯线的主视图。依据左右两边相贯线的对称性，求出右边相贯线。

(4)逐个检查四棱柱棱线的投影，加深可见的棱线投影，得到完整的主视图。

例 5-2 根据图 5-4(a)，试求两正四棱柱相贯的相贯线。

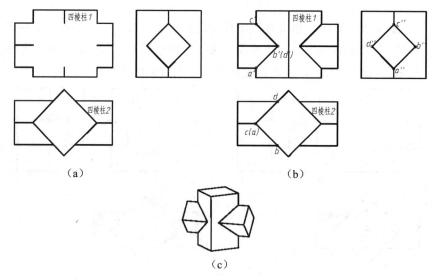

图 5-4　棱柱与棱柱相贯

分析：

根据投影分析，相贯两个立体均是正四棱柱，一个是棱线垂直 H 面的四棱柱 1，一个是棱线垂直于 W 面的四棱柱 2，四棱柱 1 的柱面在 H 面积聚，四棱柱 2 的柱面在 W 面积聚，依据相贯线的表面性、封闭性和共有性，找出相贯线的 W 面、H 面投影。图中四棱柱 2 是横穿过四棱柱 1 的，因此有两部分相贯线，而且是对称的，只需要求出左边的相贯线，右边的对称画就可以了。根据相贯线的两面投影，求出相贯线的 V 面投影即可。

依据图 5-4(b)，分析作图步骤：

(1)相贯线在四棱柱 2 的积聚性投影上，依据左视图找到相贯线的 W 面投影，并标记为

$a''b''c''d''a''$（封闭），相贯线在四棱柱 1 的积聚性投影上，在俯视图对应的位置上，找到相贯线的投影并标出相应字母(a), b, c, d。

（2）依据相贯线的封闭性，左视图上相贯线是封闭的，因此求相贯线的问题转化成在四棱柱 1 上求折线 $ABCDA$（封闭）。

（3）左边相贯线的画法：根据相贯线的左视图和俯视图，依据棱柱 1 面上取点、取线，判断可见性，得到相贯线的主视图 $a'b'c'(d')a'$。依据左右两边相贯线的对称性，求出右边相贯线。

（4）逐个相贯体检查棱线，加深可见棱线，得到完整的主视图。

5.2　平面体与回转体的相贯线

平面立体与回转体的相贯线是若干段平面曲线或由平面曲线和直线组成的空间折线，每一段是平面体的棱面与回转体表面的交线。求交线的实质是求各棱面与回转体表面的交线。

例 5-3　根据图 5-5(a)所示，求四棱柱和圆柱相贯的相贯线。

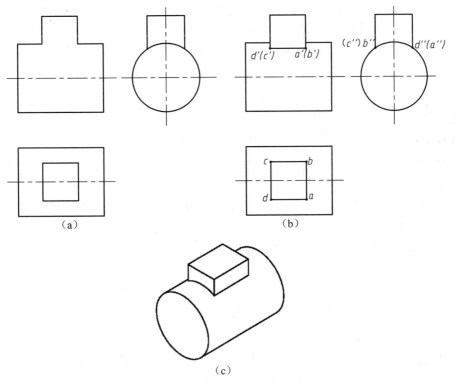

图 5-5　棱柱与圆柱相贯

分析：

根据投影分析，相贯两体一个是四棱柱，一个是圆柱。棱柱是棱线垂直 H 面的四棱柱，四个棱面在 H 面积聚；圆柱的轴线垂直于 W 面，圆柱面在 W 面积聚；依据相贯线的表面性、封闭性和共有性，可以找出相贯线的 H 面，W 面的两面投影，求出相贯线的 V 面投影即可。

依据图 5-5(b)、图 5-5(c)所示，分析作图步骤：

(1)相贯线在四棱柱棱面的积聚性投影上，俯视图中用 abcda(封闭)表示；相贯线在圆柱柱面的积聚性投影上，对应左视图求出(a″)，b″，(c″)，d″四个点，找到相贯线的两面投影。

(2)依据相贯线的封闭性，俯视图上相贯线是封闭的，因此，求相贯线的问题转化为在圆柱面上求封闭折线 ABCDA。

(3)根据相贯线 ABCDA 在俯视图上投影的四个点 a，b，c，d 和在左视图上投影对应点(a″)，b″，(c″)，d″，依据圆柱面上取点、取线可知，AB 是圆线，BC 是直线，CD 是圆线，DA 是直线，主视图中分别求出这四段线，即 a′b′，b′c′，c′d′ 和 d′a′，注意判断各线可见性，求出相贯线。

(4)检查棱柱棱线，检查圆柱轮廓线，加深可见的线，得到完整的主视图。

5.3　回转体与回转体的相贯线

两回转体相交，相交位置在回转面上，则相贯线一般为光滑封闭的空间曲线。如果其中一个回转体是轴线垂直于投影面的圆柱，则相贯线在圆柱柱面的积聚性投影上。

求两回转体相贯的相贯线的作图方法有两种：一是表面取点法，适用于至少有一个回转体是圆柱，且圆柱轴线垂直于投影面的情况，此时，相贯线一定在该圆柱的积聚性投影上；二是辅助平面法，用于两个体都不积聚的情况。

表面取点法的作图步骤：

①先找体的积聚性投影，再根据共有性找到相贯线的投影；

②根据相贯线的投影，在一个立体上采用描点的方式求相贯线，描点的方式是先找特殊点，确定相贯线的范围，再补充中间点，确定相贯线的变化趋势，最后判断可见性，顺次光滑连接各相贯点即可；

③相贯线可见性判断，需要在两个体上分别判断，只有两个体上均可见相贯线才可见，除此之外相贯线不可见；

④分别检查两个体的轮廓线，可见轮廓线加粗，不可见轮廓线画成虚线。

例 5-4　根据图 5-6(a)，求两圆柱相贯的相贯线。

分析：

根据投影分析，相贯两立体是轴线垂直相交的两圆柱。小圆柱轴线垂直 H 面，该圆柱面在 H 面积聚；大圆柱的轴线垂直于 W 面，该圆柱面在 W 面积聚；依据相贯线的表面性、封闭性和共有性，可以找出相贯线的 H 面、W 面两面投影，进而求出相贯线的 V 面投影。

依据图 5-6(b)、图 5-6(c)所示，分析作图步骤：

(1)相贯线在小圆柱的积聚性投影上，是封闭的曲线，如图 5-6(b)所示，俯视图中特殊位置点投影用字母 a，b，c，d 表示，而相贯线在大圆柱的积聚性投影上，即积聚在一段圆弧上，依据相贯线的封闭性，求相贯线的问题转化成在大圆柱上求曲线 ABCDA(封闭)的问题，即转化成圆柱面上取点、取线的问题。

(2)由于两个圆柱轴线垂直相交，即相贯线前后对称，主视图中，相贯线前面可见部分把后面不可见部分挡住了，因此只需要求前半部分 DAB 即可。

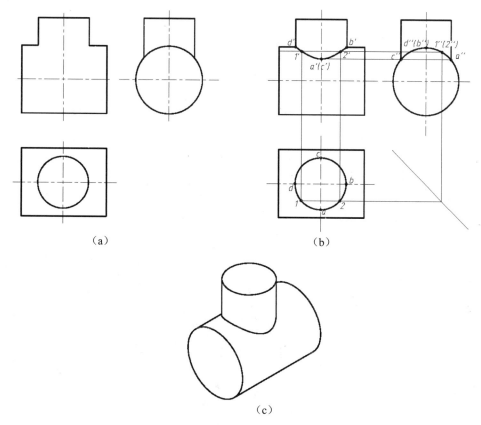

图 5-6　圆柱与圆柱相贯

(3)相贯线是曲线，用描点的方式来求相贯线。

①先找特殊位置点，确定曲线范围。图 5-6(b)相贯线的 A，B，C，D 四个特殊位置点中，点 D 为最左点，点 B 为最右点，点 A 为最前点，点 C 为最后点，点 A、点 C 为最低点，点 B、点 D 为最高点。前后对称，只需要考虑 D，A，B 三个点即可。

②找中间点，确定曲线变化趋势；相贯线 DAB 中，取 1，2 两点作为中间点，找到中间点的两面投影。

③根据点的两面投影求第三面投影。求出 D，1，A，2，B 五点的 V 面投影 d'，$1'$，a'，$2'$，b'，判断可见性，相贯线 D1A2B 在两个圆柱上均可见，粗实线光滑连接。

(4)分别检查两个圆柱轮廓线，得到完整的主视图。

例 5-5　如图 5-7(a)所示，用面上取点法求圆柱与圆锥台相贯的相贯线。

分析：

根据投影分析，相贯两体一个是圆柱，另一个是圆锥台，圆锥台的轴线垂直 H 面，圆锥台曲面不积聚；圆柱的轴线垂直于 W 面，圆柱的柱面在 W 面积聚，依据相贯线的表面性、封闭性和共有性，可以找出相贯线 W 面的投影，根据相贯线的一面投影，需求出相贯线的 V 面、H 面投影。

依据图 5-7(b)所示，分析作图步骤：

(1)相贯线在圆柱柱面的积聚性投影上，依据图 5-7(b)左视图所示，圆锥台的轮廓线和

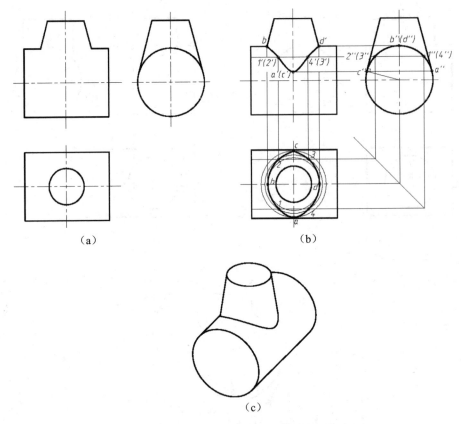

（a）　　　　　　　　　　　　　（b）

（c）

图 5-7　用面上取点法求圆柱与圆锥相贯的相贯线

圆柱的积聚性投影相切，因此，左视图中，过圆柱积聚性投影的圆心作圆锥台轮廓线的垂线，垂足标记为 a''，c''，从而找到相贯线的一面投影，即 a'' 和 c'' 中间部分，左视图上，相贯线标记为 $a''b''c''(d'')$。

（2）依据相贯线的封闭性、共有性，求相贯线的问题转化成在圆锥台上取点、取线的问题；由于圆锥台和圆柱都是回转体，轴线垂直相交，因此相贯线左右对称。求相贯线转化成在圆锥台面上取线 ABC，相贯线在主视图、俯视图中分别左右对称画即可。

（3）相贯线是曲线，用描点的方式求相贯线，描点方式：

①先求特殊位置点，确定曲线范围；依据图 5-7（b）所示左视图，相贯线上 A，B，C，D 为四个特殊位置点。点 A 最前，点 C 最后，点 B 和点 D 最高，点 A 和点 C 最低，点 B 最左，点 A 最右。左右对称，只需求左半部分相贯线 ABC 的三面投影。

②找相贯线 ABC 部分的中间点，确定曲线变化趋势；如图 5-7（b）左视图中，取 1，2 作为中间点。

③根据辅助圆法进行圆锥台面上取点，分别求出点 A，1，B，2，C 各点的 H 面投影 a，1，b，2，c，右边对称画标记为 a，4，d，3，c。相贯线在圆柱的上半个柱面上可见，在圆台面上均可见，因此俯视图相贯线可见，粗实线顺次光滑连接，俯视图相贯线完成。由于相贯线前后对称，前面可见部分把后面不可见部分挡住了，因此根据俯视图和左视图，分别求出相贯线前半部分点 B，1，A，4，D 各点的 V 面投影 b'，1'，a'，4'，d'；相贯线

$B1A4D$ 在圆柱前半个柱面上可见，相贯线在圆锥台前半个圆锥面上可见，因此主视图相贯线粗实线光滑连接。如果不能灵活运用对称绘图，就标出所有字母，逐个点求投影，如图 5-7(b)所示，三视图中标出了所有使用的点。

(4)分别检查两个回转体的轮廓线，加深可见轮廓线。

对于本题还有另外一个做法，也就是辅助平面法。

两曲面立体表面相交，其相贯线不能用积聚性直接求出的时候，可以采用辅助平面法。辅助平面法的作图原理是求三面共点，即假想用一个辅助平面去切两立体，该辅助平面分别与两立体相交，求出该辅助平面与两曲面立体表面的交线，两条交线的交点即是相贯线上的点，因此三面共点的含义就是该点既在辅助平面上，又在两相交曲面立体表面上。如图 5-8(c)、图 5-8(d)所示，假想用一个辅助水平面 $P2$ 将两立体切开，$P2$ 和圆锥产生的交线为圆，俯视图画细实线圆，$P2$ 和圆柱产生的交线为两直线，俯视图画出两直线，圆和两直线的交点标记为 1，2，3，4，这四个点即为相贯线上的点。

辅助平面的选择原则：

①根据相贯线的共有性特点，辅助平面必须位于两曲面立体的共有区域内，否则得不到共有点。

②所选辅助平面与两曲面立体表面的截交线的投影应是简单易画的直线或圆，选用辅助面通常与非圆柱回转体的轴线垂直，一般为投影面的平行面。

参看图 5-8(b)左视图所示，相贯线是共有线，相贯线在圆柱的积聚投影上，范围确定，过圆心作圆锥轮廓线的垂线，垂足标记为 a''，c''，则相贯线最低点在 A，C 位置，最高点在 B 点位置，最前点在 A 位置，最后点在 B 位置，因此假想的辅助面必须在 $P1$，$P4$ 范围内。

例 5-6　如图 5-8(a)所示，用辅助平面法，求圆柱与圆锥相贯的相贯线。

分析：

参看图 5-8(b)，分析作图步骤：

(1)相贯线在圆柱柱面的积聚性投影上，根据左视图找到相贯线范围，特殊位置点标记为 a''，b''，c''。

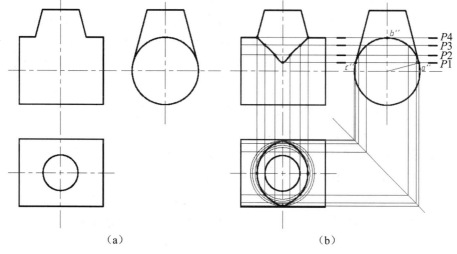

（a）　　　　　　　　　　　　　　　（b）

图 5-8　用辅助平面法求圆柱与圆台相贯的相贯线

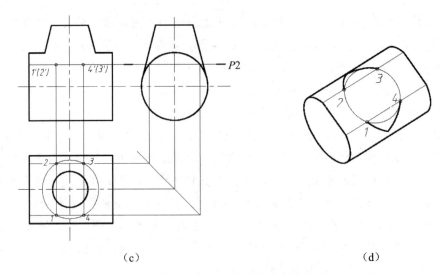

图 5-8　用辅助平面法求圆柱与圆台相贯的相贯线（续）

（2）采用辅助平面法，如图 5-8（c）、图 5-8（d）所示，分别用平行于 H 面的辅助平面 $P1$，$P2$，$P3$，$P4$ 在相贯线的范围内切开两个体，分别求出相贯线上的点。

（3）判断可见性，把这些点顺次连接。

（4）逐体查轮廓线，加粗可见轮廓线。

例 5-7　如图 5-9（a）所示，求圆台与半球相贯的相贯线。

分析：

根据投影分析，相贯两体一个是圆台，另一个是半球，圆台的曲面和半球的曲面相贯，而圆台的曲面和半球的曲面均不具有积聚性，因此，求相贯线只能用辅助平面法。

依据图 5-9（b）所示，相贯线是共有线，主视图中圆台的左边轮廓线和球的轮廓线相切，切点记为 a'，因此相贯线为点 a'，b' 两点之间的部分。由于圆台的轴线和半球的轴线所构成的面平行于 V 面，两个相贯体前后完全对称，因此对于主视图来说，相贯线前后对称，相贯线显示可见；对于俯视图对来说，从上往下看，相贯线在圆台曲面上可见，半球面上也可见，俯视图中相贯线可见；对于左视图来说，相贯部分位于左半球，左半球面可见，因此，相贯线的可见性完全取决于圆台，因此左视图相贯线上，一定有一组特殊位置点，把相贯线分成可见部分和不可见部分。而这组特殊位置点的求法如图 5-9（d）所示，用平面 $P5$ 过圆台左视图的轮廓线去切相贯体，从左视图中可以看到，切得球面一条圆线，切得圆台两个轮廓线，圆线和轮廓线的交点 $3''$，$4''$ 即为左视图相贯线上可见部分和不可见部分的分界点。

依据图 5-9（b）所示，分析作图步骤：

（1）相贯线是两体共有线，从主视图中确定了相贯线的范围在 a'，b' 之间。

（2）采用辅助平面法求相贯线，原理如图 5-9（c）、图 5-9（f）所示。选取四个辅助平面，$P1$，$P2$，$P3$ 和 $P4$，其中 $P1$ 过 a' 点，$P4$ 过 b' 点。由此求出相贯线上的若干点。

（3）辅助平面 $P5$ 求出左视图相贯线的可见部分和不可见部分的分界点，是相贯线上两个特殊位置点。

（4）根据可见性判断，分别画出三个视图中相贯线的投影。

(5)两个回转体分别检查轮廓线，加深可见轮廓线，不可见部分用虚线。如图 5-9(b)所示，球的左视图的转向轮廓线中间部分被圆台挡住了，用虚线表达。如图 5-9(d)所示，圆台左视图的两条转向轮廓线到 3″，4″位置，因此需要加粗该处轮廓线。圆台与半球相贯的三视图如图 5-9(e)所示，立体图如图 5-9(g)所示。

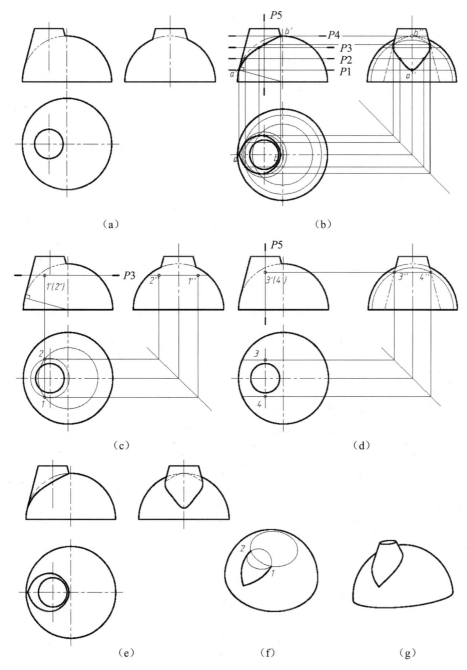

图 5-9　辅助平面法求相贯线

5.4 相贯线的产生形式

两体相贯的相贯线的产生有三种形式，即两立体外表面和外表面相贯、外表面和内表面相贯、内表面和内表面相贯，在表 5-1 中，以轴线垂直相交的两个圆柱相贯为例，表达两体相贯的三种形式。

表 5-1　轴线垂直相交的两个圆柱相贯的三种形式

类别	外表面和外表面相贯	外表面和内表面相贯	内表面和内表面相贯
立体图	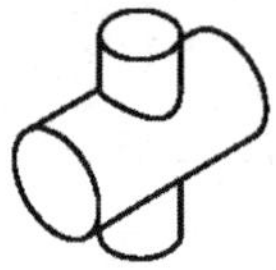	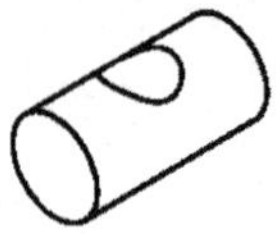	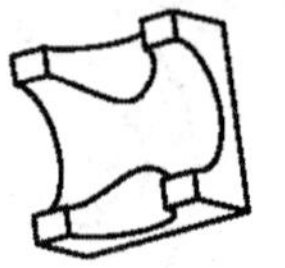
平面图	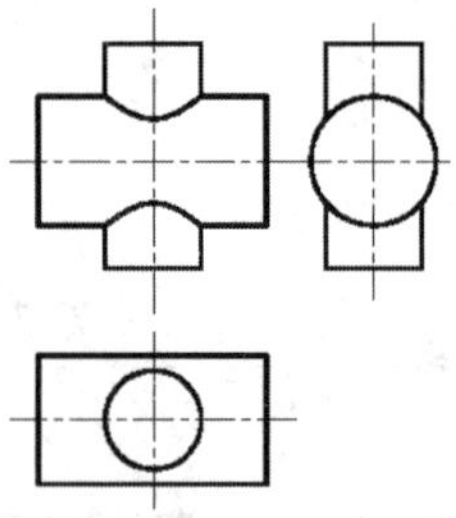	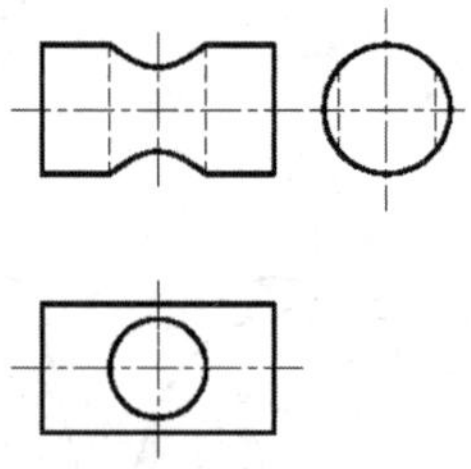	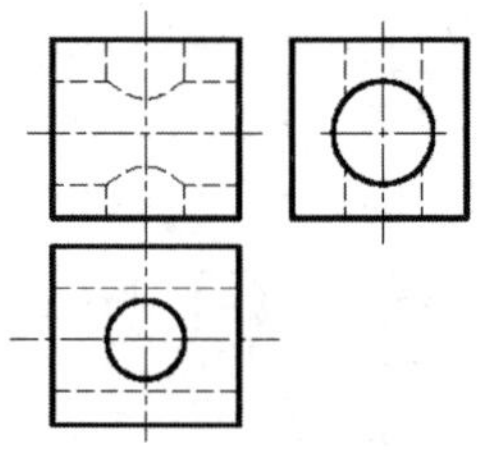

从表 5-1 中可以看出，不管是哪种形式的相贯，求相贯线的分析思路和作图方法都是相同的，因此，相贯线的形状与相贯立体的外表面及内表面没有关系，但是可见性和相贯立体的外表面及内表面有很大关系。

两圆柱相贯，圆柱的直径对相贯线也有很大的影响，如表 5-2 所示。

表 5-2　两圆柱直径变化对相贯线的影响

类别	横向圆柱大竖向圆柱小	等直径	横向圆柱小竖向圆柱大
立体图	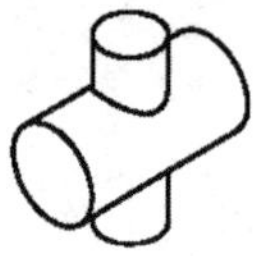	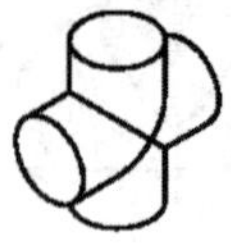	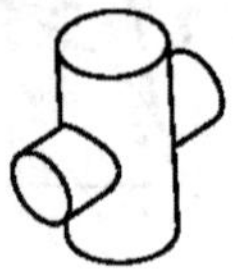
平面图	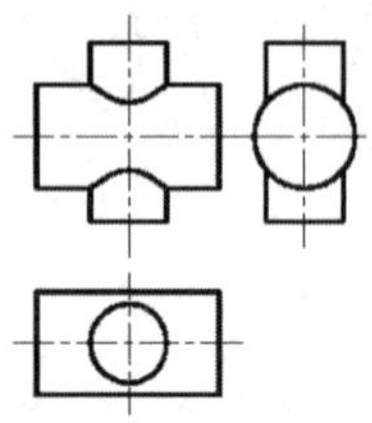	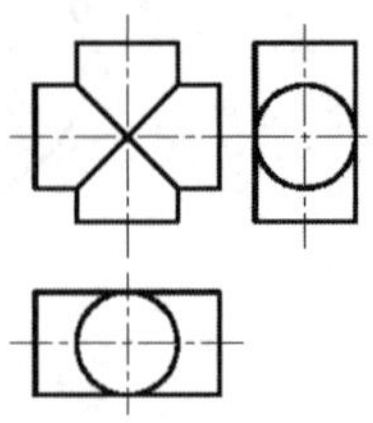	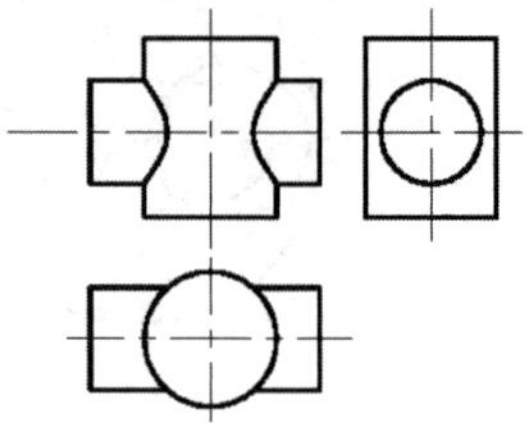

圆柱和圆锥相贯时，圆柱直径的变化对相贯线的影响，如图 5-10 所示。

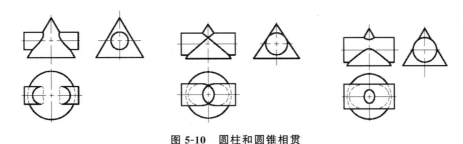

图 5-10 圆柱和圆锥相贯

两圆柱相贯时，圆柱的轴线位置对相贯线的影响，如图 5-11 所示。

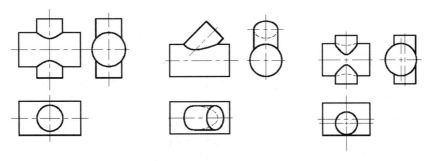

图 5-11 圆柱和圆柱相贯

总之，相贯线的空间形状取决于两曲面立体的形状、大小以及它们的相对位置；而相贯线的投影形状，还取决于它们对投影面的相对位置。

例 5-8 如图 5-12(a)所示，求相贯线。

分析:

根据投影分析，相贯两实体是两个轴线垂直相交的圆柱，视图内有虚线，说明里面有挖孔(挖圆柱)，进行投影分析，很明显两个实体圆柱轴线方向均挖了一个圆柱孔。根据相贯线的三种类型，按照外表面和外表面相贯、外表面和内表面相贯、内表面和内表面相贯的顺序分析相贯线。

分析作图步骤:

(1)先分析外表面和外表面相贯，如图 5-12(b)所示，轴线竖直的圆柱(小圆柱)进入轴线水平圆柱(大圆柱)内，没有穿透，相贯线只有上面部分，由于轴线垂直相交，两个圆柱相贯后成为一个整体，按照回转体和回转体相贯的做法，求出相贯线。

(2)两实体相贯之后成为一个实心体，在相贯体上挖多个孔的时候，应按照先挖大孔再挖小孔的顺序进行分析作图。轴线水平的孔大，因此先挖。由于没有挖到圆柱曲面，圆柱面没有产生曲线相贯线，虽然控制了圆柱的两个底圆，底圆平行于 W 面，因此底圆在 V 面、H 面上积聚，而积聚不存在虚线，绘图结果如图 5-12(c)所示。

(3)再继续挖孔，已经挖了大圆柱孔了，从上往下挖小圆柱孔的过程中，会挖到三次圆柱面，如图 5-12(d)左视图所示，这三处相贯线分别是 1 处内表面和内表面相贯、2 处内表面和内表面相贯、3 处内表面和外表面相贯。按照对称关系及回转体和回转体相贯的做法，得到主视图。1，2 处内表面和内表面相贯的相贯线为虚线，3 处内表面和外表面相贯的相贯线可见，为粗实线。

（4）逐体检查轮廓线，注意内孔轮廓线。

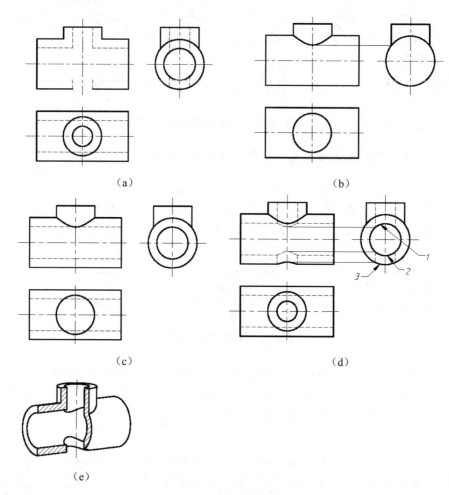

（a）   （b）

（c）   （d）

（e）

图 5-12　圆柱和圆柱相贯

例 5-9　如图 5-13（a）所示，求相贯线。

分析：

根据投影分析，相贯两实体是两个轴线垂直相交的圆柱，视图内有虚线，说明里面有挖孔，很明显两个实体圆柱轴线方向均挖了一个圆柱孔。但是本题和例 5-8 有着不同之处，本题中外表面和外表面相贯的两个实体是等直径的，内表面和内表面相贯的圆柱孔也是等直径的。

分析作图步骤：

（1）先分析外表面和外表面相贯。如图 5-13（b）所示，等直径相贯，相贯线是平面椭圆，图中应该是积聚成直线，如表 5-2 所示。

（2）先挖一个圆柱内孔。两实体相贯之后成为一个实心体，两个圆柱孔等直径先挖哪个都一样，如果先挖水平圆柱孔，没有挖到柱面，没有产生曲线相贯线，绘图结果如图 5-13（c）所示。

（3）再继续挖孔，挖竖直圆柱孔。为了更好地分析内表面和内表面相贯，图 5-13（d）主视图中，外表面和外表面相贯的相贯线此处已隐去。参看图 5-13(d)左视图所示，出现等直径的内表面和内表面相贯、内表面和外表面相贯。按照对称关系及回转体和回转体相贯的做法，得到如图 5-13(d)所示主视图。

（4）逐体检查轮廓线，最终作图结果如图 5-13(e)所示。

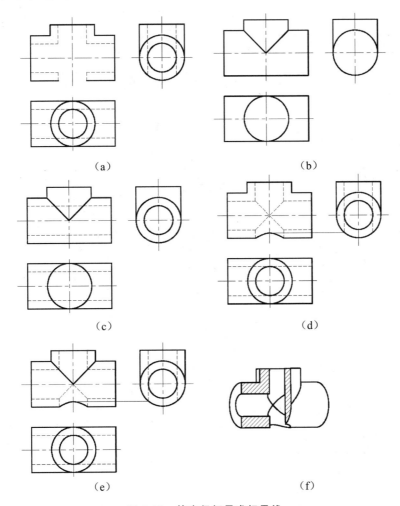

（a）　　　　　　　　　　　（b）

（c）　　　　　　　　　　　（d）

（e）　　　　　　　　　　　（f）

图 5-13　等直径相贯求相贯线

5.5　相贯线的特殊情况

（1）符合蒙日定理的情况。若两个二次曲面共切于第三个二次曲面，则两曲面的相贯线为平面曲线（椭圆），如图 5-14 所示。因此在表 5-2 中，两个圆柱等直径，相贯线在主视图中投影积聚成直线。

（2）具有公共轴线的回转体相交，或当回转体轴线通过球心时，其相贯线为圆，该圆与轴线垂直，如图 5-15 所示。

（3）两个轴线平行的圆柱相交、两共顶的圆锥相交，其相贯线为直线，如图 5-16 所示。

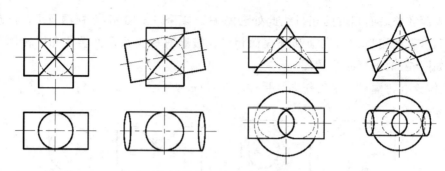

图 5-14　符合蒙日定理的相贯线

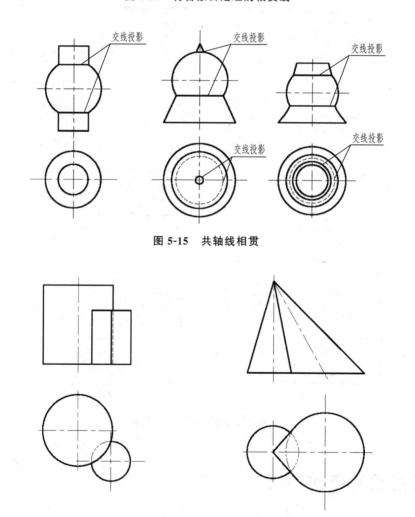

图 5-15　共轴线相贯

图 5-16　相贯线为直线的情况

5.6　多体相贯

前面讨论的都是两个基本体相贯的相贯线的求法，在实际应用中，常会碰到三个及三个以上基本体相贯的情况，这种情况称为多体相贯。这时求多体相贯的关键在于分析并找出有几个两两立体相交在一起，从而确定其有几段相贯线结合在一起，这若干条相贯线的结合处的点称为三面共点(即分界点)，因此多体相贯的相贯线求解步骤为：

(1)分析参与多体相贯的基本体有哪几个？哪两体相贯产生了相贯线？产生了几段相贯线？分界点在哪里？

(2)运用相贯线的作法，逐段求出相贯线。

(3)逐个检查各立体的棱线、轮廓线。

例 5-10　如图 5-17(a)所示，求相贯线。

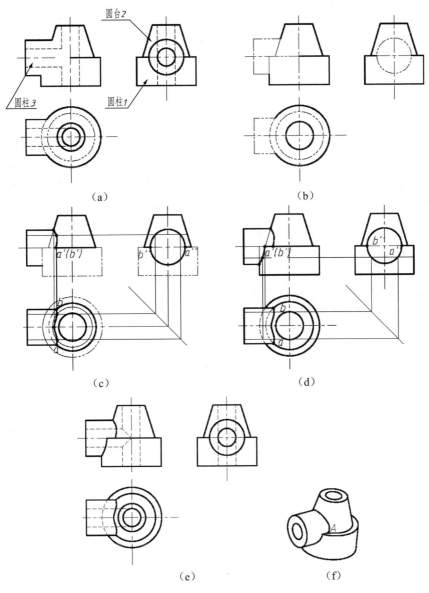

图 5-17　多体相贯

分析：

如图 5-17(a)、图 5-17(f)所示，圆柱 1、圆台 2、圆柱 3 三体相贯，先分析两两之间是否有相贯线，相贯线的形状大概是什么样子。圆柱 1 与圆台 2 共轴线，相贯线为圆，圆垂直于共轴线，主视图和左视图积聚成线，俯视图为圆，注意相贯线圆的范围；圆柱 3 上半部分和圆台 2 相贯，相贯线为曲线，可以用表面取点的方法来求；下半部分和圆柱 1 相贯，相贯线为曲线，根据圆柱与圆柱相贯的做题方法，求出相贯线。这三段相贯线在三面共点处相互连接，图 5-17(d)中点 A，B 即为三面共点，也是三部分相贯线的连接点。三个实体相贯之后成为一个实心体，从上向下钻圆柱孔，从左向右钻圆柱孔，最后求出内表面和内表面相贯线。

分析做题步骤：

(1)实体相贯的结果是成为一个实心体，因此先分析实体相贯，圆柱 1 与圆台 2 共轴线相贯，或者认为底圆共面，相贯线如图 5-17(b)所示，是一个圆弧，圆弧的起始和终止位置在三面共点 A，B 处，现在两点还没有出现，因此圆弧位置不明确，可以先分析另外两处相贯。

(2)分析圆柱 3 与圆台 2 相贯，如图 5-17(c)所示，相贯线在圆柱面的积聚性投影上，左视图中圆柱 3 的上半个圆柱即为相贯线的投影，根据表面取点或者辅助平面法求出圆柱 3 与圆台 2 的相贯线，此处三面共点 A，B 出现，可以求出圆柱 1 与圆台 2 的相贯线。

(3)分析圆柱 3 与圆柱 1 相贯，如图 5-17(d)所示，相贯线在圆柱面的积聚性投影上，左视图中圆柱 3 的下半个圆柱即为相贯线的投影，但是投影分析可知，圆柱 3 和圆台 2 的下底面相交有两条直线相贯线，圆柱 3 和圆柱 1 的圆柱面相贯有条曲线相贯线，分别求出相贯线。

(4)求出内表面和内表面产生的相贯线。

(5)检查轮廓线，最终结果如图 5-17(e)所示。

第6章 组合体的视图

本章是在点、直线、平面、基本体的多面正投影原理的基础上，运用形体分析和线面分析的方法，去认识和解决组合体的绘图、看图及尺寸标注等问题。

组合体是由两个或两个以上的基本体或简单体，按照一定方式(叠加、切割)组合而成的较为复杂的立体，称为组合体。

复杂的机器零件可以看作由若干个基本体组合而成，因此，可以把组合体理解为复杂零件的简化。通过对本章的学习，有助于提高对物体的投影分析能力和空间想象能力。

6.1 组合体的组合方式和表面连接关系

组合体中按照各基本体之间的组合方式可以分为叠加体、切割体和综合体(既有叠加又有切割)。组合体无论多复杂，都是一个整体，不能理解叠加体是可以拆开的，叠加只是投影分析、空间分析组合体的一个思路、方法。

6.1.1 简单的叠加形式

1. 回转体与回转体叠加(同轴叠加)

如图 6-1(a)、图 6-1(b)所示，回转体与回转体同轴叠加的时候，从圆的视图上可知，由于贴合的底面不一样大小，还留有环面，该环面为水平面，因此在两个非圆视图上，叠加过渡的地方有线。

如图 6-1(c)所示，回转体与回转体同轴叠加的时候，共轴线叠加的同时，又共底面叠加。虽然贴合的底面大小一样，但是，两个回转面没有光滑过渡，因此两个非圆视图中，叠加过渡的地方有线。

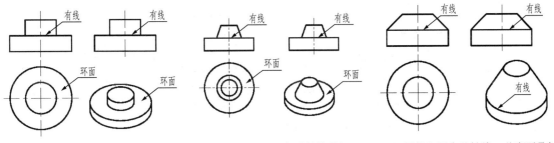

（a）圆柱和圆柱共轴线叠加　　　　（b）圆柱和圆台共轴线叠加　　　　（c）圆柱和圆台共轴线、共底面叠加

图 6-1　回转体和回转体共轴线叠加

2. 回转体与平面体叠加

回转体与平面体叠加，通常对称叠加的情况比较多，如图 6-2 所示，由于叠加的台阶面的存在，因此过渡的地方有线。

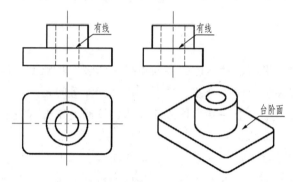

图 6-2　回转体与平面体叠加

3. 平面体与平面体叠加（共面时称为贴合）

两平面立体的表面共面叠加时，两个面并成一面，中间无分界线。从图 6-3 各投影图中可以看到，当两体表面共面时，中间无分界线，即两个表面成为一个面；当两个表面不平齐时，定会出现台阶面，因此中间有分界线。

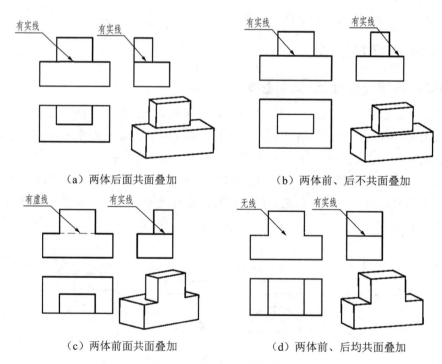

（a）两体后面共面叠加　　　　　　（b）两体前、后不共面叠加

（c）两体前面共面叠加　　　　　　（d）两体前、后均共面叠加

图 6-3　平面体与平面体叠加

6.1.2　表面光滑过渡——相切

相切是一种光滑过渡，因此相切处没有交线。在组合体叠加的方式中，相切是组合体叠

加中需要特别注意的情况，在画图时不要在相切的地方多画线，如图 6-4 所示。

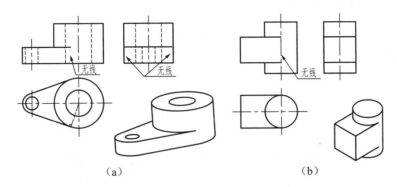

图 6-4 相切

对于两体以相切的方式叠加的情况，一定要注意切点在哪，做到相切处无线。

6.1.3 相交(相贯)

当两形体相交时，在相交处必会产生交线，画图时一定要注意相交在什么地方，画出交线，避免漏线。如图 6-5(b)所示，注意图中相切和相交的区别画法。

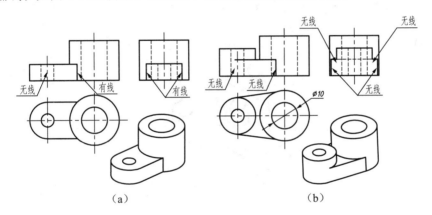

图 6-5 相交

组合体以相交形式叠加，实际上是对前面相贯的知识点的应用，如图 6-6 所示。

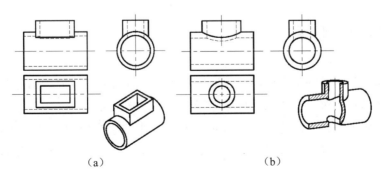

图 6-6 相贯

6.1.4 组合体的切割(含穿孔)

用平面或者曲面切割某个基本体,所得到的体为组合体中的切割体,如图 6-7 所示,切割实际上就是截切的应用,切割体在切割过程中会产生截交线或相贯线。曲面切割一般都是与圆或半圆有关的曲面切割。

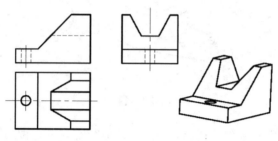

图 6-7　切割体

6.1.5 综合

实际生产中,很多零件都是既有叠加又有切割的组合体,如图 6-8 所示,在这类组合体的相关分析中,通常先考虑叠加,再分析切割。

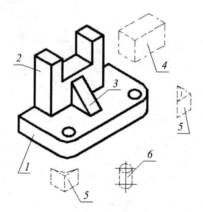

图 6-8　有叠加和切割的组合体

6.2 组合体的画图

组合体的画图过程是将组合体的空间形体转化到平面图形的过程,也是三维转二维的过程。在画组合体的视图时,经常采用形体分析法和线面分析法。

形体分析法画图,适用于叠加体,就是依据组合体的结构形状,将其分解成若干部分,弄清楚各部分的形状、组合方式、相对位置及表面连接关系,再分别画出各部分的投影的一种画图方法。

线面分析法适用于切割体,即分析组合体在没有切之前的形状是什么体,然后该体按照某种方式被截切,分析各个截平面与棱线、转向轮廓线、投影面等的相对位置,得到各个截平面的形状，把各个面依据三等规律画出来，进而得到该切割体投影的一种画图方法。线面分析法实际上可以理解成：用垂直于基本投影面的截平面去切体，截平面至少是有一个面的投影积聚成线，这个线表示的是面。

6.2.1　形体分析法画图

依据组合体形体分析法的概念，人们在画图、读图和标尺寸时，假想把组合体分解为若干个基本体和简单体，然后根据分解出来的基本体和简单体的相对位置关系及表面过渡关系，来分析组合体结构的这样一个分析过程。形体分析法的分析及作图步骤如下：

（1）对组合体进行形体分解，即拆分出若干基本体和简单体。

（2）弄清各部分的形状及相对位置关系（形体分析）。

（3）视图选择、视图数量选择，绘制视图。

按照各部分的主次和相对位置关系，首先选择主视图，即确定组合体在三面投影系的摆放位置；依据主视图的结构表达，看组合体还有哪些结构没有表达清楚，还需要什么视图补充表达形体结构，即确定视图数量；最后画出三视图。

（4）分析及正确表示各部分形体之间的表面过渡关系。

（5）检查所绘视图，确保无误，然后标注尺寸。

（6）检查所标尺寸，确保无误，然后加深视图可见部分。

主视图的选择需要把握住以下三点：

（1）自然放置，一般大平面作为底面。

（2）较多地表达物体的形状特征及各部分的相对位置关系。

（3）可见性好，虚线尽可能少。

例 6-1　以图 6-9（a）所示立体图为例，说明组合体形体分析法的画图方法和步骤。

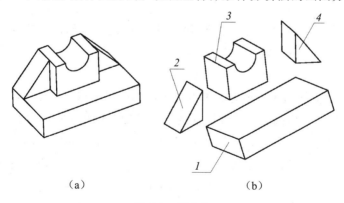

（a）　　　　　　　　　　　　　　　　（b）

图 6-9　组合体

（1）分析组合体

该体属于叠加体。用形体分析法可假想把它分解成 1，2，3，4 四部分，如图 6-9（b）所示。这四部分可按照它们的主次和相对位置，逐个地画出每一部分的投影，叠加起来，即得到整个组合体的三视图。

用形体分析法可知，1 和 3 后面平齐、左右对称叠加，3 置于 1 之上；2 和 4 对称于 3 两边，贴合 3 并且后面与 1，3 共面，并置于 1 上。

（2）作图步骤

①主视图的选择。

依据该组合体的结构特点及 1，2，3，4 之间的相对位置关系，选择主视图，如图 6-10 所示。

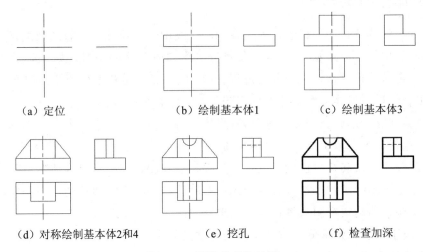

（a）定位　　　　　　　（b）绘制基本体1　　　　　　（c）绘制基本体3

（d）对称绘制基本体2和4　　　（e）挖孔　　　　　　（f）检查加深

图 6-10　形体分析法绘图

②视图数量的确定。

根据主视图的选择，看主视图还有哪些部分没有表达清楚，判定还需要几个视图，从而确定视图数量。依据图 6-10(f)所示主视图和图 6-9(a)所示的空间结构，可以再绘制一个左视图或俯视图即可表达清楚该组合体的结构，因此该组合体的视图数量是两个，在这里以画三视图为例，绘制 6-9(a)的三视图。

③布图。

根据组合体的大小和结构特点，选择画图比例，确定图纸幅面，依据视图数量布置各视图的位置，使图面布图匀称美观。

④画图顺序。

如图 6-10 所示，分线型不分线宽，即叠加的绘图过程一律用细线绘图，先画主要部分即拆分的简单体或基本体，后画次要部分即挖的孔槽等细部结构。画三视图时，组合体的每一个部分应该三个视图配合着画，而不是画完组合体的一个视图再去画下一个视图。绘图时，每部分应从反映形状特征的视图先画，如棱柱、圆柱、棱锥、圆锥都是先画底面视图。整个绘图过程，是边绘图边处理各部分形体之间的表面过渡关系，叠加完之后再处理孔槽等细部结构。

⑤检查、标注、加深。

检查所绘视图，确保无误，再标注尺寸，如不需要标注尺寸，则根据可见性加深视图，如图 6-10(f)所示。

6.2.2　线面分析法画图

切割式组合体，可以看作由一个基本体切去体的一部分或几部分之后得到的，线面分的作图步骤如下：

(1)对组合体进行切割分析。

找出组合体切割之前的形状是什么，经过了几次切割，依次切割掉了什么，还剩什么。

(2)选择主视图，确定视图数量。

(3)分析切割关系，画视图。

过程是先画整体未切割的视图，再逐步切割并逐步画出切割掉某部分后剩下部分的投影，作图关键就是求截交线和相贯线。

(4)检查视图，确保无误，然后标注尺寸，不需要标注尺寸时，此过程忽略。

(5)检查无误，加深可见部分。

例 6-2　以图 6-11(a)为例，说明组合体线面分析法的画图方法和步骤。

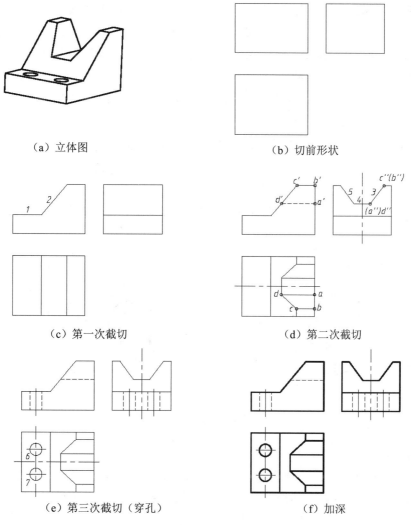

（a）立体图　　　　　　　　　　（b）切前形状

（c）第一次截切　　　　　　　　（d）第二次截切

（e）第三次截切（穿孔）　　　　　（f）加深

图 6-11　切割体绘制三视图

分析：

(1)对该体的结构进行分析，该组合体为切割体，没有切割之前是四棱柱；四棱柱经过三次切割，最终得到该组合体，切割顺序如图 6-11(c)～图 6-11(e)所示。

（2）选择主视图，主视图选择如图 6-11(f) 所示。

（3）分析切割关系及切割过程，绘制三视图。

依据切割过程，绘图顺序如下：

第一步：如图 6-11(b) 所示，先画切割前的三视图。

第二步：如图 6-11(c) 所示，第一次截切，用 1，2 两个面切掉体的一部分，1 面为水平面，W 面积聚，H 面反映实形，2 面为正垂面，H 面、W 面相仿性，绘制三视图；这里可以发现，四棱柱切完变成一个五棱柱（底面平行于 V 面），因此，切割前形状也可以分析为五棱柱。

第三步：如图 6-11(d) 所示，第二次截切，用 3，4，5 三个面切掉体的一部分，4 面为水平面，W 面积聚，H 面反映实形，3 面和 5 面为侧垂面，在 H 面、V 面的投影具有相仿性。3 面和 5 面对称，绘制完 3 面的投影，5 面根据对称性画即可。如图 6-11(d) 所示，左视图中，3 面积聚，切割过程属于切透、切穿，因此，根据相仿性和线面分析法，3 面所对应的主视图是四边形 $a'b'c'd'$，进而左视图找到对应字母名称 $a''b''c''d''$，根据 3 面的主视图和左视图，求俯视图 $abcd$，对称求出 3 面俯视图，4 面是水平面，主视图和左视图积聚成线，进而得到 4 面的俯视图。检查哪些线切掉了，没有了，得到第二次截切后的三视图。

第四步：如图 6-11(e) 所示，第三次截切（钻孔），用 6，7 两个圆柱面，各切掉一个圆柱，根据圆柱体的画法绘制三视图。

（4）检查，确保无误，加深可见部分，如图 6-11(f) 所示。

6.2.3　综合画图

例 6-3　如图 6-12(a) 所示，绘制该立体三视图（注意：图中所挖圆柱孔为通孔）。

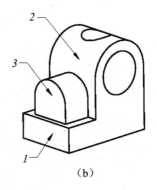

（a）　　　　　　　　　　　　（b）

图 6-12　绘制三视图

（1）分析组合体

如图 6-12(a) 所示，该组合体属于既有叠加又有截切的组合体，这种情况，一律先叠加研究主体部分，然后再分析截切部分。用形体分析法可假想把它分解成 1，2，3 三部分，如图 6-12(b) 所示。1 和 2 前后平齐，右侧面平齐叠加，2 置于 1 之上；3 和 2 前后对称叠加，置于 1 上。这三部分按照它们的主次和相对位置，即先有 1，再放 2，最后放 3，逐个地画出每一部分实体的投影，按位置叠加起来，即可得到整个组合体的三视图，如图 6-13(c) 所示。叠加过后，该组合体为一个实心的整体，再用截切或者相贯等知识，去处理切割部分，如图 6-13(d) 所示，从而得到该体三视图。

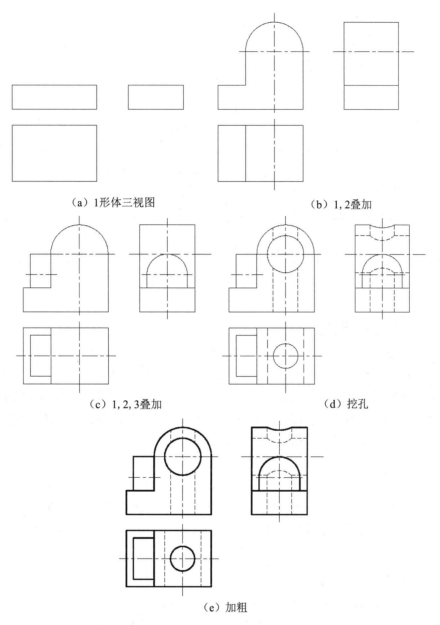

（a）1形体三视图　　　　　　　　　　（b）1，2叠加

（c）1，2，3叠加　　　　　　　　　　（d）挖孔

（e）加粗

图 6-13　绘制三视图

（2）作图步骤

①主视图的选择。

依据该组合体的结构特点及 1，2，3 之间的相对位置关系，选择主视图如图 6-13（e）所示。

②视图数量的确定。

根据主视图的选择，形体 3 表达不出半圆柱部分的外形，需要左视图，形体 2 从前向后挖的圆柱孔在主视图上可以表达清楚，从上向下挖的圆柱孔，可以通过相贯线的部分表达清楚，因此还需要一个左视图，从而确定视图数量为两个。这里采用画三个视图来分析绘图方法和顺序。

③布图。

根据组合体的大小和结构特点，选择画图比例，确定图纸幅面，依据视图数量布置各视图的位置，使图面布图匀称美观。

④画图顺序。

如图 6-13(a)～图 6-13(c)所示，先分线型不分线宽，一律细线绘图，先画主要部分，即拆分的简单体或基本体；后画次要部分即挖的孔槽等细部结构，如图 6-13(d)所示。

画三视图时，组合体的每一个部分应该三个视图配合着画，而不是完整画出组合体的一个视图再去画下一个视图。绘图时，每部分应从反映形状特征的视图先画，如棱柱、圆柱、棱锥、圆锥都是先画底面投影。这个绘图过程，是边绘图，边处理各部分形体之间的表面过渡关系，叠加完之后再处理孔槽等细部结构。

⑤检查、标注、加深。

检查所绘视图，确保无误，标注尺寸，如不需要标注尺寸，则根据可见性加深可见部分，如图 6-10(e)所示。

6.3 组合体的读图

组合体读图是依据已知的平面图形，通过投影分析和空间想象，想象出组合体的空间形状、结构的过程。画图是读图的逆过程，画图采用什么方法，读图时也采用相同的方法。叠加体在画图时采用的是形体分析法，叠加体读图也采用形体分析法；切割体在画图时采用的是线面分析法，切割体读图也采用线面分析法。

6.3.1 读图要点

读图是根据平面图想象空间结构，因此读图需要有较强的投影分析能力和空间想象能力，提高投影分析能力可以通过以下读图要点来实现。

1. 注意抓特征视图

(1)形状特征视图

形状特征视图是最能反映物体形状特征的那个视图。

如图 6-14(a)和图 6-14(b)所示，两组视图中的主视图和左视图一样，但俯视图不同；图 6-14(a)中的俯视图体现挖掉一个四棱柱，图 6-14(b)中的俯视图体现挖掉一个半圆柱，因此这两组视图中的俯视图是反映物体形状特征的那个视图。

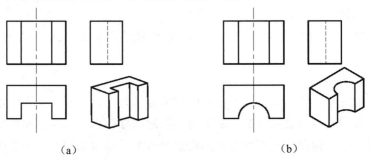

（a）   （b）

图 6-14　形状特征视图

（2）位置特征视图

位置特征视图是最能反映物体位置特征的那个视图。

如图 6-15 所示，依据主视图和俯视图，可以想象出两个不一样的左视图，这两个左视图体现出物体突出或者凹槽位置的不同，因此左视图是位置特征视图。

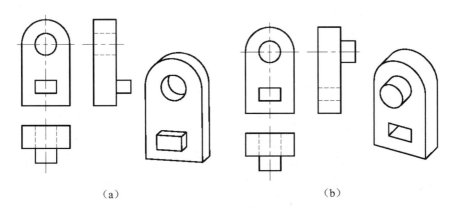

（a）　　　　　　　　　　　　　　（b）

图 6-15　左视图为位置特征视图

2. 注意反映形体之间连接关系的图线

如图 6-16(a)和图 6-16(b)两组视图中，俯视图和左视图是一样的，由于两组视图的主视图中实线、虚线的差别，可以判断出是叠加还是切割掉。

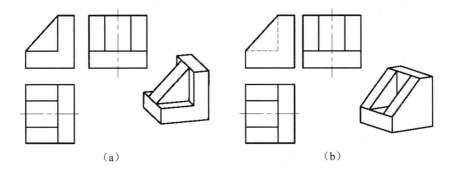

（a）　　　　　　　　　　　　　　（b）

图 6-16　连接关系(1)

如图 6-17(a)和图 6-17(b)两组视图中，如果没有左视图，俯视图完全一样，通过主视图的相贯线也可以判断出，图 6-17(a)是两圆柱等直径相贯，图 6-17(b)是圆柱和四棱柱相切。

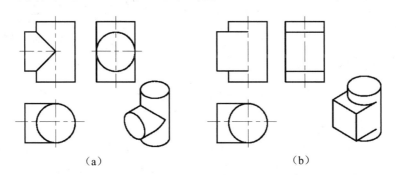

（a）　　　　　　　　　　　　　　（b）

图 6-17　连接关系(2)

3. 明确视图中图线和线框的含义

①视图上一条图线可能表示：一个平面或曲面的积聚性投影、面与面的交线、回转体转向轮廓线的投影。

②线框套线框的含义。

视图中每个封闭的线框，通常都是物体一个面或孔、槽的投影。而线框套线框，则可能有一个面是凸出的、凹下的、倾斜的，也可能是具有打通的孔，如图 6-18 所示。

③两个线框相连，即共一条边的含义。

两个线框相连，表示两个面高低不平或相交，如图 6-19 所示。

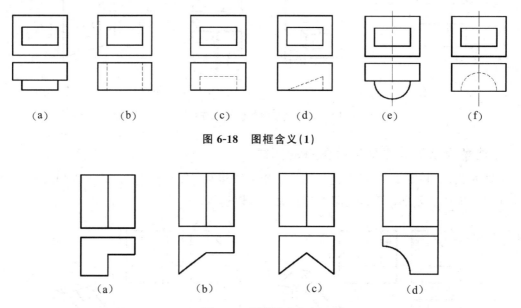

| (a) | (b) | (c) | (d) | (e) | (f) |

图 6-18　图框含义（1）

| (a) | (b) | (c) | (d) |

图 6-19　图框含义（2）

4. 要善于构思空间物体

根据所有已知视图，把空间想象和投影分析相结合，分析想象物体形状，根据所想象的物体形状，去想象物体的视图，将这个视图再和已知视图去比较，如果两组视图一致就说明正确了，不一致，则需要修正，因此读图的过程就是根据已知视图，通过空间想象和投影分析，反复修正想象的过程，如图 6-20 所示。

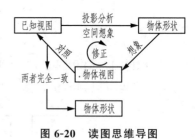

图 6-20　读图思维导图

6.3.2　读图的方法和步骤

常见的叠加体的读图方法是形体分析法，对于切割体，常采用线面分析法。

1. 用形体分析法读图

和画图类似，形体分析法读图适用于叠加体，即从反映特征的视图入手，根据视图的特点，将组合体分解成若干部分组成，这些若干部分可以是基本体也可以是简单体，根据投影分析，想象出各部分的形状、相对位置关系及组合方式，最后综合想象出整体形状。

如图 6-21(a)所示的组合体，根据形体分析法，它是由四部分组合而成的。例如，图 6-21 (b)读形体 1 时，必须抓住主视图和左视图中的虚线，对应俯视图中反映圆柱孔的形状特征的特点，从而想象出，主视图是四棱柱上面挖了两个圆柱孔，立体结构如图 6-22(b)中的 1；如图 6-21(c)读形体 3 时，必须抓住主视图有个圆的形状特征，对应俯视图的实线和左视图的虚线，进而想象出其形体是四棱柱上挖掉一个半圆柱，如图 6-22(b)中的 3。如图 6-21(d)读形体 2，4 时，必须抓住主视图、俯视图、左视图中的三个粗实线框，利用三等规律，想象出 2，4 是三棱柱，如图 6-22(b)中的 2，4。

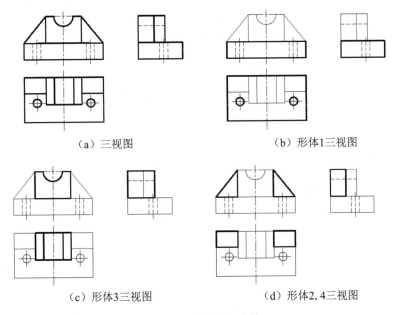

(a) 三视图　　　　　　　　　　(b) 形体1三视图

(c) 形体3三视图　　　　　　　(d) 形体2,4三视图

图 6-21　所示的组合体

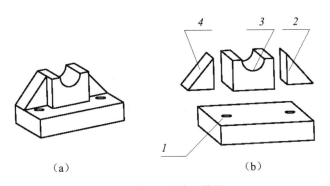

(a)　　　　　　　　　　(b)

图 6-22　组合体立体图

因此，形体分析读图时，应该从这些有形状特征的线框看起，依据上面的孔或槽，利用三等规律，就能在较短的时间里判断各部分的形状。再根据 1，2，3，4 的位置特征，想象出该体的空间结构，如图 6-22(a)所示。

在用形体分析法读图时，要善于抓住形状和位置特征，再把其他视图配合起来，就能迅速确定各组成部分的形状和位置，从而把整个组合体视图看懂。

2. 用线面分析法读图

用线面分析法读组合体的视图,就是运用点、线、面的投影特征,分析视图中每一条线或线框所代表的含义和空间位置,从而想出整个组合体的形状,如图 6-23 所示的切割体。

切割体是基于某个基本体进行的切割,因此参看图 6-23 可知,该体是基于四棱柱截切的,图 6-24(a)所示为四棱柱没有截切之前的三视图,此时的四棱柱的外轮廓和图 6-23 的区别在于缺角,缺角便是截切,如图 6-24(b)所示,因此,图 6-23 是四棱柱经过三次切割

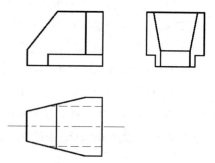

图 6-23 切割体

而实现的,其切割过程及作图顺序如图 6-24(c)~图 6-24(f)所示,立体图如图 6-25 所示。

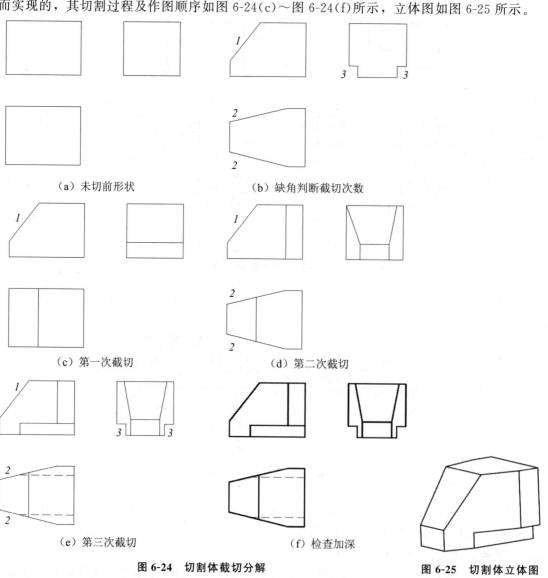

（a）未切前形状　　　　（b）缺角判断截切次数

（c）第一次截切　　　　（d）第二次截切

（e）第三次截切　　　　（f）检查加深

图 6-24 切割体截切分解　　　　**图 6-25 切割体立体图**

3. 已知两视图求画第三视图

读组合体的两视图，求画第三视图，一般按以下步骤进行。

(1) 分线框

根据组合体的视图，初步了解组合体的大概形状和结构，根据两个视图的线框，用形体分析法，初步分析它由几个部分组成，各部分之间的组合方式，以及形体是否对称等。

(2) 对投影

通常从主视图入手，根据视图中的线框和三等关系，适当地把它划分成几个部分，然后进一步分析各部分的形状和相互位置。

(3) 综合想象

通过投影分析，在逐个看懂各组成部分形状的基础上，读懂各组成部分的形状和它们之间的相对位置和表面连接关系，综合起来想象整个组合体的形状。对于比较复杂的视图，一般需要反复地分析、综合、判断和想象，才能将其读懂并想出组合体的形状。

(4) 绘制第三视图

根据分析过程，先绘制主要的实体部分，再逐步绘制细节（截切或者相贯）部分，把绘制出的第三视图和已知两视图进行比对、修正，最终得到正确的第三视图。

例 6-4　以图 6-26(a)为例，已知主视图和俯视图，求画左视图。

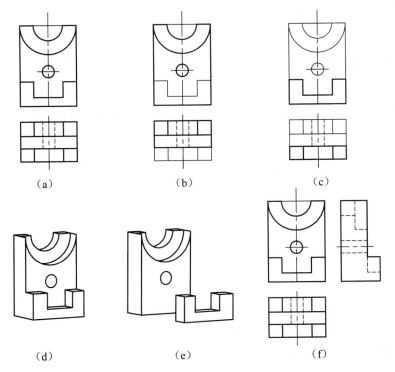

图 6-26　组合体形体分析

(1) 分线框

分析读懂主、俯视图，主视图上的小圆，对应俯视图的虚线，判断为挖孔，因此分出一个线框，如图 6-26(b)所示；根据主视图下面的小的封闭粗实线框可知，线框低且可见，在前面，从而分出第二个线框，如图 6-26(c)所示。

（2）对投影

如图 6-26(b)、图 6-26(c)所示，根据视图中的线框和三等关系，想象出空间结构，如图 6-26(e)所示。

（3）综合想象

综合起来想象整个组合体的形状，如图 6-26(d)所示。

（4）绘制第三视图

根据图 6-26(b)和图 6-26(c)的分析过程，先绘制主要的实体部分，再逐步绘制细节（截切或者相贯）部分，把绘制出的第三视图和已知两视图进行比对、修正，最终得到正确的第三视图，如图 6-26(f)所示。

6.4　组合体的尺寸标注

组合体的视图用于表达组合体的形状，不能体现其尺寸大小，因此需要在视图上标注的尺寸数值来确定的组合体的大小，加工时也是按照图样上的尺寸来制造的，即所注尺寸既能保证设计要求，又能满足加工、装配、测量等生产工艺的要求。因此正确、规范的标注尺寸非常重要，一般尺寸标注需要做到：完整、正确、清晰、合理。

1. 完整

尺寸必须把组成物体各个形体的大小和相对位置标注完全，不遗漏，不重复。

2. 正确

尺寸数值正确没有错误，尺寸注法正确，符合机械制图国家标准规定。

3. 清晰

尺寸布置整齐清晰，便于读图。

4. 合理

所注尺寸既能保证设计要求，又能满足加工、装配、测量等生产工艺的要求（这一要求，将在零件图、装配图两章讲述）。

6.4.1　基本体的尺寸标注

组合体都是由基本体叠加或者切割而成，因此基本体的尺寸标注方式，直接影响到组合体的标注方式。

1. 平面立体尺寸标注

（1）完整的平面立体尺寸标注

棱柱需要标注出底面尺寸和高，如图 6-27(a)、图 6-27(b)所示，棱锥需要标注出底面尺寸和高，如图 6-27(c)、图 6-27(d)所示，棱台需要标注出两个底面和高的尺寸，如图 6-27(e)、图 6-27(f)所示。

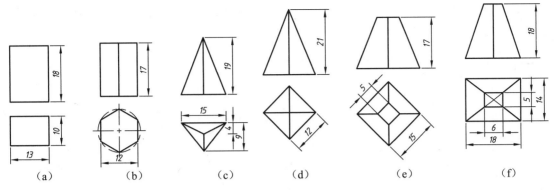

图 6-27　完整平面立体尺寸标注

(2)截切后的平面立体尺寸标注(见图 6-28)

先标注出完整平面立体尺寸，然后再标注出确定截切面位置的尺寸，如图 6-28(a)～图 6-28(c)。基本体确定，截平面位置确定，产生的截交线是截切后的结果，其大小、形状确定，因此截交线上不标注尺寸，如图 6-28(d)～图 6-28(f)中标注 X 的尺寸是错误的。

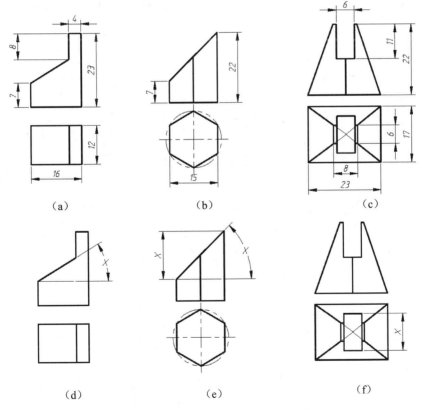

图 6-28　截切后的平面立体尺寸标注

2. 回转体尺寸标注

(1)完整的回转体尺寸标注

圆柱需要标注出底圆直径和高，如图 6-29(a)所示；圆锥需要标注出底圆直径和高，如图 6-29(b)所示；圆锥台需要标注出两个底圆的直径和高，如图 6-29(c)所示；球需要标注球的直径，如图 6-29(d)所示；圆环需要标注母线圆心到回转轴线的距离和母线圆的直径，如图 6-29(e)所示。

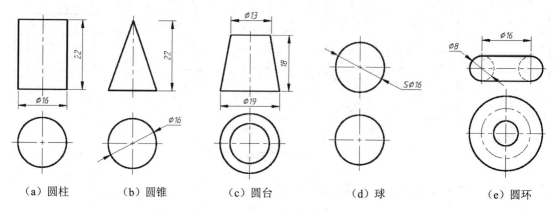

（a）圆柱　　　　（b）圆锥　　　　（c）圆台　　　　（d）球　　　　（e）圆环

图 6-29　完整回转体尺寸标注

（2）截切后的回转体尺寸标注

先标注出完整的回转体尺寸，然后再标注出确定截切面位置的尺寸，如图 6-30 所示。注意，截交线上不标注尺寸，图 6-31 中标注 X 的尺寸是错误的。

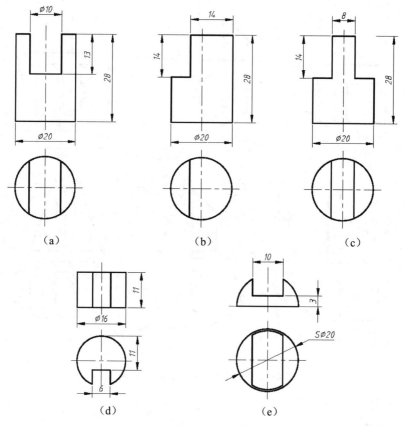

（a）　　　　　　（b）　　　　　　（c）

（d）　　　　　　（e）

图 6-30　截切后的回转体尺寸标注

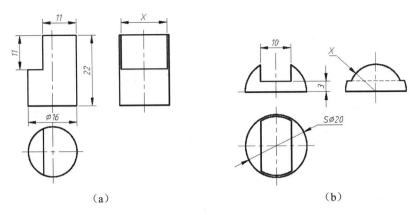

图 6-31　截交线上不标尺寸

(3)两回转体相贯的标注方法

当回转体的表面具有相贯线时，应标注产生相贯线的两基本体的定形、定位尺寸，如图 6-32(a)所示，首先标注两个圆柱的定形尺寸，⌀9、⌀16 和 22，再标注小圆柱的定位尺寸 15 和 11。当相贯两体确定后，相贯位置确定后，相贯线就确定了，因此相贯线上不标注尺寸，如图 6-32(b)、图 6-32(c)所示。

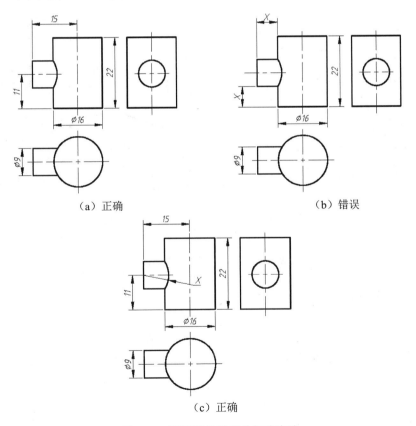

图 6-32　两回转体相贯的标注方法

3. 常见简单体的尺寸标注方式

常见简单体的尺寸标注方式，如图 6-33 所示。

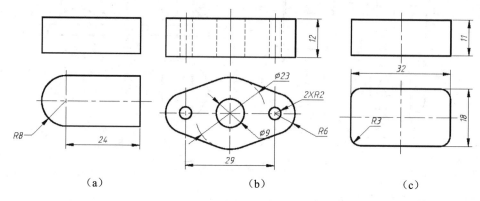

图 6-33 简单体的标注方法（1）

当组合体的某一方向具有回转结构时，由于标注出了定形、定位尺寸，而且，尺寸一般不标注到圆柱外形素线处，因此，该方向的总体尺寸不再注出，如图 6-34 所示，尺寸 X 不能标注。

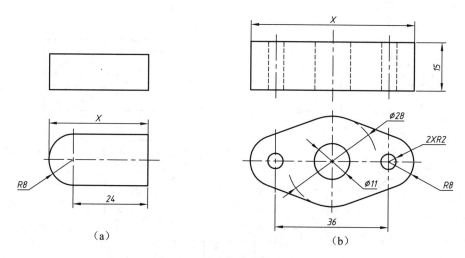

图 6-34 简单体的标注方法（2）

6.4.2 尺寸的种类

1. 定形尺寸

确定各形体形状及大小的尺寸称定形尺寸，如图 6-35（a）中的直径 $\phi6$、半径 $R6$ 和长 30、宽 20、高 10。

2. 定位尺寸

确定各形体间相对位置的尺寸称为定位尺寸。位置都是相对的，因此，定位尺寸的标注是以基准为基础的。通常以底面、端面、对称面、回转体的轴线或圆的中心线作为基准。如图 6-35（a）所示，长方向的基准为左右对称面，宽方向的基准为后端面，高方向的基准为底面，因此图 6-35(a)中的定位尺寸为 18，7。

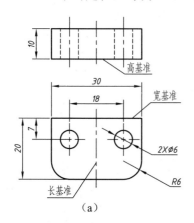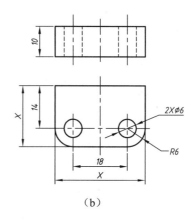

图 6-35 尺寸标注

3. 总体尺寸

表示组合体总长、总宽、总高的尺寸称总体尺寸，如图 6-35(a)中的 30、20、10 既表示定形尺寸也是总体尺寸。

注意一种特殊情况，即当组合体的某一方向具有回转结构时，由于注出了定形、定位尺寸，该方向的总体尺寸不再注出。如图 6-35(b)所示，打 X 的尺寸不再标注。

以上三类尺寸必须注全，不能遗漏尺寸，也不必重复标注，以免影响图面清晰或造成矛盾。

6.4.3 组合体的尺寸标注方法和步骤

组合体尺寸标注必须满足完整、正确、清晰、合理的基本要求，为保证图面所注尺寸清晰，除严格遵守机械制图国家标准的规定外，还需要注意下列几点。

(1)反映特征：各形体的定形尺寸应尽量标注在反映其形状特征的视图上，如图 6-36 所示。

(2)集中标注：同一形体的几个定形和定位尺寸，应尽量集中注在一或两个视图上，便于阅读，如图 6-37 所示。

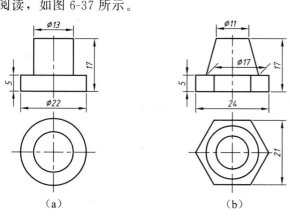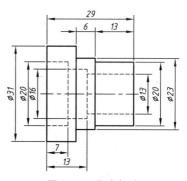

图 6-36 形状特征视图上标注尺寸　　图 6-37 集中标注

（3）虚线不标（一般不应在虚线上标注尺寸）。

（4）尺寸应尽量注在视图之外，以免尺寸线、尺寸数字与视图的轮廓线相交。但当视图内有足够的地方能清晰地注写尺寸数字时，也允许注在视图内，如图 6-38 所示。

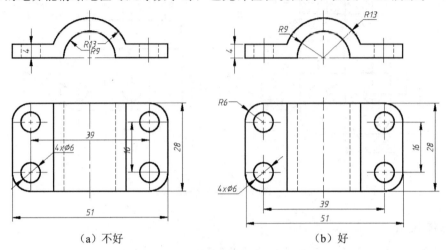

（a）不好　　　　　　　（b）好

图 6-38　尺寸标注要清晰

（5）同轴的圆柱、圆锥的径向尺寸，一般注在非圆视图上，如图 6-36、图 6-37 所示，圆弧半径应标注在投影为圆弧的视图上，如图 6-39 所示。

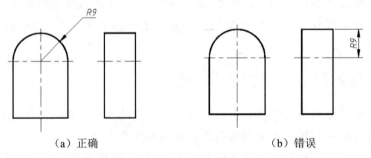

（a）正确　　　　　　　（b）错误

图 6-39　圆弧半径标注在圆的视图上

（6）在尺寸排列上，为了避免尺寸线和尺寸界线相交，同方向的并联尺寸，小尺寸在内，靠近图形，大尺寸在外，依次远离图形，如图 6-40 所示。同一方向串联的尺寸，箭头应互相对齐，排在一条直线上。

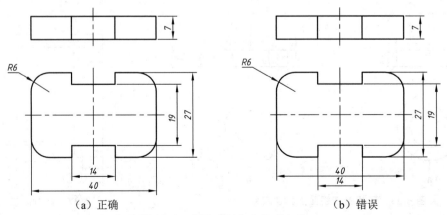

（a）正确　　　　　　　（b）错误

图 6-40　小尺寸在内大尺寸在外

(7)尺寸不能闭环标注。

如图 6-41(a)所示，19＋9＝28，因此 28 尺寸不标注；如图 6-39(b)所示，6＋22＝28，因此 22 尺寸不标注。

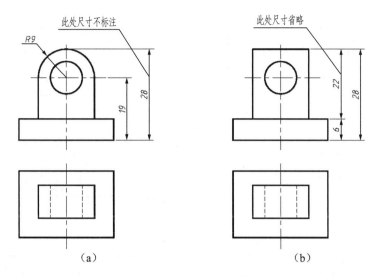

图 6-41　尺寸不能闭环标注

以图 6-42(e)所示的支架为例，说明组合体的标注方法和步骤。

①基本方法：形体分析法。

将组合体分解为若干个基本体和简单体，在形体分析的基础上标注尺寸。如图 6-42(f)所示，该支架分解为底板、支承板、圆筒和肋板四部分。

②选尺寸基准。

标注定位尺寸的起点位置，称为尺寸基准。组合体是一个空间形体，它具有长、宽、高三个方向的尺寸，每个方向至少有一个尺寸基准，如果同一方向有几个尺寸基准，则其中有一个为主要基准，其余为辅助基准。辅助基准与主要基准之间必须有尺寸联系，这将在零件图这一章讲述。组合体的基准，常取底面、端面、对称平面、回转体的轴线及圆的中心线等作为尺寸基准。

根据支架的结构特点和功能，确定三个方向的基准，如图 6-42(a)所示，长度方向以左右对称面为基准，高度方向以底面为基准，宽度方向以后端面为基准。

③逐个标注各形体的尺寸。

每一个形体都要标注长、宽、高三个方向上的定形尺寸和定位尺寸。如图 6-42(b)所示，首先标注底板的定形尺寸；如图 6-42(c)所示，再标注圆筒、支撑板和肋板的定形尺寸；最后如图 6-42(d)所示，根据底板、圆筒、支撑板和肋板的位置关系，标注各组成部分的定位尺寸。

标注各组成部分的定形定位尺寸时，各组成部分结合处大小相等的尺寸只需标注一次，不要重复标注。

④标注总体尺寸。

标注总长、总宽、总高尺寸时，如与定形、定位尺寸重合，则不必重复注出。最后进行全面核对，并改正错误，使所注的尺寸完整、正确、清晰、合理。

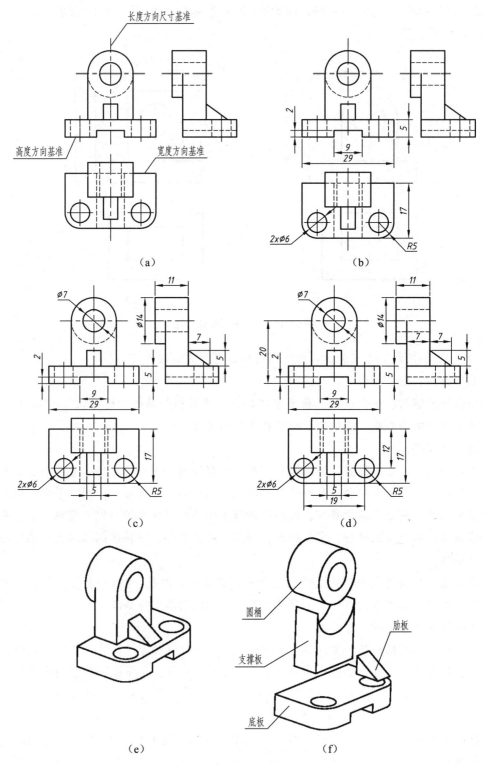

图 6-42　组合体尺寸标注

第7章 轴测图

正多面投影图能准确地表达立体各部分的形状、相对位置关系、尺寸大小，因此度量性好，且绘图简便，但是直观性差，即不能直观地表达三维空间形状、结构，投影分析能力和空间想象能力差的同学，很难看懂并想象出立体的空间结构。因此，本章介绍轴测图的基本理论、作用和画法，用轴测图来弥补正多面投影直观性差的不足，如图 7-1 所示。

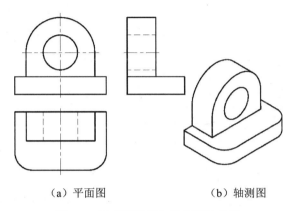

（a）平面图　　　　　　（b）轴测图

图 7-1　正多面投影与轴测图的比较

7.1　轴测图的基本知识

7.1.1　轴测图的基本概念

轴测投影图简称轴测图，是一种单面投影，用平行投影法将不同位置的物体连同确定其空间位置的直角坐标系向单一的投影面（轴测投影面）进行投射，并使其投影反映三个坐标面的形状，这样得出的投影图称为轴测图。它能同时反映出正面、水平面和侧面的形状，立体感较强，可以逼真地表达客观存在或构想的三维物体。

轴测图是用一个面的投影来反映立体的三个方向的表面形状，不可见部分结构不表达，不便于标注尺寸，因此不能确切地表达出物体原来的形状与大小，且作图复杂，因此在许多工程领域，一般作为辅助性图样，以弥补正多面投影的不足。

轴测图按照投射线和轴测投影面相对位置关系的不同，可分为正轴测图和斜轴测图。即用正投影法（投射方向垂直于轴测投影面）形成的轴测图称为正轴测图。用斜投影法（投射方向倾斜于轴测投影面）形成的轴测图称为斜轴测图。

7.1.2 轴测图的形成

1. 正轴测图的形成

正轴测图是改变物体和投影面的相对位置，使物体的正面、顶面和侧面与投影面都处于倾斜位置，用正投影法作出物体的投影，如图 7-2 所示。

正轴测图特点是物体与投影面(倾斜)，用正投影法作出物体的投影，立体感强。

2. 斜轴测图的形成

斜轴测图是不改变物体与投影面的相对位置，改变投射线的方向，使投射线与投影面倾斜，如图 7-3 所示。

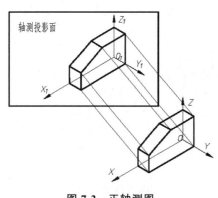

图 7-2　正轴测图

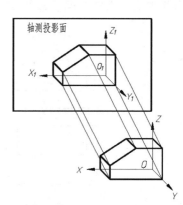

图 7-3　斜轴测图

斜轴测图特点是不改变物体与投影面的相对位置，即物体正放，用斜投影法作出物体的投影。

3. 轴测轴和轴间角

轴测图能用一面投影反映出立体的长、宽、高(OX，OY，OZ)三个度量方向，因此在绘制轴测图时，首先，确定并建立立体本身的坐标系，即确定立体空间上长、宽、高(即 OX，OY，OZ)在空间上的方向，然后，依据轴测图的形成，把立体和建立在立体上的坐标系一齐向轴测投影面进行投射，从而得到立体的轴测图和物体上坐标系的轴测图，这就出现两个概念，轴测轴和轴间角。

建立在物体上的坐标轴在投影面上的投影称为轴测轴，建立在立体上的坐标轴，两两之间相互垂直，但是，轴测轴之间就不再两两垂直了，因此，轴测轴之间的夹角称为轴间角。如图 7-3、图 7-4 所示，立体上的坐标轴 OX，OY，OZ 在轴测投影面上的投影 O_1X_1，O_1Y_1，O_1Z_1 为轴测轴；两轴测轴之间的夹角 $\angle X_1O_1Y_1$，$\angle X_1O_1Z_1$，$\angle Y_1O_1Z_1$ 为轴间角。

4. 轴向伸缩系数

依据平行投影法的平行性规律，在立体上与坐标轴平行的线段，会有以下两个特性：

①平行性。立体上与坐标轴平行的线段，它们的轴测投影也平行，即该线的投影与相应的轴测轴平行。

②简单比不变。依据 $AB = ab\cos\alpha$，因此，立体上与坐标轴平行的线段的轴测投影长度与空间长度的比值等于轴测轴和坐标轴相应线性长度尺寸比，而这个比值称为轴向伸缩系数。物体上平行于坐标轴的线段在轴测图上的长度与实际长度之比叫作轴向伸缩系数，即

$$\text{轴向伸缩系数} = \frac{\text{轴向线段的轴测投影长}}{\text{对应的轴向线段的实长}}$$

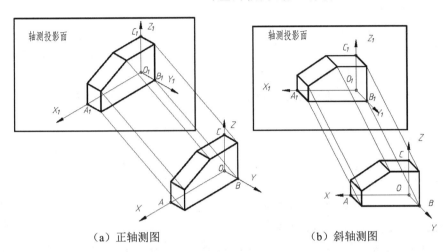

（a）正轴测图　　　　　　　　（b）斜轴测图

图 7-4　轴向伸缩系数

如图 7-4 可知，

$$X \text{ 轴轴向伸缩系数 } p = O_1A_1/OA$$
$$Y \text{ 轴轴向伸缩系数 } q = O_1B_1/OB$$
$$Z \text{ 轴轴向伸缩系数 } r = O_1C_1/OC$$

5. 轴测图的分类

轴测图分为正轴测图和斜轴测图两大类。

这两类轴测图中，根据轴向伸缩系数的不同，又可分为三种：

(1)若 $p = q = r$ 时，称为正(或斜)等轴测图；

(2)若 $p = q \neq r$ 或 $p \neq q = r$ 或 $p = r \neq q$ 时，称为正(或斜)二轴测图；

(3)若 $p \neq q \neq r$ 时，称为正(或斜)三轴测图。

工程上常用的轴测图是正等轴测图和斜二轴测图，如图 7-5 所示。

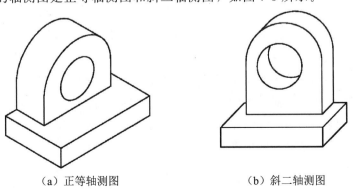

（a）正等轴测图　　　　　　　　（b）斜二轴测图

图 7-5　正等测图和斜二轴测图

6. 绘制轴测图的基本原则和步骤

（1）基本原则

物体上与坐标轴平行的直线，其轴测投影平行于相应的轴测轴，即在绘制轴测图的过程中，凡是与坐标轴平行的线段，就可以在轴测图上沿轴向进行度量和作图。因此，绘图过程需要注意以下两种情况：

①物体上相互平行的线段，在轴测图中相互平行。

②立体上与坐标轴不平行的线段其伸缩系数与之不同，不能直接度量与绘制，只能根据端点坐标，作出两端点后连线绘制。

在轴测图中，只有沿着轴测轴方向测量才与原坐标轴方向的长度有对应关系，这就是轴测两字的含义。

（2）画图步骤

①选择轴测图的种类；

②立体上创建直角坐标系；

③按所选取的轴测图种类绘制轴测轴；

④按轴测图绘制的原则进行绘制轴测图。

为了体现轴测图的立体感，轴测图中不可见部分不绘制，必要时也可以虚线绘制不可见部分。

7.2　正等轴测图

7.2.1　正等轴测图的轴间角和轴向伸缩系数

若正轴测图中，轴向伸缩系数 $p=q=r$ 时，称为正等轴测图，即：使立体上设定坐标系对轴测投影面成相等的倾角，并按照正投影法将立体连同其上的坐标系一起向轴测投影面进行投影，得到立体的正等轴测图。

根据立体坐标系的三个坐标轴与投影面成相等倾角（约 $35°16'$），并且投影方向垂直于投影面，如图 7-6 所示，得到下列结果：

①三个轴测轴的轴间角相等，都等于 $120°$，即 $\angle X_1O_1Y_1 = \angle X_1O_1Z_1 = \angle Y_1O_1Z_1 = 120°$。

②轴向伸缩系数相等，且可以证明都等于 0.82，即 $p=q=r=0.82$。

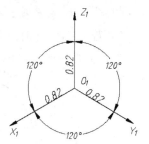

图 7-6　正等轴测图轴间角、轴向伸缩系数

如果取 $p=q=r=1$，则在绘制轴测图时，轴向线段的轴测长度可以按实际长度画出，在轴测图中反映实际大小，从而使得作图简化，因此 1 成为简化轴向伸缩系数。因此，绘制正等轴测图时，只需要按照实际长度沿着轴向测量，不需要计算，所以一般采用简化轴向伸缩系数，而不是采用 0.82 的伸缩系数，如图 7-7 所示。

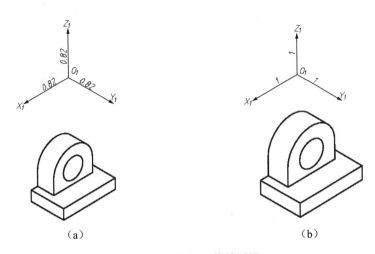

（a）　　　　　　　　　　　（b）

图 7-7　立体的正等轴测图

7.2.2　正等轴测图的绘图方法

正等轴测图常采用的绘图方法有坐标法、切割法和叠加法。

1. 坐标法

坐标法是画轴测图的最基本的方法，根据立体上设定的坐标系，每一个点有一个直角坐标值(x, y, z)，沿着轴向定出它们在轴测图上的位置，并按照画轴测图的基本原则进行作图。

因此，坐标法的几何作图原理就是先由点确定线，再由线确定面，最后面确定体，用坐标法求空间一点的轴测图，最终可求得立体的轴测图。

例 7-1　如图 7-8（a）所示，根据三视图画三棱锥的正等轴测图。

作图步骤：

(1)根据三视图，确定立体直角坐标系，如图 7-8（b）所示，在三视图中标出体的直角坐标系的三面投影。标注立体各个坐标点三面投影并标明名称，如图 7-8（c）所示。

(2)画出正等轴测图的轴测轴，即$\angle X_1 O_1 Y_1 = \angle X_1 O_1 Z_1 = \angle Y_1 O_1 Z_1 = 120°$，如图 7-8（d）所示。

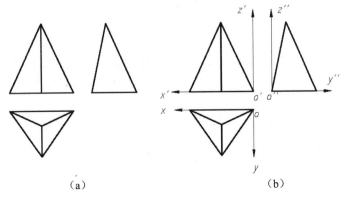

（a）　　　　　　　　　　　（b）

图 7-8　坐标法绘制三棱锥正等轴测图

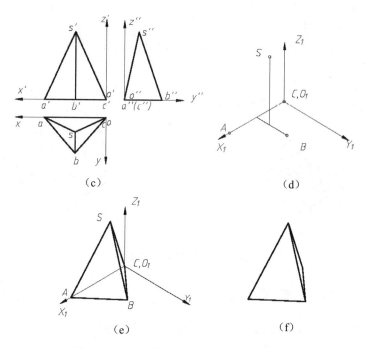

图 7-8　坐标法绘制三棱锥正等轴测图(续)

(3)点 C 刚好放到坐标原点,因此需要确定 A,B,S 三点的坐标。如图 7-8(d)所示,量取 $CA=ca$,得到点 A,同理分别找出点 B、点 S 的位置;作图过程一定要注意,在求点 S 和点 B 时,必须分别量取它们的 X,Y,Z 坐标(沿轴测量)。

(4)如图 7-8(e)所示,依次连接各顶点,完成正等轴测图。需要注意的是,不可见的虚线可不画出。

(5)加粗并保留可见部分,得到坐标法绘制的三棱锥的轴测投影图,如图 7-8(f)所示。

在具体作图时,根据立体的结构特点有切割和叠加等不同做法,其实质还是坐标法。

例 7-2　如图 7-9(a)所示,根据三视图画正六棱柱的正等轴测图。

作图步骤:

(1)在三视图中,确定立体直角坐标系,并在三视图中标出六棱柱的直角坐标系的三面投影,如图 7-9(b)所示,立体底面中心为原点 O,底面各点三面投影标明名称,如图 7-9(c)所示。

(2)画出正等测的轴测轴,$\angle X_1O_1Y_1 = \angle X_1O_1Z_1 = \angle Y_1O_1Z_1 = 120°$,如图 7-9(d)所示。

(3)点 O 在底面中心,依据底面各点的直角坐标,依据轴测图坐标法绘制点 A,B,C,D,E,F 六点的轴测投影,连接各点,确定底面的轴测投影图,如图 7-9(d)所示。

(4)如图 7-9(e)所示,依据棱线平行于 Z 轴,依次求出过 A,B,C,D,E,F 各点的棱线,用细线顺次连接各棱线另一端点,得到六棱柱的上底面轴测投影图。加粗可见部分,完成正六棱柱的正等测图,如图 7-9(f)所示。需要注意的是,不可见的虚线可不画出。

(5)保留粗实线部分,得到坐标法绘制的六棱柱的轴测投影图,如图 7-9(g)所示。

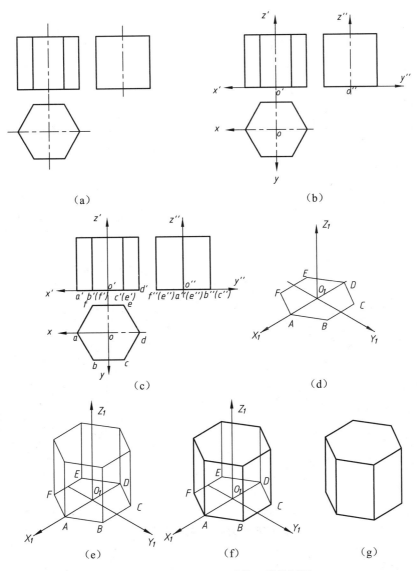

图 7-9　坐标法绘制六棱柱正等轴测图

2. 切割法

有的形体可看成是由基本体截切、开槽、穿孔等变化而成的，也就是组合体中的切割体。画这类形体的轴测图时，可先画出完整的基本体轴测图，然后切去多余部分。

例 7-3　如图 7-10(a)所示，已知三视图，画立体的正等轴测图。

先在立体上建立直角坐标系，如图 7-10(b)所示；再画出完整的四棱柱，如图 7-10(c)、图 7-10(d)所示；然后进行切割，切割时，必须沿轴测量，如图 7-10(e)所示。图 7-10(f)所示为该体的正等轴测图。

从图 7-10(a)知，也可以采用坐标法，把该立体理解为一个五棱柱，底面五边形平行于 H 面，五条棱线垂直于 H 面。

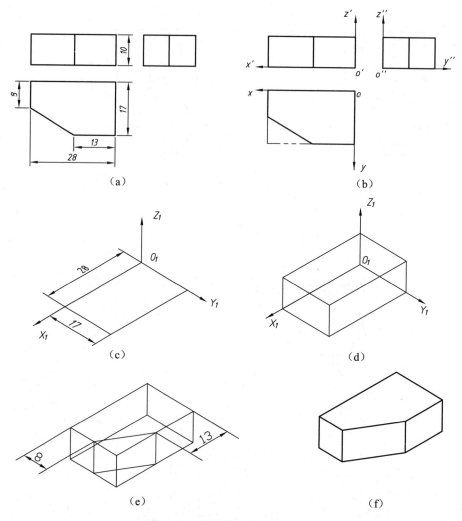

图 7-10　切割法绘制平面立体

7.2.3　叠加法

有的形体可看成由若干基本体叠加而成，而叠加法是按照叠加顺序，把简单体逐个按照位置关系绘制成轴测图的一种方法。

例 7-4　如图 7-11(a)所示，已知三视图，画立体的正等轴测图。

根据图 7-11(a)把该体分解成两部分，上、下面各有一个平面立体，下面的平面立体可以理解为四棱柱切了一个角，根据例 7-3 图 7-10 可以绘制出来；上面部分可以理解为四棱柱切了一个四棱柱，也可以理解成一个底面平行于 V 面，棱线垂直于 V 面的八棱柱，棱柱的画法前面已经讲解，这里采用切割法讲解。

首先根据立体结构建立直角坐标系，如图 7-11(b)所示，根据图 7-10 可以绘制出下面的平面立体，如图 7-11(c)所示。

依据两体叠加的位置关系为右后两面对齐叠加，因此按照这个关系，依据图 7-11(a)所示的尺寸，按照图 7-11(d)～图 7-11(f)顺序绘制上面的平面立体。

再按照图 7-11(d)、图 7-11(e)的顺序绘制四棱柱上面截切一个四棱柱。

最后，仅保留加粗的可见部分，得到该体的正等轴测图，如图 7-11(f)所示。

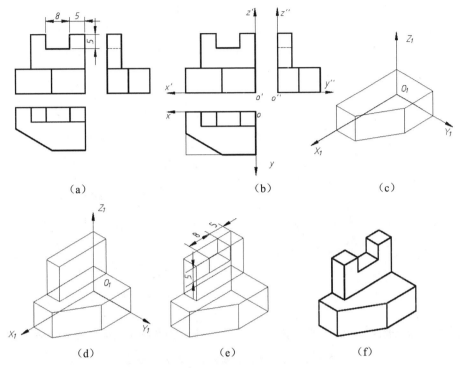

图 7-11 叠加法绘制平面立体

对于一些复杂的形体，三种方法可以综合应用，即根据立体的形状特征，有些结构采用坐标法，有些结构采用叠加法，有些结构采用切割法，这不仅适用于平面立体，也适用于曲面立体。

7.2.4 带回转体的正等轴测图的绘图方法

在正等轴测图中，立体上的直角坐标面和轴测投影面都是倾斜的，因此，平行于坐标面的圆的轴测投影都是椭圆。由于正等轴测图中，立体上的直角坐标系的三个坐标轴与轴测投影面的倾角都相等，因此，它的三个坐标面也与轴测投影面有相等的倾角。

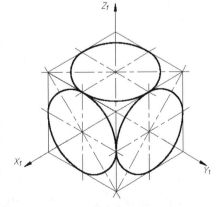

如图 7-12 所示，如果一个正方体的三个表面上各有一个直径等于 d 的内切圆，这三个表面分别平行于相应的直角坐标面，则在正等轴测图中，该正方体三个表面的轴测图为菱形，这三个内切圆在正等轴测图中为三个菱形的内切椭圆，这三个椭圆的长、短轴对应相等。

平行于坐标面的圆的正等轴测图称为正等椭圆，

图 7-12 平行于各个坐标面的椭圆的画法

正等椭圆的长、短轴的方向：长轴方向为其外切菱形长对角线的方向，此方向一定垂直于与圆面垂直的坐标轴的轴测轴；短轴方向为其外切菱形短对角线的方向，此方向一定平行于与圆面垂直的坐标轴的轴测轴。

采用正常的轴向伸缩系数时，长轴$=d$，短轴$=0.58d$，如图7-13(a)所示；采用简化的轴向伸缩系数时，长轴$=1.22d$，短轴$=0.7d$，d为圆的直径，如图7-13(b)所示。

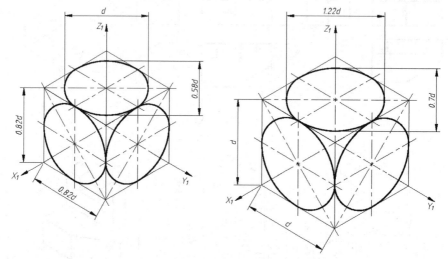

（a）圆的轴测投影图（采用正常的轴向伸缩系数） （b）圆的轴测投影图（采用简化的轴向伸缩系数）

图7-13　平行于坐标面的圆的轴测投影图

1. 平行于坐标面的圆的正等轴测图的画法：四心法画椭圆

以平行于H面的圆为例，如图7-14(a)所示。

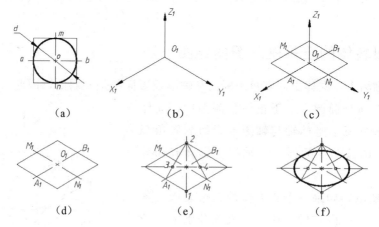

图7-14　四心法画椭圆

先作出圆的外切正方形，圆的直径和正方形的交点分别为a，b和m，n。圆的直径为d，圆心为坐标原点O。用四心法作出该圆正等轴测图的步骤如下：

（1）画轴测轴O_1X_1，O_1Y_1，依据圆的直径和正方形的交点a，b和m，n，作出圆的外切正方形的正等轴测图，即图7-14(c)、图7-14(d)所示的菱形。

(2)如图 7-14(e)所示,菱形的两个短对角线命名为 1,2,连接 $A_1 2$ 和菱形长对角线交于 3,连接 $N_1 2$ 和菱形长对角线交于 4,点 1,2,3,4 是四心法画椭圆的四个圆心。

(3)如图 7-14(e)所示,以 1 为圆心,以 $1M_1$ 为半径从 M_1 画圆弧到 B_1,同理,以 2 为圆心,以 $2A_1$ 为半径从 A_1 画圆弧到 N_1,以 3 为圆心,以 $3M_1$ 为半径从 M_1 画圆弧到 A_1,以 4 为圆心,以 $4N_1$ 为半径从 N_1 画圆弧到 B_1。有圆心有半径就可分别画出四段彼此相切的圆弧,即完成作图,如图 7-14(f)所示。

同理,作出平行于 V 面和 W 面的圆的轴测图,如图 7-15 所示。

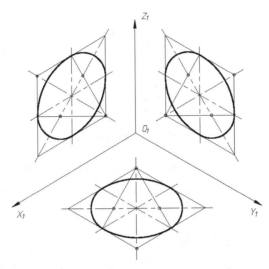

图 7-15 投影面的平行圆的轴测图

在正等测图中,形体上圆的投影成为椭圆。在实际作图中,不要求准确画出椭圆曲线,而是采用"四心法"近似作出椭圆。

例 7-5 如图 7-16(a)所示,画圆锥台的正等轴测图。

作图步骤:

(1)建立直角坐标系,作底圆的外切正方形,如图 7-16(b)所示;

(2)依据图 7-14 四心法画椭圆的方法,画出圆台底圆的正等轴测图,如图 7-16(c)所示;

(3)依据圆台高 14,同理,可绘制圆台顶圆的正等轴测图,如图 7-16(d)所示;

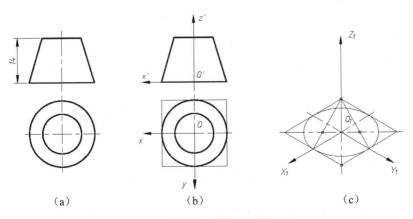

(a)　　　　　　　　(b)　　　　　　　　(c)

图 7-16 圆台的正等轴测图的画法

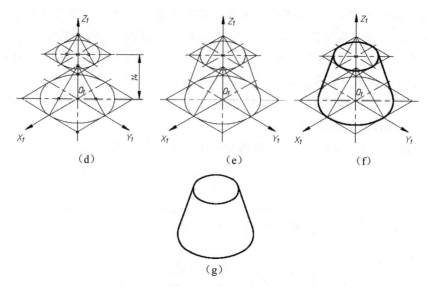

图 7-16　圆台的正等轴测图的画法(续)

(4)绘制圆台顶圆和底圆的正等轴测图的两个外公切线,如图 7-16(e)所示;

(5)加粗可见部分,如图 7-16(f)所示,仅保留粗实线部分,如图 7-16(g)所示,完成圆台的正等轴测图的绘制。

2. 圆角的正等轴测图的近似画法

矩形上平行于坐标面的圆角是平行于坐标面的圆的一部分,如图 7-17(a)所示,其圆角的正等轴测图可以用简化画法近似地画出,如图 7-17 所示。圆角的正等测图的近似画法步骤如下:

(1)矩形上建立直角坐标,如图 7-17(b)所示;绘制出矩形的正等轴测图,如图 7-17(c)所示,去掉正等轴测轴,如图 7-17(d)所示。

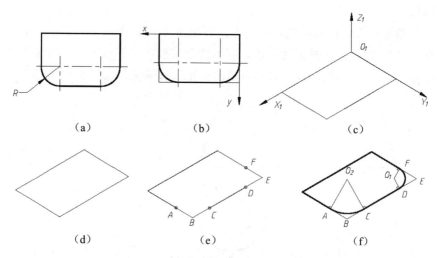

图 7-17　圆角的正等轴测图的近似画法

(2)截取 $AB=BC=DE=EF=$ 圆角半径 R,如图 7-17(e)所示。分别过 A 点作 AB 边

的垂线，过 C 点作 BC 边的垂线，两垂线交于点 O_2；过点 D 作 DE 边的垂线，过点 F 作 EF 边垂线，两垂线交于点 O_1，如图 7-17(f) 所示。

（3）以 O_1 为圆心，O_1D 为半径画圆弧从 D 到 F；以 O_2 为圆心，O_2A 为半径画圆弧从 A 到 C，如图 7-17(f) 所示。

（4）加粗得到带圆角的矩形正等测图的近似画法。

例 7-6 依据图 7-18(a) 所示平面图，求画该体正等轴测图。

作图步骤：

（1）创建直角坐标系，如图 7-18(b) 所示；按照图 7-18(c)～图 7-18(e) 顺序绘制矩形的正等轴测图，如果只是绘制矩形正等轴测图，加粗即可，可是有圆角，因此绘图过程应该是细线绘制。

（2）如图 7-18(f) 所示，截取 $AB=BC=DE=EF=$ 圆角半径 R，如图 7-18(g) 所示，分别过 A 点作 AB 边的垂线，过 C 点作 BC 边的垂线，两垂线交于点 O_1；过点 D 作 DE 边的垂线，过点 F 作 EF 边的垂线，两垂线交于点 O_2。

（3）以 O_1 为圆心，O_1A 为半径画圆弧（从 A 到 C）；以 O_2 为圆心，O_2D 为半径画圆弧（从 D 到 F）。

（4）依据板厚（即尺寸 BB_1）定后端面的圆心 O_3，O_4，由 A，B，C，D，E，F 可以确定后端面的切点 A_1，C_1，D_1，F_1；以 O_3 为圆心，O_3A_1 为半径，从 A_1 到 C_1 画圆弧，以 O_4 为圆心，O_4D_1 为半径，从 D_1 开始画圆弧，足够长即可，可以不必从 D_1 画到 F_1，因为图中可以看到 F_1 部分是不可见的，如图 7-18(g) 所示。

（5）作以 O_2 和 O_4 为圆心所画圆的外公切线，如图 7-18(g) 所示。

（6）加深可见部分，如图 7-18(h) 所示。

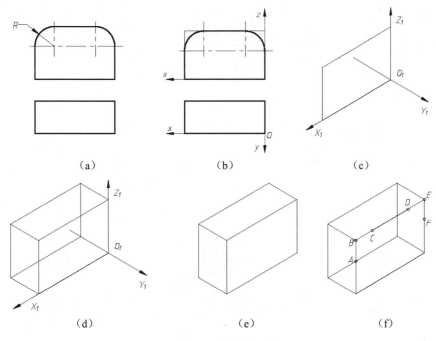

图 7-18　圆角的画法

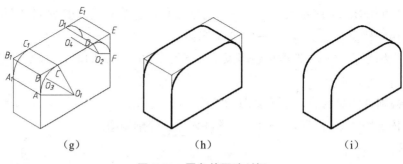

图 7-18 圆角的画法(续)

例 7-7 根据图 7-19(a),绘制组合体的正等轴测图。

作图步骤:

(1)依据该组合体结构,该体可以分解为下面的底座和上面的简单体;建立直角坐标系,如图 7-19(b)所示。

(2)底板是四棱柱,被截切了两个圆角,挖了两个圆柱,根据四棱柱、圆角和圆的正等轴测图的画法,依次画出底板的正等轴测图,如图 7-19(c)～图 7-19(f)所示。

(3)依据上面是四棱柱和半圆柱相切的简单体,中间挖了一个圆柱,依据四棱柱和圆柱的正等轴测图的画法,依次画出上面的简单体的正等轴测图,如图 7-19(g)、图 7-19(h)所示。

(4)加粗可见部分,仅保留可见部分,如图 7-19(i)所示,得到该组合体的正等轴测图。

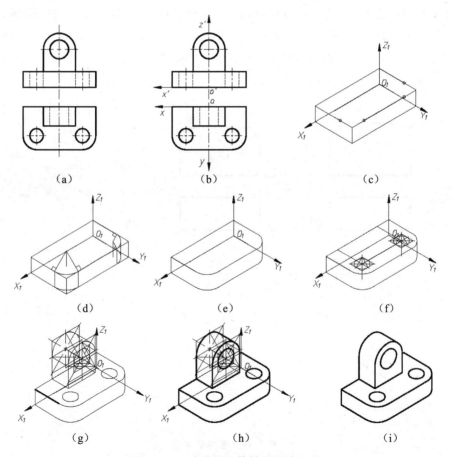

图 7-19 组合体的正等轴测图的画法

7.3　斜二轴测图

将立体连同确定其空间结构位置的坐标系，用斜投影法绘图，得到的轴测图称为斜轴测图。斜轴测图中的轴测投影面通常是平行于直角坐标 XOZ 面的，而倾斜的投射线不平行于任何一个坐标平面，因此，平行于坐标面 XOZ 的平面，其斜轴测图的投影反映实形，由于这个性质，使得许多情况下绘制斜轴测图比正等轴测图方便。斜轴测图中，常用的是斜二轴测图。

1. 斜二轴测图的轴向伸缩系数和轴间角

国家标准推荐斜二轴测图的轴向伸缩系数：$p = r = 1$，$q = 0.5$；轴间角为 $\angle X_1 O_1 Y_1 = \angle Y_1 O_1 Z_1 = 135°$，$\angle X_1 O_1 Z_1 = 90°$。

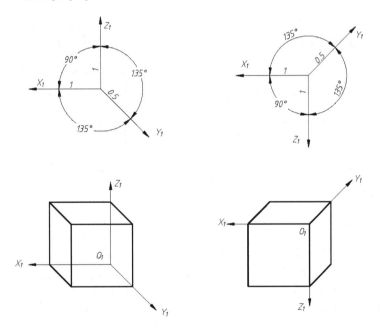

图 7-20　轴向伸缩系数与轴间角

2. 斜二等轴测图中平行于坐标面的圆的投影

图 7-21 所示为标准斜二等轴测图，平行于正平面 XOZ 的圆，其投影仍为圆，平行于水平面 XOY 的圆，其投影为椭圆，椭圆的长轴对 $O_1 X_1$ 轴偏转 $7°11'$，长轴 $\approx 1.06d$，短轴 $\approx 0.33d$；平行于侧平面 YOZ 的圆，与平行于水平面 XOY 的圆相同，其投影仍为椭圆，椭圆的长轴对 $O_1 Z_1$ 轴偏转 $7°11'$，长轴 $\approx 1.06d$，短轴 $\approx 0.33d$。

斜二轴测图的最大优点就是物体上凡是平行于 XOZ 面的平面都反映实形。由于椭圆的作图相当烦琐，所以当物体 XOZ 方向有圆时，采用斜二等轴测图，而 XOY，

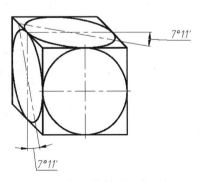

图 7-21　斜二等轴测图中平行于坐标面的圆的投影

YOZ 这两个方向上有圆时，一般不用斜二等轴测图，而采用正等轴测图。

3. 斜二等轴测图的绘图方法

例 7-8　画出图 7-22(a)所示组合体的斜二等轴测图。

作图步骤：

(1)根据组合体的结构，建立直角坐标系，如图 7-22(b)所示；

(2)按照斜二等轴测图的轴间角画出轴测轴；

(3)先绘制上半部分斜二等轴测图，一定要注意 $q=0.5$，Y 方向截取的时候，长度减半，图 7-22(a)所示 Y 方向长度为 9，轴测图 7-22(c)、图 7-22(d)所示 Y 方向长度为 4.5；

(4)绘制下半部分斜二等轴测图，Y 方向截取的时候，长度减半，图 7-22(a)所示 Y 方向长度为 13，图 7-22(e)所示轴测图中 Y 方向长度为 6.5；

(5)加粗可见部分，舍去不可见部分，得到组合体的斜二等轴测图[见图 7-22(f)]。

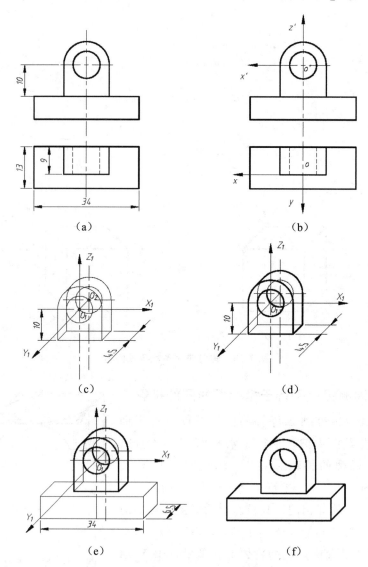

（a）　　　　　　　　（b）

（c）　　　　　　　　（d）

（e）　　　　　　　　（f）

图 7-22　绘制组合体的斜二等轴测图

7.4 轴测图中的剖切画法

为了表达立体的内部结构，平面图的视图表达上可以用剖视图表达内部结构，而轴测图也可以绘制轴测图的剖视图，即先假想用剖切平面切去体的一部分，然后把剩下部分再作轴测图，所得的轴测图称为轴测剖视图，如图 7-23 所示。

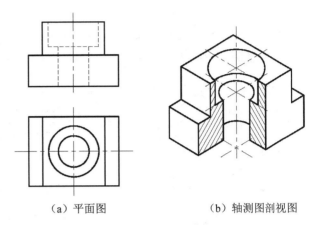

（a）平面图　　　　　（b）轴测图剖视图

图 7-23　轴测图的剖切方法

1. 轴测图的剖切方法

在绘制轴测剖视图中，假想的剖切平面在选择上需要考虑到以下两方面：

（1）剖切位置有利于表达形体的内部结构形状；

（2）剖切之后，不仅能表达清楚内部结构，也能较完整地表达出外形结构。

因此，通常采用两个与物体上的直角坐标面平行的剖切面将立体剖切开，一般剖切平面通过立体空心结构的轴线或者与空心结构的对称面重合，这些和剖视图表达的剖切平面选择是一致的，与剖切相关的知识将在后面的章节中详细讲解。

2. 轴测图剖视图中剖面线的画法

平面图的剖视表达中，在剖切面和实体的接触部分需要画上图例线，不同的材料，图例线是不一样的，机械材料多为金属材料，因此通常采用相互平行的、等距的细直线，通常称为剖面线。在轴测图剖面图中，剖面线的方向随着剖切面所平行的坐标面的不同而不同。正等轴测图剖视图中的剖面线的画法如图 7-23（b）、图 7-24（a）所示，斜二等轴测图剖视图中的剖面线的画法如图 7-24（b）所示。

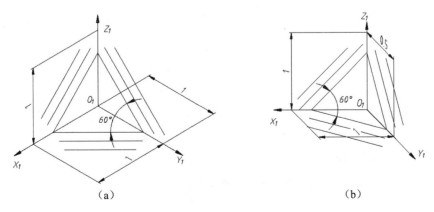

（a）　　　　　　　　　　（b）

图 7-24　轴测图剖面线的画法

7.5 轴测图的尺寸标注

轴测图的立体感强、直观性好，轴测图的尺寸标注如果按一般的标注进行，其立体感就体现不出来，因此轴测图中的尺寸标注原则：

(1)轴测图中的线性尺寸一般应沿着轴测轴方向标注，如图 7-25 所示；

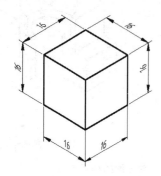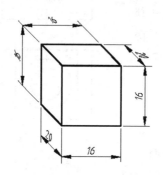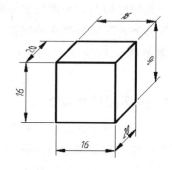

图 7-25 线性尺寸标注方法

(2)尺寸线平行于所标注线段，尺寸界限必须平行于某一轴测轴，尺寸数字写在尺寸线的上方；

(3)尺寸数字与尺寸线、尺寸界线在一个平面内；

(4)圆的直径、半径的标注，尺寸线平行于某一轴测轴，尺寸数字的横线必须平行于某一轴测轴，如图 7-26 所示；

(5)角度标注，平面图中的尺寸线圆弧在轴测图中必须绘制相应的椭圆弧，尺寸数字仍然标注在中断处，字头朝上，如图 7-27 所示。

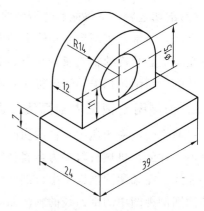

图 7-26 圆尺寸标注方法

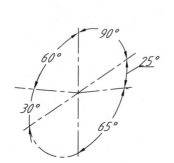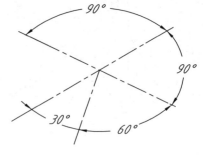

图 7-27 角度尺寸标注方法

图 7-28 所示为组合体尺寸标注示例。

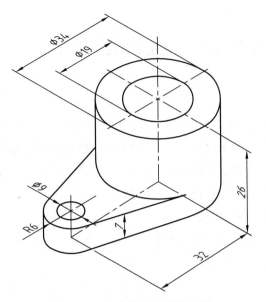

图 7-28　组合体尺寸标注示例

第8章　机件的表达方法

在生产实践中，由于使用要求不同，机件的结构形状是多种多样的。有的机件比较复杂，仅采用前面介绍的主视图、俯视图、左视图等，无法将它们的内外形状准确、清晰、完整地表达出来。为了更好地表达物体结构形状，有必要引入其他更为合理的表达方法。

国家标准中，对机械制图的各种表达方法做了一系列的规定，可以根据机件的结构特点进行具体分析，选用合适的表达方法。

本章主要学习视图、剖视图、断面图和局部放大图等一些常用的表达方法。

8.1　视图

视图是机件的多面正投影，主要侧重于表达机件的外部结构形状，一般只用粗实线画出机件的可见部分，必要时才用虚线画出其不可见部分。

视图通常有基本视图、向视图、局部视图和斜视图等几种主要类型。

8.1.1　基本视图

基本视图是机件向基本投影面投射所得的图形。

在原来 H，V，W 三个基本投影面的基础上，再增加三个基本投影面，构成一个六面体，这个六面体的六个面均称为基本投影面。

如图 8-1 所示，将机件放置在该六面体内部，将其向六个基本投影面分别投影，可得到六个基本视图。

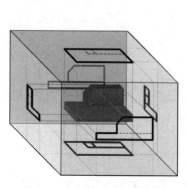

图 8-1　六个基本视图的形成

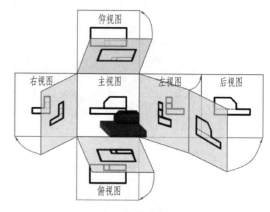

图 8-2　六个基本视图的展开

六个基本视图中，除了在前面已学过的主、俯、左三个视图外，另外三个视图分别为：

右视图——从右向左投影所得的视图，反映机件的高与宽；

仰视图——从下向上投影所得的视图，反映机件的长与宽；

后视图——从后向前投影所得的视图，反映机件的长与高。

与三视图一样，六个基本视图也需要展开到同一张平面图面上。展开时，规定正立投影面不动，其余各投影面按图 8-2 所示的方向，展开到与正立投影面共面的位置上。

国家制图标准规定，在同一张平面图纸内，各视图按照展开的方位配置时，一律不标注视图的名称，如图 8-3 所示。

由此可知，六个基本视图之间仍应保持着与三视图相同的投影规律，即"长对正、高平齐、宽相等"的三等关系，具体就是：

主、俯、仰、后视图——保持长对正；

主、左、右、后视图——保持高平齐；

左、右、俯、仰视图——保持宽相等。

基本视图是在三视图基础上的扩展，所以基本视图中主视图和后视图，反映左右和上下方位，右视图和左视图反映上下和前后方位，俯视图和仰视图反映左右和前后方位。

对于左、右、俯、仰视图，靠近主视图的一边代表物体的后面，远离主视图的一边代表物体的前面，如图 8-4 所示。

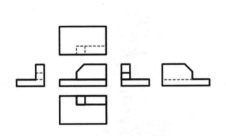

图 8-3　六个基本视图的配置

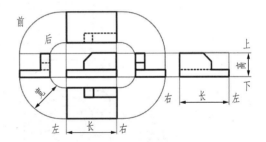

图 8-4　六个基本视图的投影关系

机件虽然可以用六个基本视图来表示，但实际上六个视图是否要全部画出，要看具体情况而定。

在实际应用时，应根据机件的结构和形状特点，在完整、清晰地表达物体特征的前提下，应使视图数量越少越好，力求制图简便，避免不必要的重复。

根据以上原则，一般只需要画出其中必要的几个基本视图。选用基本视图时一般优先选用主、俯、左三个基本视图。

8.1.2　向视图

前面说过，在同一张图纸内，基本视图按照其固定位置配置时，一律不需要标注视图的名称。

实际工作中，有时由于基本视图不画在同一张图纸上，或者它们之间被其他图形隔开，或者考虑更为充分地利用图纸，就会出现基本视图不能按照规定位置配置的情况。

因此，国家标准里又规定了一种可以自由配置的基本视图，称为向视图。

向视图必须进行标注。为了便于读图，应在向视图上方标出视图的名称"×"，"×"采用

A，B，C 等大写英文字母，并在相应的视图附近用箭头指明投射方向，注上相同的字母，如图 8-5 所示。

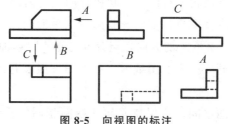

图 8-5　向视图的标注

8.1.3　局部视图

将机件的某一部分向基本投影面投射所得的视图称为局部视图。

当机件在某个方向上仅有局部结构形状需要表达，而又没有必要画出整个基本视图时，即可采用局部视图。

如图 8-6 所示，该机件的主体结构由主、俯视图已经表达清楚，至于左右两个小凸台结构就可以采用两个局部视图来表达。

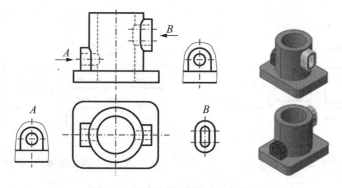

图 8-6　局部视图的形成和标注

局部视图是不完整的基本视图，利用局部视图可以减少基本视图的数量，使表达简洁，重点突出。

画局部视图时应注意以下几点：

（1）一般在局部视图上方标出视图的名称；在相应的视图附近用箭头指明投射方向，并注上同样的字母。

（2）局部视图尽量按照基本视图的位置配置，此时可省略标注；也可按照向视图进行配置，但此时就不能省略标注。如图 8-6 中 A 向局部视图，若按投影关系配置，且中间没有其他图形隔开时，视图中的 A 及箭头均可省略；若画在图纸内的其他地方，则要进行相应的标注。

（3）局部视图因为去掉了物体的一部分，往往有假想的断裂边，其范围用波浪线表示，用细实线绘制，如图 8-6 中的 A 视图。但当所表示的局部结构是完整的，其外轮廓线又封闭时，波浪线可省略不画，如图 8-6 中的 B 视图。

8.1.4　斜视图

将机件向不平行于任何基本投影面但垂直于某一基本投影面的平面投影所得的视图叫斜视图。

当机件上有不平行于基本投影面的倾斜结构时，它在基本投影面的投影将不反映这部分的真实形状，给画图、读图和尺寸标注都带来了不便。

为了表达该倾斜部分的实形，可增加一个与倾斜结构平行的投影面，将这部分向该投影面投影，便得到倾斜部分的实形。

如图 8-7 所示，一个弯板形机件，它的倾斜部分在俯视图和左视图上投影都不是实形，此时可采用斜视图。

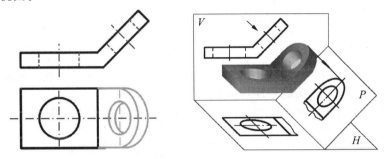

图 8-7　斜视图的形成

画斜视图时应注意以下几点：

(1)斜视图必须要标注，标注的形式和向视图相同，在斜视图上方标出视图的名称；在相应的视图附近用箭头指明投射方向，并注上同样的字母。注意斜视图的箭头表示投影方向，在视图上是斜线，在空间应该和倾斜结构的平面垂直，另外大写英文字母一定要水平书写，如图 8-8(a)所示。

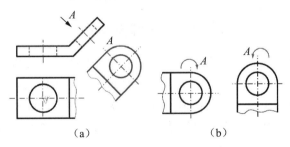

（a）　　　　　　　　　　（b）

图 8-8　斜视图的画法和标注

(2)斜视图一般按投影关系配置，以便画图和看图。必要时也可配置在其他适当位置。在不致引起误解的情况下，允许将图形旋转，此时应在该视图上方标注旋转符号。图形旋转符号为半圆形，半径约等于字体高度，表示视图名称的大写拉丁字母应靠近旋转符号的箭头端。必要时，允许将旋转角度标注在字母之后，如图 8-8(b)所示。

(3)斜视图表达的是机件上倾斜的局部结构，具有局部视图的特征。因此斜视图也要用波浪线表示断开的范围。有了斜视图，在相应的基本视图中就可省去倾斜部分的投影，如图 8-8(a)所示。

8.2 剖视图

用视图表达机件时，对于其孔、槽等内部结构的不可见轮廓线用虚线表示。如果机件上内部形状比较复杂，则视图上就会出现较多的虚线，还可能交叉重叠，这样既不便于看图，也不便于标注尺寸，又影响图形的清晰性和层次性。

为了更清楚地表达机件，国家标准在《机械制图图样画法》中规定：采用剖视图来表达机件的内部结构形状。

8.2.1 剖视图的基本概念

剖视图主要用于表达机件内部不可见或被遮盖部分的结构形状。

1. 剖视图的形成

假想用剖切面剖开机件，将处在观察者与剖切平面之间的部分移去，而将其余部分向投影面投影，所得到的图形称为剖视图，简称剖视。

如图 8-9 所示的机件，在主视图中，其内部结构用虚线表达，不够清晰。

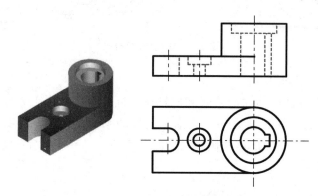

图 8-9　主视图的虚线

为此，采用正平面作为剖切平面，在该机件的前方对称平面处假想将它剖开，移去前面部分，使机件内部的孔、槽等结构暴露出来，将后面部分再向正投影面投影，这样其内部结构就由原来的不可见成为可见，因此原来的细虚线就可以转画成粗实线，然后在断面画上表示某种材料的剖面符号，从而就在主视图上得到了该机件的剖视图，如图 8-10 所示。

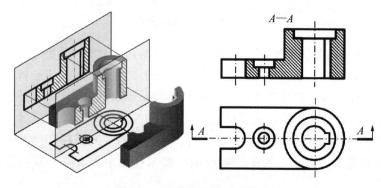

图 8-10　剖视图的形成和标注

用来剖切被表达物体的假想平面或曲面称为剖切面。

假想用剖切面剖开物体，剖切面与机件接触的部分称为剖面区域，也称断面。

剖视图中，在断面上应画上表示某种材料的剖面符号。对于各种不同的材料，国家标准规定采用不同的剖面符号，如表 8-1 所示。

表 8-1　常用材料的剖面符号

材料种类		剖面符号	材料种类	剖面符号	材料种类	剖面符号
金属材料（已有规定剖面符号者除外）			型砂、填砂、粉末冶金、砂轮、陶瓷及硬质合金刀片等		基础周围的泥土	
非金属材料（已有规定剖面符号者除外）			转子、电枢、变压器和电抗器等的叠钢片		钢筋混凝土	
木材	纵剖面		线圈绕组元件型		混凝土	
	横剖面		液体		砖	
玻璃及供观察用的其他透明材料			木质胶合板（不分层数）		格网（筛网、过滤网等）	

工程中机械零件常用的材料是金属，它的剖面符号采用与水平线成 45°倾斜的细实线，通常称为剖面线。在同一张图纸上同一机件的剖面线要求方向相同（左、右倾斜都可以）、间隔均匀。

2. 剖视图的画法

剖视图一般按照以下步骤进行绘制。

(1)确定剖切面的位置，为了使剖视图能反映机件的内部结构的实际形状，应使剖切面平行或垂直于基本投影面，并通过其孔、槽的轴线或机件的对称面。

(2)剖切后拿走挡在眼前的部分，想象该部分移走了。

(3)画出剖切后剩余的所有可见部分的投影，注意剖面区域的形状，哪部分投影时可看到？

(4)在剖面区域内画上剖面符号，进行必要的标注。

3. 剖视图的标注

剖视图的标注一般应该包括剖切平面的位置、投影方向和剖视图的名称三部分内容。

国家标准规定用剖切符号表示剖切平面的位置和投射方向。

剖切平面的位置指剖切面的迹线的起、迄和转折位置，用长 5～10mm 的粗实线绘制，注意应尽可能不与视图中的粗实线相交；

投射方向用带箭头的长 3～6mm 细实线绘制，注意要与剖切位置线外端垂直，如图 8-10

所示。

剖视图的名称用"×—×"的形式表示。"×—×"中的两个字母为大写的英文字母。

一般应在剖视图的上方用大写的英文字母标出剖视图的名称"×—×";在相应图上表示剖切平面的位置及投射方向的剖切符号旁边,注上相同的字母,如图 8-10 所示。

剖视图的标注在以下情况可以省略:

(1)当剖视图按投影关系配置,中间又没有其他图形隔开时,可省略箭头。

(2)当剖切平面通过机件的对称平面或基本对称的平面时,且剖视图按投影关系配置,中间又没有其他图形隔开时,可省略一切标注,如图 8-11(a)所示。

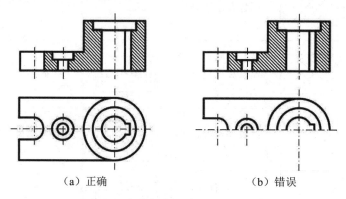

（a）正确　　　　　　　　　　　（b）错误

图 8-11　剖视图标注省略和剖切假想

4. 注意问题

画剖视图时应注意以下几点:

(1)因为剖切是假想的,其实机件并没有被剖开,所以除剖视图外,其余的视图仍应按照完整的图形画出,如图 8-11(a)所示。

(2)剖视图中一般不画虚线,但当画少量的虚线可以减少视图数量,而又不影响剖视图的清晰时,也可以画这种虚线。

(3)画剖视图时,剖切平面后面的所有的可见轮廓线都要画出,一定不能遗漏,如图 8-12所示。

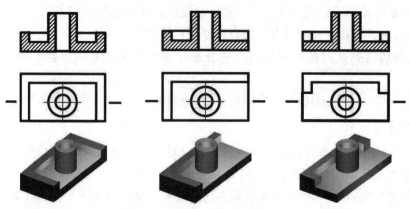

图 8-12　剖视图中容易漏的线条

（4）当图形的主要轮廓线与水平线成 45°夹角时，为了避免和轮廓线混淆，剖面线应与水平线成 30°或 60°夹角，其倾斜的方向仍与其他图形的剖面线一致，如图 8-13 所示。

图 8-13　通用剖面线的画法

8.2.2　剖视图的种类

根据剖切面的范围，剖视图可以分为全剖视图、半剖视图和局部剖视图三种。

1. 全剖视图

用剖切平面完全地剖开机件所得的剖视图称为全剖视图。

如图 8-14 所示，该机件的外形比较简单，内部结构形状比较复杂，且前后对称。为了表达其内部结构，可以假想用一个剖切平面沿着该机件的前、后对称面将它完全剖开，然后移去前半部分，将其余部分向正面进行投影，便得到一个全剖的主视图。

全剖视图的标注如前所述。全剖视图按照基本视图的位置摆放，由于符合投影关系，可以省略剖视图的标注。

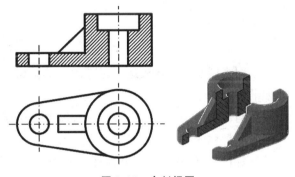

图 8-14　全剖视图

全剖视图一般适用于表达外部形状比较简单，内部结构比较复杂且不对称的机件。

2. 半剖视图

当机件具有对称平面时，对于机件在垂直于对称平面的投影面上的投影所得的图形，可以对称中心线为界，一半画成剖视，另一半画成视图，这种剖视图称为半剖视图。

如图 8-15 所示，该物体有一个底板、一个顶板，连接两板的是中间的圆筒，整个结构前后对称，左右也对称。若把主视图画成全剖，则不能表达外形！

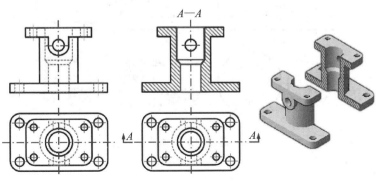

图 8-15　全剖视图的不足

为了在剖视图当中既反映内部结构，又保留其外形特点，可以采用视图的一半和全剖视图的一半，在对称中心线处合二为一，形成一张半剖视图，如图 8-16(a)所示。

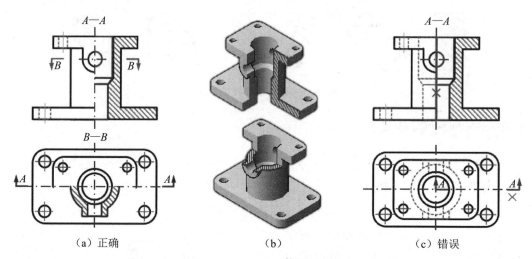

（a）正确　　　　　　　　　　（b）　　　　　　　　　（c）错误

图 8-16　半剖视图的形成和画法

半剖视图既充分地表达了机件的内部结构，又保留了机件的外部形状，因此它具有内外兼顾的特点。

半剖视图主要适用于内外结构都需要表达而且具有对称平面的机件。

画半剖视图时应注意以下几点：

(1)由于半剖视图具有对称性，而物体的内部形状在半个剖视图中已经表达清楚，因此在表达外形的半个视图中，虚线应省略不画，如图 8-16(a)所示。

(2)半剖视图是由半个外形视图和半个剖视图组成的，它们之间的分界线是对称中心线，因此必须画成细点画线，而不能画成粗实线，图 8-16(c)主视图所示是错误的。

(3)半剖视图的标注方法与全剖视图的标注相同，图 8-16(c)所示俯视图是错误的。

(4)当机件的形状接近于对称，且不对称的部分已另有图形表达清楚时，也可以画成半剖视图，如图 8-17 所示。

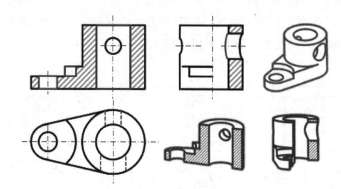

图 8-17　基本对称物体的半剖视图

3. 局部剖视图

用剖切平面局部地剖开机件，所得的剖视图称为局部剖视图。

如图 8-18(a)所示，此物体主体结构为一个圆柱筒，前面和右侧各有一个圆柱凸台。若采用全剖则不能反映这些外形；若采用半剖又不符合条件，因为其前后和左右不对称。为了既反映内部结构又保留一部分外形，此时可以采用局部剖视，可以清楚地表达其内外结构，如图 8-18(b)所示。

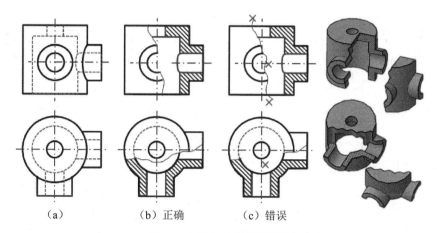

　　（a）　　　　　　（b）正确　　　　（c）错误

图 8-18　局部剖视图的画法

局部剖视图主要用于内外结构都需要表达而又不宜采用全剖视图和半剖视图的机件。

局部剖视图是一种比较灵活的表达方法，适用范围较广。

(1)机件内、外结形状均需表达而又不对称时，可用局部剖视图表达，如图 8-18(b)所示。

(2)机件虽然是对称的，但由于轮廓线与对称线重合，若采用半剖视图将使得视图和剖视图的分界线为粗实线，也就是粗实线与对称中心线重合，此时不宜采用半剖视图，可用局部剖视图表达，如图 8-19 所示。

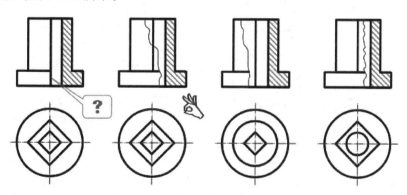

图 8-19　不宜采用半剖视图的情况

(3)机件只有局部的内部结构形状需要表达，又不宜或不必采用全剖视图时，可用局部剖视图表达，如图 8-20 所示。

(4)实心轴中有孔槽结构，为避免在不需要剖切的实心部分画过多的剖面线，宜采用局部剖视图，如图 8-21 所示。

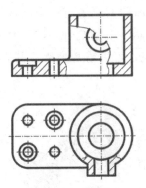

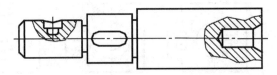

图 8-20 不宜采用全剖视图的情况   图 8-21 实心杆状件上的孔槽

(5)在剖视图中再作一次简单剖视图，即剖中剖的情况，可用局部剖视图来表达。

画局部剖视图时应注意以下几点。

(1)在局部剖视图上，视图和剖视图部分用细实线绘制的波浪线分界。波浪线可认为是断裂面的投影，因此波浪线应画在机件的实体上，不能在穿通的孔或槽中连起来，也不能超出视图轮廓之外，而且也不应和图形上的其他图线重合，如图 8-18（c）、图 8-22所示。

(2)当被剖切的局部结构为回转体时，允许将该结构的轴线作为剖视与视图的分界线，如图 8-23 所示。

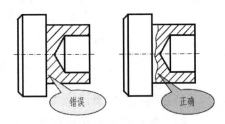
图 8-22 波浪线不能和轮廓线重合

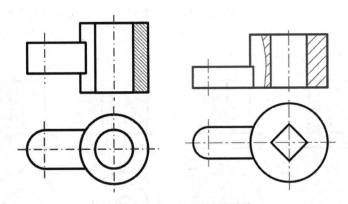
图 8-23 局部剖视图的分界线

(3)局部剖视图的标注方法与全剖视图的标注相同，对于采用单一剖切平面剖切位置比较明显的局部剖视图，一般可省略标注。

(4)在一个视图中，局部剖的数量不宜过多，否则图形显得支离破碎，也会影响其清晰度。

(5)剖切范围根据实际需要确定，使用时要考虑到看图方便，在内部结构反映清楚的前提下尽可能保留较多的外形。

8.2.3　剖切面的种类

剖视图是假想用剖切面将机件剖开而得到的视图,由于机件内部形状的多样性,剖开机件所采用的剖切面也不尽相同。

剖切面可以采用单一的剖切面,也可以采用几个互相平行或者两个相交以及其他组合形式的剖切面;剖切面一般采用平面,有时也采用柱面。

1. 单一剖切面

采用一个剖切面剖开机件的方法称为单一剖。一个剖切面称为单一剖切面。单一剖切面一般采用平面。

单一剖切平面一般为平行于基本投影面的剖切平面。

前面介绍的全剖视图、半剖视图、局部剖视图均为用与基本投影面平行的单一剖切平面剖切得到的,这是应用最多的一种剖切方法。

这种用平行于基本投影面的剖切平面剖开机件的方法可称为正剖,正剖得到的剖视图称为正剖视图。

有些物体由于结构的特殊性,必须采用不平行于基本投影面的剖切面,才能表达清楚其内部结构。

如图 8-24 所示,该机件的上部具有与正立投影面不平行的倾斜结构,只有采用平行于该倾斜结构对称面的剖切平面进行剖切,才能反映该部分断面的实形,如图 8-24 中的 $B—B$ 剖视图。

这种用不平行于任何基本投影面但垂直于一个基本投影面的剖切平面剖开机件的方法称为斜剖,斜剖得到的剖视图称为斜剖视图。

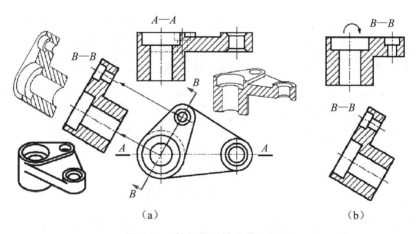

图 8-24　斜剖视图的形成和画法

斜剖视图的画法与斜视图相类似,一般应按投影关系配置在与剖切符号相对应的位置,如图 8-24(a)所示。必要时也允许将它配置在其他适当位置,在不致引起误解时,也允许将图形旋转,此时要进行标注,如图 8-24(b)所示。

注意,斜剖的剖切平面虽然是倾斜的,但标注的字母必须水平书写。

大多数机件剖视图的剖切面都是采用平面来剖切,有一些回转体结构也采用柱面剖切,如图 8-25 所示。

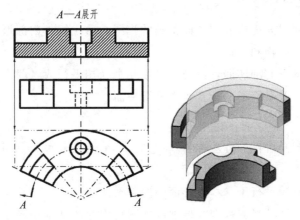

图 8-25　柱面剖切

2. 几个平行的剖切面

用几个互相平行的剖切平面剖开机件的方法称为阶梯剖。

当物体上具有如孔、槽等几种不同的内部结构，且它们的中心线不能用一个剖切平面完全剖开，此时可以采用几个互相平行的剖切平面进行剖切。

如图 8-26 所示立体，若采用一个与前后主对称平面重合的剖切平面进行剖切，则中间的一个孔将剖不到。可假想通过中间孔的轴线再作一个与上述剖切平面平行的剖切平面，这样可以在同一个剖视图上表达出两个平行剖切平面所剖切到的结构，这种剖视图称为阶梯剖视图，如图 8-26(a)所示。

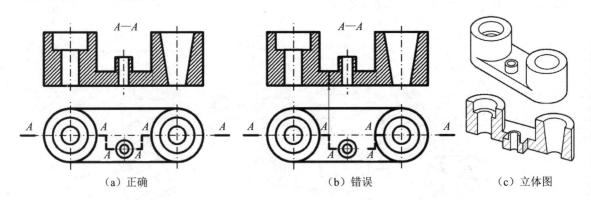

(a) 正确　　　　　　　　　　(b) 错误　　　　　　　　(c) 立体图

图 8-26　阶梯剖的画法和标注

阶梯剖适用于表达机件内部结构的中心线排列在两个或多个互相平行的平面内的情况。

采用阶梯剖时必须注意以下几点：

(1)阶梯剖必须进行标注。在剖切平面迹线的起始、转折和终止的地方，用剖切线(即粗短线)表示它的位置，并写上相同的字母；在剖切线两端用箭头表示投影方向；在剖视图上方用相同的字母标出名称"X—X"。如果剖视图按投影关系配置，中间又无其他图形隔开时，可省略箭头。注意转折处剖切线要对齐，一般要标注相同的字母。转折处如因位置有限，在不会引起误解时，可以不注写字母。

（2）阶梯剖虽然是采用两个或多个互相平行的剖切平面剖开机件，但画图时不应画出剖切平面的分界线，如图 8-26(b)中主视图所示的画法是错误的。

（3）剖切平面的转折处不应与视图中的粗实线或虚线等轮廓线重合，如图 8-26(b)中俯视图所示的画法是错误的。

（4）采用阶梯剖时，在图形中不应出现不完整的要素。如图 8-27(a)所示，由于右边这个剖切平面只剖到后边长圆孔的一小部分，因此在剖视图上就出现了不完整结构的投影，这种画法是错误的。只有当两个要素在图形上具有公共对称中心线或轴线时，国家制图标准规定可以各画一半，此时应以对称中心线或轴线为分界线，如图 8-27(b)所示。

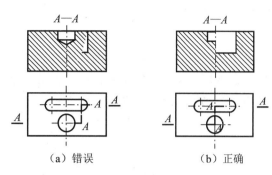

（a）错误　　　　　　（b）正确

图 8-27　阶梯剖要注意的问题

3. 几个相交的剖切面

用两个交线垂直于某一基本投影面的相交的剖切平面剖开机件的方法称为旋转剖。

如图 8-28 所示，该立体左右两个圆柱筒结构处于相互倾斜的位置。若采用单一剖切平面，则机件上左边的圆柱孔没剖切到。此时可假想再作一个与上述剖切平面相交于该立体中间轴线的倾斜剖切平面来剖切左边的圆柱孔。为了使被剖切到的倾斜结构在剖视图上反映实形，可将该结构及其有关部分旋转到选定的与基本投影面平行的位置后再进行投射，这样在同一剖视图上就可以表达清楚两个相交剖切平面所剖切到的内部结构。

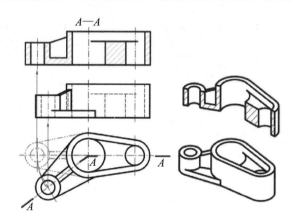

图 8-28　主视图采用旋转剖

值得注意的是在图 8-28 中，俯视图上表示了剖切平面的位置，主视图是产生的剖视图，对左侧倾斜的结构应该将剖切面旋转为正平面后再投影，因此主视图和俯视图的左侧就没有直接体现它们之间的投影对正关系。另外按规定，肋板在这种纵剖情况下不画剖面线，按不剖绘制。

旋转剖一般适用于有回转轴线的机件，而轴线恰好是两剖切平面的交线。并且两剖切平面一个为投影面平行面，一个为不平行于任何基本投影面的投影面垂直面。

采用旋转剖时必须注意以下几点：

（1）旋转剖必须进行标注。标注方法与阶梯剖大致相同，如图 8-28 所示。注意剖切符号的起、迄及转折处使用相同的字母标注，字母要水平书写。当转折处地方有限又不致引起误解时，允许省略字母。

（2）采用旋转剖时，位于剖切平面后且与所被切结构关系不甚密切的结构，或一起旋转容易引起误解的结构，一般仍按原来的位置投射，如图 8-29（a）所示的油孔在俯视图上的投影。与被切结构有直接联系且密切相关的结构，或不一起旋转难以表达的结构，应"先旋转后投射"，如图 8-29（b）所示的螺孔在俯视图上的投影。

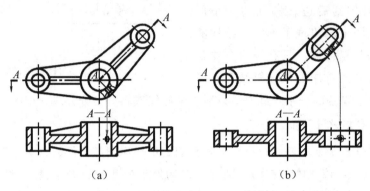

（a）   （b）

图 8-29　旋转剖切面后面的结构

（3）当剖切机件后机件上产生了不完整的要素时，应将此部分按不剖绘制，图 8-30 所示机件的臂部结构，仍按未剖时的投影画出。

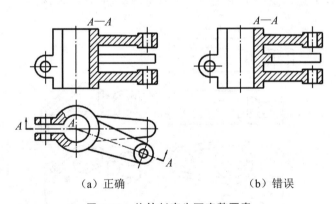

（a）正确　　　　　　　　　（b）错误

图 8-30　旋转剖产生不完整要素

4. 复合剖切面

用组合的剖切平面剖开机件的方法称为复合剖。复合剖适用于内部结构多层次，单独用前面阶梯剖、旋转剖等剖切方法无法表达清楚，必须要几种剖切平面结合起来使用的情况。

这些剖切平面可以平行或倾斜于某一基本投影面，但都同时垂直于另一个基本投影面。

如图 8-31 所示，这个机件在左中右三个位置上都有内孔结构，而且这些位置都不在同一个剖切平面上。此时可采用三个剖切平面结合起来进行剖切，左边和中间是平行的剖切面，中间和右边是相交的剖切面。通过这种组合剖切后的剖视图可以清楚地表达其内部结构。

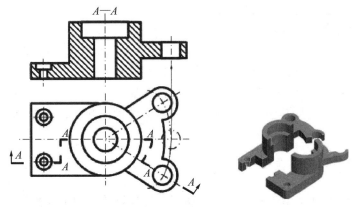

图 8-31　复合剖切面

　　由于旋转剖、阶梯剖和复合剖都是采用了两个或两个以上的剖切平面剖开机件，为了明确表示这些剖切平面的位置，因此都必须进行标注。在剖视图的上方，用字母标出剖视图的名称"×—×"。在相应的视图上，在剖切平面的起、迄和转折处应画出剖切符号，并用相同的字母标出。

　　注意：在起、迄两端画出的箭头是表示投射方向的，与旋转剖的旋转方向无关。

　　实践应用中，以上所述的几种剖切方法，可以根据具体情况灵活应用。

8.3　断面图

8.3.1　断面图的基本概念

　　假想用剖切平面将机件的某处切断，只画出断面的图形称为断面图，简称断面。

　　图 8-32 所示的轴，左端有一个键槽，在主视图上能表示它的形状和位置，但却不能表示其深度。为此，可假想用一个垂直于轴线的剖切平面，在键槽的中间将轴剖开，然后画出剖切处断面的图形，并加上断面符号，就形成了一个断面图，这样在这个断面图上可以把键槽的深度清楚地表达出来。

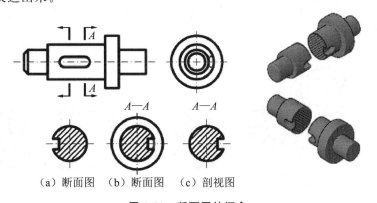

（a）断面图　（b）断面图　（c）剖视图

图 8-32　断面图的概念

　　值得注意的是，断面图与剖视图是有区别的。

断面图是机件上剖切处断面的投影，它反映的是一个面的投影；而剖视图则是剖切后机件的投影，它反映的是一个立体的投影。

图 8-32(b)中的 $A—A$ 为断面图，图 8-32(c)中的 $A—A$ 即为剖视图。

由于轴的各段为圆柱体的形状特征，可以通过在其主视图上标注尺寸时，注上直径符号来加以休现，因此在这种情况下画成剖视图是不必要的。

断面图适用于表达机件某些局部面形状，如轴上的键槽和孔、肋板和轮辐等，用断面图能使图形简单明了。

8.3.2　断面的种类

根据断面图在视图中配置的位置不同，断面分为移出断面和重合断面两种。

1. 移出断面

画在视图外的断面称为移出断面，如图 8-32 所示。

移出断面图的画法应注意如下几点。

(1)移出断面的轮廓线用粗实线绘制，这是与重合断面最大的不同。

(2)为了便于查找，移出断面应尽量配置在剖切位置的延长线上，如图 8-33 所示。

(3)为了合理利用图纸，移出断面也可画在其他位置，在不致引起误解时，允许将图形旋转，此时应注明旋转符号，如图 8-34 所示。

(4)当剖切平面通过非圆孔时，会导致出现完全分离的两个断面，这些结构也应按剖视图绘制，如图 8-34 所示。

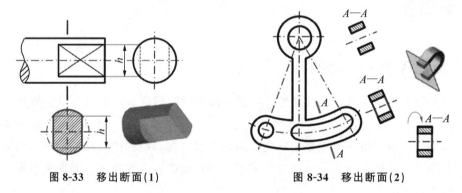

图 8-33　移出断面(1)　　　　　图 8-34　移出断面(2)

(5)当剖切平面通过由回转面形成的孔或凹坑的轴线时，这些结构按剖视图绘制，如图 8-35、图 8-36 所示。

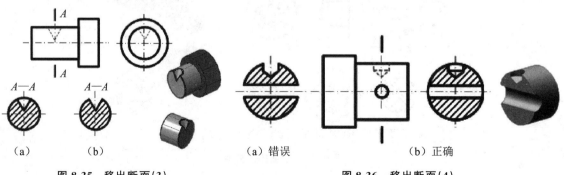

图 8-35　移出断面(3)　　　　　图 8-36　移出断面(4)

（6）为了表达断面的真实形状，剖切平面一般应与被剖切部分的主要轮廓线垂直，这时两断面中间应断开画出，如图 8-37 所示。

（7）当断面图形对称时，也可画在视图的中断处，如图 8-38 所示。

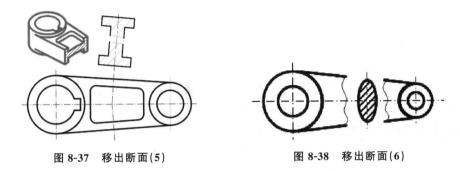

图 8-37　移出断面(5)　　　　　图 8-38　移出断面(6)

2. 重合断面

画在视图内的断面称为重合断面，如图 8-39 所示。

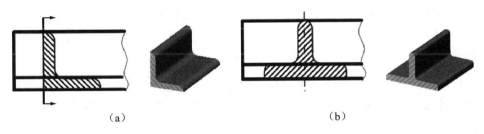

（a）　　　　　　　　　　　　　（b）

图 8-39　重合断面

重合断面图的画法应注意如下几点。

(1)重合断面的轮廓线用细实线绘制。

(2)当视图中的轮廓线与断面的轮廓线重合时，仍应将视图中的轮廓线完整画出，不可间断。

重合断面适用于断面形状简单，且不影响图形清晰的情况。

为便于看图，断面图一般也要标注，断面图的标注和剖视图基本相同。断面图一般要用剖切符号表示剖切位置，用箭头指明投射方向，并注上字母。在断面图的上方用同样的字母标出相应的名称"×—×"，如图 8-32 所示。

标注有时也可简化或省略，有以下几种情况。

(1)省略字母。配置在剖切符号延长线上的不对称移出断面，或者按照投影关系配置的移出断面，以及重合断面均可不标注字母，如图 8-32(a)、图 8-36(b)、图 8-39(a)所示。

(2)省略箭头。断面为对称图形时，可以省略表示投射方向的箭头，如图 8-33～图 8-38所示。

(3)省略全部标注。配置在剖切符号延长线上的对称移出断面，或者配置在视图中断处的移出断面，以及对称的重合断面均可省略全部标注，如图 8-37、图 8-38、图 8-39 所示。

8.4 其他表达方法

除了前面的几种表达方法以外，国家还规定了一些其他的表达方法。

8.4.1 局部放大图

将机件的部分结构用大于原图形所采用的比例放大画出的图形称为局部放大图。

机件上的一些细小结构，在视图上常由于图形过小而表达不清，或标注尺寸有困难，这时可将细小部分的图形放大，如图 8-40 所示。

画局部放大图时应注意以下几点：

(1)局部放大图可画成视图、剖视图、断面图，它与被放大部分的表达方式无关，如图 8-41 所示。

(2)局部放大图应尽量配置在被放大部位的附近。

(3)绘制局部放大图时，一般应用细实线圈出被放大的部位。

(4)当机件上被放大的部分仅一个时，在局部放大图的上方只需要注明所采用的比例，如图 8-40 所示。

(5)当同一机件上有几个被放大的部位时，必须用罗马数字依次表明被放大的部位，并在局部放大图上方标注出相应的罗马数字和所采用的比例，它们之间的横线采用细实线，如图 8-41 所示。

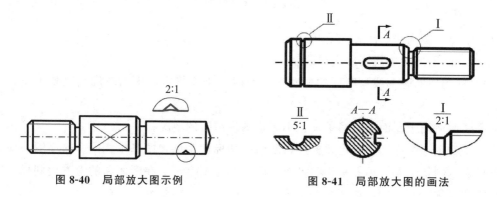

图 8-40　局部放大图示例　　　　　图 8-41　局部放大图的画法

(6)特别要注意的是，局部放大图上标注的比例是该图形与机件实际大小之比，而不是与原图形之比。

8.4.2 简化画法

绘图实践中，在完整和清晰表达机件的前提下，应力求画图简便，提高效率。为此，国家标准规定了一些简化画法，现将一些常用的画法介绍如下。

(1)肋板和轮辐剖切画法。对于机件上的肋板(起支撑和加固作用的薄板)、轮辐及薄壁等结构，如按纵向剖切，剖切平面通过这些结构的基本轴线或对称平面时，这些结构都不画剖面线，而用粗实线将它与其邻接部分分开；若按横向剖切，即剖切平面垂直于这些结构的基本轴线或对称平面时，这些结构仍需画出剖面线。图 8-42 所示的左视图中前后两块肋板和图 8-43 左视图中的轮辐，纵向剖切后均没有画剖面线。图 8-42 所示的俯视图和左视图上中间的肋板，以及图 8-43 所示的主视图上轮辐，横剖后仍应画出剖面线，

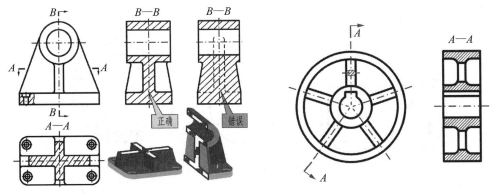

图 8-42　肋板的剖切画法　　　　　　　　　图 8-43　轮辐的剖切画法

（2）圆周均匀分布结构的剖切画法。当机件回转体上均匀分布的肋、轮辐、孔等结构不处于剖切平面上时，可将这些结构旋转到剖切平面上画出，如图 8-44 所示。

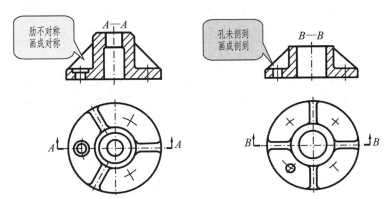

图 8-44　均匀分布的肋与孔等的剖切画法

（3）对称图形的画法。在不致引起误解时，对于对称机件的视图可只画一半或画 1/4 视图。当只画出半个视图时，应在对称中心线的两端画出与其垂直的两条平行细实线，如图 8-45 所示。

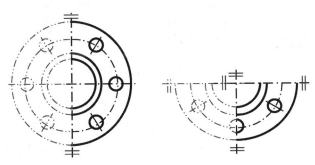

图 8-45　对称图形的画法

(4)相同要素的画法。当机件具有若干相同结构(如齿、槽、圆孔、螺纹孔、沉孔等),并按一定规律分布时,应尽可能减少相同结构的重复绘制,只需画出几个完整的结构,其余用细实线连接,或者用细点画线画出其中心线的位置。在机件图中则必须注明该结构的总数,如图8-46所示。

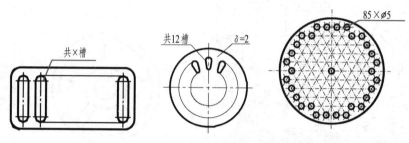

图8-46 相同要素的画法

(5)平面符号的画法。当图形不能充分表达回转体机件上的平面时,可用相交的两条细实线代表的平面符号来表示,如图8-47所示。

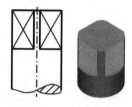

图8-47 平面符号的画法

(6)断开缩短画法。较长的机件,如轴、杆、型材、连杆等,若沿长度方向的形状一致或按一定规律变化时,可以断开后缩短绘制,但尺寸仍按机件的设计要求标注,如图8-48所示。

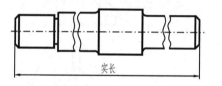
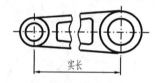

图8-48 较长机件的画法

(7)小结构相贯线的画法。机件上较小的结构,如在一个图形中已表示清楚时,则在其他图形中可以简化或省略,即不必按投影画出所有的线条。如圆柱体上因钻小孔、铣键槽等出现的交线允许简化,用圆弧或直线代替非圆曲线,但必须有其他视图清楚地表示了孔、槽的形状,如图8-49所示。

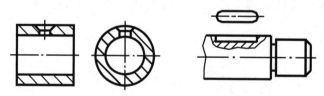

图8-49 小结构相贯线的画法

(8)斜度较小的圆的画法。与投影面倾斜角度小于或等于30°的圆或圆弧,其投影可用圆或圆弧代替椭圆,俯视图上各圆的中心位置按投影来确定,如图8-50所示。

(9)小斜度的画法。机件上斜度不大的结构,如在一个图形中已表示清楚时,其他图形可以只按小端画出,大端则省略不画,如图8-51所示。

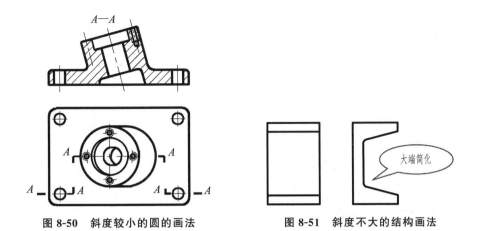

图 8-50 斜度较小的圆的画法 　　　图 8-51 斜度不大的结构画法

（10）小倒角和圆角的画法。在不致引起误解时，机件图中的小圆角、锐边的小倒圆或45°小倒角允许省略不画，但必须注明尺寸或在技术要求中加以说明，如图 8-52 所示。

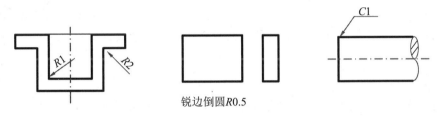

锐边倒圆R0.5

图 8-52 小圆角及小倒角等的省略画法

（11）法兰盘上均布孔的画法。圆柱形法兰和类似机件上均匀分布的孔可按从机件外向该端面投影的方法表示，如图 8-53 所示。

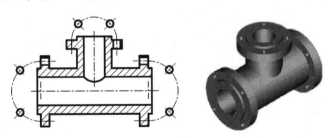

图 8-53 圆柱形法兰上均布孔的画法

（12）机件滚花画法。机件上的滚花部分，可以只在轮廓线附近用细实线示意画出一小部分，并在机件图上或技术要求中注明其具体要求，如图 8-54 所示。

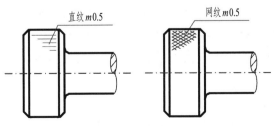

图 8-54 滚花的简化画法

(13)断面图的剖面线画法。在不致引起误解时，机件图中的移出断面，允许省略断面符号，但剖切位置和断面图的标注必须遵照有关规定，如图 8-55 所示。

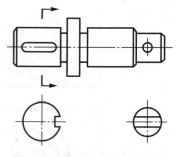

图 8-55　断面符号的省略画法

8.4.3　第三角投影画法

工程图样共有第一角投影和第三角投影两种画法。

我国国家标准规定采用第一角投影体系，而美国、日本等国家则采用第三角投影体系。为了便于国际技术交流，应该学习第三角投影方法。下面简单介绍有关第三角投影法知识。

1. 第三角投影的三视图

第三角投影就是将物体置于第三分角内，并使投影面处于观察者与物体之间而得到的多面正投影。

两个互相垂直的投影面 V 面和 H 面把空间分成四部分，每部分称为一个分角，如图 8-56 所示。

第三角投影也称为第三角画法，这种画法是把投影面假想成透明的来处理。

(1)三视图的形成

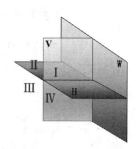

图 8-56　空间分角

第一角三视图是假想将物体放在第一角(见图 8-57)，而第三角三视图是假想将物体放在第三角，三个互相垂直的投影面体系中，即放在 H 面之下、V 面之后、W 面之左的空间，然后分别沿三个方向进行投射，得到三面投影图，如图 8-58 所示。

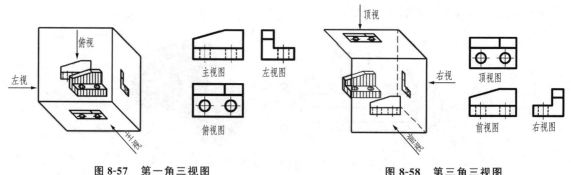

图 8-57　第一角三视图　　　　　　　　**图 8-58　第三角三视图**

从前向后投射，在 V 面上得到的投影称为前视图；从上向下投射，在 H 面上得到的投影称为顶视图；从右向左投射，在 W 面上得到的投影称为右视图。

为了使三个投影面展开成一个平面，国家标准规定 V 面不动，H 面绕它与 V 面的交线向上翻转 $90°$，W 面绕它与 V 面的交线向右旋转 $90°$。

三视图的配置关系是：顶视图在前视图的上方，右视图在前视图的右方。

同样的，在实际画图时，投影的边框不必画出。

(2)三视图的投影关系

和第一角画法相同的是，第三角画法也保持"3 等"的投影规律。

①前视图和顶视图长对正；

②前视图和右视图高平齐；

③顶视图和右视图宽相等。

另外要注意，顶视图和右视图靠近前视图一侧的均为物体的前面。

2. 第三角投影的六面视图

假想将物体置于透明的六面体中，其六个表面形成六个基本投影面。除前面介绍的 V 面（前面）、H 面（顶面）和 W 面（右侧面）外，又增加了底面、左侧面和后面三个投影面。

仍然按照观察者-投影面-物体的关系将物体向六个基本投影面作正投影，然后使前面不动，令顶、底、左、右各面连同其上的投影绕各自与前面的交线旋转到与前面重合的位置，后面则随左侧面先一起旋转再转到与前面重合，即得到第三角的六面视图，如图 8-59 所示。

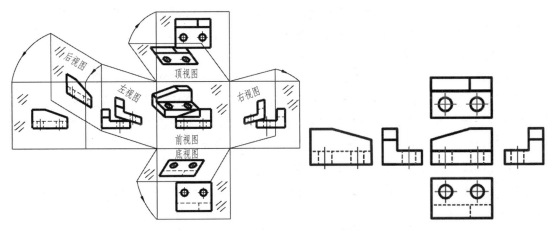

图 8-59　第三角视图的展开和六面视图的配置

除已介绍的前视图、顶视图、右视图外，另外三个视图分别称为左视图、底视图和后视图。

第一角视图的展开和六面视图的配置如图 8-60 所示。

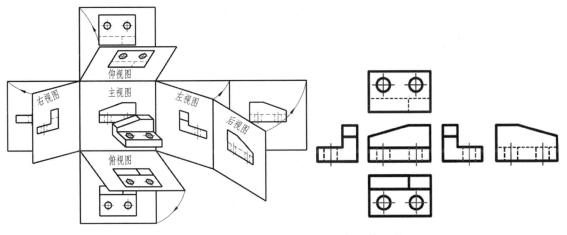

图 8-60　第一角视图的展开和六面视图的配置

3. 与第一角画法的比较

第三角画法与第一角画法的投影面展开方式及视图配置虽然不同，但两者都是正投影，所以它们的共性是相同的。

与第一角画法相比，第三角画法有如下特点。

(1)观察者、物体、投影面之间的相对位置不同

第一角画法为观察者-物体-投影面的位置关系，即物体在观察者和投影面之间；而第三角画法则为观察者-投影面-物体的位置关系，即投影面在物体与观察者之间，如图 8-57、图 8-58 所示。

(2)投影面展开时翻转方向不同

投影面展开时，第一角画法中 H 面和 W 面是顺着观察者的视线方向翻转。而在第三角画法中，H 面和 W 面则逆着观察者的视线方向翻转，即观察者从 H 面由上往下观察物体，H 面要向上翻转；观察者从 W 面从右往左观察物体，W 面要向右翻转，如图 8-59、图 8-60 所示。

(3)前后方位关系刚好相反

两种画法的"上下、左右"的方位关系判断方法一样，比较简单，容易判断。

不同的是"前后"的方位关系的判断。第一角画法，以"主视图"为准，除后视图以外的其他基本视图，远离主视图的一方为物体的前方，反之为物体的后方，简称"远离主视是前方"；第三角画法，以"前视图"为准，除后视图以外的其他基本视图，远离前视图的一方为物体的后方，反之为物体的前方，简称"远离前视是后方"。

国际标准化组织 ISO 规定，应在标题栏附近画出所采用画法的识别符号，如图 8-61 所示。

中国国家标准规定，我国工程图样采用第一角画法，可以省略识别符号。

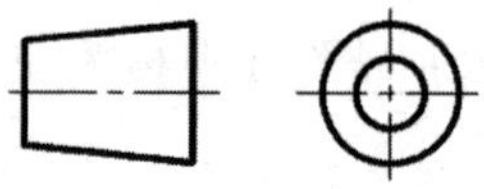

（a）第一角画法的识别符号 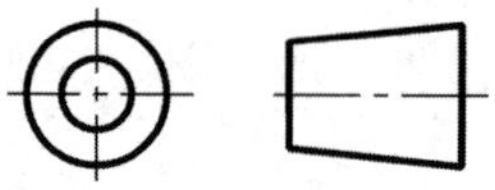　　　　（b）第三角画法的识别符号

图 8-61　第一角和第三角画法的识别符号

第9章　标准件和常用件

生产实践中，各种机器的功能不同，组成它们的各种零件的数量、种类和形状也不尽相同，其中有一些零件被广泛、大量、频繁地在各种机器上使用。为了便于设计、制造和使用，提高生产效率，国家对这些零件的结构形状、材料、尺寸、画法和标记等方面制定了全部或者部分的标准化规定。

全部标准化的零件称为标准件，如螺栓、螺母、垫片、螺柱、螺钉、键、销、滚动轴承等。这些零件一般由专业的工厂生产，在设计时根据标准选用，不需要单独画零件图。

部分标准化的零件称为常用件，如齿轮、弹簧等。

本章主要学习这些零件的结构、规定画法和标注方法。

9.1　螺纹及螺纹紧固件

螺纹紧固件是常用的一类标准件。

9.1.1　螺纹的形成、结构和要素

1. 螺纹的形成

一点沿圆周做等速回转运动的同时沿轴向做直线运动所形成的轨迹称为螺旋线，如图 9-1(a)所示。

螺纹指的是在圆柱或圆锥母体表面上，沿着螺旋线制作的具有特定截面形状的连续凸起和凹槽部分，如图 9-1(b)所示。

螺纹可以认为是由一个与轴线共面的平面图形，如三角形、梯形、矩形等，绕回转面做螺旋运动而形成的一个螺旋回转体结构。

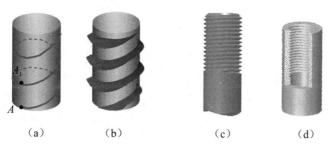

| (a) | (b) | (c) | (d) |

图 9-1　螺纹的形成和内外螺纹

在零件内表面上形成的螺纹称为内螺纹，如图 9-1(d)。在零件外表面上形成的螺纹称为外螺纹，如图 9-1(b)、图 9-1(c)所示。

在圆柱体内外表面上加工的螺纹称为圆柱螺纹，在圆锥体内外表面上加工的螺纹称为圆锥螺纹。

螺纹的加工方法有很多，如车丝、搓丝、攻丝、套丝等。

直径较大的螺纹可以在车床上机械加工。夹持在车床卡盘上的工件做等速旋转，同时车刀沿轴线方向做匀速直线移动，刀具切入工件一定深度即能切削出螺纹，如图 9-2 所示。

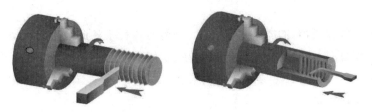

图 9-2　车床上加工螺纹的方法

直径较小的螺纹可以用丝锥和板牙等成型刀具手工加工，如图 9-3 所示。

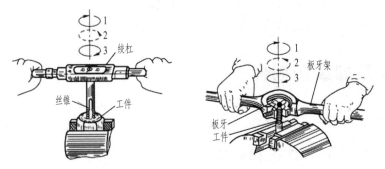

图 9-3　手工加工螺纹的方法

2. 螺纹的结构

为了便于装配和防止螺纹起始圈损坏，通常在螺纹的端部起始处制出圆锥形的倒角或者球面形的倒圆，如图 9-4 所示。

图 9-4　倒角和倒圆

车削螺纹时，当车削刀具快要到达螺纹终止处时，要逐渐离开工件，因而螺纹终止处附近的牙型将逐渐变浅，形成不完整的螺纹牙型，这一段螺纹称为螺尾。这一部分是无效螺纹，只有加工到所要求的深度的螺纹才具有完整的牙型，是有效螺纹，如图 9-5(a)所示。

为了避免产生螺尾，可以在螺纹终止处先车削出一个槽，以便于刀具退出，这个槽称为螺纹退刀槽。

如图 9-5(b)所示为车削外螺纹的外退刀槽，图 9-5(c)所示为加工内螺纹时的内退刀槽。螺纹的表面可分为凸起和沟槽两部分。螺纹表面凸起部分的顶端称为牙顶，螺纹表面沟槽部分的底部称为牙底，如图 9-7 所示。

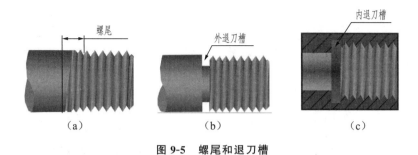

图 9-5　螺尾和退刀槽

3. 螺纹的要素

螺纹的基本要素主要是牙型、直径、螺距、线数和旋向。

（1）牙型

在通过其轴线的剖面上得到的螺纹断面轮廓形状称为螺纹的牙型。常用螺纹的牙型有三角形、梯形、锯齿形等，如图 9-6 所示。

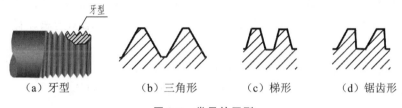

（a）牙型　　　（b）三角形　　　（c）梯形　　　（d）锯齿形

图 9-6　常见的牙型

不同牙型有不同用途，如三角形螺纹用于连接，梯形、锯齿形螺纹用于传动。螺纹牙型上相邻两牙的侧面之间的夹角称为牙型角，以 α 表示。

（2）直径

螺纹的直径分大径、中径和小径三种，如图 9-7 所示。

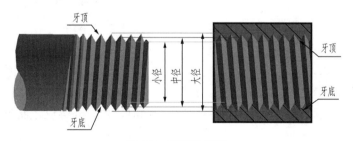

图 9-7　螺纹的直径

大径：指一个与外螺纹牙顶或内螺纹牙底相重合的假想圆柱体的直径。大径又称为公称直径。外螺纹的大径用 d 表示，内螺纹的大径用 D 表示。

小径：指一个与外螺纹的牙底或内螺纹的牙顶相重合的假想圆柱体的直径。外螺纹的小径用 d_1 表示，内螺纹的小径用 D_1 表示。

中径：是一个假想圆柱的直径，该圆柱的母线通过牙型上牙底和牙顶之间相等的地方，该假想圆柱体的直径称为中径。外螺纹的中径用 d_2 表示，内螺纹的中径用 D_2 表示。

（3）线数

形成螺纹的螺旋线的条数称为螺纹的线数。螺纹的线数有单线和多线之分。只沿一条螺旋线形成的螺纹称单线螺纹，沿两条或两条以上螺旋线形成的螺纹称为多线螺纹，如图 9-8 所示。螺纹的线数用 n 来表示。连接螺纹大多为单线螺纹。

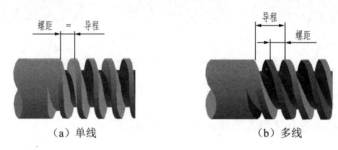

（a）单线　　　　　　　　　（b）多线

图 9-8　螺纹的线数

（4）螺距和导程

螺纹上相邻两牙在中径线上的对应点之间的轴向距离，称为螺距，用 P 来表示。

螺纹上沿同一螺旋线上相邻两牙在中径线上的对应点之间的轴向距离，称为导程，用 L 来表示。

螺距与导程的关系为：螺距＝导程/线数，如图 9-8 所示。

当螺纹线为一条时，$P=L$；当螺纹线数为两条以上时，$P=L/n$。

（5）旋向

按其形成时的旋向，螺纹有左旋和右旋之分，如图 9-9 所示。

若顺着螺杆旋入方向观察，逆时针旋转时旋入的螺纹是左旋螺纹，顺时针旋转时旋入的螺纹是右旋螺纹。

若将外螺纹轴线铅垂放置，前面牙型左高右低时则为左旋，右高左低时为右旋。也可用左、右手方法判断螺纹的左、右旋。

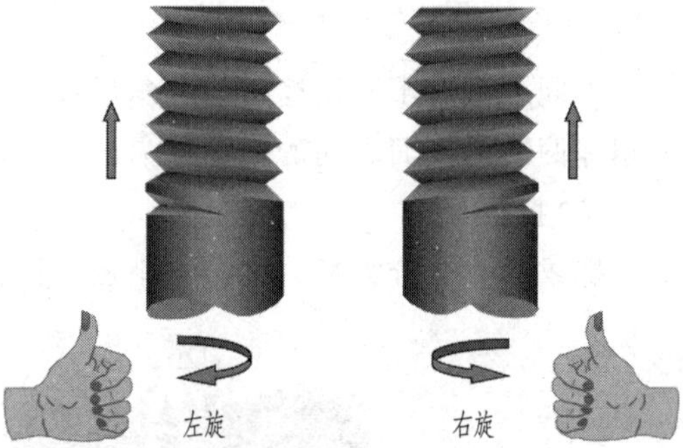

左旋　　　　右旋

图 9-9　螺纹的旋向

实践中，以右旋螺纹为最常用。内、外螺纹总是成对地配合使用，只有上述 5 个要素完全相同时，内、外螺纹才能正确旋合使用。

9.1.2　螺纹的种类

螺纹种类繁多，分类方法也很多。

螺纹按其要素的标准化程度可分为标准螺纹、特殊螺纹、非标准螺纹。

如前所述，螺纹有五个要素，其中螺纹牙型、大径、螺距是决定螺纹性能的最基本的要素。若三个要素都符合标准的称为标准螺纹；若螺纹牙型符合标准，而大径、螺距不符合标准的称为特殊螺纹；若螺纹牙型不符合标准，则称为非标准螺纹。

螺纹按其主要用途可分为连接螺纹和传动螺纹两大类，如表 9-1 所示。

表 9-1　常用螺纹的种类、代号和用途

螺纹种类			特征代号	外形图	用途
连接螺纹	普通螺纹	粗牙	M		是最常用的连接螺纹
		细牙			用于细小精密或薄壁零件
	55°非螺纹密封管螺纹		G		用于水管、油管、气管等薄壁管路的连接
传动螺纹	梯形螺纹		Tr		用于各种机床的丝杠，做传动用
	锯齿形螺纹		B		只能传递单方向的动力，如虎钳、千斤顶

1. 连接螺纹

连接螺纹主要起紧固连接的作用，分为普通螺纹和管螺纹两种。连接螺纹的牙型都为三角形。

普通螺纹一般是单线螺纹，可分为粗牙普通螺纹和细牙普通螺纹。同一种大径的普通螺纹，一般有几种螺距，螺距最大的一种称为粗牙普通螺纹，其余的称为细牙普通螺纹。粗牙普通螺纹用于一般零件的连接，为最常用的连接螺纹，细牙普通螺纹多用于细小的精密零件或薄壁零件的连接。

普通螺纹的特征代号为 M。普通螺纹的牙型角为 60°。

管螺纹是指位于管壁上，主要用于管道连接的螺纹。

管螺纹按照其密封性又分为螺纹密封的管螺纹和非螺纹密封的管螺纹。

螺纹密封管的螺纹内、外螺纹旋合后有密封能力，可以由其自身结构来实现密封作用，常用于压力在 1.57MPa 以下的管道，如日常生活中用的水管、煤气管、润滑油管等。

非螺纹密封的管螺纹内、外螺纹旋合后无密封能力，不能由其本身实现密封功能，常用于电线管等不需要密封的管路系统中的连接。

管螺纹的牙型角有 55°和 60°两种，计量单位有公制单位 mm 和英制单位英寸两种。其中 55°管螺纹最早由英国人发明，采用英寸制，是应用较广的英制管螺纹。

牙型角为 55°的螺纹密封管螺纹内外螺纹可以分为圆锥内螺纹 Rc(锥度 1∶16)、圆柱内螺纹 Rp、圆锥外螺纹 R 3 种代号。

牙型角为 55°的非螺纹密封管螺纹内外螺纹均为圆柱螺纹，特征代号都为 G。其外螺纹根据其中径公差中下偏差的大小不同又分为 A 级和 B 级两种，A 级下偏差数值比 B 级小。

牙型角为 60°的圆锥管螺纹的特征代号为 NPT，常用于汽车、航空、机床行业的中、高压液压、气压系统中。

2. 传动螺纹

传动螺纹主要起传递动力和运动的作用，常用的传动螺纹是梯形螺纹，有时也用锯齿形螺纹。

梯形螺纹的牙型为等腰梯形，牙型角为30°，螺纹特征代号为 Tr。锯齿形螺纹的牙型为不等腰梯形，牙型角为33°，螺纹特征代号为 B。

标准螺纹的各参数如大径、螺距等都已规定，设计选用时应查阅相应标准。以上几种螺纹在图样上一般只要标注螺纹种类代号即能区别出各种牙型。

9.1.3 螺纹的规定画法

螺纹表面是沿着螺旋线形成的空间曲面，其真实投影的作图十分复杂，视图也不清晰；另外由于螺纹是标准化的形状结构，绘制其真实投影有时也没有必要。为了提高工作效率，在实际生产中一般不需要画它的真实投影，而是采用简化画法。国家标准 GB/T 4459.1—1995《机械制图 螺纹及螺纹紧固件表示法》中对螺纹的画法作了具体规定。

1. 内、外螺纹的规定画法

单独表达内外螺纹时，要遵循以下一些画法要点。

(1)可见螺纹的牙顶用粗实线表示，可见螺纹的牙底用细实线表示。注意：非圆视图中，当外螺纹画出倒角或倒圆时，应将表示牙底的细实线画入倒角或倒圆以内。

(2)在垂直于螺纹轴线的投影面上的投影中，也就是投影为圆的视图中，表示牙底的细实线圆只画出约 3/4 圈，而轴或孔上的倒角圆则省略不画。注意螺纹小径一般近似地取 $0.85d$ 进行绘制，d 为螺纹大径。

外螺纹的规定画法如图 9-10 所示，内螺纹的规定画法如图 9-11 所示。

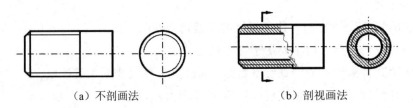

（a）不剖画法　　　　　　　　（b）剖视画法

图 9-10　外螺纹的规定画法

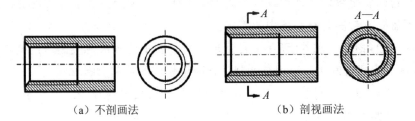

（a）不剖画法　　　　　　　　（b）剖视画法

图 9-11　内螺纹的规定画法

(3)有效螺纹的分界线称为螺纹终止线，用一条粗实线来表示。

(4)在内、外螺纹的剖视图中，剖面线应画到粗实线处，如图 9-10(b)、图 9-11 所示。

(5)螺尾部分一般不需要画出，只在有要求时才画出，用与轴线成30°的细实线表示该部分的牙底，不需要标注，如图 9-12 所示。

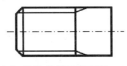

（a）外螺纹螺尾的画法　　　　（b）内螺纹螺尾的画法

图 9-12　螺尾的画法

（6）在绘制不穿通的螺纹孔时，一般应将钻孔深度与螺纹深度分别画出，且钻孔深度一般应比螺纹深度大 $0.5D$，其中 D 为螺纹的大径。加工时应先钻底孔，然后再攻丝。钻头端部圆锥的锥顶角为 $118°$，钻不穿通孔（称为盲孔）的底孔时，底部也形成一个 $118°$ 锥面。实际画图该锥顶角可简化为 $120°$，如图 9-13 所示。

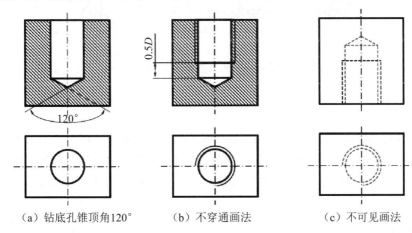

（a）钻底孔锥顶角120°　　　（b）不穿通画法　　　　（c）不可见画法

图 9-13　内螺纹的规定画法

（7）内螺纹不剖时，其牙顶、牙底和螺纹终止线均用虚线绘制，表示不可见，如图 9-13 所示。

（8）螺纹孔相交时，只在钻孔与钻孔相交处画出相贯线，用粗实线表示，如图 9-14 所示。

（9）当需要表示螺纹牙型的具体形状时，或对于非标准螺纹，可按照剖视图的形式绘制，如图 9-15 所示。

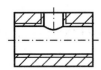
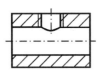

图 9-14　螺纹孔相交的画法　　　　　**图 9-15　螺纹牙型的画法**

2. 螺纹连接的规定画法

当内、外螺纹旋合在一起构成螺纹副时，一般用剖视图表示它们的连接关系。在剖视图中，内、外螺纹旋合部分应按外螺纹的画法绘制，其余部分仍按各自的画法表示。图 9-16 所示为不通螺纹孔与外螺纹连接的画法。

绘制螺纹连接时要注意以下几点。

（1）大径线和大径线对齐，小径线和小径线对齐。由于只有牙型、直径、线数、螺距及旋向等结构要素都相同的螺纹才能正确旋合在一起，所以在剖视图上，表示外螺纹牙顶的粗实线，必须与表示内螺纹牙底的细实线对齐在一条直线上；表示外螺纹牙底的细实线，也必须与表示内螺纹牙顶的粗实线对齐在一条直线上。

（2）外螺纹为实心杆件时，且剖切平面通过其对称轴线时，该螺杆按照不剖绘制。

（3）内外螺纹的剖面线要不同。可以使剖面线的方向相反或者间隔不一样。

（4）螺孔深度应比外螺纹的旋入长度大 0.5D 左右；而钻孔深度一般应比螺孔深度大 0.5D 左右，底孔锥顶角为 120°。

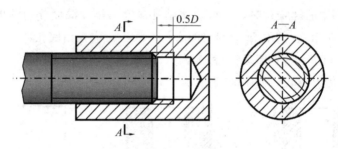

图 9-16　螺纹连接的画法

9.1.4　螺纹的标注

螺纹采用规定画法后，其视图上不能反映螺纹的牙型、螺距、线数、旋向和制造精度等内容，各种螺纹都按同一规定画法表示，为加以区别，需要借助于代号的标记来加以说明。

国家标准规定，螺纹在按照规定画法绘制后，为识别螺纹的种类和要素，对螺纹必须按规定格式进行标注。

1. 一般标注

除管螺纹外，一般普通螺纹、梯形螺纹和锯齿形螺纹等标准螺纹完整的标记内容及格式："螺纹代号-公差带代号-旋合长度代号"。

注意：上述代号之间一般用"-"隔开。

（1）螺纹代号

螺纹代号一般的内容和格式为"螺纹特征代号公称直径×导程（螺距）旋向"。螺纹代号的表示应注意以下几点。

①螺纹特征代号主要用来表示螺纹的牙型种类。普通螺纹特征代号用字母"M"表示，梯形螺纹特征代号用"Tr"表示，锯齿形螺纹用"B"表示，如表 9-2 所示。

②单线螺纹的尺寸代号为"公称直径×螺距"，公称直径为螺纹的大径，粗牙普通螺纹螺距为标准值，不标注。

③多线螺纹的尺寸代号为"公称直径×导程（P 螺距）"，线数由导程除以螺距可得。公称直径、导程和螺距数值的单位均为 mm。

④左旋螺纹用"LH"表示；右旋螺纹"旋向"省略标注。

例如："M10×1-LH"，表示普通螺纹，公称直径为 10mm、螺距为 1mm，细牙，单线，左旋。

例如："Tr20×8（P4）"，表示梯形螺纹，公称直径为 20mm，导程为 8mm，螺距为

4mm，双线，右旋。

表 9-2　常用螺纹的标记和标注示例

螺纹种类	标注示例	标记含义	说明
普通螺纹	M24LH-5g6g	普通螺纹，大径为 24，粗牙，螺距不标注，左旋，中径公差带代号为 5g，顶径公差带代号为 6g，外螺纹，中等旋合长度	L：长旋合长度。N：中等旋和长度。S：短旋合长度。中径和顶径的公差带代号相同时只标注一个。LH：左旋。右旋：不标注。单线只标注螺距。内螺纹用大写字母。外螺纹用小写字母
普通螺纹	M20×2-7H-L	普通螺纹，大径为 20，细牙，螺距为 2，右旋，中径和顶径公差带代号都为 7H，内螺纹，长旋合长度	
梯形螺纹	Tr40×14(P7)-8e	梯形螺纹，大径为 40，双线，导程为 14，螺距为 7，右旋，中径和顶径公差带代号都是 8e，外螺纹，中等旋合长度	
锯齿形螺纹	B32×6-8f-S	锯齿形螺纹，大径为 32，单线，螺距为 6，右旋，中径和顶径公差带代号都是 8f，外螺纹，短旋合长度	
非螺纹密封管螺纹	G1A	非螺纹密封圆柱管螺纹，管道通径为 1 英寸，右旋，外螺纹，公差等级为 A 级	
非螺纹密封管螺纹	G1/2-LH	非螺纹密封圆柱管螺纹，管道通径为 1/2 英寸，左旋，内螺纹	

（2）公差带代号

公差带代号由表示公差等级的数字和表示基本偏差的字母组成，包括中径与顶径公差带代号。公差代号的表示应注意以下几点。

①表示螺纹公差带大小的数字在前，表示螺纹公差带位置的字母在后。

②内螺纹基本偏差用大写字母，如 7H 等，外螺纹基本偏差用小写字母，如 6g。

③中径与顶径公差带代号不相同则要分别标注，中径在前而顶径在后；若两者的公差带代号相同，则只标一项。

④螺纹公差带的大小由公差数值确定，它表示螺纹中径和顶径尺寸的允许变动量，并按公差值大小分为若干等级。一般在 3～9 级精度之间。

⑤内螺纹的基本偏差有 G，H 两种，外螺纹的基本偏差有 e，f，g，h 四种。

⑥最常用的中等公差精度螺纹可不标注其公差带代号，如公称直径≤1.4mm 的 5H，6h 和公称直径≥1.6mm 的 6H，6g 等。

（3）旋合长度代号

两个互相配合的螺纹，沿其轴线方向相互旋合部分的长度，称为旋合长度。

螺纹的旋合长度分为短、中、长 3 种，分别用代号 S，N 和 L 表示，中等旋合长度组螺纹不标注旋合长度代号 N。

2. 管螺纹的标注

管螺纹一般的标注内容和格式："螺纹特征代号尺寸代号公差等级-旋向"。

（1）非螺纹密封的管螺纹的特征代号只有圆柱螺纹一种为 G。

（2）螺纹密封的管螺纹的特征代号有三种代号：圆柱内螺纹 Rp，圆锥内螺纹 Rc；圆锥外螺纹 R，其中与圆柱内螺纹旋合的为 R1，与圆锥内螺纹旋合的为 R2。

（3）尺寸代号不是指螺纹大径，而是指管道通径的近似值。

（4）管螺纹为英制细牙螺纹，以英寸（吋）为单位。1 英寸（in）≈ 25.4 毫米（mm）。

（5）对非螺纹密封管螺纹的外螺纹可标注公差等级，公差等级有 A，B 两种；其他管螺纹的公差等级只有一种，可省略标注。

例如：G1/2-LH，表示用于非螺纹密封的圆柱管螺纹，尺寸代号为 1/2，左旋。

除管螺纹外，在视图上一般螺纹标注形式同线性尺寸标注方法相同。管螺纹是用指引线的形式，指引线应从大径上引出，并且不应与剖面线平行。

表 9-2 所示为常用螺纹的规定标记和在视图中的标注示例。

3. 特殊螺纹和非标准螺纹的标注

（1）牙型符合标准、直径或螺距不符合标准的特殊螺纹，应在特征代号前加注"特"字，并标出大径和螺距，如图 9-17 所示。

（2）绘制牙型不符合标准的非标准螺纹，也可按规定画法画出。由于没有国家标准，没有螺纹的特征代号，故没有螺纹的标记，必须另外画出螺纹的牙型，并注出所需的尺寸及有关要求，如图 9-18 所示。

图 9-17　特殊螺纹的标注

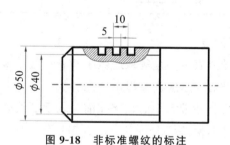

图 9-18　非标准螺纹的标注

4. 螺纹副的标注

内、外螺纹旋合到一起后称为螺纹副。

非管螺纹一般加上配合代号，内螺纹的公差带代号在前，外螺纹的公差带代号在后，中间用"/"隔开。而管螺纹只有外螺纹的精度等级代号，如图 9-19 所示。

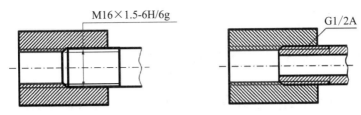

图 9-19　螺纹副的标注

9.1.5　螺纹紧固件

利用一对内外螺纹的旋合作用来连接和紧固其他零部件的零件称为螺纹紧固件。

在可拆连接中，螺纹紧固件连接是工程上应用得最广泛的连接方式。因此，要掌握常用螺纹紧固件的标记、画法及其连接画法。

1. 螺纹紧固件的标记

螺纹紧固件的种类很多，常用的螺纹紧固件有螺栓、螺柱、螺钉、螺母和垫圈等，统称为螺纹连接件，它们都属于标准件。它们的结构形式及尺寸均已标准化，一般由标准件厂家生产。在设计时，不需要画出它们的零件图，购买时只要写出规定标记即可。

在国家标准中，螺纹紧固件均有相应规定的标记，其完整的标记由名称、标准编号、螺纹规格、性能等级或材料等级、热处理、表面处理等组成，一般主要标记前四项。

表 9-3 列出了部分常用螺纹紧固件及其规定标记。

表 9-3　常用的螺纹紧固件及其规定标记

名称及标准编号	图例	标记示例及说明
六角头螺栓 GB/T 5782—2016		螺栓 GB/T 5782 M12×50 表示 A 级六角头螺栓，螺纹规格为 M12，公称长度为 50mm
双头螺柱 GB/T 898—1988		螺柱 GB/T 898 M12×30 表示两端均为粗牙普通螺纹，螺纹规格为 M12，公称长度为 30mm，A 型，$b_\mathrm{m}=1.25d$ 的双头螺柱
开槽圆柱头螺钉 GB/T 65—2016		螺钉 GB/T 65 M12×50 表示开槽圆柱头螺钉，螺纹规格为 M12，公称长度为 50mm
开槽锥端紧定螺钉 GB/T 71—1985		螺钉 GB/T 71 M8×20 表示开槽圆柱头螺钉，螺纹规格为 M8，公称长度为 20mm
Ⅰ型六角螺母 GB/T 6170—2015		螺母 GB/T 6170 M12 表示 A 级Ⅰ型六角螺母，螺纹规格为 M12
平垫圈 GB/T 97.1—2002		垫圈 GB/T 97.1 12 表示 A 级平垫圈，螺纹规格为 M12，性能等级为 140HV 级

2. 螺纹紧固件的画法

螺纹紧固件一般不需要单独画出它们的零件图，但由于在零件连接中被广泛应用，在装配图中出现的频率很高，因此，必须熟练掌握其画法。

螺纹紧固件的绘制方法按尺寸来源不同，分为查表画法和比例画法两种。

查表画法：绘制螺纹紧固件的零件图和装配图时，可按零件的规定标记，从有关标准中查出螺纹紧固件各部分的具体尺寸，然后按照尺寸准确地绘制。

比例画法：在实际绘图时，为了简便和提高效率，一般不按真实尺寸作图，常采用比例画法。除了公称长度 L 需要经过计算，并按照相应的国家标准选定标准值外，螺纹紧固件其余各部分尺寸都取成与螺纹大径 d（或 D）成一定比例，然后按照比例近似地绘制。

螺栓及螺母头部有 30°倒角，因而六棱柱表面产生截交线，其在空间的形状为双曲线，为绘制图形方便，一般用圆弧近似地代替。

图 9-20 所示为几种常见螺纹紧固件的比例画法。图 9-20（a）为六角头螺栓；图 9-20（b）为六角螺母；图 9-20（c）为开槽圆柱头螺钉；图 9-20（d）为双头螺柱；图 9-20（e）为平垫圈；图 9-20（f）为开槽沉头螺钉；图 9-20（g）为开槽锥端紧定螺钉。

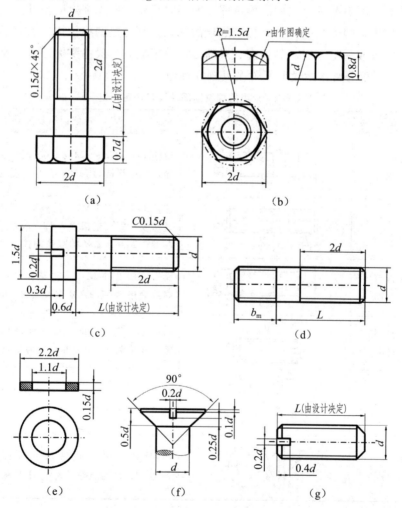

图 9-20　常用螺纹紧固件的比例画法

用比例关系计算各部分尺寸作图比较方便，但如需在图中标注尺寸时，其数值仍需从相应的标准中查得。

3. 螺纹紧固件的连接画法

螺纹紧固件连接的常见形式：螺栓连接、双头螺柱连接、螺钉连接。

画螺纹紧固件连接的装配图时，应遵守如下一般性的规定。

①两零件表面接触时，只画一条粗实线；不接触时，画两条粗实线，间隙过小时应夸大画出。

②在剖视图中，相邻两零件的剖面线方向须相反或间隔不等；同一个零件在各剖视图中，剖面线的方向和间隔必须一致。

③当剖切平面通过螺杆、螺栓、螺柱、螺钉、螺母及垫圈等的轴线时，这些螺纹紧固件均按未剖切绘制。

④螺纹连接件的一些工艺结构可采用简化画法。例如，常用的螺栓、螺钉的头部及螺母等的倒角、退刀槽等均可不画出。

(1)螺栓连接及其装配图的画法

螺栓连接常用于各被连接件都不太厚、能加工成通孔且连接力要求较大的情况。

螺栓连接由螺栓、螺母和垫圈组成，如图 9-21 所示。

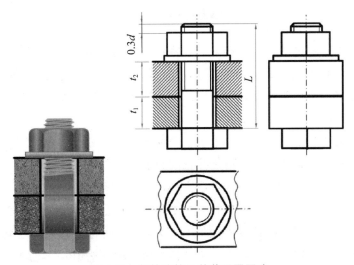

图 9-21　螺栓连接及其装配图画法

连接时，在被连接零件上预先加工出螺栓通孔，将螺栓穿过两个零件的螺栓孔，然后套上垫圈，拧上螺母，完成螺栓连接的装配。其中，垫圈用来增加支撑面和防止被连接件的表面损伤。

画螺栓连接装配图时要注意以下几点：

①螺栓连接一般为两个或多个，为了便于多个螺栓成组装配，被连接件上的通孔直径应大于螺栓直径，画图时按 $1.1d$ 画出。

②螺栓的公称长度 L 先按下式估算。然后根据估算值，参阅有关资料，在螺栓公称长度的标准系列值中，选取一个与之接近的数值。

$$L \geqslant t_1 + t_2 + 0.15d(\text{垫圈厚}) + 0.8d(\text{螺母厚}) + 0.3d$$

式中，t 为被连接件的厚度；$0.3d$ 为螺栓末端的伸出长度。

③螺栓上的螺纹终止线应低于通孔的顶面，以此表示拧紧螺母时有足够的外螺纹长度。

④螺母及螺栓的六角头的三个视图应符合投影关系。

⑤六角螺栓头部及螺母的倒角可省略不画。

（2）双头螺柱连接及其装配图的画法

双头螺柱连接常用于被连接件较厚，不便于或不允许打成通孔，其上部较薄零件加工成通孔，且要求连接力较大的情况。

双头螺柱连接由双头螺柱、螺母、垫圈组成，如图 9-22 所示。

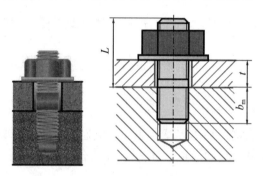

图 9-22　双头螺柱连接及其装配图画法

连接时，先将双头螺柱的旋入端旋入一个零件的螺纹孔中，再将另一端的紧固端穿过被连接件上的通孔，然后套上垫圈，拧上螺母，完成螺柱连接的装配。在拆卸时只需拧出螺母、取下垫圈，不必拧出双头螺柱，因此采用这种连接不会损坏被连接件上的螺孔。

画双头螺柱装配图时应注意以下几点：

①双头螺柱的公称长度 L 先按下式估算。然后根据估算值，参阅有关资料，在双头螺柱公称长度的标准系列值中，选取一个与之接近的数值。

$$L \geqslant t + 0.15d(\text{垫圈厚}) + 0.8d(\text{螺母厚}) + 0.3d$$

式中，t 为被连接件的厚度；$0.3d$ 为螺栓末端的伸出长度。

②双头螺柱旋入被连接件的长度 b_m 的值与被连接件的材料有关。当被连接件的材料为钢或青铜等硬材料时，选用 $b_m = d$；当被连接件为铸铁时，选用 $b_m = 1.25d \sim 1.5d$；当被连接件为铝时，选用 $b_m = 2d$。

③旋入端的螺纹终止线应与被连接零件的接触面（即螺孔的顶面）平齐。以此表示旋入端全部拧入被连接件的螺孔内，保证连接可靠。

④被连接件上的螺孔的螺纹深度应大于旋入端的螺纹长度 b_m，以此表示螺柱旋入时有足够的内螺纹长度，确保旋入端全部旋入。画图时，螺孔的螺纹深度可按 $b_m + 0.5d$ 画出，钻孔的深度可按 $b_m + d$ 画。

⑤在装配图中，对于不穿通的螺孔，也可以不画出钻孔的深度而只按螺纹的深度画出。

（3）螺钉连接及其装配图的画法

螺钉连接多用于被连接件之一较厚，不能加工成通孔，受力不大，且连接的零件不经常拆卸的情况。

螺钉连接不需要螺母、垫圈，可将螺钉直接拧入被连接件中，依靠螺钉头部压紧被连接件。螺钉的种类很多，按其用途可分为连接螺钉和紧定螺钉。连接螺钉根据头部形状的不同，又可分为多种形式。图 9-23 所示为开槽圆柱头螺钉连接。

连接时，螺钉杆部穿过一个零件的通孔，旋入另一个零件的螺纹孔，将两个零件固定在一起。

画螺钉装配图时应注意如下几点：

①螺钉的公称长度 L 先按下式估算。然后根据估算值，参阅有关资料，在螺钉公称长度的标准系列值中，选取一个与之接近的数值。

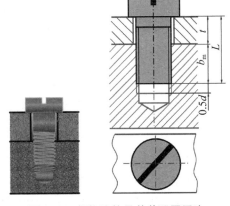

图 9-23　螺钉连接及其装配图画法

$$L \geqslant t + b_\mathrm{m}$$

式中，t 为被连接件的厚度；b_m 根据被旋入连接件的材料而定，与双头螺柱旋入被连接件的长度规定相同。

②螺钉的螺纹终止线应高出螺孔的端面，或在螺杆的全长上都有螺纹。以此表示螺钉旋入时有足够的外螺纹长度，确保螺钉头能压紧被连接件。

③螺纹孔应比螺钉头深 $0.5d$。以此表示螺钉旋入时有足够的内螺纹长度，保证可靠的压紧。

④螺钉头部的一字槽口在主视图放正绘制，在投影为圆的俯视图上，按习惯画成与水平线成 45°，不和主视图保持投影关系；其宽度≤2mm 时，投影可以涂黑。

紧定螺钉多用于轮毂与轴之间的固定。与螺栓、双头螺柱和螺钉不同，紧定螺钉不是利用旋紧螺纹产生轴向压力压紧零件起固定作用。紧定螺钉分为柱端、锥端和平端 3 种。

锥端紧定螺钉利用其端部锥面顶入零件上小锥坑中起定位和固定作用；柱端紧定螺钉利用其端部小圆柱插入零件小孔或环槽中起定位和固定作用；平端紧定螺钉则依靠其端平面与零件的摩擦力起定位作用，阻止零件移动。图 9-24 所示为锥端紧定螺钉连接。

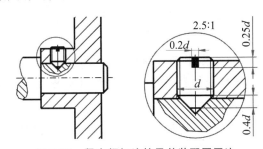

图 9-24　紧定螺钉连接及其装配图画法

9.2　齿轮

齿轮是机器中的重要传动零件，应用非常广泛。

在机械中，齿轮的作用是把动力从一轴传递到另一轴上，以达到传递运动和动力、改变转速和运动方向等目的。齿轮必须成对使用。

齿轮的种类很多，根据其传动情况可分为如下几种，如图 9-25 所示。

（1）圆柱齿轮：用于两平行轴间的传动。

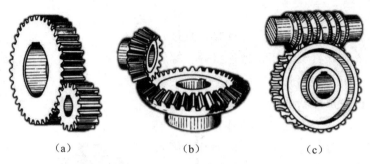

（a）　　　　　　　　（b）　　　　　　　　（c）

图 9-25　常见齿轮的种类

（2）圆锥齿轮：用于两相交轴间的传动。

（3）蜗轮蜗杆：用于两交叉轴间的传动。

根据轮齿与齿轮轴线的相对位置，齿轮又可分为直齿、斜齿和人字齿；根据加工刀具的位置，轮齿有标准与变位之分，分为标准齿轮和变位齿轮。

9.2.1　圆柱齿轮

圆柱齿轮是齿轮中最重要、最普遍的一种齿轮类型。

圆柱齿轮是在圆柱体上切出的，齿廓曲线多为渐开线。这里主要介绍常见的标准圆柱齿轮的基本知识及其规定画法。

1. 圆柱齿轮各部分的名称和尺寸计算

图 9-26 所示为一对标准直齿圆柱齿轮的互相啮合的示意图，直齿圆柱齿轮的齿向与齿轮轴线平行。图中齿轮各部分的名称和代号如下。

（1）齿顶圆：通过轮齿顶部的圆柱面与垂直于轴线的截平面的交线称为齿顶圆，其直径用 d_a 表示。

（2）齿根圆：通过轮齿根部的圆柱面与垂直于轴线的截平面的交线称为齿根圆，其直径用 d_f 表示。

（3）分度圆：标准齿轮的齿厚与齿间相等时，所在位置的圆柱面称为分度圆柱面。分度圆柱面与垂直于轴线的截平面的交线称为齿轮的分度圆，其直径用 d 表示。

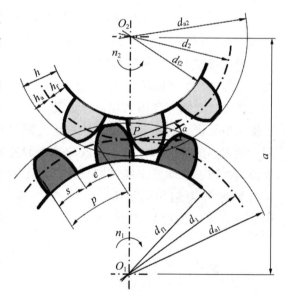

（4）齿顶高：分度圆将轮齿分为两个不相

图 9-26　标准直齿圆柱齿轮部分名称和代号

等的部分，从分度圆到齿顶圆的径向距离，称为齿顶高，用 h_a 表示。

（5）齿根高：从分度圆到齿根圆的径向距离，称为齿根高，用 h_f 表示。

（6）齿高：齿顶圆与分度圆之间的径向距离称为齿高，用 h 表示。$h = h_a + h_f$。

（7）齿厚：每个齿廓在分度圆上的弧长，称为分度圆齿厚，用 s 表示。

（8）齿间：每个齿槽的在分度圆上的弧长，称为齿间，用 e 表示。

(9)齿距：相邻两齿廓的对应点之间在分度圆上的弧长称为齿距，用 p 表示。$p=s+e$。

(10)齿数：轮齿的数量，称为齿数，为整数，用 Z 表示。

(11)模数：若齿轮的齿数为 Z，则分度圆的周长为 $\pi d=Zp$，则 $d=Zp/\pi$。由于 π 是无理数，为了便于计算和测量，令

$$m=P/\pi, \ 即 \ d=mZ.$$

式中，m 称为齿轮的模数，单位为 mm。模数是设计、制造齿轮的一个重要参数。由于模数是齿距 p 和 π 的比值，因此 m 的值越大，其齿距就越大，齿轮的承载能力越大。

制造齿轮时，刀具的选择是以模数为准的，不同模数的齿轮要用不同模数的刀具来加工制造，为了便于设计和制造，国家标准中模数的数值已系列化，其值如表 9-4 所示。

(12)压力角：一对齿轮啮合时，在分度圆上啮合点的法线方向与该点的瞬时速度方向所夹的锐角，即受力方向和运动方向的夹角，称为压力角，用 α 表示。我国规定标准齿轮的压力角为 20°。

一对齿轮正确啮合时的模数和压力角必须相等。

(13)中心距：两啮合圆柱齿轮轴线间的距离，称为中心距，用 a 表示。

(14)传动比：主动齿轮转速 n_1(r/min)与从动齿轮转速 n_2(r/min)之比，称为传动比，用 i 表示。由于转速与齿数成反比，因此，传动比也等于从动齿轮齿数与主动齿轮齿数之比，即 $i=n_1/n_2=Z_2/Z_1$。

表 9-4　渐开线圆柱齿轮模数系列(摘自 GB/T 1357—1987)

第一系列	1　1.25　1.5　2　2.5　3　4　5　6　8　10　12 16　20　25　32　40　50
第二系列	1.75　2.25　2.75　(3.25)　3.5　(3.75)　4.5　5.5　(6.5)　7　9　(11)　14　18　22　28　(30)　36　45

注：①对斜齿轮是指法向模数。

②应优先选用第一系列，其次选用第二系列，括号内的模数尽量不用。

齿轮设计时，一般先确定模数和齿数，其他各部分尺寸可由模数和齿数计算出来。常见的标准直齿圆柱齿轮的计算公式如表 9-5 所示。

表 9-5　标准直齿圆柱齿轮各部分尺寸的计算公式

名称	符号	计算公式
齿顶高	h_a	$h_a=m$
齿根高	h_f	$h_f=1.25m$
齿高	h	$h=h_a+h_f=2.25m$
齿距	p	$p=\pi m$
分度圆直径	d	$d=mz$
齿顶圆直径	d_a	$d_a=m(z+2)$
齿根圆直径	d_f	$d_f=m(z-2.5)$
中心距	a	$a=1/2m(z_1+z_2)$

注：表中 d，d_a，d_f 的计算公式适用于外啮合直齿圆柱齿轮传动。

斜齿圆柱齿轮的轮齿做成螺旋形状，可以看作直齿轮绕着圆柱轴线旋转一定角度形成

的，如图 9-27 所示。

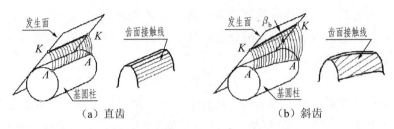

图 9-27　圆柱齿轮齿廓曲面的形成

直齿圆柱齿轮齿廓曲面的形成：发生面 S 沿基圆柱作纯滚动时，它上面的一条与基圆柱轴线平行的直线 KK 上各点的轨迹，形成直齿轮的齿面，为渐开柱面。

一对直齿轮啮合特点：啮合时沿整个齿宽同时进入或退出啮合，加载或卸载突然，运动平稳性差，冲击、振动和噪声大，不适合高速重载的情况。

斜齿圆柱齿轮齿廓曲面的形成：发生面 S 沿基圆柱作纯滚动时，它上面的一条与基圆柱轴线夹角成 β_b 的斜直线 KK 上各点的轨迹，形成斜齿轮的齿面，为渐开螺旋面。

一对斜齿轮啮合特点：啮合时接触线长度按照短→长→短逐渐变化，啮合轮齿对数多，重合度大，加载、卸载过程逐渐进行，传动平稳性好，冲击、振动和噪声较小，适宜高速重载的传动。

斜齿轮的轮齿为渐开螺旋面，在垂直于齿轮轴线的端面（下标以 t 表示）和垂直于轮齿方向即齿廓螺旋面的法面（下标以 n 表示）上有不同的齿形和参数。

下面介绍斜齿圆柱齿轮的几个参数。

(1)基圆柱螺旋角 β_b：斜齿轮渐开螺旋面与齿轮端面的交线仍是标准的渐开线；但它与基圆柱以及和基圆柱同轴线的任一圆柱面的交线均为螺旋线。基圆柱螺旋线的切线与通过切点的圆柱面直母线之间所夹的锐角称为基圆柱螺旋角。显然，β_b 越大，轮齿的齿向越偏斜；但若 $\beta_b＝0$ 时，斜齿轮就变成直齿轮。

(2)分度圆柱螺旋角 β：斜齿轮分度圆柱螺旋线的切线与通过切点的圆柱面直母线之间所夹的锐角称为分度圆柱螺旋角，简称螺旋角。通常用分度圆上的螺旋角 β 进行几何尺寸的计算。螺旋角 β 越大，轮齿就越倾斜，传动的平稳性也越好，但轴向力也越大。

(3)端面模数 m_t：斜齿轮端面齿形的模数，端面模数（端面压力角等）用于结构尺寸计算。

(4)法面模数 m_n：斜齿轮法面齿形的模数，法面模数（法面压力角等）用于齿轮制造、强度校核。

(5)端面齿距 p_t：相邻两个轮齿同侧齿廓之间在端平面内的分度圆弧长，称端面齿距。

(6)法向齿距 p_n：相邻两个轮齿同侧齿廓之间在法线方向的分度圆弧长，称法向齿距。

(7)压力角 α：渐开线齿廓各点的法线受力方向与该点的速度方向所夹的锐角，分为端面压力角 α_t 和法向压力角 α_n，$\tan \alpha_t = \tan \alpha_n / \cos \beta$。

斜轮齿的加工在垂直于法面上沿着齿向进刀，加工斜齿轮的刀具其轴线与轮齿的法线方向一致。为了和加工直齿圆柱齿轮的刀具通用，将斜齿轮的法向模数 m_n 取为标准模数，如

表 9-4 所示。

　　斜齿轮在端面上的齿形是标准的渐开线，在设计、计算齿轮结构时，其基本几何尺寸计算必须按端面参数进行。但从加工和受力情况分析时，斜轮齿的加工及其刀具的选择又是以法面参数为准，其法面参数取为标准值。为此必须建立端面参数与法面参数之间的换算关系。

　　图 9-28 所示为斜齿轮分度圆柱面的展开图。图 9-28 中 πd 为分度圆周长，β 为螺旋角，p_t 为端面齿距，p_n 为法向齿距。可知 $p_t = p_n / \cos \beta$，因此，$m_t = m_n / \cos \beta$。

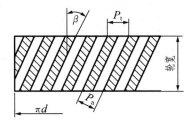

图 9-28　斜齿轮在分度圆上的展开图

　　只要将直齿圆柱齿轮的几何尺寸计算公式中的各参数看作端面参数，就完全适用于平行轴标准斜齿轮的几何尺寸计算，如表 9-6 所示。

表 9-6　斜齿圆柱齿轮的各部分尺寸计算公式

名称	代号	计算公式
法面齿距	p_n	$p_n = \pi m_n$
端面齿距	p_t	$p_t = \pi m_n / \cos \beta$
齿顶高	h_a	$h_a = m_n$
齿根高	h_f	$h_f = 1.25 m_n$
齿高	h	$h = h_a + h_f = 2.25 m_n$
分度圆直径	d	$d = m_n Z / \cos \beta$
齿顶圆直径	d_a	$d_a = d + 2 m_n$
齿根圆直径	d_f	$d_f = d - 2.5 m_n$
端面模数	m_t	$m_t = m_n / \cos \beta$
中心距	a	$a = m_n / 2 \cos \beta (Z_1 + Z_2)$

2. 单个圆柱齿轮的画法

　　齿轮的轮齿是在齿轮加工机床上用齿轮刀具加工出来的，属于多次重复出现的结构要素，可简化作图，一般不需画出它的真实投影。在视图中，国家标准规定，齿轮的轮齿部分按下列规定画法绘制，如图 9-29 所示。

　　(1)齿顶圆和齿顶线用粗实线表示；分度圆和分度线用点画线表示；齿根圆和齿根线用细实线表示，也可省略不画。

　　(2)在剖视图中齿根线用粗实线表示。

　　(3)在剖视图中，当剖切平面通过齿轮的轴线时，轮齿一律按不剖视图绘制，即轮齿部分不画剖面线。

（4）可用基本视图、局部视图、剖视图等表达方法。

（5）对于斜、人字齿轮，可以在外形图上画出与轮齿方向一致的 3 条平行的细实线，用以表示其齿向和倾角。

（6）齿轮的其他结构，按正投影画出。

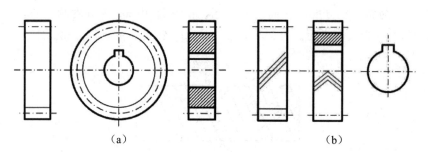

图 9-29　单个圆柱齿轮的画法

3. 圆柱齿轮啮合的画法

两标准齿轮相互啮合时，它们的分度圆处于相切位置，此时分度圆又称节圆。

两个圆柱齿轮的啮合画法一般用两个视图表达。啮合区以外部分按照单个齿轮的画法绘制，啮合区部分则按照规定画法绘制，如图 9-30 所示。

（1）在垂直于圆柱齿轮轴线的投影面的圆形视图中：两齿轮的分度圆相切，用细点画线绘制；啮合区内的齿顶圆用粗实线绘制或省略不画；齿根圆用细实线绘制或省略不画。

（2）在平行于圆柱齿轮轴线的投影面的非圆形视图中，啮合区内的齿顶线和齿根线不需画出，分度线用粗实线绘制。

（3）在通过轴线的剖视图中，在啮合区内，两分度线重合，用细点画线画出；将一个齿轮的齿顶线用粗实线绘制，另一个齿轮的齿顶线则被遮挡，用虚线绘制；两齿根线均画成粗实线。

（4）在剖视图中，两个齿轮的剖面线必须不同。

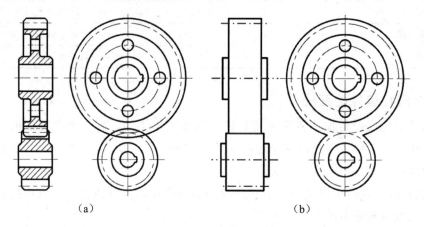

（a）　　　　　　　　　　　　　　　　　（b）

图 9-30　圆柱齿轮啮合的画法

当齿轮的直径无穷大时，齿轮就成了齿条。此时，齿顶圆、分度圆、齿根圆以及齿廓均为直线。

齿条的模数及其各部分的尺寸计算和圆柱齿轮相同。齿轮齿条啮合的画法和两个圆柱齿轮啮合的画法也基本相同，如图 9-31 所示。

齿轮齿条的特点是可以在齿轮的回转运动和齿条的往复直线运动之间进行转换。

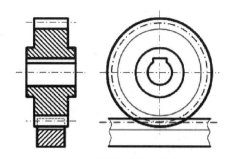

图 9-31　齿轮齿条啮合的画法

9.2.2　圆锥齿轮

圆锥齿轮简称锥齿轮，俗称伞齿轮，用于传递相交两轴之间的回转运动。

根据轮齿方向，圆锥齿轮分为直齿、斜齿、人字齿等。齿廓曲线多为渐开线。直齿圆锥齿轮通常用于交角 90°的两轴之间的传动。这里主要介绍渐开线标准直齿圆锥齿轮的基本参数及画法。

圆锥齿轮的轮齿分布于圆锥面上，因而其轮齿一端大，一端小，轮齿上不同位置的模数、齿数、齿厚、齿高以及齿轮的直径等都不相同，是从大端开始沿着圆锥素线方向由大到小逐渐收缩的。

为了计算、制造方便，规定以大端为准，取大端模数为标准模数，以此作为计算各部分的尺寸基本参数。一般在图纸上标注的分度圆、齿顶圆等尺寸都是大端尺寸。

圆锥齿轮各部分的符号如图 9-32 所示。分度圆锥面母线与齿轮轴线间的夹角称为分度圆锥角，用 δ 表示。从顶点沿分度圆锥面母线至背锥的距离称为外锥距，用 R 表示。

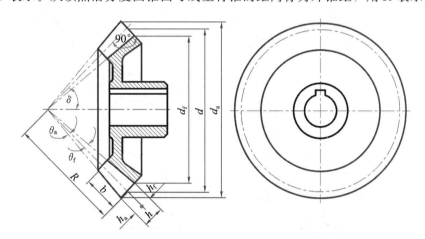

图 9-32　单个圆锥齿轮的画法及其各部分名称和符号

直齿圆锥齿轮各部分尺寸都与大端模数和齿数有关。模数 m、齿数 z、压力角 α 和分锥角 δ 是直齿圆锥齿轮的基本参数，是决定其他尺寸的依据。轴线相交成 90°的标准直齿圆锥齿轮各部分尺寸的计算公式如表 9-7 所示。

表9-7　标准直齿圆锥齿轮各部分尺寸的计算公式

名称	代号	计算公式
分度圆锥角	δ	$\tan \delta_1 = z_1/z_2$；$\tan \delta_2 = z_2/z_1$；$\delta_1 + \delta_2 = 90°$
外锥距	R	$R = d/2\sin \delta$
齿宽	b	$b \leqslant R/3$
齿顶高	h_a	$h_a = m$
齿根高	h_f	$h_f = 1.2m$
齿高	h	$h = h_a + h_f = 2.2m$
分度圆直径	d	$d = mz$
齿顶圆直径	d_a	$d_a = m(z + 2\cos \delta)$
齿根圆直径	d_f	$d_f = m(z - 2.4\cos \delta)$
齿顶角	θ_a	$\tan \theta_a = h_a/R$
齿根角	θ_f	$\tan \theta_f = h_f/R$

　　圆锥齿轮的画法和圆柱齿轮的画法基本相同。

　　单个圆锥齿轮的画法如图9-32所示：主视图画成剖视图，轮齿按不剖处理，用粗实线画出齿顶线和齿根线，用细点画线画出分度线；在左视图中，用粗实线表示齿轮的大小端的齿顶圆，用细点画线表示大端的分度圆，大小端的齿根圆和小端分度圆规定不画。

　　只有模数和压力角分别相等，且两齿轮分度圆锥角之和等于两轴线间夹角的一对直齿圆锥齿轮才能正确啮合。一对安装准确的标准圆锥齿轮啮合时，它们的两分度圆锥应相切。

　　圆锥齿轮啮合的画法如图9-33所示。两齿轮轴线相交成90°；在啮合区内，节线用一条点画线绘制；将其中一个齿轮的齿视为可见，齿顶画成粗实线，另一个齿轮的齿则被遮挡，齿顶画成虚线；在圆形视图中，一齿轮的节线应与另一齿轮的节圆相切。

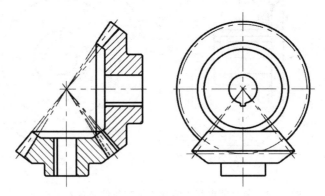

图9-33　圆锥齿轮啮合的画法

9.2.3　蜗轮、蜗杆

　　蜗轮蜗杆机构常用来传递两交错轴之间的运动和动力。两轴线间的夹角可为任意值，常用的为90°。一般用于两轴交错、传动比大、传动功率不大或间歇工作的场合。传动时，一般蜗杆是主动件，蜗轮是从动件。

蜗杆蜗轮机构是由交错轴斜齿圆柱齿轮机构演变而来的。若小齿轮的螺旋角很大、分度圆柱直径取得较小，而且其轴向长度较长、齿数很少(一般为 1～4)，则其轮齿在分度圆柱面上能缠绕一周以上，在圆柱表面形成完整的螺旋线，这样小齿轮外形像一根螺杆，称为蜗杆。蜗杆可以看成是在圆柱体上沿着螺旋线绕有一个齿(单头)或几个齿(多头)的螺旋杆。

蜗轮的大齿轮的螺旋角较大、分度圆柱的直径很大、轴向长度较短、齿数很多。蜗轮实际上就是斜齿的圆柱齿轮。为了增加蜗杆啮合时的接触面积，提高其工作寿命，蜗轮的齿顶和齿根常加工成内环面。

按蜗轮形状的不同，蜗轮蜗杆传动可分为圆柱蜗杆传动、环面蜗杆传动和锥蜗杆传动。圆柱蜗杆传动是蜗杆分度曲面为圆柱面的蜗杆传动，其中常用的有普通圆柱蜗杆传动和圆弧圆柱蜗杆传动。

1. 蜗轮、蜗杆的主要参数和尺寸计算

这里主要介绍普通圆柱蜗杆传动的几何参数和画法。蜗轮、蜗杆各部分的名称和代号如图 9-34 所示。

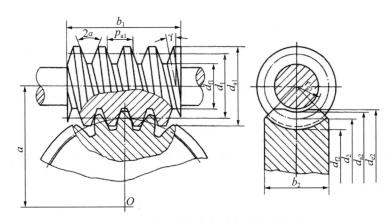

图 9-34　蜗轮、蜗杆各部分的名称和代号

(1)蜗杆头数 z_1 和蜗轮齿数 z_2

蜗杆的齿数 z_1 等于它的螺旋线数，也叫头数。常用的为单线或双线，此时蜗杆转一圈，蜗轮只转过一个齿或两个齿。因此，蜗轮蜗杆的传动能获得较大的传动比。根据传动比的需要蜗杆头数 z_1 可取为 1，2，4，6，传动比大及要求自锁的传动时，取 $z_1=1$。蜗轮齿数 z_2 一般取 27～80。

(2)传动比 i

一般蜗杆传动是以蜗杆为主动件的减速装置，其传动比 $i=z_2/z_1$。

(3)模数 m 和压力角 α

通过蜗杆轴线并垂直于蜗轮轴线的截面称为中间平面，在设计时常取此平面内的参数和尺寸作为计算基准。在中间平面内，蜗杆的截面相当于一个齿条，蜗杆的齿廓与齿条相同，两侧边为直线，蜗轮的截面相当于一个齿轮，蜗轮的齿廓为渐开线，它们的啮合相当于齿条与齿轮的啮合。因此，蜗轮蜗杆传动的主要参数和几何尺寸计算与齿轮传动大致相同。

在中间平面中，为保证蜗杆蜗轮传动的正确啮合，蜗轮、蜗杆的模数和压力角应彼此相

同。蜗杆的轴向模数和压力角应分别相等于蜗轮的法面模数和压力角，即 $m_{a1} = m_{t2} = m$，$\alpha_{a1} = \alpha_{t2}$。

常用的阿基米德蜗杆压力角 α 为 $20°$。在垂直于蜗杆轴线的剖面中，齿廓线是一条阿基米德螺旋线的称为阿基米德蜗杆。

(4) 直径系数 q

蜗轮的齿形主要取决于于蜗杆的齿形。蜗轮加工一般采用形状与蜗杆相似的蜗轮滚刀，滚刀外径比实际蜗杆稍大一些，以便加工出蜗杆齿顶与蜗轮齿根槽之间的间隙。模数相同的蜗杆由于所需强度和刚度不同可能有好几种不同的直径，所以需要不同的蜗轮滚刀来加工。为了减少蜗轮滚刀的数目和便于滚刀的标准化，就对每一标准的模数规定了一定数量的蜗杆分度圆直径，把分度圆直径和模数的比称为蜗杆直径系数，也称为特性系数。

$$q = d_1 / m$$

(5) 导程角 γ

蜗杆分度圆柱的导程角，是蜗杆分度圆柱螺旋线上任一点的切线与端平面间所夹的锐角。蜗杆蜗轮正确啮合时，蜗杆导程角 γ 与蜗轮分度圆柱螺旋角 β 相等，且方向相同。如图 9-35 所示，将蜗杆分度圆柱螺旋线展开成为直角三角形的斜边。

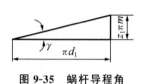

图 9-35 蜗杆导程角

$$\tan \gamma = z_1 m / d_1 = z_1 / q$$

当蜗轮、蜗杆的主要参数 m，d_1，z_1，z_2 选定后，它们各部分尺寸的计算公式也随之确定，如表 9-8 所示。

表 9-8　蜗轮、蜗杆的尺寸计算公式

名称	蜗杆	蜗轮
分度圆直径	$d_1 = mq$	$d_2 = mz_2$
齿顶圆直径	$d_{a1} = m(q+2)$	$d_{a2} = m(z_2+2)$
齿根圆直径	$d_{f1} = m(q-2.4)$	$d_{f2} = m(z_2-2.4)$
齿距	轴向齿距 $p_{a1} = \pi m$；导程 $= z_1 p_{a1}$	端面齿距 $p_{t2} = \pi m$
齿顶高	$h_{a1} = h_{a2} = m$	
齿根高	$h_{f1} = h_{f2} = 1.2m$	
中心距	$a = m(q+z_2)/2$	
传动比	$i = n_1 / n_2$	
径向间隙	$c = 0.2m$	

2. 蜗轮、蜗杆的画法

蜗轮、蜗杆的画法与圆柱齿轮基本相同。

蜗杆一般选用一个视图，齿顶圆(线)画粗实线、分度圆(线)画细点画线，齿根圆(线)画细实线或者省略不画，齿形可用局部视图或局部放大图表示，如图 9-36 所示。

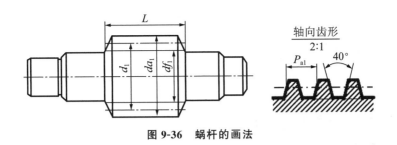

图 9-36　蜗杆的画法

蜗轮一般采用两个视图，在非圆视图中常用全剖或半剖视，在圆形视图中，只画出最大外径圆和分度圆，齿顶圆和齿根圆省略不画，投影为圆的视图也可只画表达键槽轴孔的局部视图，如图 9-37 所示。

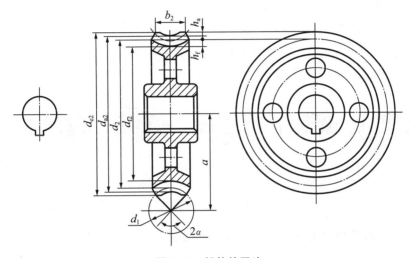

图 9-37　蜗轮的画法

蜗轮蜗杆啮合的画法有外形图和剖视图两种形式。

在蜗轮投影为圆的视图中，蜗轮的分度圆与蜗杆分度线相切；在蜗杆投影为圆的视图中，蜗轮和蜗杆重叠部分只画蜗杆，蜗轮被蜗杆遮住的部分不必画出；其余部分仍按投影画出。

在剖视图中，当剖切平面通过蜗轮轴线并垂直于蜗杆轴线时，在啮合区内将蜗杆的轮齿用粗实线绘制，蜗轮的轮齿被遮挡住部分可省略不画；当剖切平面通过蜗杆轴线并垂直于蜗轮轴线时，在啮合区内蜗轮的齿顶圆和蜗杆的齿顶线可以省略不画，啮合部分用局部剖，如图 9-38 所示。

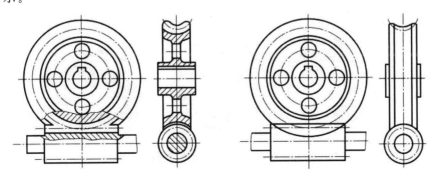

图 9-38　蜗轮、蜗杆啮合的画法

9.3 键、销连接

键、销都是标准件，它们的结构、形式和尺寸都有规定，使用时可从有关手册查阅选用，下面对它们作一些简要介绍。

9.3.1 键及其连接

键是机器上常用的标准件。键连接也是常用的可拆卸连接。

键是用来连接轴及轴上的传动件，如齿轮、带轮等零件，使它们之间不发生相对转动，起传递扭矩的作用。

1. 键的种类及标记

键的种类很多，常用键的种类有普通平键、半圆键和钩头楔键。普通平键应用较广，分A型、B型、C型，如图9-39所示。

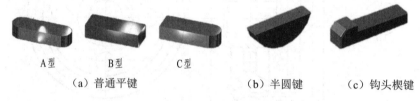

A型   B型   C型

（a）普通平键　　　　　　（b）半圆键　　　（c）钩头楔键

图 9-39　键的种类

普通平键、半圆键和钩头楔键的形式和标注如表9-9所示。普通平键除A型省略型号外，B型和C型要注出型号。

实际选用时可根据轴的直径查键的标准，得出键的具体尺寸。平键和钩头楔键的长度应根据轮毂的长度及受力大小选取相应的系列值。

2. 常用键连接装配图的画法

普通平键的两个侧面是工作面，在装配图中，键与键槽侧面之间应不留间隙，而上下底面是非工作面，键与轮毂的键槽顶面之间应留有间隙。

主视图是通过轴的轴线和键的纵向对称平面剖切后画出的，轴和键纵向剖切按不剖画，左视图横向剖切则要画剖面线。为了表达键在轴上的安装情况，轴采用局部剖视，如图9-40所示。

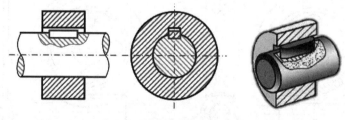

图 9-40　普通平键的装配图

表 9-9 常用键的形式及规定标记

名称及标准	图 例	标 记
普通平键 A 型 GB/T 1096—2003		GB/T 1096 键 16×10×80; 普通平键圆头 A 型; $b=16$,$h=10$,$L=80$
半圆键 GB/T 1099.1—2003		GB/T 1099.1 键 6×10×25; 半圆键; $b=6$,$h=10$,$D=25$
钩头楔键 GB/T 1565—2003		GB/T 1565 键 18×100; 钩头楔键; $b=18$,$L=100$

与普通平键相比,半圆键具有自动调位的优点,但轴上的键槽加工困难,生产效率不高,主要用于轻载和锥形轴的连接。半圆键的两个侧面是工作面,上下底面是非工作面,半圆键连接画法和普通平键的连接画法类似,如图 9-41 所示。

钩头楔键的顶面有 1∶100 的斜度,连接时将键打入键槽,因此,键的顶面和底面同为主工作面,都与键槽接触,与槽底和槽顶都没有间隙,键的两侧面与键槽之间则留有间隙,如图 9-42 所示。

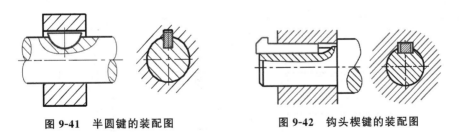

图 9-41 半圆键的装配图　　　　　　图 9-42 钩头楔键的装配图

3. 键槽的画法和尺寸标注

用键连接轴和轮,必须先在轴和轮上加工出键槽,键槽的尺寸可根据轴的直径在国家标准中查出。

轴上键槽常用局部剖视图表示,键槽深度和宽度尺寸应注在断面图中,图中 b,t,t_1 可以按轴的直径从有关标准中查出,L 由设计确定。

图 9-43 所示为普通平键轴及轮毂上键槽的画法和尺寸注法。

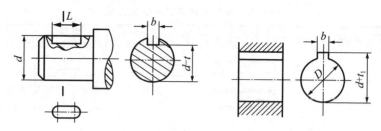

图 9-43 键槽的尺寸注法

4. 花键

花键是把键直接加工在轴上和轮毂上，与它们形成一个整体。花键连接是将花键轴装在花键孔内。与单键相比，花键具有受力均匀、传递扭矩大、连接强度高、工作可靠、对中性和导向性好，但制造成本较高，需用专用刀具加工。适用于定心精度要求高、传递转矩大或经常滑移的连接。

花键连接由内花键和外花键组成。在内圆柱表面上的花键为内花键，在外圆柱表面上的花键为外花键，内、外花键均为多齿零件。显然，花键连接是平键连接在数目上的发展。花键为标准结构。

花键的齿形有矩形、三角形、渐开线形等，其中矩形花键应用最广，其结构和尺寸已标准化。矩形花键是指键齿两侧面为平行于通过轴线的径向平面的两平面的花键，如图 9-44 所示。

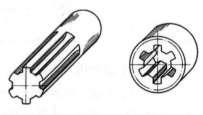

图 9-44 矩形花键

国家标准对矩形花键的画法作了如下规定。

(1)在平行于花键轴线的投影面视图中，外花键大径用粗实线、小径用细实线绘制；在圆视图中用剖面图画出部分或全部齿形，如图 9-45 所示。

(2)工作长度的终止端和尾部长度的末端均用细实线绘制，尾部线则画成与轴线呈 $30°$ 的斜线，必要时可按实际画出，如图 9-45 所示。

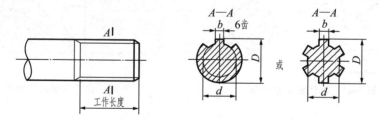

图 9-45 外花键的画法和标注

(3)在平行于花键轴线的投影面视图中，内花键大径及小径均用粗实线绘制；在圆视图中用局部剖视图画出一部分或全部齿形，如图 9-46 所示。

(4)花键连接用剖视图表示时，其连接部分按外花键的画法绘制，不重合部分按各自的画法画，如图 9-47 所示。

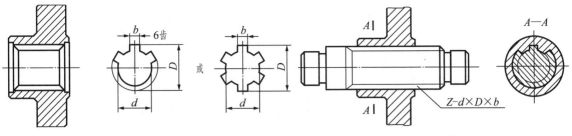

图 9-46 内花键的画法和标注　　　图 9-47 花键连接的画法和标注

矩形花键的尺寸标注一般应注出大径、小径、键宽和工作长度的具体数值，也可以采用代号的方法表示，代号形式为：$Z-d\times D\times b$，其中，Z 为键数，d 为小径，D 为大径，b 为键宽。在零件图中 d，D，b 的数值后一般要加注公差带代号，在装配图中则要加注配合代号。

9.3.2　销及其连接

销主要用于零件之间的连接，或在装配时起定位作用。销只能传递不大的扭矩，可作为安全装置中的过载剪断元件。销是标准件，常用销有圆柱销、圆锥销和开口销等，如图 9-48 所示。

图 9-48 常用销的种类

常用销的形式和规定标记如表 9-10 所示。

表 9-10 常用销的标准编号、画法和标记示例

名称	标记	图例	说明
圆柱销	销 GB/T 119.1 6m6×30		公称直径 $d=6$mm，公差为 m6，长度 $L=30$mm，材料为钢，不经表面处理的圆柱销
圆锥销	销 GB/T 117 10×60		公称直径 $d=10$mm，公称长度 $L=60$mm，材料为 35 钢，热处理硬度 28～38HRC，表面氧化处理的 A 型圆锥销
开口销	销 GB/T 91 5×50		公称直径 $d=5$mm，长度 $L=50$mm，材料为低碳钢，不经表面处理的开口销

销连接的装配图画法如图 9-49 所示。剖切平面通过销的轴线时，销按照不剖画。

用销连接或定位的两个零件上的销孔通常要一起加工，在零件图上一般应注写"配作"。圆锥销孔的尺寸应引出标注，其中圆锥销的公称尺寸是指小端直径。

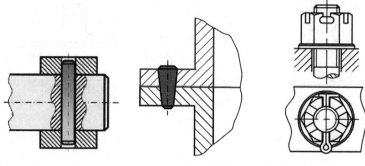

图 9-49　销连接的装配图画法

9.4　滚动轴承

滚动轴承是支撑旋转轴及轴上载荷的部件。滚动轴承是将运转的轴与轴座之间的滑动摩擦变为滚动摩擦，从而减少摩擦损失的一种精密的机械元件。它具有结构紧凑、摩擦阻力小、动能损耗少和旋转精度高等优点，在生产中应用广泛。

滚动轴承是标准部件，由专门的工厂生产，选购时可根据要求确定型号即可，所以在画图时可按比例简化画出。

9.4.1　滚动轴承的结构、种类和标记

1. 滚动轴承的结构

滚动轴承的种类很多，但它们的结构大致相似，一般由外圈、内圈、滚动体和保持架等零件组成，如图 9-50 所示。

（1）内圈：套在轴上，随轴一起转。

（2）外圈：装在机座孔内，一般不动。

（3）滚动体：排列在内外圈之间的滚道中，有圆柱、圆锥、圆球等不同形状。

（4）保持架：均匀隔开滚动体。

（a）向心轴承　　　（b）向心推力轴承　　　（c）推力轴承

图 9-50　滚动轴承的结构和种类

2. 滚动轴承的种类

滚动轴承按其承受载荷的方向可分为以下 3 类。

(1)向心轴承：主要承受径向力，如图 9-50(a)所示的深沟球轴承。

(2)向心推力轴承：能同时承受径向力和轴向力，如图 9-50(b)所示的圆锥滚子轴承。

(3)推力轴承：只承受轴向力，如图 9-50(c)所示的推力球轴承。

3. 滚动轴承的标记

为了便于选用不同种类的滚动轴承，国家标准规定用一定的代号来表示滚动轴承的结构、尺寸、公差等级和技术性能等特性。

滚动轴承代号是用字母加数字组成。轴承代号由前置代号、基本代号和后置代号构成，按照"前置代号-基本代号-后置代号"的顺序排列。

前置、后置代号是轴承在结构形状、尺寸公差、技术要求等有变化时，在其基本代号前后添加的补充代号，具体可查有关表格，一般可不标注。

基本代号表示轴承的基本类型、结构和尺寸，是轴承代号的基础。

基本代号由轴承类型代号、尺寸系列代号和内径代号三部分组成，它们从左到右顺序排列，一般有五位数字。

(1)类型代号

类型代号用基本代号最左边的一位数字或字母表示，如表 9-11 所示。

表 9-11　滚动轴承的类型代号

代号	轴承类型	代号	轴承类型
0	双列角接触球轴承	6	深沟球轴承
1	调心球轴承	7	角接触球轴承
2	调心滚子轴承和推力调心滚子轴承	8	推力圆柱滚子轴承
3	圆锥滚子轴承	N	圆柱滚子轴承
4	双列深沟球轴承	U	外球面轴承
5	推力球轴承	QJ	四点接触球轴承

(2)尺寸系列代号

尺寸系列代号由轴承的宽度系列代号和直径系列代号组成，由两位数字表示，从左往右排列。前一位为宽度系列代号，后一位为直径系列代号。

轴承的宽度系列代号表示结构、内径和直径系列都相同的轴承在宽度方面的变化。对多数轴承在代号中可不标出宽度系列代号 0，但对于调心滚子轴承和圆锥滚子轴承除外。

轴承的直径系列代号表示结构、内径相同的轴承在外径方面的变化。例如，对于向心轴承和向心推力轴承：0，1 表示特轻系列；2 表示轻系列；3 表示中系列；4 表示重系列。推力轴承除了用 1 表示特轻系列之外，其余与向心轴承的表示一致。

直径系列代号和宽度系列代号统称为尺寸系列代号。它反映了同种轴承在内圈孔径相同时，其滚动体可以有不同的大小，内、外圈也可以有不同的宽度，外轮廓尺寸不同，因而具有不同的承载能力。

(3)内径代号

内径代号表示滚动轴承内圈的内孔直径。用基本代号右后的两位数字表示。内圈孔径要与轴产生配合，是一个重要参数，称为轴承的公称内径。

对常用内径 $d=20\sim480$mm 的轴承内径一般为 5 的倍数，这两位数字表示轴承内径尺寸被 5 除得的商数，如 04 表示 $d=20$mm，12 表示 $d=60$mm 等；对于内径为 10mm、12mm、15mm 和 17mm 的轴承，内径代号依次为 00，01，02 和 03；对于内径小于 10mm 和大于 500mm 轴承，内径表示方法另有规定，可参看有关标准。

下面是一些基本代号示例。

（1）轴承 30312

3——类型代号，表示圆锥滚子轴承；03——尺寸系列代号，表示 03 系列；12——内径代号，表示公称内径 60mm。

（2）轴承 51203

5——类型代号，表示推力球轴承；12——尺寸系列代号，表示 12 系列；03——内径代号，表示公称内径 17mm。

（3）轴承 6208

6——类型代号，表示深沟球轴承；2——尺寸系列代号，表示 02 系列（0 省略）；08——内径代号，表示公称内径 40mm。

9.4.2 滚动轴承的画法

滚动轴承是一种标准件，不需要画零件图。在装配图中，滚动轴承的画法分为通用画法、特征画法和规定画法 3 种。前两种又称为简化画法，在同一图样中一般只采用其中一种画法。

滚动轴承轮廓应按外径 D、内径 d、宽度 B 等实际尺寸绘制，轮廓内可用规定画法或特征画法绘制。轴承内径 d、外径 D、宽度 B 等几个主要尺寸在画图前可根据轴承代号查附录或有关手册确定。

表 9-12 中列举了三种常用滚动轴承的画法及有关尺寸比例。

表 9-12　常用滚动轴承的特征画法和规定画法

名称	主要尺寸	规定画法	简化画法
深沟球轴承	D，d，B	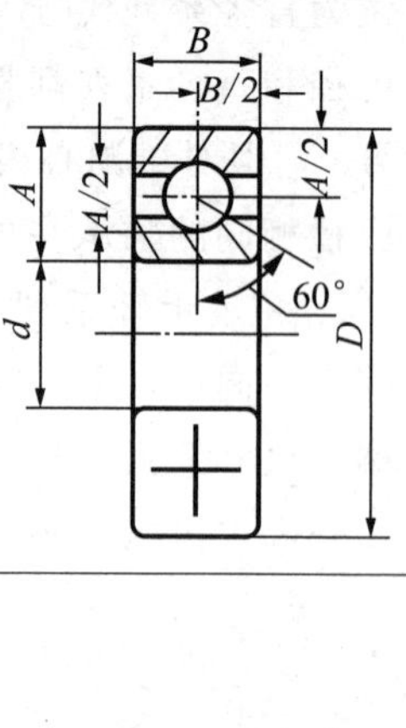	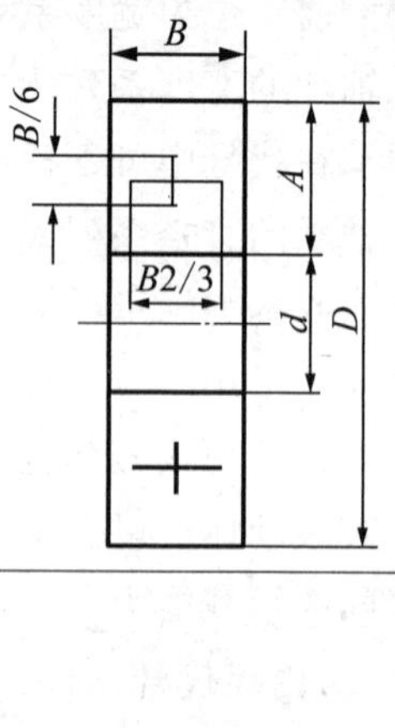

续表

名称	主要尺寸	规定画法	简化画法
圆锥滚子 轴承	D，d，T，B，C	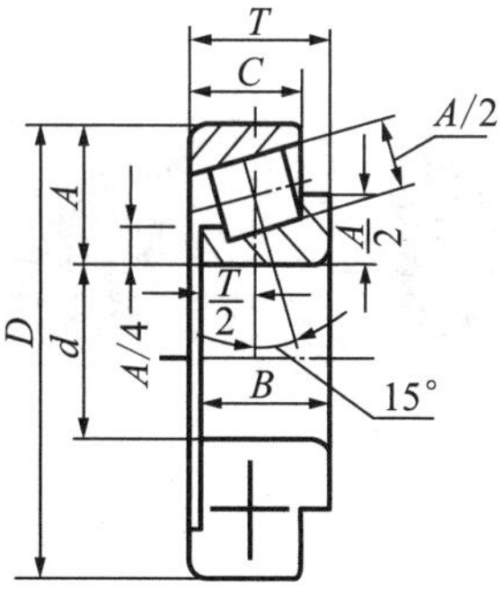	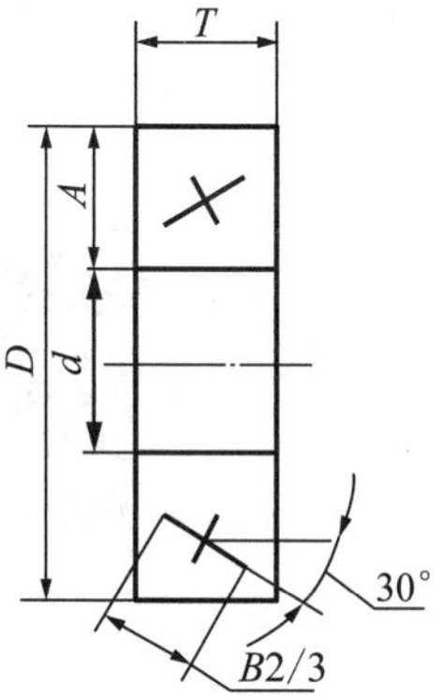
推力球轴承	D，d，T	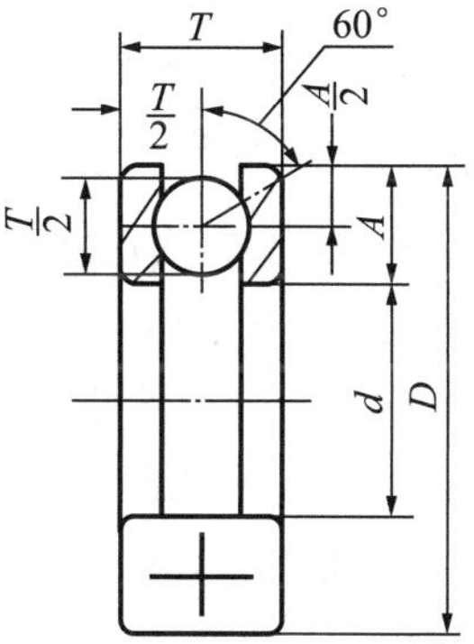	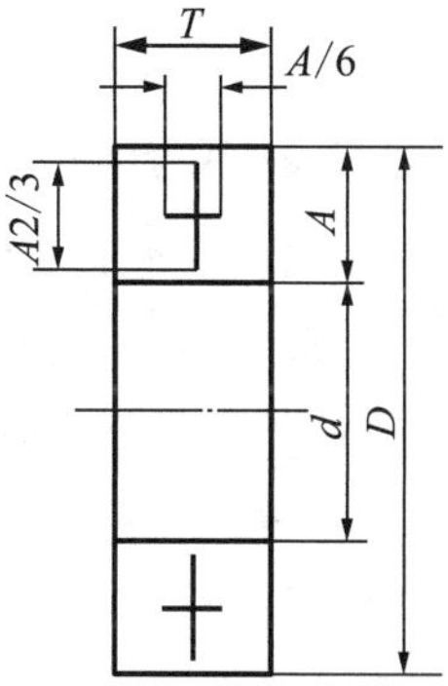

装配图中表示滚动轴承的各种符号、矩形线框和轮廓线均用粗实线绘制；保持架及倒角、倒圆等可省略不画。

当不需要确切地表示滚动轴承的外形轮廓、载荷特性、结构特征时，可采用通用画法。一般用矩形线框及位于线框中央正立的十字形符号表示。十字形符号不应与矩形线框接触，通用画法在轴的两侧以同样方式画出。

如需要较形象地表示滚动轴承的结构特征，可采用特征画法。一般用在矩形线框内画出其结构要素符号的方法表示。特征画法也应绘制在轴的两侧。通用画法中有关防尘盖、密封圈、挡边、剖面轮廓和附件或零件画法的规定也适用于特征画法。

需要较详细表达滚动轴承的主要结构及安装定位的形式时，可采用规定画法。一般在轴承的一侧用剖视图表示，另一侧按通用画法绘制。规定画法既能较真实、形象地表达滚动轴承的结构、形状，又简化了对滚动轴承中各零件尺寸数值的查找。采用规定画法时，轴承的滚动体按视图绘制，不画剖面线，其内、外圈要按剖视图绘制，剖面线有时也可方向和间隔相同。

9.5　弹簧

弹簧是一种常用件，它的作用有减震、复位、夹紧、测力和储能等，其特点是外力去除后能立即恢复原状。

弹簧的类型很多，常用的有螺旋弹簧、涡卷弹簧和板簧等，其中螺旋弹簧应用较广。根据受力情况，螺旋弹簧分为压缩弹簧、拉伸弹簧和扭转弹簧，如图 9-51（a）～图 9-51（c）所示。图 9-51（d）所示为涡卷弹簧。

（a）压缩弹簧　　（b）拉伸弹簧　　（c）扭转弹簧　　（d）涡卷弹簧

图 9-51　常用弹簧的种类

本节主要介绍圆柱螺旋压缩弹簧的各部分名称和画法。

1. 圆柱螺旋压缩弹簧的各部分名称及尺寸关系

圆柱螺旋压缩弹簧一般由钢丝绕成。弹簧参数已标准化，设计时选用即可。圆柱螺旋压缩弹簧的有关参数如图 9-52 所示。

（1）簧丝直径 d：制造弹簧的钢丝直径，按标准选取。

（2）弹簧中径 D：弹簧的平均直径，按标准选取。

（3）弹簧内径 D_1：弹簧的最小直径，$D_1 = D - d$。

（4）弹簧外径 D_2：弹簧的最大直径，$D_2 = D + d$。

（5）弹簧节距 t：相邻两有效圈截面中心线的轴向距离，按标准选取。

（6）有效圈数 n：除支撑圈外，中间弹簧上能保持相等节距，产生弹性变形的圈数。有效圈数是能够有效工作的圈数，是计算弹簧刚度时的圈数。

（7）支撑圈数 n_2：为了使压缩弹簧的端面与轴线垂直，在工作时受力均匀，便于支承，保证中心线垂直于支撑面，在制造时将弹簧两端几圈并紧后磨平。工作时，并紧和磨平部分基本不产生弹性变形，仅起支撑或固定作用的圈数称为支撑圈。两端支撑圈总数常用 1.5，2 和 2.5 圈等几种形式。

（8）总圈数 n_1：弹簧的有效圈数和支撑圈数之和，$n_1 = n + n_2$。

（9）自由高度 H_0：弹簧并紧磨平后在不受外力时的全部高度，$H_0 = nt + (n_2 - 0.5)d$。

（10）弹簧的展开长度 L：制造弹簧时坯料的长度。

2. 圆柱螺旋压缩弹簧的规定画法

国家标准对螺旋压缩弹簧的画法有如下规定，如图 9-52 所示。

（1）在平行于轴线的投影面的视图上，弹簧各圈的外轮廓线应画成直线。

（2）有效圈数在 4 圈以上时，中间各圈可省略不画，用通过中径线的点画线连接起来。同时可适当缩短图形的长度，但标注尺寸时应按实际长度。

（3）左旋或右旋弹簧在图上均可画成右旋，但左旋弹簧要加注"左"字。

（4）由于弹簧的画法实际上只起一个符号作用，因而螺旋压缩弹簧要求两端并紧和磨平时，不论圈数多少，支撑圈数均可按 2.5 圈的形式来画。其实际情况可在技术条件中另加说明。

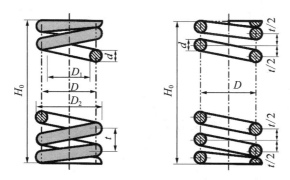

图 9-52　圆柱螺旋压缩弹簧的有关参数和画法

(5)在装配图中，弹簧后面被挡住的零件一般不画出，可见轮廓线只画到弹簧钢丝的剖面轮廓或中心线上，如图 9-53（a）所示。簧丝直径≤2mm 时，簧丝剖面可全部涂黑，如图 9-53（b）所示；当簧丝直径＜1mm 时，可采用示意画法，如图 9-53（c）所示。

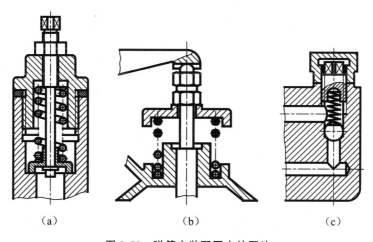

| （a） | （b） | （c） |

图 9-53　弹簧在装配图中的画法

(6)在装配图中画处于被压缩状态的螺旋压缩弹簧时，H_0 改为实际被压缩后高度，其余画法不变。

圆柱螺旋压缩弹簧的作图步骤如表 9-13 所示。

表 9-13　圆柱螺旋压缩弹簧的作图步骤

以 H_0 和 D_2 作矩形	以 d 作支撑圈	以 t 画有效圈	作簧丝剖面的公切线、剖面线，加深

已知弹簧的中径 D、簧丝直径 d、节距 t 和有效圈数 n、支撑圈数 n_2，先算出自由高度 H_0，具体作图步骤如下：

①根据 D 和 H_0 画矩形。

②画出支撑圈部分直径与簧丝直径相等的圆和半圆。

③画出有效圈数部分直径与簧丝直径相等的圆。

④按右旋方向作相应圆的公切线及剖面线，即完成作图。

第10章 零件结构的设计与表达

在实际的生产过程中，零件的加工与制造是非常重要的，因为所有的机器和部件都是由单个零件所组成。我们通常所说的零件工作图（简称零件图），就是表达零件的一个图样，它是由设计人员经过设计部门交给生产部门作为零部件或整台机器生产的技术指导文件。该图样不仅要表达出该零件的几何形状结构和尺寸大小，还必须要有相关的技术要求，如尺寸公差、表面粗糙度、形位公差和热处理等技术要求。因此，零件图不仅要反映出设计者的真实意图，同时，还必须要考虑到该零件在加工制造过程当中所必须要有的结构和合理性。另外，零件图也是制造和检验零件的一个重要的技术依据。因此要设计或画好一张零件工作图，不仅要具有组合体和图样表达的相关知识，还要有一定的机器整体设计经验和零件的加工工艺知识。

这一章主要介绍关于零件的内容、要求、结构分析和表达方案的选择等。

10.1 零件图的内容和要求

零件图是用于指导零件制造的图样，该图样中必须包含制造和检验该零件时所必须要有的全部技术资料。图10-1就是实际生产中所使用的一张零件图。由图中可以看到，一张零件图中必须要具有以下几方面的内容。

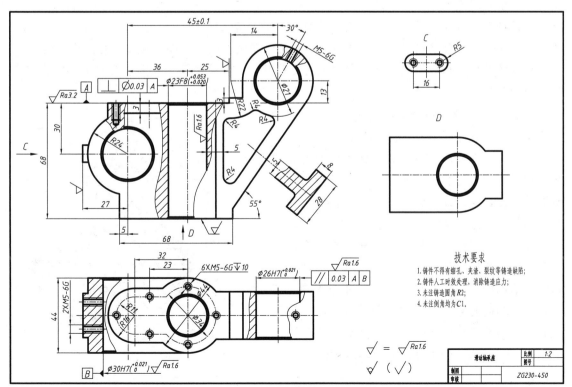

图 10-1 零件图

（1）图形：用一组视图，采用包括基本视图、剖视图、断面图和局部放大图等，正确、完整、清晰、简洁地表达出该零件的结构形状。

（2）尺寸：用一组尺寸，正确、完整、清晰和合理地标注出零件的结构形状大小及其相互位置的大小。

（3）技术要求：用一些规定的符号、数字、字母和文字说明，简明正确地给出零件在制造、检验和使用过程中应达到的一些技术要求，包括尺寸公差、表面粗糙度、形状和位置公差、表面处理和材料热处理的要求等。

（4）标题栏：用标题栏说明零件的名称、材料、数量、绘图比例、图样的编号，以及设计、制图和校核人员的姓名和日期等。

10.2 零件的结构设计

前面内容中我们所学过的组合体是采用形体分析法和线面分析法进行组合体的画图和看图，该内容或方法中的大部分可以应用在零件的结构设计上。但是，组合体的视图和零件图又是不完全相同的。它们之间的重要区别：零件上的这些形体和线、面都体现一定的结构，这些结构又是由设计要求和工艺要求所决定的，都具有特定的功用。因此，在画零件图和看零件图的时候，还必须要进行结构分析。

10.2.1 零件基本结构设计方法

零件是组成一部机器或部件的基本单元。它的结构、形状、大小和技术要求是由设计要求和工艺要求决定的。

从设计要求方面来看，零件在机器或部件中可以起到支撑、容纳、传动、配合、连接、安装、定位、密封和防松等一项或几项功用。这些功用是决定零件主要结构的直接依据。

零件的结构分析就是从设计要求和工艺要求出发，对零件逐一分析它们的功用以确定它们的不同结构。

图 10-2 所示是一台单级减速器，有关零件的功用可以从和它相联系的零件分析得出。

从工艺要求方面来看，为了使零件的毛坯制造、加工、测量及装配和调整工作能进行得更加顺利、方便，应设计出铸造圆角、拔模斜度、倒角等结构。这是决定零件局部结构的依据。

设计一个零件是这样，观察和分析一个零件也是这样。通过零件的结构分析，可对零件上的每一个结构的功用加深认识，从而才能正确、完整、清晰和简便地表达出零件的结构形状，进而完整、合理地标注出零件的尺寸和技术要求。

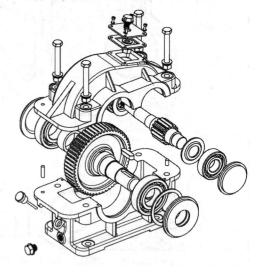

图 10-2 单级减速器

10.2.2 零件基本结构设计举例

例 10-1 图 10-3 所示是减速器中的从动轴，

该零件的主要功用是两端装在轴承中支撑齿轮、传递扭矩或动力，并通过一侧的轴端利用联轴器与外部设备连接，如图 10-4 所示。

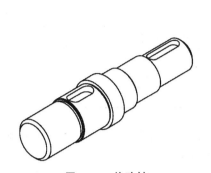

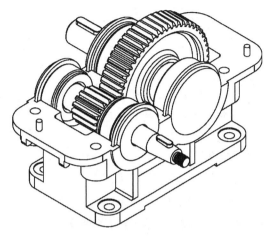

图 10-3　从动轴　　　　　　　　图 10-4　单级减速器下箱体装配

要设计好该从动轴，首先必须掌握该从动轴具有哪些功用，为实现这些功用该轴有些什么重要结构，轴上安装了哪些零件。

从图 10-2 和图 10-4 可以知道，从动轴上主要安装了一个圆柱直齿轮，该齿轮和主动齿轮轴上的齿轮啮合，保证了从主动轴到从动轴之间的速比，同时可以实现扭矩的放大和转速的降低；该轴两侧装有滚动轴承并由下箱体的轴承孔支撑，为防止灰尘杂质等进入箱体，两侧轴承的外侧必须连接有透盖和闷盖；考虑到消除制造和装配过程中的齿轮在轴向的安装误差，在轴承和闷盖（或透盖）之间设计了一个调整环；从动轴的一端还必须通过联轴器和其他设备连接，因此这一端的轴段上必须加工一个键槽，如图 10-5 所示。

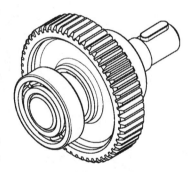

图 10-5　从动轴装配

为了使从动轴能够满足上述设计要求和制造工艺要求，它的结构形状的设计过程如表 10-1 所示。

表 10-1　从动轴的设计过程

结构形状设计步骤			
需考虑的问题	为了安装齿轮并带动齿轮旋转，设计出带有一键槽的轴段	为了使齿轮安装在轴上后不会产生轴向窜动，在右端加一轴向尺寸稍大的轴端	为了使整个齿轮和轴有一确定位置，在两端各加上一轴段以安装轴承

结构形状设计步骤	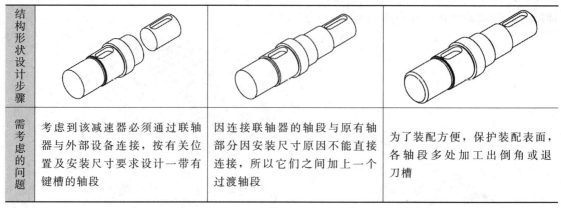		
需考虑的问题	考虑到该减速器必须通过联轴器与外部设备连接，按有关位置及安装尺寸要求设计一带有键槽的轴段	因连接联轴器的轴段与原有轴部分因安装尺寸原因不能直接连接，所以它们之间加上一个过渡轴段	为了装配方便，保护装配表面，各轴段多处加工出倒角或退刀槽

例 10-2　图 10-6 所示是单级减速器下箱体，它的主要功用是容纳、支撑各轴和齿轮，并与减速器上盖连接。它的结构形状设计步骤如表 10-2 所示。

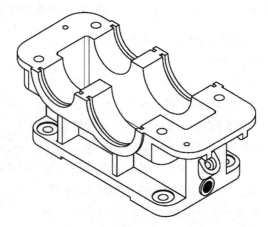

图 10-6　单级减速器下箱体

表 10-2　单级减速器下箱体设计过程

结构形状设计步骤				
需考虑的问题	为了容纳齿轮和润滑油，底座做成中空的箱体状	为了更换润滑油和观察润滑油的高度，底座上开有放油孔和油针孔。为了保证油针孔处便于钻孔，外部做成斜凸台	为了与减速器上盖连接，底座上要加连接板	为了与减速器上盖对准和连接，连接板上应该有定位销孔和连接螺栓孔

续表

结构形状设计步骤	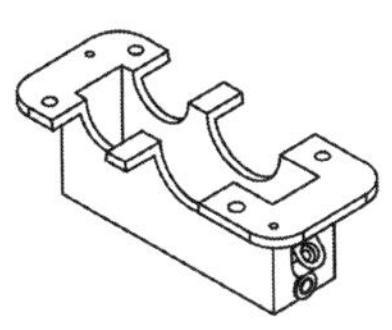	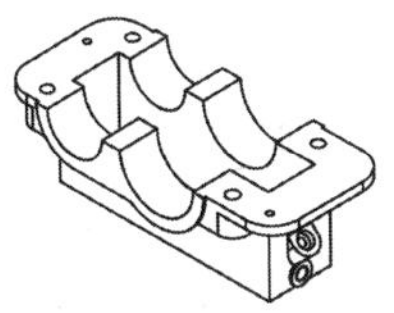	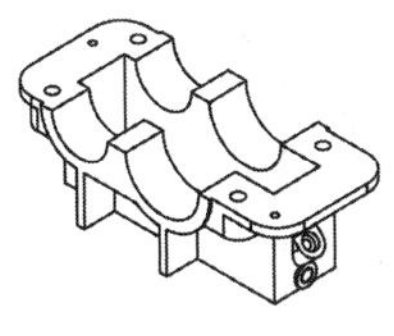	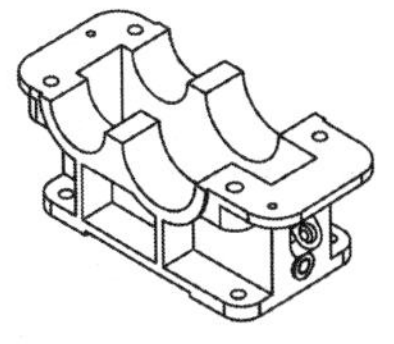
需考虑的问题	为了支撑两根轴（轴上两端装有轴承），底座上必须开两对大孔	为了支撑轴承，底座在大孔处加以凸缘	由于凸缘伸出过长，为避免变形，在凸缘的下部加一肋板	为了安装方便，便于固定在工作地点，底座下要加底板并做安装孔
结构形状设计步骤	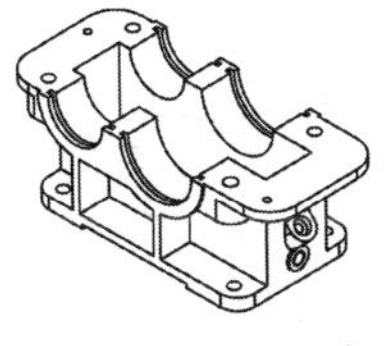	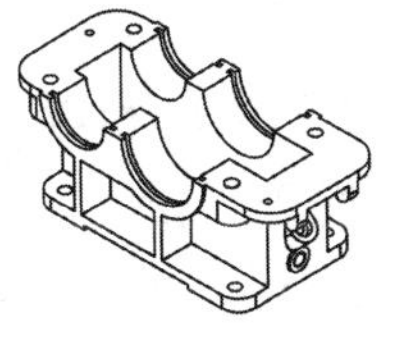	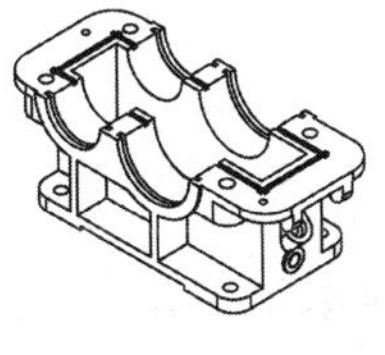	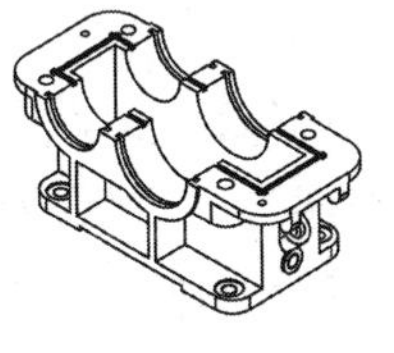
需考虑的问题	为了密封，防止油液溅出或灰尘进入，在支撑凸缘端部加个端盖。因此必须做出相应的盖槽	为了安装方便，便于搬动，在上盖连接板下加两个吊耳	为了密封防止油液流出，在上连接板顶面开一圈油槽，使油液流回箱内	由于工艺方面的要求，该零件的某些表面上还设计出铸造圆角、拔模斜度、倒角等，形成一个完整的零件

10.2.3　零件基本结构设计后需考虑的问题

零件的主要结构形状和局部结构形状首先必须满足设计要求和工艺制造的要求，但随着科学技术的发展、社会的进步，人们对产品也有了新的要求，如要求轻便、美观、安全等。这就需要进一步从各方面出发来考虑零件的结构形状。例如：有的产品必须具有工业美学等；有的产品必须满足人体工程学的尺寸结构；有的产品为了安全不能有锐角、必须采用圆角结构；等等。

10.2.4　常见的零件工艺结构及其画法

机器上的某些零件，特别是一些复杂的箱体类零件，大多要经过砂型铸造做成毛坯，然后再进行切削加工制造而成。因此，在设计和绘制零件图时还必须考虑到铸造和切削加工工艺的一些特点，使所绘制的零件图符合铸造和切削加工的要求，以便保证零件的质量，防止废品的产生或制造工艺复杂化。下面介绍一些常见的铸造工艺和切削加工工艺对零件结构的要求。

1. 铸造工艺结构

图 10-7 所示为典型的铸造模型示意图，图 10-8 所示零件是在上下两个砂箱当中铸造进行的。

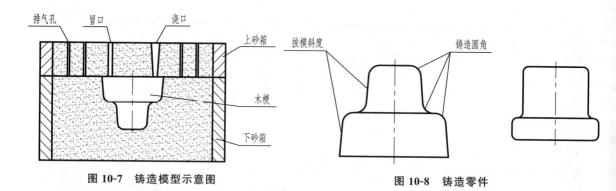

图 10-7　铸造模型示意图　　　　　　　　　　　　　图 10-8　铸造零件

(1)根据零件结构和外形制作木模，然后将木模放置在填充了一定量型砂的下砂箱中，再用型砂将下箱体其余空间填充满并压实。

(2)合上上砂箱，在留出用于浇熔融金属液体的浇口和溢出金属液体的冒口后，用型砂填充压实，之后用钢钎在上砂箱的型砂中戳出一些排气孔。

(3)将下砂箱中的木模取出后，合上上砂箱并对齐。

(4)将熔化的液态金属由浇口浇入直到冒口有液态金属冒出，等待液态金属凝固成型后取出即为浇铸好的毛坯。

由零件的铸造工艺可以看出，铸造零件的设计必须满足以下要求。

(1)铸造圆角。在铸件各表面相交处应有圆角，防止将木模由砂箱中取出时造成型砂脱落，同时防止铸件冷却时产生裂纹或缩孔[见图 10-9(a)]。

要注意的是，有些铸造零件的某些表面相交处并不存在圆角，如图 10-9(b)所示的零件，这是因为该零件的上下表面均进行了机械切削加工，将原有的圆角切除了，形成了最后完工时的直角或尖角。此外，铸造圆角时应注意各圆角尽量相同(见图 10-10)。

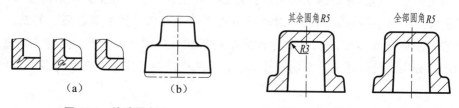

（a）　　　　　　　（b）　　　　　　　　　　　　　
图 10-9　铸造圆角　　　　　　　　　　图 10-10　铸造圆角应尽量相同

(2)铸造斜度(拔模斜度)。在铸造时，为了便于把木模从型砂中取出，在铸件的内外壁沿起模方向应有斜度，通常称为拔模斜度。当拔模斜度较小时在图上可不画出[见图 10-11(a)]，但必须标注出；若拔模斜度较大则应该画出[见图 10-11(b)和图 10-11(c)]。

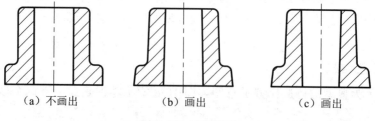

（a）不画出　　　　　　　（b）画出　　　　　　　（c）画出
图 10-11　铸造斜度

（3）壁厚均匀。若铸件壁厚不均匀，由于各处的金属熔液冷却速度不一样，铸件容易产生缩孔或裂纹［见图 10-12(a)］，所以在设计时，铸件的壁厚要均匀或逐渐变化［见图 10-12(b)和图 10-12(c)］，应避免突然变厚或局部肥大的现象。

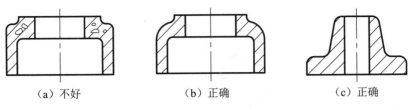

（a）不好　　　　　　　　（b）正确　　　　　　　　（c）正确

图 10-12　铸件壁厚

（4）铸件结构简单。铸件各部分形状应尽量简化，以便于制模、造型、清理、去除浇冒口和机械加工，内壁也应减少凸起和分支部分。

2. 铸造件上过渡线的画法

铸造零件因存在铸造圆角和拔模斜度，它的各表面相交时产生的相贯线就不明显，但远看仍然存在，这种线通常称为过渡线。

过渡线的画法与相贯线的画法一样。按没有圆角的情况下，求出相贯线的投影，画到理论上交点处为止。

（1）但两曲面相交时，过渡线与圆角处不接触，应留有少量间隙，过渡线用细实线画出，如图 10-13 所示。

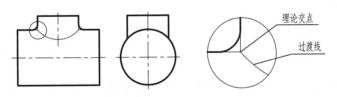

图 10-13　两曲面相交

（2）当两曲面的轮廓线相切时，过渡线在切点附近处应断开，如图 10-14 和图 10-15 所示。

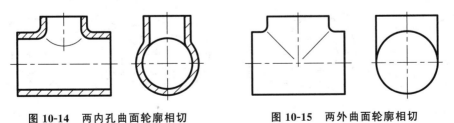

图 10-14　两内孔曲面轮廓相切　　　　图 10-15　两外曲面轮廓相切

（3）但三体相交，三条过渡线汇交于一点时，在该点附近三条过渡线均应该断开不画，如图 10-16 所示。

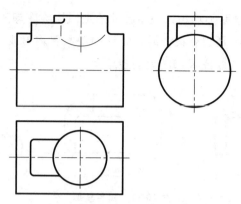

图 10-16 三体相交的过渡线

（4）在画平面与平面或平面与曲面的过渡线时，应该在转角处断开，并加画过渡圆弧，其弯向与铸造圆角的弯向一致，如图 10-17 和图 10-18 所示。

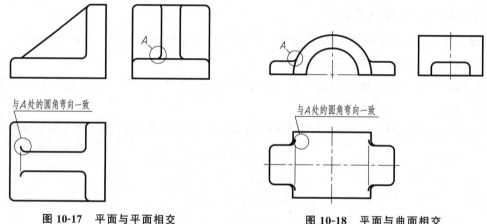

图 10-17 平面与平面相交 | 图 10-18 平面与曲面相交

（5）零件上圆柱面与板面组合时，该处过渡线的形状和画法取决于板面的断面形状及其与圆柱相切或相交的情况，如图 10-19 所示。

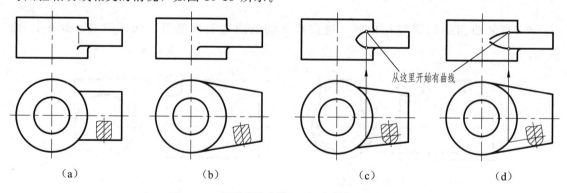

（a） （b） （c） （d）

图 10-19 圆柱面与板面组合时过渡线的画法

（6）零件的底板上表面与圆柱面相交，交线如果处在大于或等于 60° 的位置时，过渡线按两端带小圆角的直线画出，如图 10-20（a）所示；图 10-20（b）中的底板上表面与圆柱面相交，交线如果处在小于 45° 的位置时，过渡线按两端不到头的直线画出。

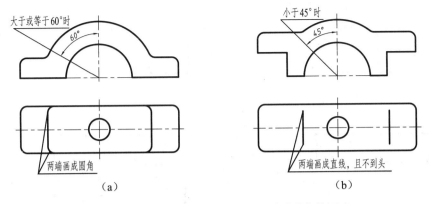

（a）　　　　　　　　　　　　　　　（b）

图 10-20　零件上表面与圆柱面相交时过渡线的画法

3. 机械加工工艺结构

零件毛坯经过机械加工制作成零件时，常见的机械加工工艺对零件结构有以下几种要求。

（1）倒角。为了保护零件需装配的表面和便于装配及操作安全，通常在轴和孔的端部加工倒角。倒角一般为 45°，也允许为 30° 或 60°。图 10-21 中，2 为倒角宽度。

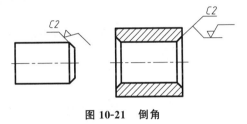

图 10-21　倒角

（2）退刀槽和砂轮越程槽。为了在切削加工时不致刀具损坏，容易退出刀具，以及在装配时与相邻零件保证端面靠紧，通常在零件加工表面的台阶处预先加工出退刀槽和越程槽，如图 10-22 所示。

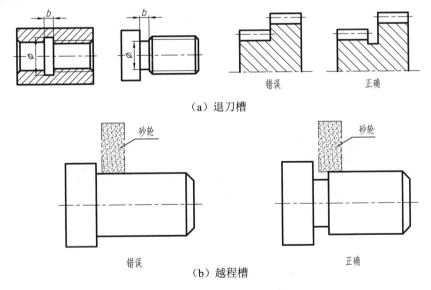

（a）退刀槽

（b）越程槽

图 10-22　退刀槽和越程槽

（3）沉孔、凸台与凹槽。零件中凡与其他零件接触的表面一般都要加工，为了减少机械加工量及保证两表面接触良好，应尽量减少加工面积和接触面积。常用的方法是在零件接触表面做凸台、凹坑或凹槽，如图 10-23 所示。

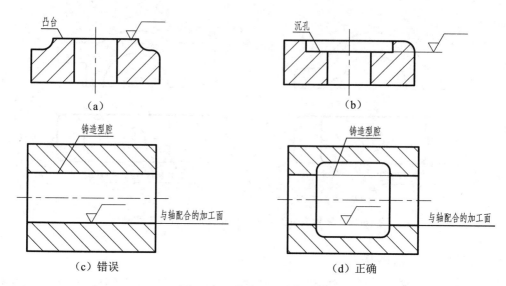

图 10-23　凸台、凹坑与凹槽

而且，需加工的表面应设计成同一高度水平表面，以保证加工方便，降低制造成本，如图 10-24 所示。

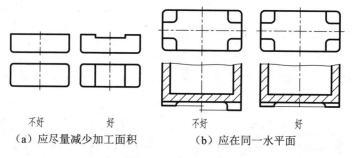

图 10-24　平面凸台

有时也在零件的表面上加工出沉孔，以保证两零件间接触良好。图 10-25 所示为螺钉连接用的沉孔。

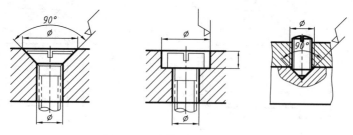

图 10-25　螺钉连接用的沉孔

（4）孔。零件上有各种不同形式和用途的钻孔，多数是用钻头加工而成。如图 10-26 所示，用钻头钻孔时，要求钻头尽量垂直于被钻孔的零件表面，以保证钻孔准确和避免钻头折断，同时还要保证工具能有最有利的工作条件（见图 10-27）。

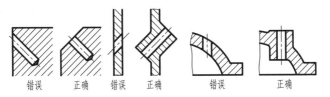

错误　正确　错误　正确　错误　正确

图 10-26　钻头应尽量垂直于被钻孔的表面

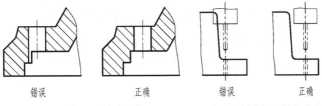

错误　　　正确　　　错误　　　正确

（a）钻头不要单边工作　　　（b）钻头要有可操作空间

图 10-27　钻孔时要有最有利的工作条件

（5）螺纹。两零件常用螺纹连接，螺纹的画法如图 10-28 所示。

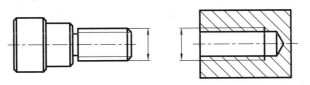

图 10-28　螺纹的画法

（6）键槽。轴的外圆柱表面和轮盘类零件的内孔表面通常设计有键槽。通过键可以传递动力和转动。键槽的画法如图 10-29 所示。

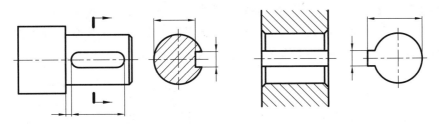

图 10-29　键槽的画法

（7）滚花。为了防止操作时在零件表面上打滑，用滚花刀将工件表面滚压出直纹或网纹结构称为滚花，如在某些手柄和圆柱调整螺钉的头部常做出滚花，如图 10-30(a) 所示。

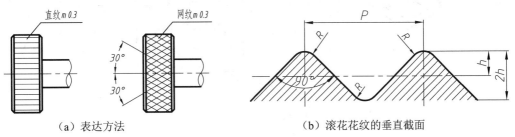

（a）表达方法　　　　　　　（b）滚花花纹的垂直截面

图 10-30　滚花的表达法与尺寸注法

滚花有两种标准形式：直纹与网纹，且花纹有粗细之分，并用模数 m 表示，如模数 $m=0.3$ 的网纹滚花，其规定标记：网纹 m0.3 GB 6403.3—1986。

滚花花纹的形状是假定工件的直径为无穷大时花纹的垂直截面，如图 10-30(b)所示。

10.3 零件结构的表达

各种机器设备上不同零件的结构形状千差万别，用怎样的一组图形表达该零件，首先要考虑的是便于看图，其次要根据它的结构特点选用适当的表达方法，在完整、清晰地表达各部分结构形状的前提下，力求画图简便的同时符合国家制图标准。所以，画零件图时必须考虑多个表达方案，从中选择一个最好的表达方案，它包括主视图的选择、视图数量和表达方法的选择。

10.3.1 零件主视图的确定

一般情况下，主视图是一组图形的核心，画图和看图时都是先从主视图开始，它要求能将零件的形体结构及各部分的功能较明显地表达出来，所以主视图选择合理与否，直接关系到看图和画图是否方便，也决定了其他视图的数量和表达方法的选择。选择主视图时应该考虑以下两方面的问题。

1. 零件主视图的安放位置

零件在主视图上的安放位置，一般有两种：

(1)零件的工作位置(或自然位置)

零件在机器上都有一定的工作位置，在选择主视图时，应该尽量与零件的工作位置一致。这样画主视图便于把零件和整台机器联系起来，想象它的工作状况。

图 10-31(a)所示为油泵的泵体零件，整台油泵的底板处于水平位置进行工作，因此在画泵体的零件图时，首先考虑它的主视图应该水平放置，如图 10-31(b)所示。

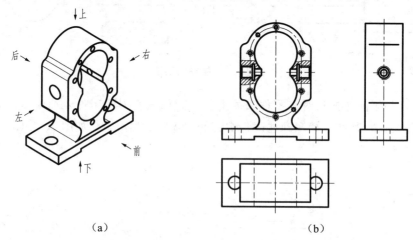

(a)   (b)

图 10-31　油泵泵体

（2）零件的加工位置

零件在制造过程中，特别是在机械加工时，要把它固定和夹紧在一定位置上进行加工。在选择主视图时，应该尽量与零件的加工位置一致，如图 10-32 所示的轴。在普通卧式车床上加工的轴、套和轮盘类等零件，一般是按加工位置画主视图。这样画的零件主视图，与该零件在车床上的实际位置一致，车床工作人员在加工时看图方便，可减少因看图不便造成的差错。

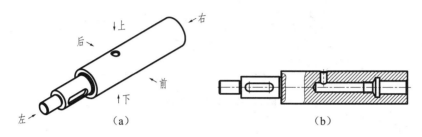

图 10-32　轴

应该指出：①有一些运动零件，它们的工作位置并不固定。有的零件处于倾斜位置，若按倾斜位置画图，则给绘图和看图增加了不必要的麻烦；②还有一些零件如叉架和箱体等，它们需要经过多个工序才能加工出来，而各工序的加工位置又不相同，无法使一张图符合各个不同的加工位置。

因此，选择主视图时，当确定了主视图的投影方向后，根据零件的特点，应该尽量符合零件的工作位置（自然位置）或加工位置。此外，还要考虑其他视图的合理分布，充分利用图幅。

2. 零件主视图的投影方向

主视图的投影方向应该能够反映出零件的形状特征。反映零件的形状特征是指在该零件的主视图上应该较清楚和较多地表达出该零件的结构形状，以及各结构形状之间的相互位置关系。图 10-32(a)所示的前方向箭头所指的投影方向能较多地反映出零件的结构形状，而图 10-32(a)所示的左方向箭头所指的投影方向反映出的零件结构形状较少。

当一个零件在图纸中的主视图的安放位置以及投影方向确定后，该零件的表达方案的主体部分就已完成，剩余的就是将该零件在主视图中尚不清楚的结构采用其他视图表达出来。

3. 零件的其余视图的确定

在主视图确定后，还需进一步选择视图的数量。当然，在实际选择时，视图数量往往是和表达方法的选择同时考虑。为了便于后面的讨论，在学习了前述内容特别是组合体三视图的基础上，归纳总结如下，供分析时参考。

（1）一个视图

图 10-33 所示的圆柱、圆锥、球和圆环几个回转体，以及它们的同轴线组合，或两条轴线同方向不同轴线组合，它们的形体和位置关系简单，标注上尺寸，一个视图就可以表达清晰、完整。

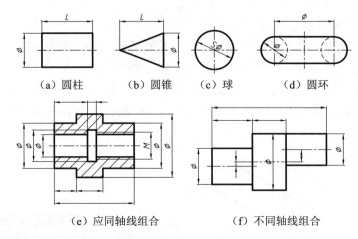

（a）圆柱　　　（b）圆锥　　　（c）球　　　（d）圆环

（e）应同轴线组合　　　　　　（f）不同轴线组合

图 10-33　只需一个视图

（2）两个视图

图 10-34 所示的棱柱和棱锥（或棱锥台），因既要表达上下底面形状，又要表达零件的高度，所以需要两个视图。

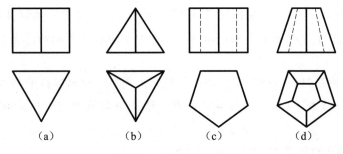

（a）　　　　　（b）　　　　　（c）　　　　　（d）

图 10-34　需要两个视图

图 10-35 中表示由几个回转的基本形体组合而成，基本形体同方向（或有部分不同方向）不同轴，它们的形体虽然简单，但位置关系较复杂，一个视图不能表达完整，因此需要两个视图。

而图 10-36 所示虽然也是同方向不同轴组合，但它们的厚度相同，加上注解 t，用一个视图表达也可以。

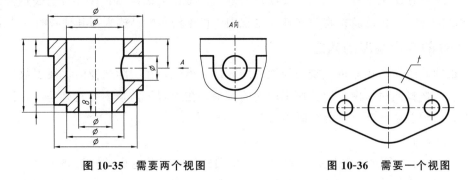

图 10-35　需要两个视图　　　　　　图 10-36　需要一个视图

（3）三个视图

图 10-37 所示的棱柱需要三个视图。从图 10-37 中可以看出，虽然主视图和俯视图相同，但左视图不同的话，表达的零件是不一样的。

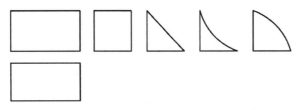

图 10-37　需要三个视图

10.3.2　零件结构表达实例

在学习了上述关于零件图的视图表达内容基础上，现用常见的几类零件为例详细说明各类零件的视图表达。

1. 轴套类零件

图 10-38 所示的轴套，它的主体结构是由几个同轴线的回转体组成（含有内部圆柱孔），应使用卧式车床加工，因此初步考虑采用一个轴线水平放置的全剖主视图表达，在标注上尺寸后，基本结构包括内部圆柱孔均可表达清楚。同时，因该零件上的螺纹孔的轴线与主体结构的回转轴线共处于同一个正

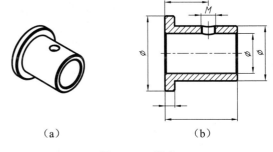

（a）　　　　（b）

图 10-38　轴套

平面，在全剖的主视图中也被剖到并表达清楚，所以该零件采用一个全剖的主视图，并标注上尺寸就能将它的所有结构和位置表达清楚。

图 10-39 所示为齿轮轴，该零件由多个同轴线的圆柱体组成，直径最大的圆柱体上加工有斜齿轮，右侧的一个圆柱体上加工有一个键槽，最右端的外圆柱面上有螺纹。该齿轮轴的主体结构也是在卧式车床上加工，然后在齿轮加工机床上进行斜齿面加工，在铣床上进行键槽的加工。

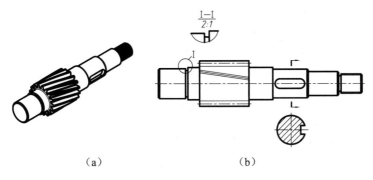

（a）　　　　　　　　（b）

图 10-39　齿轮轴

在三种机床上加工量最大的是卧式车床，同时它也是后两个工序的基础，因此该零件主视图采用轴线水平布置，注意主视图中的投影方向要能表达出键槽的外形，否则必须增加一个视图。在主视图中用三条平行的细斜直线表明该零件的齿面是斜齿。

除此之外，键槽的深度通过断面图表达；另外，左侧退刀槽的空间太小，不利于标注尺寸，故用局部放大图表达。

2. 轮盘类零件

轮盘类零件如皮带轮、链轮、圆柱齿轮等大多数是由同轴线的回转体构成主体结构，这些主体结构主要用卧式车床加工，因此这类零件的主视图也是采用轴线水平布置，通过全剖或半剖表达内部孔的结构，如图 10-40 所示的主视图。另外，这类零件上的一些其他结构，如中心轴孔上的键槽、在圆周方向均匀布置的减重孔、某些位置处的加油孔等，这些结构大多采用左视图或局部剖视图表达，如图 10-40 所示的左视图。

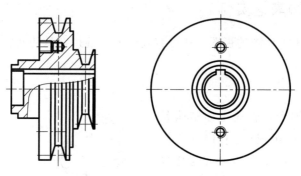

图 10-40 皮带轮

但有些较特殊的轮盘类零件，只用全剖或半剖的主视图，加上左视图还是不能将这类零件的结构表达完整的，如图 10-41 所示的端面凸轮零件。

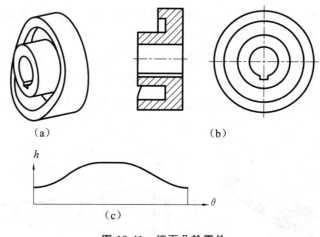

（a）　　　　　　　　　　　（b）

（c）

图 10-41 端面凸轮零件

端面凸轮的结构中，外周圆筒的端面必须按设计要求加工成高低不同但连续光滑的表面，因此图 10-41(b)中虽然将大多数结构表达完整了，但外周圆筒端面的情况还是不清楚，这就需要增加一个表达外周圆筒端面情况的曲线图，如图 10-41(c)所示。

3. 支座类零件

支座类零件是支撑其他零件的一个支架，它的结构比轴套类零件复杂，在画这类零件的视图时，必须仔细分析它的各个结构，以考虑合适的表达方案。

（1）零件及其结构分析

图 10-42 所示为支座类零件轴承座的轴测图，它由支承轴的轴承安装孔、用以固定在其

他零件上的底板，以及起加强、支撑作用的肋板和支承板组成。

　　(2)主视图的选择

　　轴承座的工作状态如图 10-42 所示。该零件由于结构较复杂，加工工序较多，故在选择主视图时，一般都按工作位置放置。

　　相对其他方向，若将 A 向作为投射方向，组成该零件的基本形体诸如轴承安装孔、肋板、支承板、底板和顶部凸台等及其相对位置，都表达得比较清楚。所以将 A 向作为主视图的投射方向，能比较充分地表达该零件的形状结构特征，如图 10-43 所示。主视图根据轴承座的形状结构特点只需要采用外形视图。

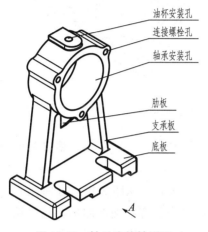

图 10-42　轴承座的轴测图

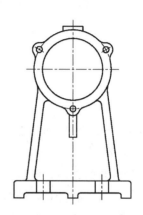

图 10-43　轴承座主视图

　　(3)其他视图的选择

　　轴承座的主视图仅表达了零件的主要形状，但有些部分的结构还未表达清楚，如轴承安装孔的内腔形状、底板形状、肋板的断面形状，以及顶部的凸台形状等。因此还要选择一些其他视图将其表达完整。

　　先考虑左视图。左视图的表达方法可以采用外形图加局部剖视图的组合，但需较多的局部剖视图才能将各部分表达清楚，所以经过分析，采用了全剖视图，这样把轴承座的外轮廓、轴承安装孔、肋板及顶部凸台上安装油杯用的螺纹孔等都表达清楚了，而且简洁明了，如图 10-44 所示。

　　主视图和左视图把轴承座的大部分形体结构都表达清楚了。但还有底板的形状、肋板和支承板的断面形状还未表达清楚。所以在俯视图上采用了 B—B 剖视图，这样就把上述的内容基本表达清楚了，如图 10-44 所示。

　　经过进一步分析，顶部凸台的形状还没有表达清楚，所以加了一个 C 向视图，这样就把轴承座的形体结构完全表达清楚了，如图 10-44 所示。

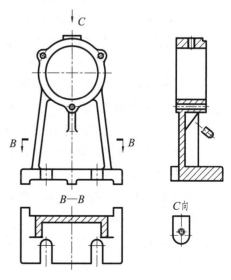

图 10-44　轴承座的三视图

4. 箱体类零件

图 10-45 所示为零件轴测图，仔细观察可知，该零件是一个左右对称的箱体类零件，由 7 个主要部分组成主体结构，其中Ⅵ 和Ⅶ 是该零件的两个深度、大小和外形均不同的腔体结构。

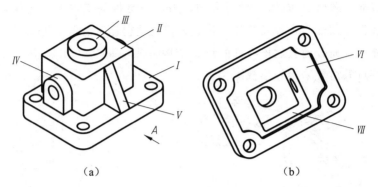

（a） （b）

图 10-45 零件轴测图

（1）根据该零件的外形和功能，能够判断出图 10-45（a）是它的自然放置位置，因此主视图应使底板水平放置。

（2）通过分析它的结构，可以知道选择 A 方向作为主视图的投射方向能够反映该零件较多的形体结构特征，同时因为该零件左右对称，且内部存在两个腔体，故主视图采用半剖视图表达，而主视图中左下角部位的螺栓孔采用局部剖视图表示它是一个通孔。

随之画出该零件的俯视图和左视图的外形图，在半剖的主视图加上这两个视图后，可以知道零件内部的腔体Ⅵ 和Ⅶ 的外形尚未明确，肋板的棱边处的圆角也未确定。

（3）在俯视图中，通过两侧面的孔的轴线位置作一平行于水平面的剖切平面，采用局部剖视图表达腔体Ⅶ 的轮廓，该腔体未剖到部分的轮廓用虚线表达完整。

左视图中，采用重合断面图将肋板的棱边处的圆角画出。

（4）此时唯一尚未明确的结构是腔体Ⅵ 的轮廓，对于大多数箱体类底板来说，一般采用由底向上的方向表达底板的外形，该零件就采用了 A 向视图来表达底板外形和腔体Ⅵ 的轮廓，在 A 向视图中也进一步表达了腔体Ⅶ 的轮廓外形。至此，该零件的所有形体结构均已完整地表达清楚。

需要说明的是，同一个零件可以采用不同的表达方案，不同的表达方案具有各自的优缺点，要根据具体情况进行选择，如图 10-46 所示。

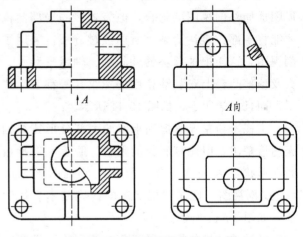

图 10-46 箱体类零件的表达方案

5. 钣金类零件

钣金类零件是将金属薄板料经过冲压、剪切和弯曲折叠而成的零件，如图 10-47 所示。这类零件在电气设备中经常用到，如机箱、罩壳等。

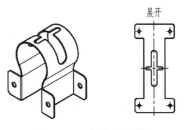

图 10-47　钣金类零件

钣金类零件的制造工艺和其他零件不同，通常是把金属薄料先冲裁落料后再弯曲成形或拉延而成。为了防止零件在弯曲部分产生裂纹，在弯曲处应留有小圆角。冲压件的壁厚很薄，它上面的孔一般都是通孔，因此对这些孔只要在反映其实形的视图上表示外形和位置，其他视图中画出孔的轴线即可，不必用剖视或虚线表示。

对于钣金类的零件，为了表达在弯曲前的外形尺寸，特别是便于下料，往往要画出钣金零件的展开图。展开图可以是局部要素的展开或整体零件的展开。在展开图形的上方必须标注"展开"字样。

6. 镶嵌类零件

镶嵌类零件是用压型铸造的方法将金属嵌件与非金属材料组合在一起，如电器上广泛使用的塑料内铸有铜片的各种接口及机械上常用的铸有金属嵌件的塑料手柄、手轮（见图 10-48）等。这类零件的视图表达与前述几种基本相同，只是在剖视图中应该用不同剖面符号来区分铸合的材料。

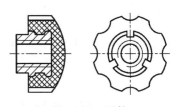

图 10-48　手轮

为了保证连接的牢固性，提高结合面的附着力，通常在嵌件表面做一些凸起沟槽、沟槽或网纹，如图 10-48 所示。为了避免嵌件尖角应力集中，在嵌件端部与沟通处均应做成圆角。

第 11 章 零件图的尺寸标注

前面的章节中介绍了国家标准规定的一些尺寸注法，也学习了组合体的尺寸注法。这一章着重讨论怎样使零件的尺寸标注符合生产实际要求，也就是既满足零件在机器中能很好地承担工作的要求，又能满足零件的制造、加工、测量和检验的要求。怎样标注零件的尺寸才能满足设计要求和工艺要求，这通常被称为标注尺寸的合理性。尺寸标注合理与否，与设计人员是否具有丰富的生产实践经验和有关的专业知识密切相关。在实际生产中，由于图纸中尺寸标注不合理而造成所加工的零件报废、整机装配精度低，以致影响产品质量的事情屡见不鲜。

为了能够做到合理标注，在标注尺寸前，必须对零件进行结构分析、工艺分析和形体分析，确定零件的基准，选择合理的标注形式，然后结合具体情况合理地标注尺寸。

11.1 尺寸的基准

11.1.1 基准的概念

基准就是在零件的设计计算或在加工及测量中，用以确定零件及其几何元素位置时所依据的那些面、线或点。

根据用途不同，基准可以分为：

(1)设计基准——在机器工作时确定零件正确位置的一些面、线或点。

(2)工艺基准——在零件的加工或测量时确定其位置的一些面、线或点。

而工艺基准又包括工序基准、定位基准和装配基准。

因为基准是每个方向尺寸的起点，所以在三个方向(长、宽、高)都应该有基准。这个基准一般称为主要基准。主要基准外的基准都称为辅助基准。主要基准与辅助基准之间应有尺寸联系。

在图 11-1 中，为了保证减速器工作时，齿轮的齿宽 B 能够在下箱体的腔体 A 中对称布置，就必须确保齿轮的左端面在长度方向(轴线)的位置，该位置是由从动轴上和齿轮左端面接触的轴端面确定的，所以该端面是从动轴在长度方向的设计基准。

在从动轴的实际加工过程中，从动轴各结构在长度方向的位置分别由轴的左端面和右端面确定，所以这两个端面是从动轴在长度方向的工艺基准。

图 11-2 所示说明了设计基准和工艺基准的区别，在图 11-2(b)所示的工序图中，孔 O_1，O_2 的加工尺寸 A 和 L 的基准都是表面 E，则 E 就是此工序的工艺基准。图 11-2(a)是工件的设计图。平面 E 只是孔 O_1 的设计基准，而孔 O_2 的设计基准是孔 O_1。比较图 11-2(a)和

图 11-2(b)可以发现，平面 E 既为孔 O_1 的设计基准，又是孔 O_1 的工艺基准；但对孔 O_2 来说，表面 E 只是孔 O_2 的工艺基准，而不是它的设计基准。也就是说，在生产中，为了加工方便，工艺基准有可能不是设计基准。

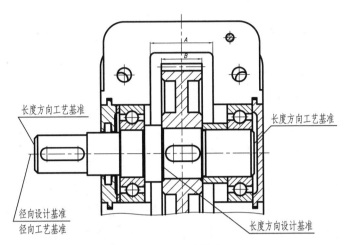

长度方向工艺基准

长度方向工艺基准

径向设计基准
径向工艺基准

长度方向设计基准

图 11-1　尺寸基准

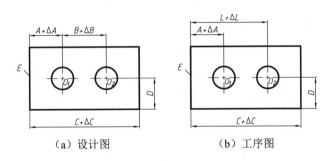

（a）设计图　　　　（b）工序图

图 11-2　设计基准和工艺基准的区别

11.1.2　基准的选择

所谓选择基准，主要看标注尺寸时是从设计基准出发，还是从工艺基准出发。

从设计基准出发标注尺寸。其优点是在标注尺寸上反映了设计要求。能保证所设计的零件在机器中的位置和工作性能。

从工艺基准出发标注尺寸。其优点是把尺寸的标注与零件的加工制造联系起来。在标注尺寸上反映了工艺要求，使零件便于制造、加工和测量。

当然，在标注尺寸时，最好把设计基准和工艺基准统一起来。这样既能满足设计要求，又能满足工艺要求。如两者不能统一时，应以保证设计要求为主。

11.2　尺寸标注的形式

在实际工作中，根据尺寸在图上的布置特点，标注尺寸的形式有链状法、坐标法和综合法。

1. 链状法

链状法是在图纸中将尺寸排列成链状，依次注写，如图 11-3 所示的线性尺寸和角度尺寸的标注。

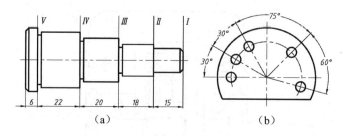

（a）　　　　　　　　　　　　　（b）

图 11-3　链状法

以图 11-3(a) 为例，这样标注尺寸时，每段阶梯是单独地按一定顺序加工的，先以Ⅰ为基准面加工尺寸 15，然后加工尺寸 18，20 等。按这样的顺序加工，该工序所产生的工艺误差只影响这个尺寸的精度。前面各个尺寸误差并不影响正在加工的尺寸精度。这是链状法标注尺寸的主要优点。

可是从任意一个选定的基准(例如基准Ⅰ)，到任一轴间的距离的误差取决于前面各个尺寸误差之和。例如从端面Ⅲ到端面Ⅰ的尺寸误差是尺寸 15 和 18 的误差之和，而从端面Ⅴ到端面Ⅰ的尺寸误差就是尺寸 15，18，20 和 22 的误差之和。累计误差将会很大，这就是链状法标注尺寸的主要缺点。

在机械制造中，链状法常用于标注中心之间、尺寸要求非常精确的阶梯状零件以及用组合刀具加工的零件等。

2. 坐标法

坐标法是把各个尺寸从一个事先选定的基准注起，如图 11-4 中的线性尺寸和角度尺寸的标注。

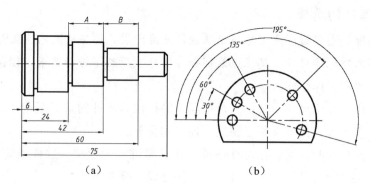

（a）　　　　　　　　　　　　　（b）

图 11-4　坐标法

坐标法的一个突出优点是，这样标注尺寸时，任一尺寸的加工精度，只取决于在加工该尺寸时产生的加工误差，完全不受其他尺寸误差的影响。因而，当需要从一个基准定出一组精确的尺寸时，经常采用这种方法。

当然，这样标注尺寸时，使得零件上两相邻尺寸之间的那个尺寸精度取决于该两相邻尺寸的误差之和，如图 11-4(a)所示。尺寸 A 的精度取决于尺寸 24，42 的误差之和。因此，当要求保持中心之间或轴的各个台肩之间的精确尺寸时，不宜采用坐标法标注尺寸。

3. 综合法

综合法是取链状法和坐标法的优点，弃其缺点的一种综合的尺寸标注方法。当对零件上一些主要尺寸要求误差较小时，常采用这种方法标注尺寸，如图 11-5 中线性尺寸和角度尺寸的标注。

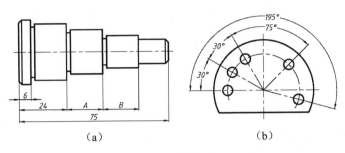

(a)　　　　　　　　　(b)

图 11-5 综合法

综上所述，在标注尺寸之前，首先应该研究零件在产品中的功用，列出尺寸链，分清主要尺寸和次要尺寸，弄清楚零件的加工工艺。这样，才可能正确地选定适当的尺寸注法。

实际上，单纯采用链状法或坐标法标注尺寸是极少见的，用得最多的还是综合法。

11.3 尺寸标注的原则

标注尺寸，一方面要符合设计要求和工艺要求，另一方面要合理布置，使图面清晰。

1. 不能注成封闭的尺寸链

在零件上标注尺寸时，应将尺寸链中最不重要的一环作为封闭环，一般不注尺寸。也就是说，应在尺寸链上空出一环，这样就可以使加工误差集中到这个封闭环。如果各环全都注上尺寸，即会标注成封闭的尺寸链，此时将看不清哪些尺寸是重要尺寸。在加工时，很可能保证了不重要的尺寸的精确度，而将误差积累在重要尺寸上，以致超过允许的偏差范围，造成废品。

如图 11-6(a)所示，注出了各环的尺寸，构成封闭的尺寸链。这时如果按尺寸 $30_{-0.2}^{0}$，5，20(5，20 有自由尺寸的公差)分别加工，则各尺寸的加工误差必然积累到总长 55 上，这就使尺寸 55 的 $\left(_{-0.2}^{0}\right)$ 偏差很难保证，往往因超过允许的偏差而造成报废。即使改变加工顺序，也会出现同样

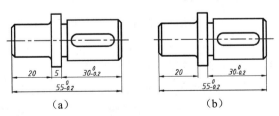

(a)　　　　　　　　(b)

图 11-6 不注成封闭尺寸链

问题。因此，图纸上不应注成封闭尺寸链，而应把其中尺寸精度要求最低的一个尺寸作为开口环不注出。如图 11-6(b)所示，首先注出主要尺寸 $30_{-0.2}^{0}$，再注出有一定要求的总长

$55_{-0.2}^{\ 0}$，为了加工和测量方便注出左端尺寸 20，留着轴肩宽作为开口环即可。

值得指出的是，零件上有尺寸联系的两平面之间、平面与中心线之间或中心线与中心线之间，只要尺寸存在 3 个或 3 个以上，就会形成尺寸链，此时都要注意不应注成封闭的。

有参考价值的封闭环尺寸可以"参考尺寸"的形式注出。图 11-7 中带括号的尺寸 60，20.8 即是有参考价值的封闭环尺寸，参考尺寸必须准确，不能随意标注。

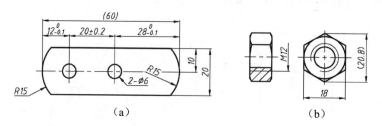

（a）　　　　　　　　　　　　（b）

图 11-7　参考尺寸的标注

2. 两结合面的基准应一致

对于两零件所共有的几何要素，为保证在装配过程中的同一性，应以结合面为基准标注该几何要素的定位尺寸。

图 11-8 中油孔的位置是以结合面 A 为设计基准确定其轴向位置尺寸 L 的，在零件图上标注油孔的定位尺寸时，应以结合面 A 作为共同的基准，如图 11-8(b)、图 11-8(c)所示。

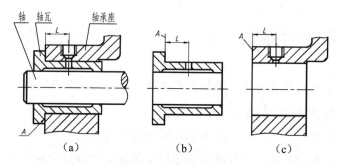

（a）　　　　　　　（b）　　　　　　　（c）

图 11-8　两结合面基准一致

3. 便于加工、测量和装配

（1）便于加工

第一，标注的尺寸符合加工顺序。按加工顺序标注尺寸，符合加工过程，便于看图、加工和测量。例如，车床上加工的轴、套类零件应按加工顺序进行尺寸标注。

第二，使用同一加工方法的应尽量集中标注。

如图 11-9 所示的轴，所有车外圆、铣键槽的加工尺寸都是分别集中标注的，又分别布置在图的适当位置，方便加工人员看图。

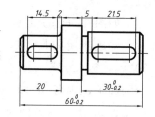

图 11-9　方便看图

第三，标注时应减少尺寸换算或查表，尽量采用标准尺寸、标准刀具和量具，方便加工、选料和画线，如图 11-10(a)所示的尺寸 50，$\phi20$ 可以直接读出，有利于迅速选定棒料毛坯。图 11-10(b)中可以直接读出板厚 10，12，有利于迅速选用标准材料。

又如图 11-11 所示的两种凹槽的尺寸注法，为画线和机械加工提供直接数据，避免了算尺寸的麻烦。

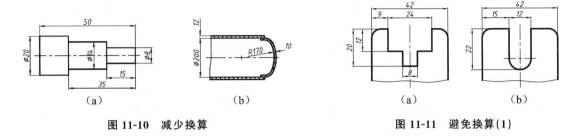

图 11-10　减少换算　　　　　　　　　图 11-11　避免换算(1)

而图 11-12(a)中，零件的内孔在加工时，其深度尺寸必须经过运算才能得到，就不如图 11-12(b)中直接注出好。

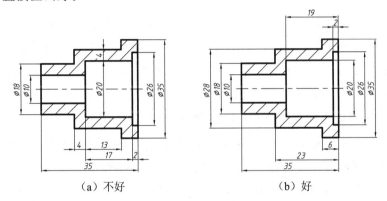

图 11-12　避免换算(2)

(2)便于测量

机械零件的设计制造过程中，零件的测量与加工具有同等的重要性，在标注自由尺寸时不需要强求与设计基准直接联系起来，而主要考虑加工、测量方便。

对于一个设计人员来说，应尽量熟悉生产实践中零件的加工规律性，使标注的尺寸便于测量与加工，这样可以大大简化工艺设备，加快对工艺规程的掌握，减少废品，提高生产率。

轴、套类零件在车床和磨床上加工，按一般习惯，在单件小批生产时采用试切量法加工，常由右向左，由小端向大端依次加工，所以各工序尺寸最好以右端为度量基准依次标注，如图 11-13(a)所示。如采用自动走刀，则走刀距离以长为好，各工序尺寸以右端为共同度量基准，按坐标法标注，如图 11-13(b)所示。对长轴或中间有台阶的轴、套类零件，应考虑调头加工，各工序尺寸也应由左右两端选择度量基准分别标注，如图 11-14 所示。

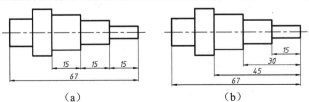

图 11-13　便于测量(1)

对台阶孔则按照同样的原则处理，这时需要注意加工度量基准一般由大孔向小孔传递，如图 11-15 所示。

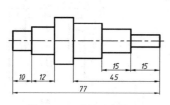

图 11-14　便于测量(2)

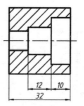

图 11-15　便于测量(3)

（3）便于装配

为了保证装配精度，一起加工的相配零件，尺寸标注要有统一的形式。

例如图 11-16，在图纸上经常有这些说明，"与零件××一起钻、铰""与零件××一起加工""与零件××装配后和 A 面一起磨平"等。

装配用的尺寸在图上应直接注出，这样图中的相关尺寸可以直接用于装配，避免了进行数值换算。

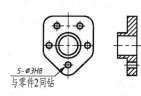

图 11-16　便于装配

4. 加工面与非加工面之间一般只需标注一个联系尺寸

零件上那些不经机械加工的毛坯面间的尺寸是制造毛坯阶段形成的，对铸造、模锻、轧制等毛坯，毛坯面间的尺寸是同时平行产生的，它们之间尽管也构成尺寸链，但尺寸之间的误差不直接影响产品的精度，因此不用工艺尺寸链原理来分析计算，在这一点上，它们与机械加工面之间的尺寸标注方法有本质的区别。所以，毛坯面间的尺寸应按基本形体的组合关系（即形体分析法）标注［见图 11-17(a)］。

如图 11-17(b)所示的尺寸注法是不合理的，因为铸造的误差较大，如果每一毛坯面都与加工的底面有尺寸联系，则在加工底面时必须同时保证这些尺寸，这样会给画线、测量等工作带来困难，甚至是不可能的。正确的注法如图 11-17(a)所示。这样加工底面时只需保证一个尺寸，画线、加工和检验都比较方便。

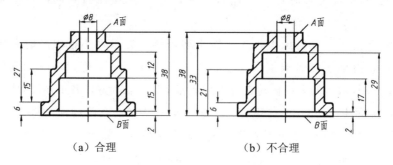

（a）合理　　　　　　　　　　　（b）不合理

图 11-17　联系尺寸标注

5. 相关尺寸的标注应协调一致

相关尺寸是保证相关零件的结合特性的。标注这类尺寸时，应注意基准、基本尺寸、公差的协调一致。

为了保证装配精度，应使零件图所注的尺寸公差与装配图上所注的装配尺寸相一致。如图 11-18（a）所示，零件的装配尺寸为 $\phi 22\dfrac{H7}{k6}$。按规定图 11-18（b）所示零件的孔上应注尺寸 $\phi 22H7(^{+0.021}_{0})$，图 11-18（c）所示零件的轴上应注尺寸 $\phi 22k6(^{+0.015}_{+0.002})$。如果零件图上的标注与装配图不一致，就会失去相关尺寸原定的配合性质。

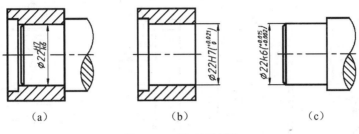

（a）　　　　　　　　（b）　　　　　　　　（c）

图 11-18　尺寸要协调

为了避免注写时出差错及审图方便，相关零件的相关尺寸（配合尺寸）除在基本尺寸后注出极限偏差值外，也可同时注出相应的公差带符号，如图 11-18 所示。

如果两零件是连接在一起的，在标注连接部位的相关尺寸时，应选其结合面为基准。

图 11-19 所示为箱体及箱盖零件，为保证两轴承孔协调一致，均注同一 ϕ_1 和 ϕ_2 及中心距 A，为保证外形协调一致，均注 R_1 及 R_2 等。

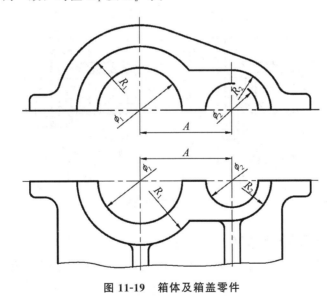

图 11-19　箱体及箱盖零件

6. 主要尺寸要直接注出

凡主要尺寸一定要直接注出，如图 11-20 中的重要结构尺寸 L，L_1，L_2，图 11-21 中的重要定位尺寸 $57^{+0.1}_{0}$，$43^{+0.1}_{0}$、$28^{+0.05}_{0}$。

零件的主要尺寸一般应从设计基准做起，这样才能保证零件及整个机构的性能和质量。很显然，只要把握零件的主要尺寸并直接标注在图上，实际上就是考虑了从设计基准起标注主要尺寸的问题。

值得注意的是，设计基准和工艺基准应尽可能一致，这也是标注尺寸的一个原则。但设计人员不可能完全预料到所遇到的工艺条件，且实施的工艺会因不同因素而千变万化，所以对于主要尺寸应当从设计基准注起，标注次要尺寸时，应尽可能做到基准统一。

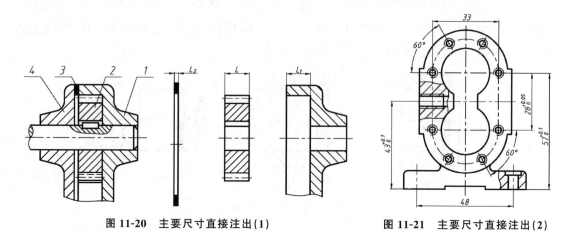

图 11-20　主要尺寸直接注出(1)　　　　　图 11-21　主要尺寸直接注出(2)

7. 避免尺寸线与尺寸线、尺寸界线相交

在标注尺寸前，要预先考虑好尺寸的布置，应避免尺寸线与尺寸界线相交，特别要避免尺寸线与尺寸线相交。尺寸界线之间的交叉有时是难免的，可以允许，但相交次数越少越好，如图 11-22 所示。

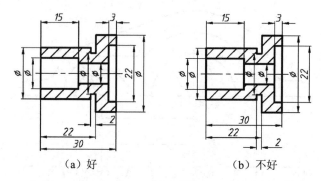

（a）好　　　　　　　　　　　　（b）不好

图 11-22　避免线线相交

8. 同心圆上少注或不注尺寸

同心圆密集的视图上，少注或不注尺寸。因为尺寸太集中，影响视图，容易看错，如图 11-23 所示。

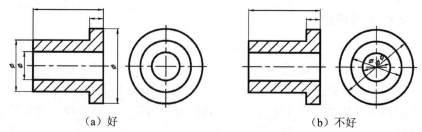

（a）好　　　　　　　　　　　　（b）不好

图 11-23　同心圆不注尺寸

9. 尺寸集中标注

同一形体或同一结构的尺寸应集中标注，如图 11-24 所示，两侧的圆柱孔和圆柱面等的尺寸都是集中标注在俯视图的右侧，加工人员看图更便利。

细小结构的尺寸应标注在局部放大图上。

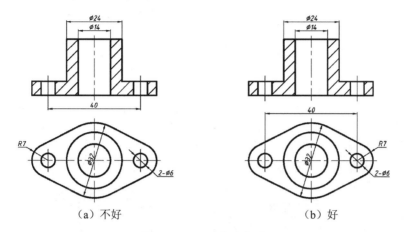

（a）不好　　　　　　　　　　　　（b）好

图 11-24　尺寸集中标注

11.4　典型结构的尺寸标注

11.4.1　标准结构的尺寸注法

1. 圆柱面上键槽的尺寸注法

轴上敞开式键槽的加工，通常使用圆盘铣刀或立铣刀。使用的刀具不同、图形不同，尺寸注法也各不一样。

图 11-25（a）是用宽度为 B、直径为 ϕ 的圆盘槽铣刀加工键槽，应标注 ϕ，为了便于调整走刀距离，还应标注尺寸 A_1。

如图 11-25（b）所示，轴上封闭式键槽用直径为 B 的立铣刀加工键槽，虽然实际需要的尺寸是 A_1，但在图样上不标注 A_1 而标注 A，以便测量。

在表达键槽深度的轴的断面图中，键槽的深度应标注尺寸 C，以便于测量，同时减少键槽加工时的定位误差，如图 11-25（b）所示。

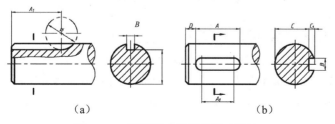

（a）　　　　　　　　　　　　（b）

图 11-25　圆柱面上键槽的尺寸注法

2. 圆锥面上键槽的尺寸注法

锥键槽深度的尺寸注法应根据结构和要求进行标注。

当键槽底面平行于锥面母线时，从锥面母线标注槽深 t，t_1，如图 11-26 所示。

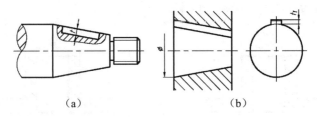

图 11-26　圆锥面上键槽的尺寸注法(1)

当键槽底面平行于锥面轴线时，应从锥面轴线标注槽深，如图 11-27 所示，图中是从连接圆柱面母线到键槽底面标注槽深。

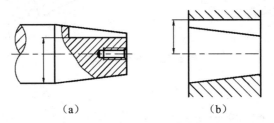

图 11-27　圆锥面上键槽的尺寸注法(2)

3. 带有圆锥段零件的尺寸标注

有配合要求的锥面，圆锥顶角较小，锥面较长，常注出 l，D 或 d 和锥度。外锥面注出锥度、长度和大端直径，这是考虑到加工锥面时，需将该段车成与大端直径相等的圆柱体；内锥面注出锥度、长度及小端直径，这是考虑当零件为实心材料时，需先用钻头钻一圆孔，其直径略小于小端直径，如图 11-28 所示。注出锥度是为了便于选择锥形铰刀。

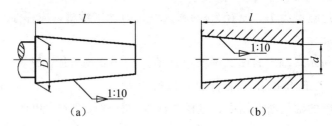

图 11-28　锥度注法

4. V 形槽(毡封油圈槽)的尺寸注法

V 形槽的尺寸应有确定等腰梯形的形状和大小的定形尺寸，及确定槽的轴向位置的定位尺寸。定形尺寸由 ϕ_1，ϕ_2，a 和 b 决定。定位尺寸可以有三种标注方法：

①标注槽口的定位尺寸 e，如图 11-29(a)所示。

②标注槽底定位尺寸 n，如图 11-29(b)所示。

③标注槽的对称轴线定位尺寸 m，如图 11-29(c)所示。

如果 V 形槽是在沿轴向的居中位置时，可画出对称轴线，省略尺寸 m。

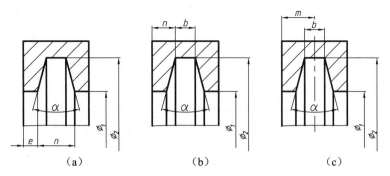

图 11-29 毡封油圈槽的尺寸注法

5. V 形槽(供滑动导轨或定位用)的尺寸注法

在制造 V 形块时根据尺寸 c 和 h 进行画线加工，尺寸注法如图 11-30(a)所示。α 角有 60°，90°和 120°三种，常用 90°的。加工时先刨底槽后铣两斜面。用于精确定位的 V 形块还要标注测量所需数据，如图 11-30(b)所示。双点画线圆为标准测量圆棒，结构尺寸已标准化，可参阅有关手册。

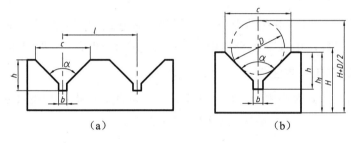

图 11-30 V 形槽的尺寸注法

6. 燕尾槽的尺寸注法

对尺寸要求不严的燕尾槽一般标注尺寸 A，h 和角度 α，其中尺寸 A 的误差较大，如图 11-31(a)所示。

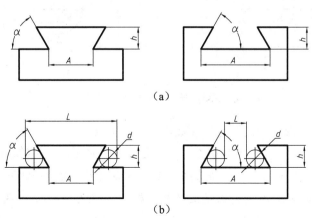

图 11-31 燕尾槽的尺寸注法

对于尺寸严格要求的燕尾槽，其测量方法是用两根标准直径的圆棒贴在燕尾槽的斜面内，用游标卡尺量出两个圆棒之间的距离 L，然后将测量出的 L 和理论计算出的 L 相比较，就可以反映出尺寸 A 和角度 α 的综合误差。其尺寸标注如图 11-31(b)所示。

7. T 形槽的尺寸注法

T 形槽无论是在刨床上加工，还是在铣床上加工，按图 11-32(a)所示的标注既符合 T 形槽的加工顺序，又为选择刀具提供了方便。但在实际工作中，T 形槽多是以尺寸 a 的表面两边来定位，T 形槽螺钉在 A 面处与基体相接触，故以 A 面为基准，分别注出尺寸 c 和 H 是合理的，即以设计基准来标注尺寸，如图 11-32(b)所示。

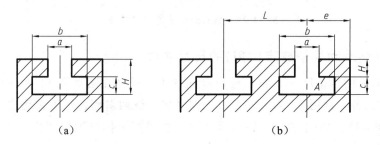

图 11-32　T 形槽的尺寸注法

在加工多个 T 形槽时，可在其中一个 T 形槽上标注出加工需要的全部尺寸，其余 T 形槽不需任何标注，只标注出各个 T 形槽中心线间的距离 L 即可，如图 11-30(b)所示。

8. 长圆形结构的尺寸注法

规则形状的槽孔，其大小用长、宽尺寸来标注，端部需要指明半径尺寸时，用尺寸线和符号"R"标出，但不要注写尺寸数字，如图 11-33 所示。

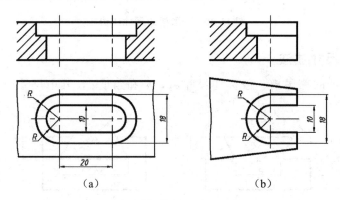

图 11-33　长圆形结构的尺寸注法

按加工方法，长圆形结构的尺寸标注如图 11-34 所示。

图 11-34(a)所示为一连杆，由薄钢板切割而成，为了能在板上画线，应注出其两端的半径 R 和中心距 L。图 11-34(b)表示一个铸造的底座，注法和图 11-34(a)相同，这样标注对制模工作最方便。图 11-34(c)表示由端铣刀铣成的槽，标注了铣刀直径 d 和铣床工作台的行程 L。图 11-34(d)和图 11-34(c)注法相似，但它是从生产角度来标注尺寸的，没有标注铣床工作台的行程，但标注出了槽的全长 L，以便检测。

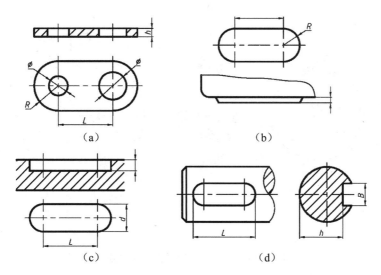

图 11-34　按加工方法标注长圆形结构尺寸

11.4.2　弯制零件的注法

1. 用板料弯制形成的零件

这类零件的形状是由内轮廓或外轮廓所注尺寸确定的。弯制所得的零件形状和工具的实有表面的形状一致，因此，从实有表面标注尺寸，便于加工。但应特别注意弯曲半径 R 的注法，内圆角可以由弯曲保证，外圆角因有塑性变形不能确定大小，图 11-35(a)所示为正确注法，图 11-35(b)所示为错误注法。

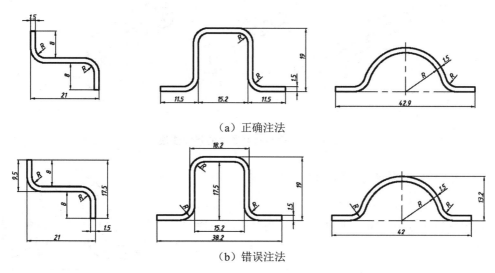

图 11-35　板料弯制零件的尺寸注法

图 11-36 所示为用板料经过压制、拉伸等工序制成的零件的尺寸注法。其尺寸标注时应考虑到便于展开图的计算。若加工时为不变薄拉伸，可以用等面积法(即展开图的面积和零件的展开面积相等)计算展开图面积。目前很多机械三维软件均具有钣金零件图的展开功能。

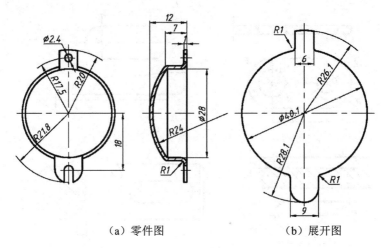

（a）零件图　　　　　　（b）展开图

图 11-36　压制、拉伸零件的尺寸注法

2. 棒料弯曲制成的零件

图 11-37(a)所示的手柄，以弯制零件的中心线为基准标注尺寸。这样便于计算展开长度，但对加工和检验不方便。

图 11-37(b)所示的手柄，以弯制零件的实有表面为基准来标注尺寸。这种标注考虑到零件在制造过程中是以实有表面进行弯曲，得到的零件与工具的实际表面形状相一致。

图 11-37(c)所示的手柄，除了注出弯曲半径 R 以利于制造外，还注出了切点的位置(确定了弯曲半径的圆心)，以便计算展开长度，方便下料。

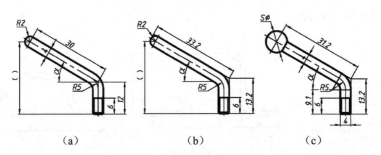

（a）　　　　　　（b）　　　　　　（c）

图 11-37　棒料弯制零件的尺寸注法

3. 用管料弯制形成的零件的尺寸注法

管料弯制形成的零件的尺寸注法，与棒料弯制形成的零件的尺寸标注方法相同。图 11-38 所示为其中的一种标注方法。

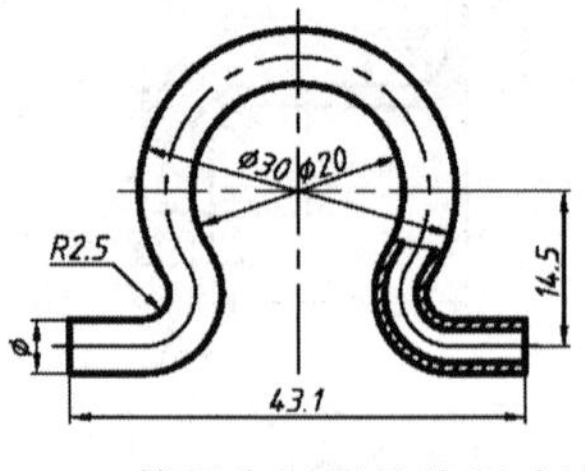

11.4.3　零件有共同轴线时的尺寸注法

图 11-38　管料弯制零件的尺寸注法

在零件的同一根轴线上，若同时存在两个或两个以上的孔、凹槽或凸台等几何要素，同时这些同一轴线的几何要素的位置精度要求一样时，从某一基准到公共轴线只注一个公称尺寸，给出一个相同的公差。

但是，这类零件的偶合尺寸需要分别标注，图 11-39（a）中的两个尺寸 6 为定形尺寸偶合，图 11-39（b）中的两个尺寸 $\phi 24$ 为定位尺寸与定形尺寸偶合，均需分别标注。

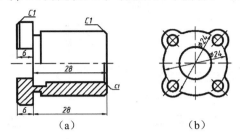

图 11-39 偶合尺寸的注法

11.4.4 同坯零件的尺寸注法

同坯零件在注尺寸时，应考虑其具体的工艺方法，将几个零件联系起来统一标注，以便测量，如图 11-40 所示。图 11-40（b）所示的零件要求铣一圆弧状缺口，这个圆弧面的曲率半径及刀具的中心位置都应明确标注。

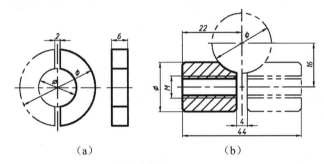

图 11-40 同坯零件的尺寸注法

11.5 零件尺寸标注实例

11.5.1 合理标注零件尺寸的方法步骤

通过结构分析确定表达方案、并在对零件的工作性能和加工、测量方法充分理解的基础上，标注零件尺寸的方法步骤如下：

（1）选择基准。

（2）考虑设计要求，标注出功能尺寸。

（3）考虑工艺要求，标注出非功能尺寸。

（4）用形体分析、结构分析补全和检查尺寸，同时计算三个方向（长、宽、高）的尺寸链是否正确，核查尺寸数值是否符合标准数系。

11.5.2 零件尺寸标注实例

例 11-1 试标注图 11-41 铣刀头装配图中的铣刀轴和铣刀座的尺寸。

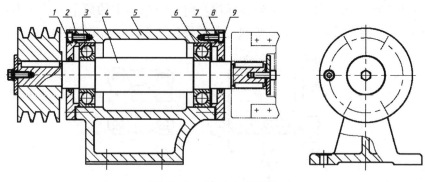

图 11-41 铣刀头装配图

该铣刀头由三角皮带驱动铣刀轴上的铣刀旋转对工具进行工件端面铣削，铣削深度由工件所定位夹紧的工作台沿轴线方向进给实现，铣刀轴 4 在轴线方向的位置精确要求不高。铣刀轴 4 由左右两端的轴承 3 和 6 分别经两侧的透盖 1 和 9 压紧定位，调整环 7 用于调整铣刀轴 4 和铣刀座 5 的轴向尺寸制造误差。因铣刀头旋转精度要求较高，故轴承 3 和 6 与铣刀轴两端的轴肩接触要好，特别是轴肩和轴线的垂直度要求较高，否则易出现铣刀头在旋转时产生摆动过大的现象，导致所加工的平面误差较大。

1. 铣刀轴的尺寸标注

（1）选定基准。由上述分析可以确定，铣刀轴上和轴承接触的轴肩因和轴线的垂直度要求高，且两端安装轴承的轴段位置确定后整根轴的位置也确定了，所有铣刀轴的各设计基准和工艺基准如图 11-42 所示。

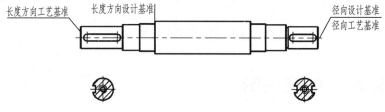

图 11-42 铣刀轴基准分析

（2）尺寸标注。根据前面几节所述内容，可以对铣刀轴的尺寸进行标注，如图 11-43 所示。

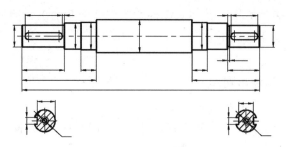

图 11-43 铣刀轴尺寸标注

2. 铣刀座的尺寸标注

（1）基准分析。铣刀座在长度方向的设计基准应为左右端面，宽度尺寸基准为前后的对称面，该对称面与两端的轴承安装孔的轴线重合，高度尺寸方向的基准为底面。

(2)尺寸标注。铣刀座的尺寸标注如图 11-44 所示。

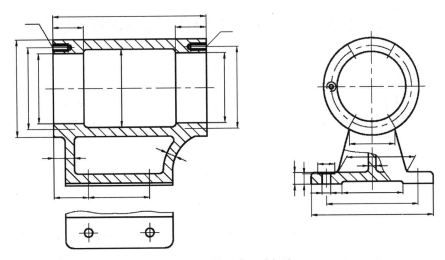

图 11-44　铣刀座尺寸标注

第 12 章　零件图的技术要求

零件图是指导机器零件生产的重要技术文件，它除了必须具备完整的图形和尺寸外，还必须有合理的技术要求，用于保证该零件制造时达到质量要求。零件图上的技术要求主要有：

①极限与配合(尺寸的公差)；

②表面形状与位置公差；

③零件的表面结构。

除此之外，在标题栏内或用文字注明的技术要求中，还必须指定零件所使用的材料、材料的热处理及表面处理、检测数据等。

12.1　极限与配合

在现代化的机械生产中，同一批制造出来的同规格零部件，不经挑选、修配或调整，任意取一个都能顺利地装在机器上，并能达到规定的性能，这称为互换性。

零部件具有互换性，可以缩短机器的设计周期，有利于大批量生产制造和协作，提高生产效率，提高产品质量和可靠性，降低制造成本，延长产品的使用寿命。

12.1.1　极限与配合的基本概念

在零件的加工过程中，由于机床精度、刀具磨损和测量误差等因素的影响，零件的尺寸不可能做到绝对的精确。为了保证零件具有互换性，必须将零件尺寸的加工误差限制在合理的范围内，规定出尺寸的变动量。

1. 基本尺寸、实际尺寸与极限尺寸

(1)基本尺寸：根据零件结构、强度和工艺性要求，设计确定的尺寸。

(2)实际尺寸：某个零件通过测量获得的尺寸。

(3)极限尺寸：允许尺寸变化的两个极限值。

①最大极限尺寸：两个极限值中较大的一个。

②最小极限尺寸：两个极限值中较小的一个。

如图 12-1 所示，轴和孔装配在一起，装配尺寸为 $\phi 50 \frac{\text{H8}}{\text{f7}}$，尺寸 $\phi 50$ 是根据零件相关要求设计计算出来的，是基本尺寸。孔的尺寸为 $\phi 50\text{H8}$，可以通过查表得出该尺寸应为 $\phi 50(^{+0.039}_{0})$，则该孔最大尺寸为 $\phi 50+0.039$，即 $\phi 50.039$ 为孔的最大极限尺寸。如果孔加工完成后，实际测量得到的尺寸大于 $\phi 50.039$，那该零件即为废品。同理可以得到孔的最小极

限尺寸为ϕ50.0。轴的有关尺寸也是如此。

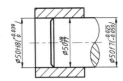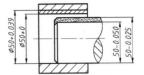

图 12-1　尺寸的基本概念

2. 极限偏差、尺寸公差及公差带示意图

（1）极限偏差

极限偏差是指尺寸的上偏差和下偏差。

①上偏差＝最大极限尺寸－基本尺寸。

②下偏差＝最小极限尺寸－基本尺寸。

上偏差和下偏差可以是正值、负值或零。

国家标准规定：孔的上偏差代号为 ES，孔的下偏差代号为 EI；轴的上偏差代号为 es，轴的下偏差代号为 ei。

（2）尺寸公差

尺寸公差是指允许尺寸的变动量。

$$尺寸公差＝最大极限尺寸－最小极限尺寸$$
$$＝上偏差－下偏差$$

因为最大极限尺寸总是大于最小极限尺寸，所以，尺寸的公差一定为正值。

在图 12-1 中，孔的上偏差 ES＝＋0.039，孔的下偏差 EI＝0，孔的尺寸公差为 0.039；轴的上偏差 es＝－0.025，轴的下偏差 ei＝－0.050，轴的尺寸公差为 0.025。

（3）公差带和公差带图

公差带表示公差大小和相对于零线（表示基本尺寸的一条线）位置的一个区域。为了便于分析，一般将尺寸公差与基本尺寸的关系按放大比例画成简图，称为公差带图。公差带图中，上下偏差的距离应成比例，公差带方框的左右长度根据需要任意确定，一般用斜线表示孔的公差带，加点表示轴的公差带，如图 12-2 和图 12-3 所示。

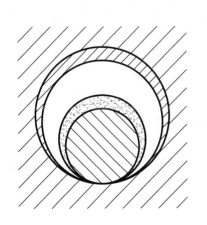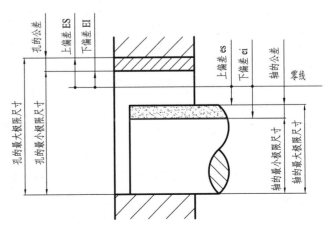

图 12-2　公差带

3. 公差等级、标准公差与基本偏差

（1）公差等级

公差等级是确定尺寸精确程度的等级。国家标准将公差等级分为 20 级，IT01、IT0、IT1～IT18。"IT"表示标准公差，阿拉伯数字表示公差的等级，从 IT01 至 IT18 等级依次降低。

（2）标准公差

标准公差是用以确定公差带大小的任一公差。标准公差是基本尺寸的函数。对于一定的基本尺寸，公差等级越高，标准公差值越小，尺寸的精确程度越高。基本尺寸和

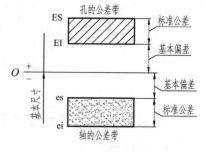

图 12-3 公差带图

公差等级相同的孔和轴，它们的标准公差值相等。国家标准把小于等于 500mm 的基本尺寸范围分成 13 段。按不同的公差等级列出了各段基本尺寸的公差值，可由表 12-1 查出。

表 12-1 标准公差数值（GB/T 1800.1—2020）

基本尺寸/mm		标准公差等级																			
		IT01	IT0	IT1	IT2	IT3	IT4	IT5	IT6	IT7	IT8	IT9	IT10	IT11	IT12	IT13	IT14	IT15	IT16	IT17	IT18
大于	至	（μm）													（mm）						
——	3	0.3	0.5	0.8	1.2	2	3	4	6	10	14	25	40	60	0.1	0.14	0.25	0.4	0.6	1	1.4
3	6	0.4	0.6	1	1.5	2.5	4	5	8	12	18	30	48	75	0.12	0.18	0.3	0.48	0.75	1.2	1.8
6	10	0.4	0.6	1	1.5	2.5	4	6	9	15	22	36	58	90	0.15	0.22	0.36	0.58	0.9	1.5	2.2
10	18	0.5	0.8	1.2	2	3	5	8	11	18	27	43	70	110	0.18	0.27	0.43	0.7	1.1	1.8	2.7
18	30	0.6	1	1.5	2.5	4	6	9	13	21	33	52	84	130	0.21	0.33	0.52	0.84	1.3	2.1	3.3
30	50	0.6	1	1.5	2.5	4	7	11	16	25	39	62	100	160	0.25	0.39	0.62	1	1.6	2.5	3.9
50	80	0.8	1.2	2	3	5	8	13	19	30	46	74	120	190	0.3	0.46	0.74	1.2	1.9	3	4.6
80	120	1	1.5	2.5	4	6	10	15	22	35	54	87	140	220	0.35	0.54	0.87	1.4	2.2	3.5	5.4
120	180	1.2	2	3.5	5	8	12	18	25	40	63	100	160	250	0.4	0.63	1	1.6	2.5	4	6.3
180	250	2	3	4.5	7	10	14	20	29	46	72	115	185	290	0.46	0.76	1.15	1.85	2.9	4.6	7.2
250	315	2.5	4	6	8	12	16	23	32	52	81	130	210	320	0.52	0.81	1.3	2.1	3.2	5.2	8.1
315	400	3	5	7	9	13	18	25	36	57	89	140	230	360	0.57	0.89	1.4	2.3	3.6	5.7	8.9
400	500	4	6	8	10	15	20	27	40	63	97	155	250	400	0.63	0.97	1.55	2.5	4	6.3	9.7

（3）基本偏差

基本偏差是用以确定公差带相对于零线位置的上偏差或下偏差，一般是指靠近零线的那个偏差。

国家标准分别对孔和轴各规定了 28 个不同的基本偏差，如图 12-4 所示。该图中孔和轴各 28 个基本偏差的位置分布情况必须记牢，孔和轴的具体偏差数值可查附录。

仔细观察图 12-4，可以分析得到以下特点：

（a）基本偏差用一个或两个拉丁字母表示。大写字母代表孔，小写字母代表轴。

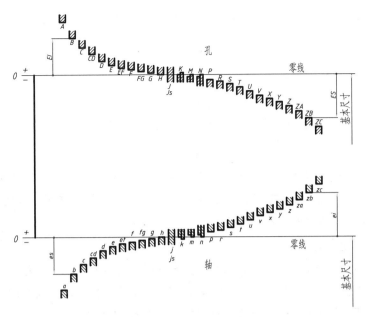

图 12-4 孔和轴的基本偏差

(b)以 h 为界,轴的基本偏差从 a~h 为上偏差,从 j~zc 为下偏差,js 的上下偏差关于零线是对称的,即上下偏差分别为 $+\dfrac{IT}{2}$ 和 $-\dfrac{IT}{2}$。

(c)以 H 为界,孔的基本偏差从 A~H 为下偏差,从 J~ZC 为上偏差,JS 的上下偏差关于零线是对称的,即上下偏差分别为 $+\dfrac{IT}{2}$ 和 $-\dfrac{IT}{2}$。

轴和孔的基本偏差可以查表得到,它们的另一个偏差可以根据轴和孔的基本偏差和标准公差,按下列公式计算得出。

轴的另一个偏差:

$$es=ei+IT \quad 或 \quad ei=es-IT$$

孔的另一个偏差:

$$ES=EI+IT \quad 或 \quad EI=ES-IT$$

(4)孔和轴的公差代号

孔和轴的公差代号由基本偏差与公差等级代号组成,并且要用同一号字母书写。

例 12-1 说明 ϕ50H8 的含义,并查表确定其上、下极限偏差及极限尺寸。

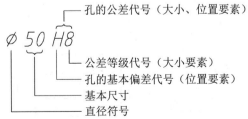

尺寸 ϕ50H8 的含义:基本尺寸为 ϕ50,公差带的基本偏差为 H,公差等级为 8 级。

查附录中表 E-2,可知 ϕ50H8 的上、下极限偏差为 $+_{0}^{0.039}$,所以该孔的最大极限尺寸为 ϕ50.039,最小极限尺寸为 ϕ50。

例 12-2　说明 ϕ 50f7 的含义，并查表确定其上、下极限偏差及极限尺寸。

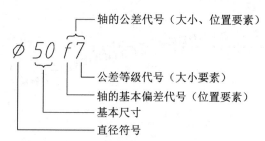

尺寸 ϕ 50f7 的含义：基本尺寸为 ϕ 50，公差带的基本偏差为 f，公差等级为 7 级。

查附表 E-1，可知 ϕ 50f7 的上、下极限偏差为 $_{-0.050}^{-0.025}$，所以该轴的最大极限尺寸为 ϕ 49.975，最小极限尺寸为 ϕ 49.950。

4. 配合和配合基准制

在机器装配中，将基本尺寸相同、相互结合的孔(工件的圆柱形内表面或非圆柱形内表面，如由两平行平面或切面形成的包容面)和轴(工件的圆柱形外表面或非圆柱形外表面，如由两平行平面或切面形成的包容面)公差带之间的关系称为配合。

(1)配合的种类

根据机器的设计要求、工艺要求和生产实际的需要，国家标准将配合分为三大类：间隙配合、过盈配合、过渡配合。

①间隙配合。

例 12-3　判断图 12-5(a)所示装配图中的孔和轴的相对大小。

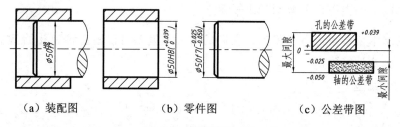

（a）装配图　　　　　（b）零件图　　　　　（c）公差带图

图 12-5　间隙配合(1)

经过查表，可得到孔和轴各自的尺寸偏差如图 12-5(b)所示，可以判断出孔的直径始终比轴要大，即孔和轴之间始终存在间隙，公差带图如图 12-5(c)所示。

间隙配合：孔的公差带完全在轴的公差带之上，任取其中一对孔和轴相配合都成为具有间隙的配合(包括最小间隙为零)，如图 12-6 所示。

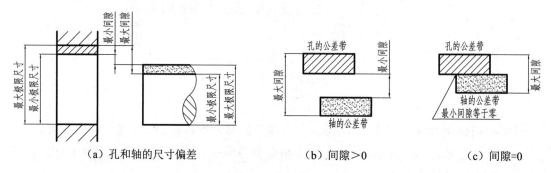

（a）孔和轴的尺寸偏差　　　　　（b）间隙＞0　　　　　（c）间隙=0

图 12-6　间隙配合(2)

②过盈配合。

例 12-4　判断图 12-7(a)所示装配图中的孔和轴的相对大小。

经过查表，可得到孔和轴各自的尺寸偏差如图 12-7(b)所示，可以判断出孔的直径始终比轴要小，即孔和轴之间始终存在过盈，公差带图如图 12-7(c)所示。

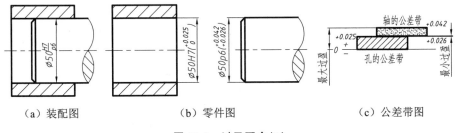

（a）装配图　　　　　　（b）零件图　　　　　　　（c）公差带图

图 12-7　过盈配合(1)

过盈配合：孔的公差带完全在轴的公差带之下，任取其中一对孔和轴相配合都成为具有过盈的配合（包括最小过盈为零），如图 12-8 所示。

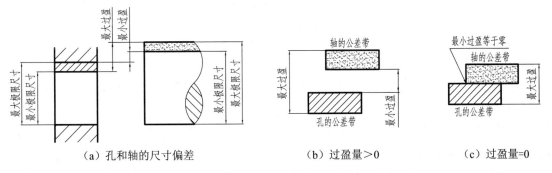

（a）孔和轴的尺寸偏差　　　　　　（b）过盈量>0　　　　　　（c）过盈量=0

图 12-8　过盈配合(2)

③过渡配合。

例 12-5　判断图 12-9(a)所示装配图中的孔和轴的相对大小。

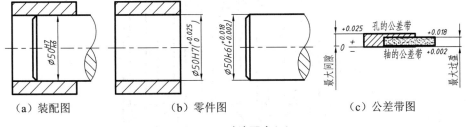

（a）装配图　　　　　　（b）零件图　　　　　　　（c）公差带图

图 12-9　过渡配合(1)

经过查表，可得到孔和轴的各自的尺寸偏差如图 12-9(b)所示，可以判断出实际孔的直径可能比轴小、也可能比轴大，即实际的孔和轴之间既可能存在过盈、也可能存在间隙，这种情况称之为过渡配合。

过渡配合：孔和轴的公差带有部分重叠，任取其中一对孔和轴相配合，可能具有间隙配合，也可能具有过盈配合，如图 12-10 所示。

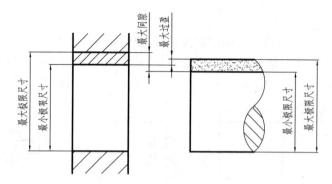

（a）孔和轴的尺寸偏差

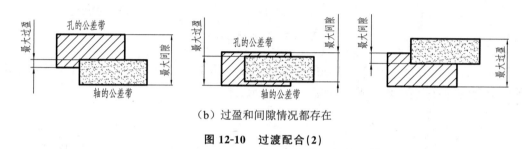

（b）过盈和间隙情况都存在

图 12-10　过渡配合（2）

（2）配合基准制

为了设计与加工的方便，国家标准规定了两种不同的配合制度：基孔制配合和基轴制配合。

①基孔制。基本偏差为一定的孔的公差带，与不同基本偏差的轴的公差带构成各种配合的一种制度，称为基孔制。

这种制度在同一基本尺寸的配合中，是将孔的公差带（H）位置固定，通过变动轴的公差带位置得到各种不同的配合，如图 12-11 所示。

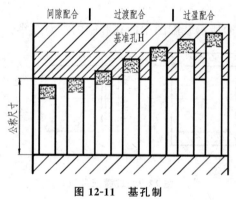

图 12-11　基孔制

基孔制的孔称为基准孔，代号为 H。国家标准规定，基准孔的下极限偏差为零，上极限偏差为正值。在基孔制配合中，轴的基本偏差从 a 到 h 用于间隙配合，轴的基本偏差从 j（js）到 zc 用于过渡配合和过盈配合。

②基轴制。基本偏差为一定的轴的公差带与不同基本偏差的孔的公差带构成各种配合的一种制度，称为基轴制。

这种制度在同一基本尺寸的配合中，是将轴的公差带（h）位置固定，通过变动孔的公差带位置得到各种不同的配合，如图 12-12 所示。

基轴制的轴称为基准轴，代号为 h。国家标准规定，基准轴的上极限偏差为零，下极限偏差为负值。在基轴制配合中，孔的基本偏差从 A 到 H 用于间隙配合；孔的基本偏差从 J(JS) 到 ZC 用于过渡配合和过盈配合。

注：这里要特别指出的是，因为轴承是已加工好的制成品，即轴承内孔的公差带已确定，变动的只能是轴的公差带，所以轴与轴承内孔的配合是基孔制；同样道理，轴承外圈圆柱面的公差带已确定，变动的只能是轴承座孔的公差带，所以轴承座孔与轴承外圈圆柱面的配合是基轴制。

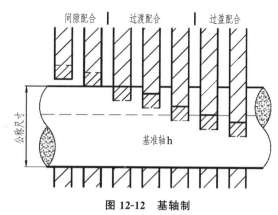

图 12-12　基轴制

（3）尺寸公差与配合的选用

①选用优先公差带和优先配合。国家标准根据机械工业产品生产使用的需要，考虑到定值刀具、量具规格的统一，规定了一般用途的孔公差带、轴公差带及优先选用的孔、轴公差带的数值。国家标准还规定了在轴、孔公差带中组合成基孔制的常用配合 45 种、优先配合 16 种，表 12-2 所示为基本尺寸至 500mm 的基孔制的优先配合和常用配合；国家标准规定了在轴、孔公差带中组合成基轴制的常用配合 38 种、优先配合 18 种，如表 12-3 为基本尺寸至 500mm 的基轴制的优先配合和常用配合。在实际运用时应尽量选用优先配合和常用配合。

表 12-2　基孔制优先和常用配合

基孔制	轴																				
	a	b	c	d	e	f	g	h	js	k	m	n	p	r	s	t	u	v	x	y	z
	间隙配合								过渡配合			过盈配合									
H6						$\frac{H6}{g5}$	$\frac{H6}{h5}$	$\frac{H6}{js6}$	$\frac{H6}{k5}$	$\frac{H6}{m5}$	$\frac{H6}{n5}$	$\frac{H6}{p5}$								
H7					$\frac{H7}{f6}$	$\frac{H7}{g6}$	$\frac{H7}{h6}$	$\frac{H7}{js6}$	$\frac{H7}{k6}$	$\frac{H7}{m6}$	$\frac{H7}{n6}$	$\frac{H7}{p6}$	$\frac{H7}{r6}$	$\frac{H7}{s6}$	$\frac{H7}{t6}$	$\frac{H7}{u6}$		$\frac{H7}{x6}$		
H8				$\frac{H8}{e7}$	$\frac{H8}{f7}$		$\frac{H8}{h7}$	$\frac{H8}{js7}$	$\frac{H8}{k7}$	$\frac{H8}{m7}$		$\frac{H8}{s7}$		$\frac{H8}{u7}$					
			$\frac{H8}{d8}$	$\frac{H8}{e8}$	$\frac{H8}{f8}$		$\frac{H8}{h8}$												
H9			$\frac{H9}{d8}$	$\frac{H9}{e8}$	$\frac{H9}{f8}$		$\frac{H9}{h8}$												
H10	$\frac{H10}{b9}$	$\frac{H10}{c9}$	$\frac{H10}{d9}$	$\frac{H10}{e9}$			$\frac{H10}{h9}$												
H11	$\frac{H11}{b11}$	$\frac{H11}{c11}$	$\frac{H11}{d10}$				$\frac{H11}{h10}$												

注：①单元格右上角有黑色三角形的配合为优先配合。

　　②表格中的两条粗实线为分隔线。

表 12-3　基轴制优先和常用配合

基轴制	孔																				
	A	B	C	D	E	F	G	H	JS	K	M	N	P	R	S	T	U	V	X	Y	Z
	间隙配合								过渡配合			过盈配合									
$h5$							$\frac{G6}{h5}$	$\frac{H6}{h5}$	$\frac{JS6}{h5}$	$\frac{K6}{h5}$	$\frac{M6}{h5}$	$\frac{N6}{h5}$	$\frac{P6}{h5}$								
$h6$						$\frac{F7}{h6}$	$\frac{G7}{h6}$	$\frac{H7}{h6}$	$\frac{JS7}{h6}$	$\frac{K7}{h6}$	$\frac{M7}{h6}$	$\frac{N7}{h6}$	$\frac{P7}{h6}$	$\frac{R7}{h6}$	$\frac{S7}{h6}$	$\frac{T7}{h6}$	$\frac{U7}{h6}$		$\frac{X7}{h6}$		
$h7$					$\frac{E8}{h7}$	$\frac{F8}{h7}$		$\frac{H8}{h7}$													
$h8$				$\frac{D9}{h8}$	$\frac{E9}{h8}$	$\frac{F9}{h8}$		$\frac{H9}{h8}$													
					$\frac{E8}{h9}$	$\frac{F8}{h9}$		$\frac{H8}{h9}$													
$h9$				$\frac{D9}{h9}$	$\frac{E9}{h9}$	$\frac{F9}{h9}$		$\frac{H9}{h9}$													
		$\frac{B11}{h9}$	$\frac{C10}{h9}$	$\frac{D10}{h9}$				$\frac{H10}{h9}$													

注：①单元格右上角有黑色三角形的配合为优先配合。

②表格中的两条粗实线为分隔线。

②优先选用基孔制。一般情况下优先采用基孔制。这样可限制定值刀具、量具的规格数量。基轴制通常用于具有明显经济效果的场合和结构设计要求不适合采用基孔制的场合。例如，使用一根冷拔的钢制轴，轴与几个具有不同公差带的孔配合，此时，轴就可不另行机械加工；一些标准滚动轴承的外圈与轴承座孔的配合，也采用基轴制。

③孔的公差等级比轴的公差等级低一级。为降低加工工作量，在保证使用要求的前提下，应当选用的公差为最大值。由于孔的加工较困难，一般在配合中选用比轴低一级的公差等级。

12.1.2　尺寸公差与配合代号的标注

在国家标准中，对机械图样中的尺寸公差与配合代号的标注也作了具体的规定，现摘部分内容叙述。

1. 在装配图上的标注

在装配图上的标注是在基本尺寸后面加注一分子式，分子为配合用孔的公差带代号，分母为配合用轴的公差带代号。其标注形式为

$$基本尺寸\frac{孔的公差带代号}{轴的公差带代号}$$

也可以采用

$$基本尺寸、孔的公差带代号/轴的公差带代号$$

的形式，具体标注如图 12-13 所示。

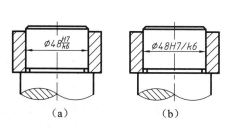

图 12-13　装配图的尺寸标注

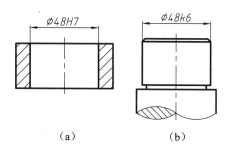

图 12-14　零件图的尺寸标注

2. 在零件图上的标注

在零件图中公差的标注有三种形式。

(1)标注公差的代号，如图 12-14 所示。这种做法和采用专用量具检验零件统一起来，适应大批量生产的需要，因此不需要标注偏差数值。

(2)标注偏差数值，如图 12-15 所示。上偏差注在基本尺寸的右上方，下偏差注在基本尺寸的右下方，偏差数字的字号比基本尺寸数字小一号。如果上偏差或下偏差数值为零时，可简写为"0"，另一偏差仍注在原来的位置上，如图 12-15 所示。

如果上、下偏差的数值相同时，则在基本尺寸之后标注"±"，再填写偏差数值。这时，数值的字体高度与基本尺寸字体的高度相同，如图 12-16 所示。

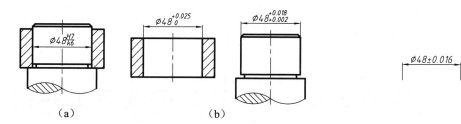

图 12-15　标注偏差数值

图 12-16　上、下偏差数值相同时的注法

这种注法主要用于小量或单件生产，以便加工和检验时减少辅助时间。

(3)公差代号和偏差数值一起标注，如图 12-17 所示。

因轴承内外圈分别与轴、轴承座孔配合时，轴承的内外圈尺寸公差已确定，在装配图中标注时，不需注出轴承内外圈的公差代号，只需注出和轴承配合的轴、轴承座孔的公差代号，如图 12-18 所示。

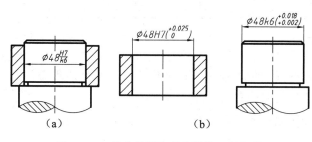

图 12-17　公差代号和偏差数值一起标注

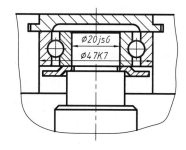

图 12-18　轴承内外圈装配尺寸的标注

12.2 表面形状与位置公差

在机械零件的加工过程中，因机床本身的误差、工艺系统的刚度等各种因素的影响，不可能加工出一个绝对准确的尺寸，也不可能加工出一个绝对准确的形状和表面间的相对位置，如图 12-19 所示。在零件的实际使用过程中，零件的尺寸、形状和表面间的相对位置也无必要绝对准确。和零件的尺寸由尺寸公差限制一样，零件表面的形状和表面间的相对位置，是由表面形状和位置公差加以限制的。

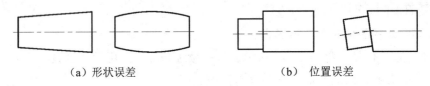

（a）形状误差　　　　　　（b）位置误差

图 12-19　误差示意图

12.2.1　表面形状和位置公差的概念

1. 形状误差和公差

形状误差是指实际形状相对理想形状的变动量。测量时，理想形状相对于实际形状的位置，应按最小条件来确定。

形状公差是指实际要素的形状所允许的变动全量。

形状公差的符号如表 12-4 所示。

表 12-4　形位公差的特征项目和符号

公差	特征项目	符号	有无基准要求	公差		特征项目	符号	有无基准要求
形状	直线度	——	无	位置公差	定向	平行度	//	有
	平面度	▱	无			垂直度	⊥	有
	圆度	○	无			倾斜度	∠	有
	圆柱度	⌭	无		定位	同轴度	◎	有
形状或位置	线轮廓度	⌒	有或无			对称度	=	有
	面轮廓度	⌓	有或无			位置度	⊕	有或无
					跳动	圆跳动	∕	有
						全跳动	⫽	有

2. 位置误差和公差

位置误差是指实际位置相对理想位置的变动量。理想位置是指相对于基准的理想形状的位置而言。测量时，确定基准的理想形状的位置应符合最小条件。

位置公差是指实际要素的位置对基准所允许的变动全量。

位置公差的符号如表 12-4 所示。

3. 公差带和公差带的形状

公差带是由公差值确定的，它是限制实际形状或实际位置的区域。公差带的形状有：两平行直线、两等距曲线、两同心圆、一个圆、一个球、一个圆柱、一个四棱柱、两同轴圆柱、两平行平面、两等距曲面。

4. 独立原则和相关原则

独立原则是指在图样上给定的形位公差与尺寸公差相互无关、分别满足要求的公差原则；相关原则是指在图样上给定的形位公差与尺寸公差相互有关的公差原则。

5. 最大实体状态

最大实体状态是实际要素在尺寸公差范围内具有材料量为最多的状态。表示最大实体状态的符号如图 12-20(a)所示。

6. 包容原则

包容原则是要求实际要素位于具有理想形状的包容面内的一种公差原则，而该理想形状的尺寸应为最大实体尺寸，表示包容原则的符号如图 12-20(b)所示。

（a）表示最大实体状态　　　　　（b）表示包容原则

图 12-20　表示最大实体状态和包容原则的符号

12.2.2　形状公差和位置公差的标注方法

国家标准规定图样中的形状公差和位置公差应用框格标注。

1. 形位公差框格

公差框格用细实线画出，可画成水平的或垂直的矩形方框，该方框由两格或多格组成。框格高度是图样中尺寸数字高度的两倍，它的长度视内容需要而定。框格中的数字、字母和符号与图样中的数字等高。

框格中的内容从左向右填写，第一格填写几何公差项目的符号；第二格填写几何公差数值和有关符号(公差带是圆形或圆柱形，则在公差值前加注"ϕ"；如是球形，则加注"$S\phi$")；第三格和以后各格用一个或多个字母表示基准要素或基准体系。图 12-21 给出了形状公差和位置公差的框格形式。

（a）　　　　　　　　（b）　　　　　　　　（c）

图 12-21　形位公差的框格形式

2. 被测要素的标注

用带箭头的指引线将被测要素与公差框格一端相连，指引线的箭头应指向公差带的宽度方向或直径方向。指引线的箭头所指部位有以下几种情况。

(1)被测要素为线或表面时，指引线的箭头应该在该要素的轮廓线或其引出线上，并应明显地与尺寸线错开，如图 12-22 所示。

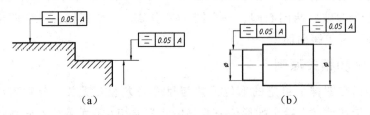

图 12-22　被测要素为线或表面

(2)被测要素为轴线、球心或中心平面时，指引线的箭头应与该要素的尺寸线对齐，如图 12-23 所示。

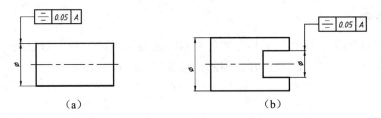

图 12-23　被测要素为轴线、球心或中心平面

(3)当被测要素为整体轴线或公共中心平面时，指引线的箭头可直接指在轴线或中线上，如图 12-24 所示。

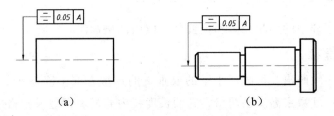

图 12-24　被测要素为整体轴线或公共中心平面

(4)当一个面有公差要求时，可直接在面上用一小黑点引出参考线，将箭头指在参考线上，如图 12-25 所示。

(5)如果被测范围仅为被测要素的某一部分时，应用粗双点画线画出该范围，如图 12-26 所示。

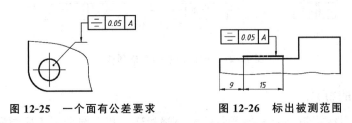

图 12-25　一个面有公差要求　　　　图 12-26　标出被测范围

12.2.3　基准要素的标注

1. 基准符号

与被测要素相关的基准用一个大写字母表示，字母标注在基准框格内，与一个涂黑或空白的三角形相连以表示基准，如图 12-27 所示。涂黑的或空白的基准三角形含义相同。无论基准符号在图样中的方向如何，框格内的字母都应水平书写。表示基准的字母还应注在公差框格的最后一格内，如图 12-28 所示。

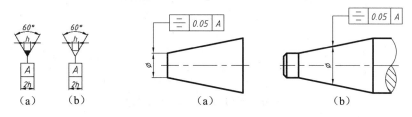

图 12-27　基准符号　　　　　图 12-28　基准符号的注写

2. 基准要素的标注

(1)当基准要素为素线或表面时，基准符号应靠近该要素的轮廓线或引出线标注，并应明显地与尺寸线箭头错开，如图 12-29 所示。

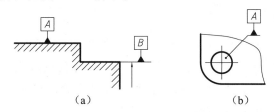

图 12-29　基准要素为素线或表面

(2)当基准要素为轴线、球心或中心平面时，基准符号应与该要素的尺寸线箭头对齐，如图 12-30 所示。

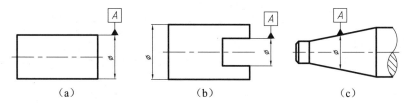

图 12-30　基准要素为轴线、球心或中心平面

(3)当基准要素为整体轴线或公共中心平面时，基准符号可直接靠近公共轴线(或公共中心线)标注，如图 12-31 所示。

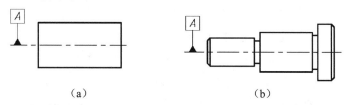

图 12-31　基准要素为整体轴线或公共中心平面

12.2.4 形位公差标注实例

图 12-32 所示为气门阀杆的形位公差标注的典型实例。

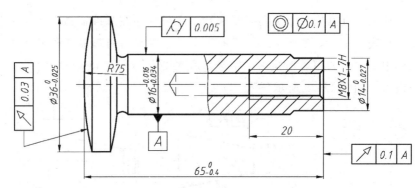

图 12-32　气门阀杆的形位公差标注

12.3　零件的表面结构

12.3.1　表面结构的基本概念

零件的各个表面，不管加工得多么平整光滑，放在放大镜或显微镜下观察，都可以看到有波峰和波谷这样高低不平的情况，如图 12-33 所示。零件的表面结构包括：表面粗糙度、表面波纹度、表面缺陷、表面纹理和表面几何形状。其中表面粗糙度、表面波纹度和表面几何形状是根据波距 λ 进行区分的，如图 12-34 所示。

图 12-33　零件表面高低不平的状况

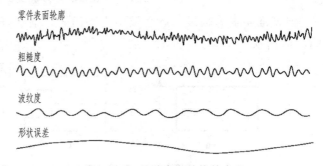

图 12-34　几种表面结构的含义

1. 表面粗糙度

表面粗糙度是指两波峰或两波谷之间的波距 λ＜1 mm 时，加工表面具有的较小间距和微小峰谷的不平度，表面粗糙度属于微观几何形状误差。

它的形成一般受以下因素的影响：所采用的加工方法、刀具与零件表面间的摩擦、切屑分离时表面层金属的塑性变形及工艺系统中的高频振动等。

表面粗糙度对于零件的配合性质、耐磨性、疲劳强度、接触刚度、抗腐蚀性、密封性，以及振动和噪声等都有显著的影响。

2. 表面波纹度

表面波纹度是指两波峰或两波谷之间的波距 $1 < \lambda < 10$ mm 时，加工表面间距大于表面粗糙度但小于表面几何形状误差的表面几何不平度，属于微观和宏观之间的几何误差。

它是零件表面在机械加工过程中，因机床与工具系统的振动而形成的。

表面波纹度直接影响零件表面的机械性能，如零件的接触刚度、疲劳强度、结合强度、耐磨性、抗震性和密封性等。

3. 表面几何形状

表面几何形状是指当两波峰或两波谷之间的波距 $\lambda > 10$ mm 时，零件表面的几何不平度。表面几何形状属于宏观几何误差。

表面几何形状一般是由机器、工件的挠曲或导轨误差引起。

零件表面结构的特性直接影响机械零件的功能。在工程图样上，应该根据零件的功能全部或部分的注出零件的表面结构要求。这一节主要介绍表面粗糙度的表达方法。

12.3.2 表面粗糙度

零件的表面粗糙度是衡量零件表面质量的一项重要技术指标。零件表面粗糙度要求越高（表面粗糙度参数值越小），加工成本也越高。因此，在满足零件表面功能的前提下，应合理选用表面粗糙度参数值。一般来说，在零件上有配合要求或有相对运动的表面，表面粗糙度参数值要小。

1. 表面粗糙度参数的概念及其数值

在生产中，评定零件表面粗糙度的主要参数有轮廓算术平均偏差 Ra 和轮廓最大高度 Rz。

（1）轮廓算术平均偏差 Ra

如图 12-35 所示，在零件表面的一段取样长度（判别具有表面粗糙度特征的一段基准线长度）内，轮廓偏距 Z（表面轮廓上的点至基准线的距离）绝对值的算术平均值，称为轮廓算术平均偏差，用公式可表示为

$$Ra = \frac{1}{l}\int_0^l |z(x)|\,\mathrm{d}x$$

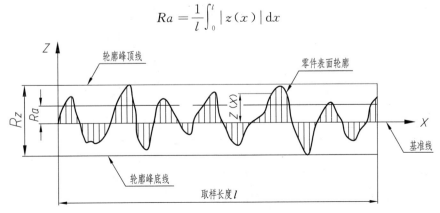

图 12-35　表面粗糙度参数

（2）轮廓最大高度 Rz

轮廓最大高度是指在同一取样长度内最大轮廓峰高与最大轮廓谷深之和，如图 12-35 所示。该指标在评定某些不允许出现较大的加工痕迹的零件表面时有实用意义。

2. 表面粗糙度参数数值的选用

零件表面粗糙度数值的选用，应该既要满足零件表面的功用要求，又要考虑加工的经济合理性。具体选用时，可参照生产中的实例，用类比法确定，同时注意下列问题。

（1）在满足功用的前提下，尽量选用较大的表面粗糙度参数值，以降低生产成本。

（2）在同一零件上，工作表面的粗糙度参数值应小于非工作表面的粗糙度参数值。

（3）受循环载荷的表面，即容易引起应力集中的表面，其表面粗糙度参数值要小，如圆角、沟槽等。

（4）配合性质相同时，零件尺寸小的比尺寸大的表面粗糙度参数值要小；公差等级相同时，小尺寸比大尺寸、轴比孔的表面粗糙度参数值要小。

（5）运动速度高、单位压力大的摩擦表面比运动速度低、单位压力小的摩擦表面的粗糙度参数值小。

（6）一般来说，尺寸和表面形状要求精确程度高的表面，粗糙度参数值小。

常见机械加工方法能达到的表面粗糙度参数值如表 12-5 所示。

表 12-5　常见机械加工方法能达到的表面粗糙度参数值

加工方法	Ra 的数值（第一系列）/μm													
	0.012	0.025	0.05	0.1	0.2	0.4	0.8	1.6	3.2	6.3	12.5	25	50	100
砂型铸造										—	—	—	—	—
压力铸造						—	—	—	—	—	—			
热轧										—	—	—	—	—
刨削							—	—	—	—	—	—		
钻孔								—	—	—	—	—		
镗孔						—	—	—	—	—	—			
铰孔				—	—	—	—							
铰铣						—	—	—	—	—				
面铣						—	—	—	—	—				
车外圆					—	—	—	—	—	—	—			
车端面					—	—	—	—	—	—	—			
磨外圆		—	—	—	—	—	—							
磨端面		—	—	—	—	—	—							
研磨抛光	—	—	—	—	—									

3. 表面粗糙度的图形符号、代号及其标注

（1）表面粗糙度的图形符号

国家标准《产品几何技术规范（GPS）技术产品文件中表面结构的表示法》（GB/T 131—

2006)规定了表面结构的图形符号、代号及其在图样上的标注方法。

表面结构的图形符号及其含义如表 12-6 所示。

表 12-6 表面粗糙度符号及其含义

符号	含义及说明
√	基本图形符号，表示表面可用任何方法获得。仅适用于简化代号标注，没有补充说明时不能单独使用
√ (加短横)	扩展图形符号，在基本符号上加一短横，表示指定表面是用去除材料的方法获得的
√ (加小圆)	扩展图形符号，在基本符号上加一小圆，表示指定表面是用不去除材料的方法获得的
√ √ √	完整图形符号，当要求标注表面结构特征的补充信息时，在图形符号的长边上加一横线
√ √ √ (加小圆)	在某个视图上构成封闭轮廓的各表面有相同的表面结构要求时，应在完整图形符号上加一小圆，并标注在图样中工件的封闭轮廓线上

图样上表示零件表面粗糙度的基本符号的画法，如图 12-36 所示。

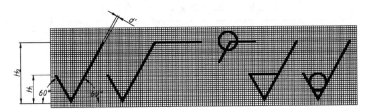

图 12-36

图中有关尺寸如表 12-7 所示。

表 12-7 表面粗糙度符号和附加标注的尺寸

数字和字母高度 h	2.5	3.5	5	7	10	14	20
符号线宽 d'	0.25	0.35	0.5	0.7	1	1.4	2
字母线宽 d							
高度 H_1	3.5	5	7	10	14	20	28
高度 H_2（最小值）	7.5	10.5	15	21	30	42	60

（2）表面粗糙度完整图形符号的组成

为了明确表面粗糙度要求，除了标注表面粗糙度参数代号和数值外，必要时应标注补充要求，包括传输带、取样长度、加工工艺、表面纹理及方向、加工余量等。

在完整符号中，对表面结构的单一要求和补充要求应注写在图 12-37 所示的指定位置。表面结构参数代号及其后的参数值应写在图形符号长边的横边下面，为了避免误解，在参数代号和极限值之间应插入空格。图 12-37 中符号长边上水平线的长度取决于上、下所标注内容的长度。图中在 a，b，d 和 e 区域中的所有字母的高度应该等于 h；区域 c 中的字体可以是大写字母、小写字母或汉字，这个区域的高度可以大于 h，以便可以写出小写字母的尾部。

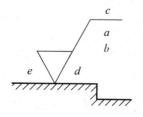

a——注写表面结构的单一要求；

a，b——注写两个或多个表面结构的要求；

c——注写加工方法；

d——注写表面纹理和方向；

e——注写加工余量。

图 12-37

(3)表面粗糙度代号的注写及含义

①参数的单项极限。只标注参数代号和一个参数值时，默认为参数的上限值。若为参数的单向下限值，参数代号前应加注 L，如 $LRa1.6$。

②参数的双向极限。在完整符号中表示双向极限时应标注极限代号。上限值在上方，参数代号前应加注 U；下限值在下方，参数代号前应加注 L。如果同一参数有双向极限要求，在不致引起歧义的情况下可不加注 U 和 L。上下极限值不采用不同的参数代号表达。

表 12-8 和表 12-9 所示为部分采用默认定义时的表面粗糙度代号及其含义说明，其他补充要求如取样长度、表面纹理及方向等可查阅有关标准及书籍。

表 12-8　表面粗糙度 Ra 的注写及含义

代号	含义及说明	代号	含义及说明
$\sqrt{\ Ra3.2}$	用任意加工方法获得的表面，轮廓算术平均偏差 Ra 的单向上限值为 $3.2\mu m$	$\sqrt{\ Ra3.2}$	用不除材料的方法获得的表面，轮廓算术平均偏差 Ra 的单向上限值为 $3.2\mu m$
$\sqrt{\ Ra3.2}$	用去除材料的方法获得的表面，轮廓算术平均偏差 Ra 的单向上限值为 $3.2\mu m$	$\sqrt{\begin{array}{l}U\ Ra3.2\\L\ Ra1.6\end{array}}$	用去除材料的方法获得的表面，轮廓算术平均偏差 Ra 的上限值为 $3.2\mu m$，下限值为 $1.6\mu m$

表 12-9　表面粗糙度 Rz 的注写及含义

代号	含义及说明	代号	含义及说明
$\sqrt{\ Rz3.2}$	用任意加工方法获得的表面，轮廓最大高度 Rz 的单向上限值为 $3.2\mu m$	$\sqrt{\ Rz3.2}$	用不除材料的方法获得的表面，轮廓最大高度 Rz 的单向上限值为 $3.2\mu m$
$\sqrt{\begin{array}{l}Ra3.2\\Rz1.6\end{array}}$	用去除材料的方法获得的表面，轮廓算术平均偏差 Ra 的单向上限值为 $3.2\mu m$，轮廓最大高度 Rz 的单向上限值为 $1.6\mu m$	$\sqrt{\begin{array}{l}Ra3.2\\Rzmax3.2\end{array}}$	用去除材料的方法获得的表面，轮廓算术平均偏差 Ra 的单向上限值为 $3.2\mu m$，轮廓最大高度 Rz 的上限值为 $3.2\mu m$

12.3.3　表面粗糙度符号在图样中的标注

国家标准规定了表面结构要求在图样中的做法：在同一图样中，每一个表面一般只标注一次代(符)号，并尽可能标注在具有确定该表面大小或位置尺寸的视图上；表面结构代(符)

号应注在可见轮廓线、尺寸界线或延长线上；除非另有说明，否则所标注的是对完工零件表面的结构要求。

（1）表面结构要求的注写和读取方向应与尺寸的注写和读取方向一致，如图 12-38 和图 12-39 所示。

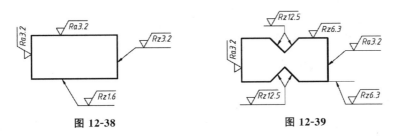

图 12-38　　　　　　　　　　图 12-39

（2）表面结构要求可标注在轮廓线上，其符号应从图形外指向并接触表面。必要时，表面结构符号也可用带箭头和黑点的指引线引出标注，如图 12-40、图 12-41 所示。

（3）表面结构要求可以直接标注在轮廓线或其延长线上，也可以标注在尺寸界线上，如图 12-42 所示。

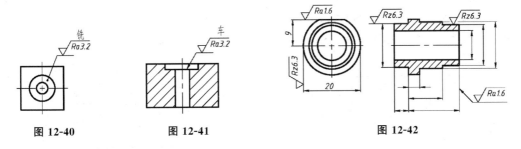

图 12-40　　　　　　图 12-41　　　　　　　　图 12-42

（4）在不致引起误解时，表面结构要求可以标注在给定的尺寸线上，如图 12-43 所示。

（5）表面结构要求可标注在几何公差框格的上方，如图 12-44、图 12-45 所示。

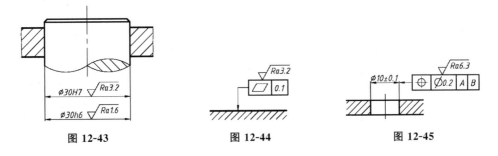

图 12-43　　　　　　图 12-44　　　　　　图 12-45

（6）一般圆柱和棱柱的表面粗糙度要求只标注一次，如果每个棱柱表面有不同的表面粗糙度要求，则应分别单独标注，如图 12-46 所示。

（7）如果在工件的大多数（包括全部）表面有相同的表面粗糙度要求时，其表面粗糙度要求可统一标注在图样的标题栏附近（不同的表面粗糙度要求应直接标注在图形中），其注法有两种。

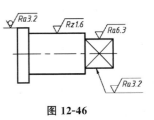

图 12-46

①在圆括号内给出无任何其他标注的基本符号，如图 12-47(a)所示；

②在圆括号内给出不同的表面粗糙度要求，如图 12-47(b)所示。

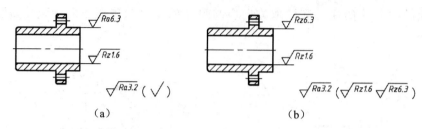

图 12-47

(8)多个表面有相同的表面粗糙度要求或图纸空间有限时，有两种注法。

①用带字母的完整符号以等式的形式，在图形或标题栏附近对有相同表面粗糙度要求的表面进行简化标注，如图 12-48(a)所示。

②用表面粗糙度符号以等式的形式，在图形或标题栏附近对有相同表面粗糙度要求的表面进行简化标注，如图 12-48(b)所示。

(9)由几种不同的工艺方法获得的同一表面，当需要明确每种工艺方法的表面粗糙度要求时，可按图 12-49 所示进行标注。

图 12-49 中 Fe 表示基体材料为钢，Ep 表示加工工艺为电镀。

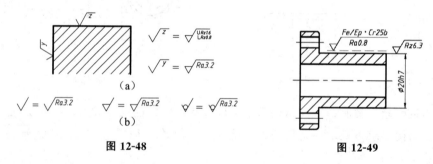

图 12-48　　　　　　　　图 12-49

第 13 章　零件图的看图方法与步骤

在设计、生产和维修机器设备及进行技术交流时，经常要阅读零件图。因此，阅读零件图是一名工程技术人员必备的基本能力，通过看一张零件图必须获取以下内容：

(1)了解零件的名称、材料和用途。

(2)了解组成零件各部分结构形状的特点、功用，以及它们之间的相对位置。

(3)了解零件的制造方法和技术要求。

13.1　看零件图的方法步骤

下面以图 13-1 为例说明看零件图的方法步骤。

1. 看标题栏

从标题栏里可以了解零件的名称、材料、图样的比例等，图 13-1 中所示为某类机械的底座，由 ZG 230-450 材料制成，图样的比例为 1：3。

2. 进行表达方案的分析

开始看图时，必须先找出主视图，然后看用了多少个图形和用了什么表达方法，以及各视图间的关系，为进一步看懂图打好基础，具体可按下列顺序进行分析：

(1)找出主视图。

(2)确定有多少视图、剖视图、断面图等。还要找出它们的名称、相互位置和投影关系。

(3)有剖视、断面的地方要找到剖切平面的位置。

(4)有局部视图、斜视图的地方，必须找到表示投影部位的字母和表示投影方向的箭头。

(5)有无局部放大图及简化画法。

图 13-1 中，底座是由三个基本视图(主视图、俯视图、左视图)、一个向视图组成。主视图采用全剖视图，剖切平面在俯视图的水平中心线上(前后的对称面)；左视图和俯视图均采用外形视图；向视图的投影部位是从主视图的下方向上投影的。

3. 进行形体分析和线面分析

进行形体分析和线面分析是为了更好地搞清楚投影关系和便于综合想象出整个零件的形状，可按下列顺序进行分析：

(1)先看大致轮廓，再分几个较大的独立部分进行形体分析，逐个看懂。

(2)对外部结构进行分析，逐个看懂。

(3)对内部结构进行形体分析，逐个看懂。

(4)对不便于进行形体分析的部分(特别是切割式组合体)进行线面分析，搞清楚投影关系，最后分析细节。

这部分内容在前面组合体部分中已详细叙述，读者可自行分析。

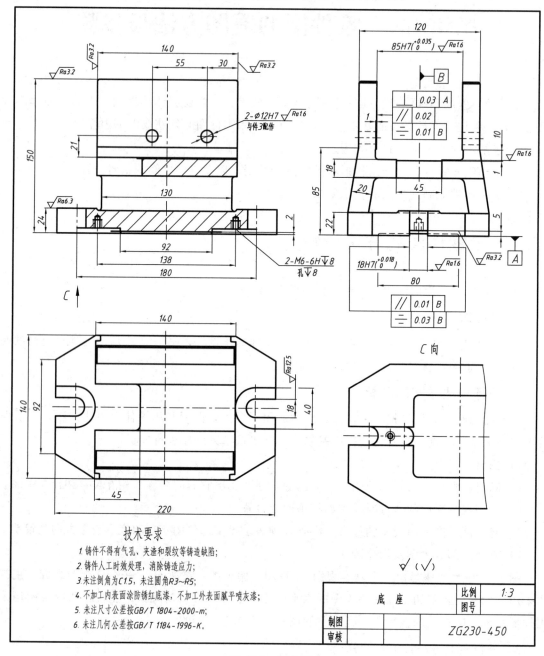

图 13-1　零件图

4. 进行尺寸分析

尺寸分析可按下列顺序进行：

(1)根据形体分析和结构分析，了解定形尺寸和定位尺寸。

(2)根据零件的结构特点，了解基准和尺寸的标注形式。

(3)了解功能尺寸。

(4)了解非功能尺寸。

(5)确定零件的总体尺寸。

底座各结构的定形尺寸和定位尺寸可自行分析,典型的定位尺寸如主视图中螺栓孔的 30,21 等。长度方向的主要基准是主视图中左右的基本对称面,次要基准是 30 和 140 尺寸的右侧端面;宽度方向的主要基准是俯视图中前后的对称面;高度方向的主要基准是底面。尺寸标注形式大部分为综合法。功能尺寸有 85H7 和 18H7 等。它的总体尺寸为 220,140,150。

5. 进行结构、工艺和技术要求的分析

分析这一部分内容,可以进一步了解零件、发现问题,具体可按下列顺序分析:

(1)根据图形了解结构特点。

(2)根据零件的特点可以确定零件的制造方法。

(3)根据图形内、外的符号和文字注解,可以更清楚地了解技术要求。

底座的结构具有支承、容纳、连接、安装、定位等功用。该零件采用铸造毛坯经过铣、钻、攻丝等加工制成。它技术要求内容较多,如:表面粗糙度,其参数值为 1.6 至 12.5,其余为不加工;尺寸公差有 85H7,18H7,2-ϕ12H7;形位公差有垂直度、平行度和对称度。

综合以上五方面的分析,可以了解到这一零件的完整内容,真正看懂这张零件图。

13.2　典型零件图例分析

这一节是用几种典型零件的图例,使读者进一步熟悉看零件图的方法步骤,掌握零件图的内容,了解各类零件的一些特点。

零件的种类很多,各种结构形状更是无穷无尽,不可能也无必要全部加以分析。这里仅仅将常见的轴套、轮盘、叉架和箱体类等零件的图例,从用途、表达方案、尺寸标注和技术要求等几方面进行重点分析。

13.2.1　轴套类零件

1. 用途

轴一般是用来支承传动零件和传递动力的(见图 13-2)。套一般是装在轴上,起轴向定位、传动或连接等作用。

2. 表达方案方面

(1)轴套类零件一般在车床上加工,所以应按形状特征和加工位置确定主视图,即轴线横水平放置,大头在左,小头在右,键槽、孔等结构可以朝前以便表达外形;轴套类零件的主要结构形状是回转体,一般只画一个主要视图。

(2)轴套类零件的其他结构形状,如键槽、退刀槽、越程槽和中心孔等可以用剖视、断面、局部视图和局部放大图等加以补充。对形状简单且较长的零件还可以采用折断的方法表示。

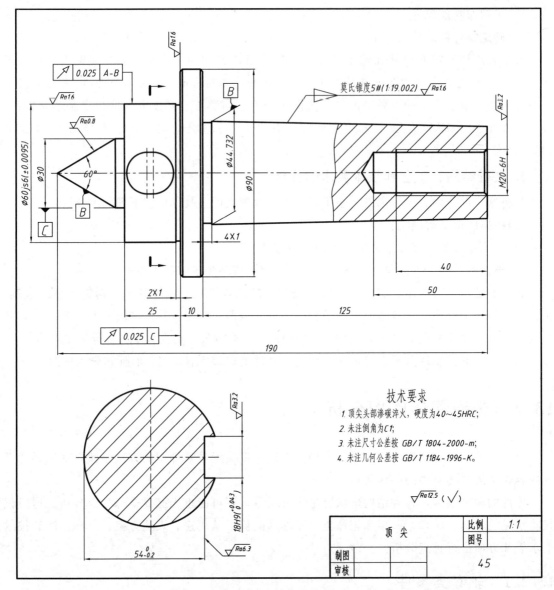

图 13-2 轴类零件图

(3)实心轴没有剖开的必要，但轴上个别部分的内部结构形状可以采用局部剖视。而空心套则需要剖开表达它的内部结构形状，内部结构简单的也可不剖或采用局部剖视；外部结构形状简单的可以采用全剖视，外部较复杂的则用半剖视（或局部剖视）。

3. 尺寸标注

(1)它们的宽度方向和高度方向的主要基准是回转轴线，长度方向的主要基准是端面。

(2)主要形体是同轴组成的，因而省略了定位尺寸。

(3)功能尺寸必须直接标注出来，其余尺寸大多按加工顺序标注。

(4)为了图形清晰和便于测量，在剖视图上，内外结构形状的尺寸分两侧标注。

(5)零件上的标准结构（倒角、退刀槽、越程槽、键槽）较多，应按该结构标准的尺寸标注。

4. 技术要求

(1)有配合要求的表面，其表面粗糙度参数值较小。无配合要求表面的表面，其表面粗糙度参数值较大。

(2)有配合要求的轴颈尺寸公差等级较高、公差较小。无配合要求的轴颈尺寸公差等级较低或不需标注。

(3)有配合要求的轴颈和重要的端面应有形位公差的要求。

13.2.2　轮盘类零件

1. 用途

轮盘类零件包括手轮、带轮、齿轮(见图 13-3)、端盖、盘座等。轮一般用来传递动力和扭矩，盘主要起支撑、轴向定位以及密封等作用。

2. 表达方案

(1)轮盘类零件主要是在车床上加工，所以应按性质特征和加工位置选择主视图，轴线水平放置；对有些不以车床加工为主的零件可按形状特征和工作位置确定。

(2)轮盘类零件一般需要两个主要视图。

(3)轮盘类零件的其他结构形状，如轮辐可用移出断面或重合断面表示，内部轴孔可用局部视图，如零件的花键内孔。

(4)根据轮盘类零件的结构特点(空心的)：各个视图具有对称剖面时，可作半剖视；无对称平面时，可作全剖视。

3. 尺寸标注

(1)它们的宽度和高度方向的主要基准也是回转轴线，长度方向的主要基准是经过加工的大端面。

(2)定形尺寸和定位尺寸都比较明显，尤其是圆周上分布的小孔的定位圆直径是这类零件的典型定位尺寸，多个小孔一般采用"6×ϕ EQS"的形式标注，EQS 意味着等分圆周，角度定位尺寸就不必标注了。

(3)内外结构形状仍应分开标注。

4. 技术要求

(1)有配合要求的内、外表面，其粗糙度参数值较小；起轴向定位的端面，其表面粗糙度参数值也较小。

(2)有配合要求的孔和轴的尺寸公差较小；与其他运动零件相接触的表面应有平行度的要求。

13.2.3　叉架类零件

1. 用途

叉架类零件包括各种用途的拨叉和支架，如图 13-4 所示。拨叉主要用在机床、内燃机等各种机器上的操纵机构、操纵机器、速度调节机构。支架主要起支撑和连接的作用。

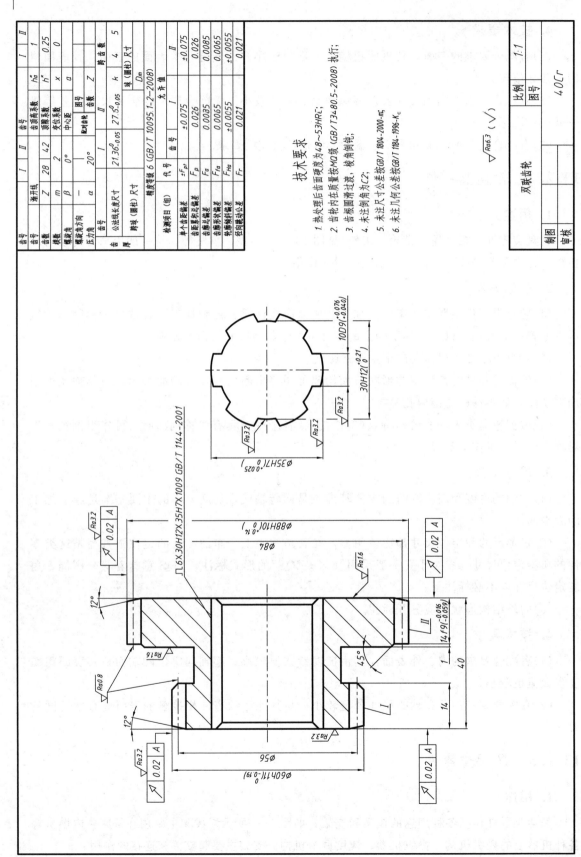

图13-3 齿轮零件图

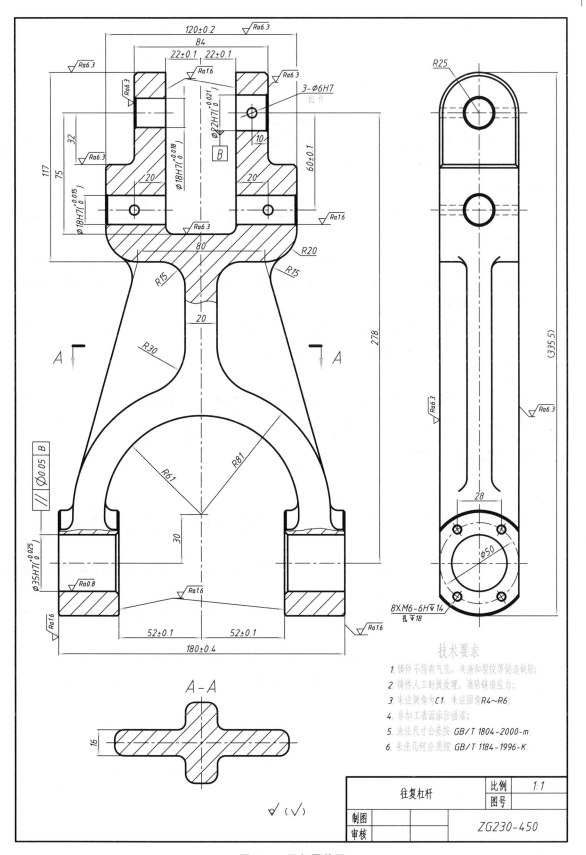

图 13-4　叉架零件图

技术要求

1. 铸件不得有气孔、夹渣和裂纹等铸造缺陷；
2. 铸件人工时效处理，消除铸造应力；
3. 未注倒角为 C1，未注圆角 R4~R6；
4. 非加工表面涂防锈漆；
5. 未注尺寸公差按 GB/T 1804-2000-m；
6. 未注几何公差按 GB/T 1184-1996-K。

往复杠杆		比例	1:1
		图号	
制图			ZG230-450
审核			

2. 表达方案

(1)叉架类零件一般都是铸件或锻件毛坯，形状较为复杂，需采用不同的机械加工工艺，而加工位置难以分出主次。所以，在选主视图时，主要按形状特征和工作位置（自然位置）确定。

(2)叉架类零件的结构较为复杂，一般都需要两个以上的视图。由于它的某些结构形状不平行于基本投影面，所以常常采用斜视图、斜剖视图和断面图来表示。零件上的一些内部结构形状可采用局部剖视；某些较小的结构，也可采用局部放大图。

3. 尺寸标注

(1)它们的长度、宽度和高度方向的主要基准一般为孔的中心线、轴线、对称平面和较大的加工平面。

(2)因结构复杂，每一个结构都必须确定其位置，所以定位尺寸较多，要注意能否保证定位的精度。一般要标注出孔中心线（或轴线）间的距离，或孔中心线（轴线）到平面的距离，或平面到平面的距离。

(3)定形尺寸一般都采用形体分析法标注尺寸，便于制作木模。一般情况下，内、外结构形状要注意保持一致。拔模斜度、铸造圆角也要标注出来。

4. 技术要求

除经过机械加工后与轴类等零件有配合要求的孔等结构的表面粗糙度、尺寸公差、形位公差要求较高外，其余表面没有什么特殊要求。

13.2.4 箱体类零件

1. 用途

箱体类零件多为铸件，一般可起支承、容纳、定位和密封作用，如图 13-5 所示。

2. 表达方案

(1)箱体类零件多数经过较多工序制造而成，各工序的加工位置不尽相同，因而主视图主要按形状特征和工作位置确定。

(2)箱体类零件一般都较复杂，常需用三个以上的基本视图。其内部结构形状都采用剖视图表示。

①当外部结构形状简单、内部结构形状复杂，且具有对称平面时，可采用半剖视。

②当外部结构形状复杂、内部结构形状简单，且具有对称平面时，可采用局部剖视或用虚线表示。

③当内、外部结构形状都较复杂，且投影并不重叠时，也可采用局部剖视。

④当投影重叠时，外部结构形状和内部结构形状应分别表达。

⑤对局部的内、外部结构形状可采用局部视图、局部剖视或断面来表示。

(3)箱体类零件投影关系复杂，常会出现截交线和相贯线。由于它们是铸件毛坯，所以经常会遇到过渡线，需要认真分析。

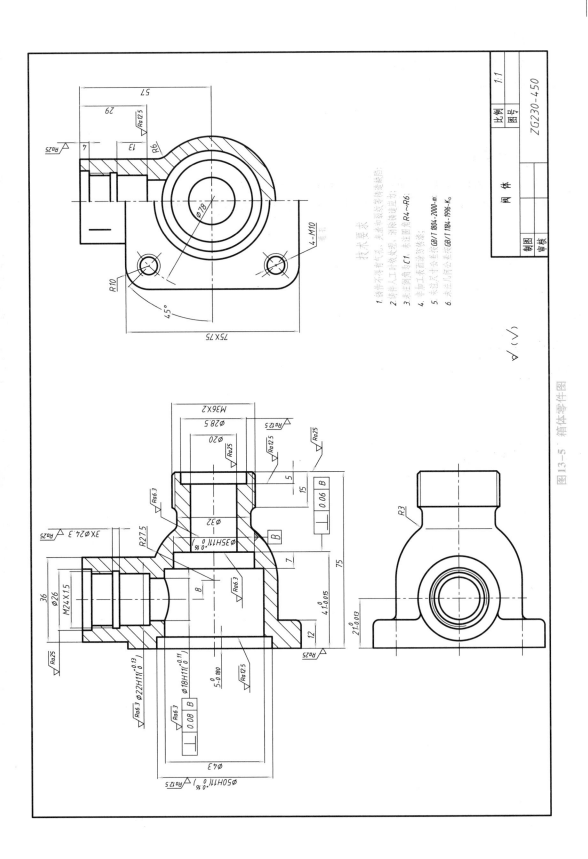

图 13-5　箱体零件图

3. 尺寸标注

(1)它们的长度方向、宽度方向和高度方向的主要基准也是采用孔的中心线、轴线、对称平面和较大的加工平面。

(2)它们的定位尺寸更多，各孔中心线(或轴线)间的距离一定要直接标注出来。

(3)定形尺寸仍用形体分析法标注。

4. 技术要求

(1)重要的箱体孔和重要的表面，其粗糙度参数值较小。

(2)重要的箱体孔和重要的表面应该有尺寸公差和形位公差要求。

第 14 章　装配图

与零件图的表达内容不同，装配图是表达机器或部件的工作原理、运动方式、零件间的连接及其装配关系的图样，是了解机器结构、分析机器工作原理和功能的技术文件，也是制订工艺规程，进行机器装配、调试、安装和维修的依据，是生产中的主要技术文件之一。

装配图分为总装配图和部件装配图。表达整台机器的组成部分及其相对位置以及连接、装配关系的图样，称为总装配图。表达部件的各组成零件及相对位置以及连接、装配关系的图样，称为部件装配图。如果一台机器比较复杂，一般会采用总装配图表达各部件间的相互关系，再用部件装配图表达该部件中各零件间的相互关系。

在生产制造一部新机器或者部件的过程中，一般是先进行设计，画出装配图，再由装配图拆画出零件图，然后按零件图制造零件，最后依据装配图把零件装配成机器或部件。

本章主要讨论装配图的内容、机器（或部件）的特殊表达方法、装配图的画法和由装配图拆画零件的方法等内容。

14.1　装配图的用途、要求和内容

图 14-1 所示为手压阀的轴测图。手压阀是吸进或排出流体的一种手动阀门。自由状态下因弹簧力作用，阀体圆锥面阀口与其接触起密封作用的阀杆锥面部分相互分离。当握住手柄向下压紧阀杆时，此时流体在压力作用下，从左侧的进口经圆锥面阀口进入弹簧所在区域的阀体空间后，通过出口流出阀体；当抬起手柄时，由于弹簧力的作用，阀杆向上压紧阀体，阀体的圆锥面阀口关闭，此时流体不能通过手压阀流动。

根据图 14-1 所示手压阀的结构等内容画出它的装配图，如图 14-2 所示。由图 14-2 可以得出装配图的内容主要有以下几方面。

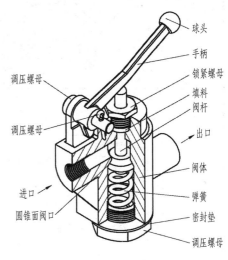

图 14-1　手压阀

1. 一组视图

在装配图中用一般表达方法和装配图的特殊表达方法，正确、完整、清晰和简便地表达机器（或部件）的工作原理、零件之间的相互位置和装配关系以及主要零件的结构形状。

2. 必要的尺寸

在装配图中必须标注反映机器（或部件）的性能、规格、外形、安装情况、部件或零件间的相对位置、配合要求等必要尺寸和参数，以满足后续拆画零件图及装配、检验、安装和使

用的需要。

3. 技术要求

在装配图中用文字或国家标准规定的符号注写出机器(或部件)在质量、装配、检验、使用等方面的要求。

4. 零(部)件序号、明细栏和标题栏

按规定的格式将所有零(部)件进行编号，在明细栏中详细填写各零(部)件的编号(序号)、名称、数量和材料等，并将标题栏的内容填写完整。

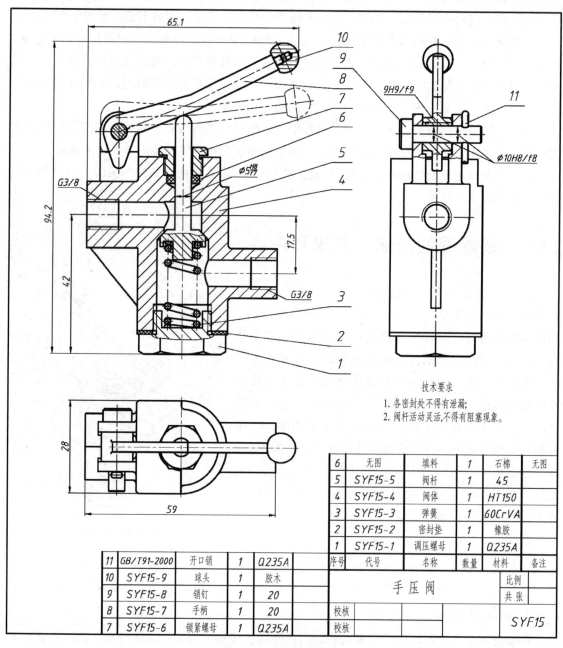

技术要求
1. 各密封处不得有泄漏;
2. 阀杆活动灵活,不得有阻塞现象。

6	无图	填料	1	石棉	无图
5	SYF15-5	阀杆	1	45	
4	SYF15-4	阀体	1	HT150	
3	SYF15-3	弹簧	1	60CrVA	
2	SYF15-2	密封垫	1	橡胶	
1	SYF15-1	调压螺母	1	Q235A	
序号	代号	名称	数量	材料	备注

11	GB/T91-2000	开口销	1	Q235A
10	SYF15-9	球头	1	胶木
9	SYF15-8	销钉	1	20
8	SYF15-7	手柄	1	20
7	SYF15-6	锁紧螺母	1	Q235A

手 压 阀	比例	
	共张	
校核		SYF15
校核		

图 14-2 手压阀装配图

与零件图相比较，装配图在内容和要求上存在以下异同：

(1)和零件图一样都有视图、尺寸、技术要求和标题栏等方面的内容。但在装配图中还多了零件编号和明细栏，用于说明零件的编号、名称、材料和数量等情况。

(2)装配图的表达方法和零件图基本相同，都是采用各种视图、剖视、断面等方法。但装配图另外还有一些规定画法和特殊表达方法。

(3)装配图视图的表达要求与零件图不同。零件图需要把零件各部分结构形状完全表达清楚，而装配图只需要把部件的功用、工作原理和零件之间的装配关系表达清楚，并不需要把其中的每个零件的结构形状完全表达出来。

(4)装配图的尺寸要求与零件图不同。零件图中要标注出零件制造时所需的全部尺寸，而装配图上只需要注出与机器(部件)性能、装配、安装和外形体积等有关的尺寸。

14.2　装配图的表达方法

前面章节中介绍的各种表达方法，不仅适用于零件图，也适用于装配图。但是零件图所表达的是单个零件，而装配图表达的是由若干零件组成的部件或整台机器，两种图样所要表达的侧重内容是完全不同的。装配图以表达机器(或部件)的工作原理和装配关系为中心，具有自己的特点，因此，国家标准还规定了装配图的规定画法和特殊表达方法。

14.2.1　装配图的规定画法

1. 接触面和配合面的画法

两个零件的接触表面(或基本尺寸相同且有配合要求的工作面)，只画一条轮廓线表示。而不接触的两个表面，即使间隙很小也必须画两条线。如图 14-2 所示，阀体的圆锥面阀口和阀杆圆锥面部分接触区域，以及阀杆和阀体在标注为 $\phi 5H7/f7$ 的间隙配合处，均只画一条轮廓线；而锁紧螺母 7 的下表面和阀体最上的表面没有接触、也不存在配合关系，则必须画两条线。

2. 剖面线的画法

(1)同一张图样中，同一零件在各个剖视图中的倾斜方向与间隔必须完全一致。

(2)在装配图的剖视图中，相接触的两零件的剖面线方向应相反，如图 14-3(a)所示。

(3)三个或三个以上零件接触时，除其中两个零件的剖面线倾斜方向不同外，第三个零件应采用不同的剖面线间隔，或者与同方向的剖面线错开，如图 14-3(b)所示。

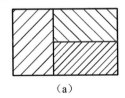
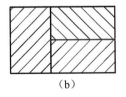

(a)　　　　　　　　　　(b)

图 14-3　剖面线的画法

(4)装配图中，宽度小于或等于 2mm 的狭小面的剖面，可用涂黑代替剖面符号，如图 14-4 中的件 5。

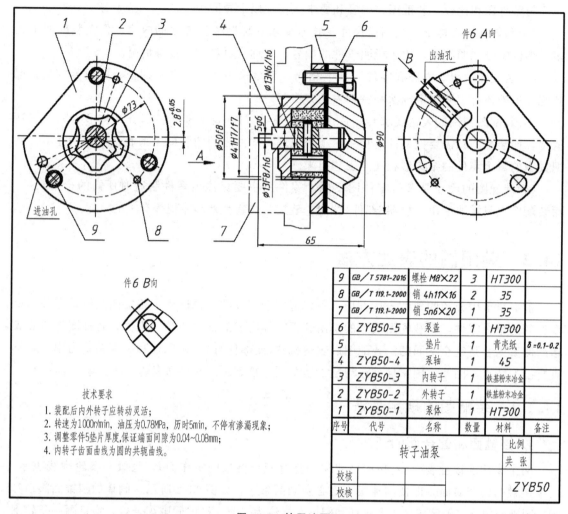

技术要求

1. 装配后内外转子应转动灵活;
2. 转速为1000r/min, 油压为0.78MPa, 历时5min, 不停有渗漏现象;
3. 调整零件5垫片厚度, 保证端面间隙为0.04~0.08mm;
4. 内转子齿面曲线为圆的共轭曲线。

9	GB/T 5781-2016	螺栓 M8×22	3	HT300	
8	GB/T 119.1-2000	销 4h11×16	2	35	
7	GB/T 119.1-2000	销 5n6×20	1	35	
6	ZYB50-5	泵盖	1	HT300	
5		垫片	1	青壳纸	δ=0.1~0.2
4	ZYB50-4	泵轴	1	45	
3	ZYB50-3	内转子	1	铁基粉末冶金	
2	ZYB50-2	外转子	1	铁基粉末冶金	
1	ZYB50-1	泵体	1	HT300	
序号	代号	名称	数量	材料	备注

转子油泵		比例	
		共 张	
校核			
校核			ZYB50

图 14-4 转子油泵

3. 标准件、实心杆类零件的画法

(1)在装配图的剖视图中,实心杆件(如轴、拉杆等)和一些标准件(如螺母、螺栓、键、销、球等),若剖切平面通过其轴线(或对称面),这些零件按不剖绘制,即只画零件外形,不画剖面线,如图 14-2 主视图中的阀杆 5 和手柄 8;

(2)当剖切平面垂直其轴线时,需画出剖面线,如图 14-4 主视图中的件 4 泵轴;

(3)如果实心杆件上有些结构和装配关系需要剖开后才能表达清楚,可采用局部剖视图。

14.2.2 装配图的特殊表达方法

1. 拆卸画法

当某一个或几个零件在装配图的某一视图中遮住了大部分装配关系或其他零件时,可假想拆去一个或几个零件,只画出剩余部分零件的视图,这种方法称为拆卸画法。如图 14-5 所示,主视图是拆去螺栓、螺母和垫圈后,画出剩余部分的视图。

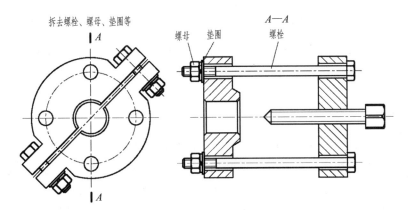

图 14-5 拆卸画法

2. 沿结合面剖切的画法

为了表达内部结构，可以假想沿某些零件的结合面进行剖切，再画出相应的剖视图。此时零件的结合面不画剖面线，而被剖断的零件应画剖面线，如图 14-6 中的俯视图。

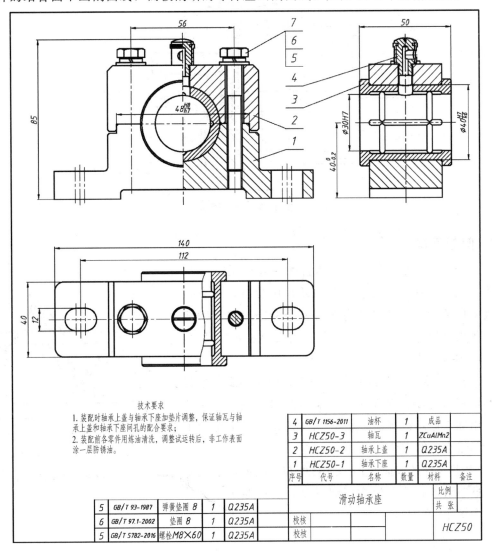

技术要求

1. 装配时轴承上盖与轴承下座加垫片调整，保证轴瓦与轴承上盖和轴承下座间孔的配合要求；
2. 装配前各零件用煤油清洗，调整试运转后，非工作表面涂一层防锈油。

4	GB/T 1156-2011	油杯	1	成品	
3	HCZ50-3	轴瓦	1	ZCuAlMn2	
2	HCZ50-2	轴承上盖	1	Q235A	
1	HCZ50-1	轴承下座	1	Q235A	
序号	代号	名称	数量	材料	备注

5	GB/T 93-1987	弹簧垫圈 8	1	Q235A
6	GB/T 97.1-2002	垫圈 8	1	Q235A
5	GB/T 5782-2016	螺栓 M8×60	1	Q235A

滑动轴承座

比例
共 张

校核

校核

HCZ50

图 14-6 滑动轴承座

3. 单独表示某个零件的画法

在装配图中，当某个零件的形状未表达清楚并对理解装配关系有影响时，可单独画出该零件的某个视图，并在该视图上方注出零件的名称，在相应视图的附近用箭头指明投射方向，并注上相同的字母，如图 14-4 中件 6 的 A 向和件 6 的 B 向的向视图。

4. 夸大画法

在画装配图时，有时会遇到薄片零件、细丝弹簧、微小间隙及锥度很小的锥销、锥孔等，这些零件或间隙若按实际尺寸和比例画出会显得很不明显甚至不能看出有该零件，这时在装配图中均可采用夸大画法，即把垫片厚度、簧丝直径、锥度等都适当夸大画出。图 14-7 中的垫片厚度就是夸大画出的，同时其中的键连接还采用了局部剖视图画法。

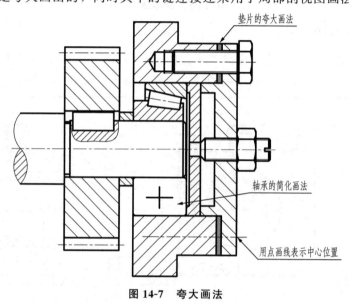

图 14-7　夸大画法

5. 假想画法

(1)在机器设备中，有些零件会做往复运动或者摆动，为了表示运动零件的运动范围或极限位置，可先在一个极限位置画出该零件，再在另一个极限位置用细双点画线画出其轮廓，并注上运动范围或极限位置的尺寸，如图 14-8 中的连杆。

(2)为了表示与本部件有装配关系，但又不属于本部件的其他相邻的零、部件时，可采用假想画法，即将这些零件用细双点画线画出，如图 14-9 所示夹具装配图中细双点画线表示的零件。

(3)某些零件的表面在加工过程中与刀具的轮廓是一致的，这时可以将刀具轮廓用细双点画线以假想方式的画出，如图 14-10 所示。

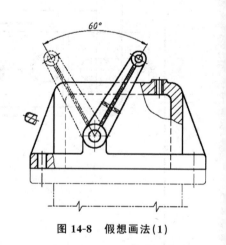

图 14-8　假想画法(1)

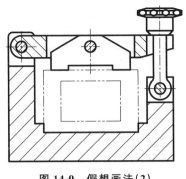

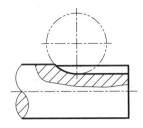

图 14-9 假想画法（2）　　　　图 14-10 假想画法（3）

6. 展开画法

为了表示部件传动机构的传动路线及各轴之间的装配关系，可以假想将这空间轴系按传动顺序沿轴线剖开，并将其展开在一个平面上，画出剖视图。在展开剖视图的上方应注上"×－×展开"。图 14-11 所示的挂轮架装配图就是采用了展开画法。

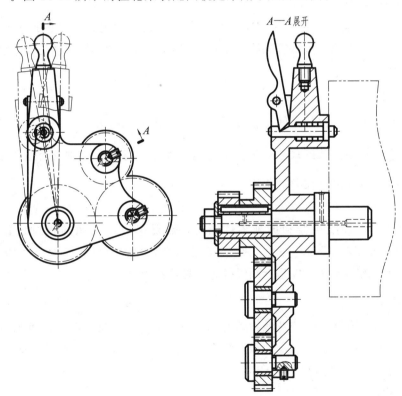

图 14-11 展开画法

14.2.3 装配图的简化方法

（1）在装配图中，零件的工艺结构如圆角、倒角、退刀槽等可以不画。

（2）在装配图中，螺母和螺栓头允许采用简化画法。当装配图中有若干相同的零件组（如螺栓连接）时，在不影响理解的前提下，允许只详细地画一组，其余可只用点画线表示其中心位置，如图 14-7 中的螺栓。

(3)在装配图的俯视图中，表示滚动轴承时，可以只详细地画出对称图形的一半，另一半采用简化画法，如图 14-7 中滚动轴承的简化画法。

在装配图中，当剖切平面通过的部件为标准产品或该部件已在其他图中表示清楚时，可按不剖绘制，如图 14-6 所示，滑动轴承座中的件 4 油泵在两个视图中其实是可以不剖的。

14.3 装配图的尺寸标注及技术要求

14.3.1 装配图的尺寸标注

与零件图不同，装配图不需要标注各组成部分的所有尺寸，而应该根据装配图的作用确定应标注的必要尺寸，以进一步说明机器的性能、工作原理、装配关系和安装要求。具体来说，装配图应标注下列尺寸。

1. 性能(规格)尺寸

它是决定产品工作能力的尺寸，在装配体设计前就已确定的，是设计和选用机器的依据。如图 14-2 中进口和出口处的管螺纹尺寸 G3/8、图 14-6 中滑动轴承轴瓦内孔直径ϕ30H7。

2. 装配尺寸

(1)配合尺寸

配合尺寸是表示两个零件之间配合性质的尺寸，如图 14-6 左视图中轴瓦外圆柱面与轴承上盖和轴承下座的轴承内孔的尺寸$\phi 40 \dfrac{\text{H7}}{\text{k6}}$，它是由基本尺寸和孔与轴的公差代号所组成，是拆画零件图时确定零件尺寸偏差的依据。

(2)相对位置尺寸

相对位置尺寸是装配机器和拆画零件图时，需要保证零件间的相对位置的尺寸，如图 14-4 转子油泵装配图中的尺寸$\phi 73$，图 14-6 轴承座装配图中的中心高尺寸 $40_{-0.2}^{0}$。这类尺寸是装配、调整所需的尺寸，也是拆画零件图、校图时所需的尺寸。

3. 外形尺寸

外形尺寸是表示机器或部件外形轮廓的尺寸，即总长、总宽、总高。当机器或部件进行包装、运输，以及厂房、生产线设计和安装机器时需要考虑这些外形尺寸，如图 14-4 中转子油泵装配图的总长 65、总高和总宽ϕ90。

4. 安装尺寸

安装尺寸是机器或部件安装在地基上或与其他机器或部件相连接时所需要的尺寸，包括安装面的大小和安装孔的定形、定位尺寸，如图 14-6 滑动轴承座装配图中底座的安装孔尺寸 112，12 和安装面的尺寸 140，40。

5. 其他重要尺寸

其他重要尺寸是在设计中经过计算确定或选定的尺寸，但又未包括在以上 4 类尺寸之中。这类尺寸在拆画零件图时，不能改变。

（1）对实现装配体的功能有重要意义的零件结构尺寸，如图 14-6 中的尺寸 $48\dfrac{H8}{h7}$。

（2）运动件运动范围的极限尺寸，如图 14-8 中连杆摆动范围的极限尺寸 60°。

以上 5 类尺寸在一张装配图上不一定同时都有，有时一个尺寸也可能兼具几类尺寸的意义和作用，应根据装配体的具体内容和作用作详细分析，合理地标注装配图的尺寸。

14.3.2　装配图的技术要求

和零件图一样，机器（部件）的装配图也有相关的技术要求。因各类机器（部件）千差万别，而且涉及的专业知识较多，机器（部件）的装配图的技术要求没有统一的项目，但一般都会对机器（部件）在组装、安装、调试和使用等方面提出一些应满足的技术要求及注意事项，如压力容器就必须提出利用水压试验检验其密封性的技术要求等。这些技术要求通常注写在标题栏、明细栏的上方或左侧空白处。

14.4　装配图的零、部件序号和明细栏

为便于进行生产的准备工作，装配图中的每个不同零件或部件都必须编注一个序号。同时，在看装配图时，也要根据序号查阅明细栏，了解每一个零件的名称、材料和数量等，以便熟悉所要接触的机器或部件。在给零件编制序号时应注意两个问题：

（1）形状、大小完全相同的零件只能给一个序号，这些相同零件的总数量必须填写到明细栏中；但对形状相同、只要有一个尺寸不同的零件也必须分别编制不同的序号。

（2）对于如电机、轴承、油标等制成品，虽然它们是由多个零件组成，但因是标准部件，买来时是作为一个整体存在的，在装配图中应将其看成一个完整的零部件，只编制一个序号。

14.4.1　装配图的零、部件序号编排方法

1. 序号的标注

如图 14-12 所示，在零件的轮廓内画一小圆点，从小圆点引出指引线（细实线），序号应注写在视图和尺寸的范围之外，并填写在指引线另一端的横线上或圆内，横线或圆用细实线画出，序号字体要比尺寸数字大一号或两号，如图 14-12(b) 和图 14-12(c) 中的三种序号标注方法，其中图 14-12(c) 中指引线末端可不画横线或圆。

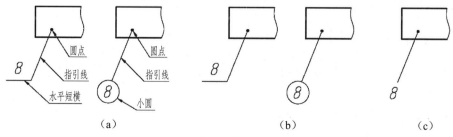

（a）　　　　　　　　　　　　（b）　　　　　　　　　（c）

图 14-12　序号的标注

2. 指引线的画法

(1)指引线应从所指零件的轮廓线内引出，尽可能分布均匀且不要彼此相交，也不要过长。

(2)指引线通过有剖面区域时，应尽量不与剖面线平行，必要时可画成折线，但只允许弯折一次，如图 14-13 所示。

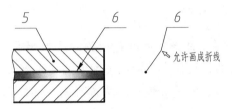

图 14-13　指引线的画法

(3)若所指部分是很薄的零件或涂黑的剖面，可在指引线末端画出指向该部分轮廓的箭头，如图 14-13 所示。

(4)螺纹紧固件及装配关系清楚的零件组，可采用公共指引线，如图 14-14 所示。

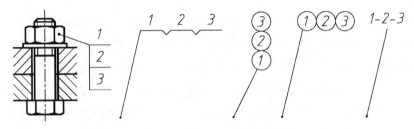

图 14-14　零件组的公共指引线

(5)同一图样中的序号要沿水平方向或垂直方向，按顺时针或逆时针次序排列整齐，如图 14-4 所示。

3. 编注序号时的注意事项

(1)为了使整张图样布置得整齐美观，在画零件序号时，应在一定位置画好横线或圆，然后再与零件一一对应，画出指引线。

(2)常用的序号编排方法有两种：

①一种是一般件和标准件混合在一起编排，如图 14-4 中的转子油泵装配图。

②另一种是将一般件编号填入明细栏中，而标准件直接在图上标注规格、数量和国标号，或另列专门的表格。

14.4.2　装配图的明细栏

明细栏是机器(部件)的全部零件目录，内容包括零件的代号、名称、材料、数量等，如图 14-15 所示。

明细栏应画在紧靠标题栏的上方，外框为粗实线，内格为细实线。如果标题栏上方位置不够，也可在标题栏的左侧再画一排，如图 14-6 所示。

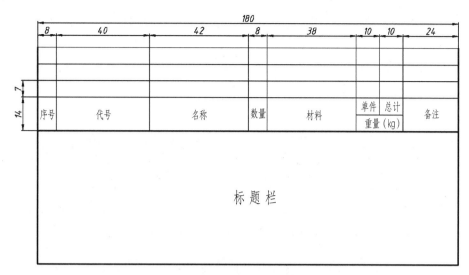

图 14-15　明细栏的画法

明细栏中，零件序号编写顺序是从下往上，以便增加零件时，可以继续向上画格，如图 14-4 和图 14-6 所示。

在实际生产中，明细栏也可不画在装配图内，而在单独的零件明细栏上按零件分类和一定格式填写，此时零件序号编写顺序方可从上向下。

14.5　装配结构的合理性

在设计一台机器的过程中，为使零件装配成机器(或部件)后不仅能达到性能要求，还要求各零件的生产加工可行以及拆、装方便，即满足装配工艺结构要求。装配工艺结构不合理，不仅会给装配工作带来困难，严重影响装配质量，而且可能使零件的加工工艺及维修复杂化。下面列举几种常见的装配结构，并讨论其合理性。

14.5.1　零件接触面

1. 零件接触面的数量

(1)装配结构中，两零件的接触面在同一方向上只能有一对表面接触，如图 14-16(a)所示，即 $a_1 > a_2$。这样既保证了两零件接触良好，又可降低 a_1，a_2 尺寸方向的加工精度要求。若要求两对同一方向的表面同时接触，如图 14-16(b)所示，即 $a_1 = a_2$，会使尺寸 a_1，a_2 的加工精度必须满足极高的要求，实际上也达不到，而且在使用上也无必要。

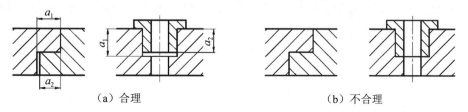

（a）合理　　　　　　　　　　　　　　　（b）不合理

图 14-16　零件接触面

(2)对于轴颈和孔的配合，如图 14-17 所示，由于 ϕA 已经形成配合，ϕB 和 ϕC 就不应再形成配合关系了，必须保证 $\phi C > \phi B$。

(3)对于锥面配合，如图 14-18 所示，锥体顶部与锥孔底板之间必须留有间隙，即 $L_1 < L_2$。若 $L_1 \geqslant L_2$，则不能保证两零件的锥面配合。

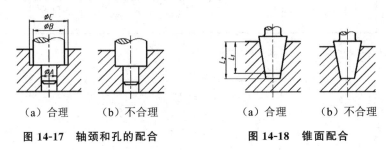

（a）合理　　（b）不合理　　　　　　（a）合理　　（b）不合理

图 14-17　轴颈和孔的配合　　　　图 14-18　锥面配合

例　图 14-19 所示为轴系结构中端盖的三种设计方案，读者可自行判断哪种结构是合理的，并说明理由。

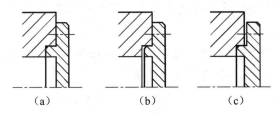

（a）　　　　　（b）　　　　　（c）

图 14-19　轴系结构中端盖的三种设计方案

2. 零件接触面拐角处的结构

轴与孔端面接触时，在拐角处孔边要倒角或轴根要切槽，以保证端面能紧密接触，如图 14-20 所示。需注意的是，轴根切槽后，因轴径减小且存在应力集中情况，该轴的受力情况变差，只能在受力相对不大的情况下使用。

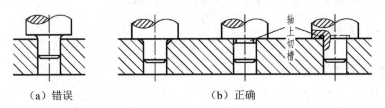

（a）错误　　　　　　　　　（b）正确

图 14-20　轴与孔端面接触

3. 合理减少加工面积

为了保证接触良好，接触面特别是铸造表面需经机械加工。合理地减少加工面积，不但可以降低加工费用、减少加工工时，而且可以改善接触情况。

(1)为了保证连接件(螺栓、螺母、垫圈)和被连接件间的良好接触，在被连接件上做出沉孔、凸台等结构，如图 14-21 所示。沉孔的尺寸可根据连接件的规格尺寸，从有关手册中查取。

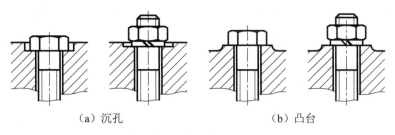

（a）沉孔　　　　　　　　（b）凸台

图 14-21　在被连接件上的沉孔、凸台

（2）图 14-22 所示为轴承座底座的图形，为了减少接触面，在轴承底座与下轴瓦的接触面上，开一个环形槽，在轴承座底面挖一个凹槽。轴瓦凸肩处有退刀槽是为了改善两个互相垂直表面的接触情况。

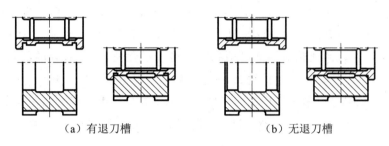

（a）有退刀槽　　　　　　　　（b）无退刀槽

图 14-22　轴承座与下轴瓦

14.5.2　螺纹连接的合理结构

（1）被连接件通孔的尺寸应比螺纹大径或螺杆直径稍大，以便装配，如图 14-23 所示。

（2）为了保证拧紧，要适当加长螺纹尾部（即螺杆要高出螺母），在螺杆上加工出退刀槽，在螺孔上做出凹坑或倒角，如图 14-24 所示。

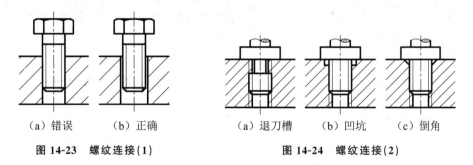

（a）错误　　（b）正确　　　　　　（a）退刀槽　　（b）凹坑　　（c）倒角

图 14-23　螺纹连接（1）　　　　　　**图 14-24　螺纹连接（2）**

14.5.3　定位销的合理结构

为了保证重新装配后两零件间相对位置的精度（如减速器上盖和下箱体的装配），常采用圆柱销或圆锥销定位，所以对销及销孔的要求较高，如图 14-25 所示。为了加工销孔和拆卸销子方便，在可能的条件下，将销孔做成通孔，如图 14-25（b）所示。

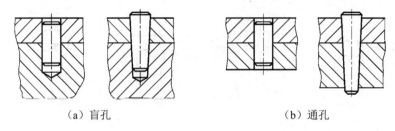

（a）盲孔　　　　　　　　　　　（b）通孔

图 14-25　定位销

14.5.4　轴系的合理结构

1. 轴向定位结构

轴系上的传动件如齿轮、带轮和滚动轴承等都要求定位，以保证不发生轴向窜动。因此，轴肩与传动件接触处的结构要能满足定位的要求。如图 14-26 所示，为了使齿轮、轴承紧紧靠在轴肩上，在轴颈或轴头根部必须有退刀槽或小圆角(轴上该处的圆角尺寸应小于齿轮或轴承的圆角)。另外，轴头的长度 A 一定要略小于齿轮轮毂长度 B。

图 14-27 所示的轴是以紧固件作轴向定位的，轴肩处也应有一定的结构要求。图 14-27(a) 所示结构是合理的($A<B$)；图 14-27(b)中，螺纹长度太短，有可能造成螺母不能将螺杆拧紧在另一零件上。

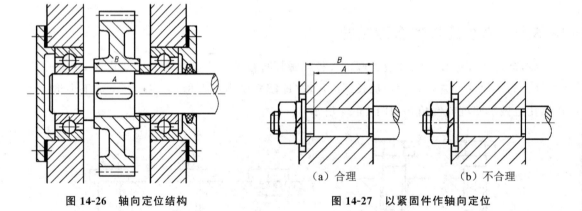

（a）合理　　　　　　　　（b）不合理

<table>
<tr><td>图 14-26　轴向定位结构</td><td>图 14-27　以紧固件作轴向定位</td></tr>
</table>

2. 滚动轴承的固定

为防止滚动轴承产生轴向窜动，必须采用一定的结构来固定其内、外圈。常用的固定滚动轴承内、外圈的结构有以下几种。

(1)用台肩和轴肩固定，如图 14-28 所示。

(2)用弹性挡圈固定。在轴上加工一沟槽，用于安装轴用弹性挡圈，如图 14-29(a)所示。弹性挡圈为标准件，分为轴用弹性挡圈[见图 14-29(b)]和孔用弹性挡圈[见图 14-29(c)]，孔用弹性挡圈安装在内孔表面的沟槽内，因滚动轴承的轴向固定必须精确，轴上或孔内表面沟槽的尺寸精度要求较高，必须按弹性挡圈的规格尺寸从有关手册中查取沟槽尺寸。

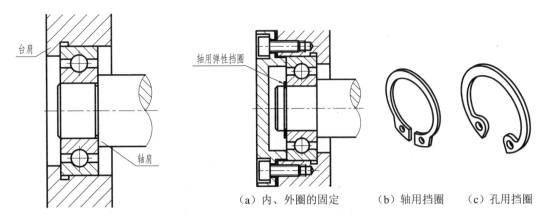

图 14-28　用台肩和轴肩固定内、外圈

（a）内、外圈的固定　　（b）轴用挡圈　　（c）孔用挡圈

图 14-29　用弹性挡圈固定内、外圈

（3）用轴端挡圈固定。轴端挡圈固定滚动轴承的结构如图 14-30（a）所示。轴端挡圈为标准件，分为螺钉紧固用的和螺栓紧固用的两类，每一类又分为 A 型和 B 型，如图 14-30（b）和图 14-30（c）所示，其孔径及孔间距都必须查手册确定。

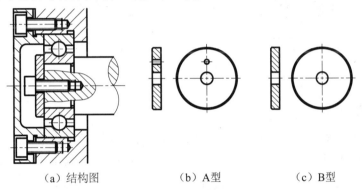

（a）结构图　　　　　（b）A型　　　　　（c）B型

图 14-30　用轴端挡圈固定轴承内圈

（4）用圆螺母及止退垫圈固定。该种固定结构如图 14-31（a）所示。圆螺母［见图 14-31（b）］及止退垫圈［见图 14-31（c）］均为标准件，轴上和它们有关的结构尺寸也必须查阅手册确定。

（5）用套筒固定。如图 14-32 所示，轴的左端装有皮带轮，皮带轮的右端面紧靠在套筒左端面，套筒的右端面紧靠在轴承的内圈左端面上，以固定轴承内圈。

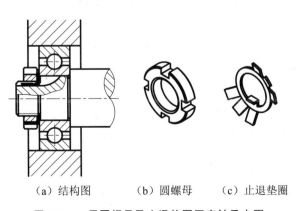

（a）结构图　　（b）圆螺母　　（c）止退垫圈

图 14-31　用圆螺母及止退垫圈固定轴承内圈

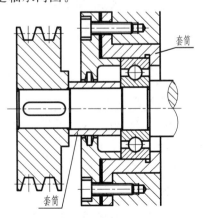

图 14-32　用套筒固定内、外圈

3. 滚动轴承间隙的调整

由于轴在高速旋转时会产生发热、膨胀现象，轴承的位置在轴向产生变化，而固定滚动轴承的端盖等零件保持位置不变，因此在轴承和端盖等零件之间必须留有少量间隙(一般为0.2~0.3mm)，以防止轴承转动不灵活或卡住。

滚动轴承工作时所需的间隙应可随时调整。常用的调整方法：更换不同厚度的金属垫片，如图 14-33(a)所示；用螺钉调整止推盘，如图 14-33(b)所示。

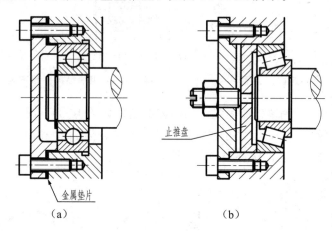

（a）　　　　　　　　　　　（b）

图 14-33　滚动轴承间隙的调整

4. 滚动轴承的密封

滚动轴承旋转精度要求高，为防止外部的灰尘和水分进入轴承影响旋转精度，同时也要防止轴承的润滑剂渗漏，滚动轴承需要进行密封。常用的密封方法如图 14-34 所示。

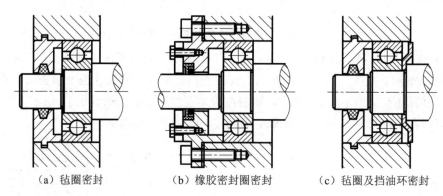

（a）毡圈密封　　　　　（b）橡胶密封圈密封　　　　（c）毡圈及挡油环密封

图 14-34　滚动轴承的密封

（1）毡圈密封

如图 14-34(a)所示，压紧在轴承外圈的透盖内孔中有一等腰梯形断面的沟槽，将毛毡切割成合适的断面尺寸塞入槽内，并紧贴在轴上，轴可以自由旋转而灰尘等难以经轴和透盖内的间隙侵入内部的轴承，以达到防尘效果。

（2）橡胶密封圈密封

如图 14-34(b)所示，该密封形式和毡圈密封的原理相同，但橡胶密封圈的效果要好很多，结构也更复杂。

（3）挡油环密封

如图 14-34（c）所示，轴承右端装有一挡油环，在轴上的齿轮高速旋转时，从油池中飞溅出的润滑油因受到挡油环的阻挡，难以进入轴承内部，达到密封效果。

14.5.5　防松的结构

机器在运转时，由于受到振动或冲击，螺纹连接件可能产生松动，有时甚至造成严重事故。因此，一般机构大多需要防松，以下列举几种常见的防松结构。

1. 双螺母锁紧

两螺母的旋向相同，当它们相互间拧紧后，螺母之间产生的轴向力，使螺母牙与螺栓牙之间的摩擦力增大，从而防止螺母松脱，如图 14-35（a）所示。

2. 弹簧垫圈锁紧

弹簧垫圈在自由状态下，切口处两侧高度不一，当螺母拧紧后，垫圈两侧受压变平，依靠这个力使螺母牙与螺栓牙之间的摩擦力增大，同时垫圈切口处的刀刃阻止螺母转动而防止螺母松脱，如图 14-35（b）所示。

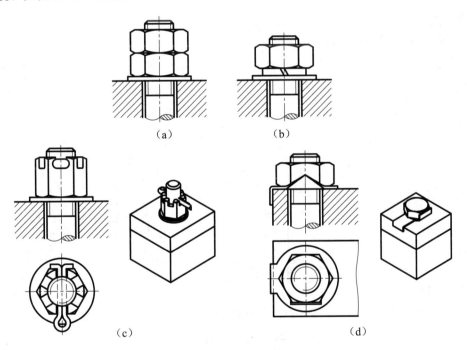

图 14-35　防松结构

3. 用开口销防松

如图 14-35（c）所示，开口销直接将六角槽形螺母锁紧在螺栓上，使之不能在螺栓上产生旋转而防止松脱。

4. 用止退垫圈防松

这种装置常用来固定安装在轴端部的零件。如图 14-31 所示，轴端沿轴向开槽，止退垫圈一端插入轴端开槽内，一端插入圆螺母的圆周上的槽内，此时，圆螺母被固定在轴上不能产生旋转而防止松脱。

5. 用止动垫圈锁紧

如图 14-35(d)所示，螺母拧紧后，止动垫圈一脚弯靠在被连接件的侧面，另一脚弯靠在螺母的棱柱面上，螺母和被连接件成为一个整体，相互间不能产生旋转而松脱。

14.5.6 防漏密封结构

一般对于管道连接处，伸出机器壳体之外的旋转轴、滑动杆等，其上都必须有合理的密封装置，以防止工作介质(液体或气体)沿管道连接处、轴、杆泄漏，并防止外界灰尘等杂质侵入机器内部。以下是几种常见的密封结构。

1. 两管道端部用橡胶密封垫密封

如图 14-36(a)所示，两管道端部装有橡胶密封垫，用螺母将两管道端部压紧在橡胶密封垫上，防止工作介质从管道端部泄漏。

2. 轴向移动用橡胶密封圈密封

如图 14-36(b)所示，液压缸内活塞的圆周槽内装有橡胶密封圈，以防止工作介质从活塞和缸内部之间的间隙泄漏。

3. 轴的转动用填料密封

图 14-36(c)所示为常用在泵中旋转杆的填料密封装置，它是通过压盖使填料紧黏住杆与壳体，以达到密封的作用。设计该结构的装配图时，必须考虑到工作一段时间发生松动泄漏后，必须有调整的余地。

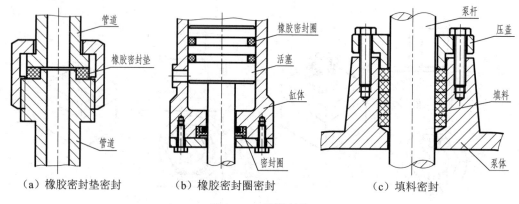

（a）橡胶密封垫密封　　　　（b）橡胶密封圈密封　　　　（c）填料密封

图 14-36　防漏结构

除此之外，还有一些如"迷宫密封""机械密封"等密封结构，这些密封结构可参考有关书籍。

14.5.7 便于拆装的结构

1. 轴承的拆卸结构

滚动轴承和衬套是机器上常用的零部件，机械维修时，常需要拆卸、装配。因此，在设计轴肩和座孔时应考虑轴承内圈、外圈和衬套的拆卸和安装是否方便。

(1)轴承外圈的拆卸

如图 14-37(a)所示，孔座上的孔径ϕ_1过小，拆卸工具无法接触轴承外圈，致使轴承外圈无法拆卸。将孔径由ϕ_1扩大为ϕ_2（ϕ_2的尺寸数值必须根据轴承型号和尺寸查阅有关手册后确定）后[见图14-37(b)]，拆卸工具能接触到轴承外圈将其拆卸。

（2）轴承内圈的拆卸

如图14-38(a)所示，轴上台肩的直径ϕ_1过大，拆卸工具无法接触轴承内圈，若拆卸力作用在轴承外圈拆卸轴承时会将轴承损坏。将台肩直径由ϕ_1减小为ϕ_2（ϕ_2的尺寸数值必须根据轴承型号和尺寸查阅有关手册后确定）后[见图14-38(b)]，拆卸工具能接触到轴承内圈将其拆卸而不损坏轴承。

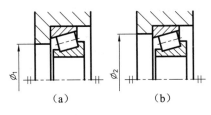

（a）　　　　　　（b）

图 14-37　轴承外圈的拆卸

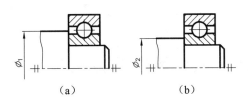

（a）　　　　　　（b）

图 14-38　轴承内圈的拆卸

2. 衬套的拆卸结构

如图14-39(a)所示，衬套在箱体的盲孔内，拆卸时的作用力无法施加在衬套上。在箱体上设计螺纹孔（对称布置）后，利用螺栓就可将衬套逐步顶出箱体，如图14-39(b)所示。

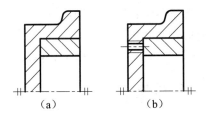

（a）　　　　　　（b）

图 14-39　衬套的拆卸结构

3. 螺栓的装拆结构

为了便于拆装，必须留出扳手的活动空间（见图14-40，扳手活动空间尺寸可由相关手册查取）和装、拆螺栓的空间（见图14-41）。

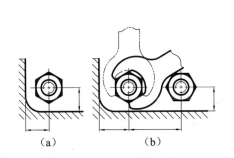

（a）　　　　　　（b）

图 14-40　留出扳手的活动空间

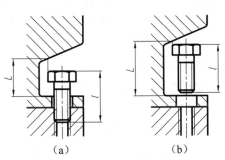

（a）　　　　　　（b）

图 14-41　留出装、拆螺栓的空间

在图14-42中，因螺栓头部在封闭箱体内部，扳手无法伸入，导致螺栓无法拧紧，需在箱体壁上开一手孔，或改用双头螺柱连接。

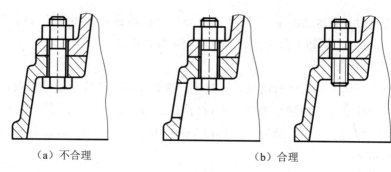

（a）不合理 （b）合理

图 14-42　开手孔或用双头螺柱连接

14.6　读装配图的方法步骤

在生产过程中，机器的设计、装配、使用和维修都需要能读懂装配图。为此，工程技术人员必须具备熟练读装配图的能力。本节主要讲述读装配图的方法和步骤。

14.6.1　读装配图的要求

（1）了解机器或部件的性能、功用和工作原理。
（2）读懂各零件间的装配关系及各零件的拆装顺序。
（3）读懂各零件的主要结构形状和作用。
（4）了解其他系统（如润滑系统、防漏系统）的原理和构造。

14.6.2　读装配图的方法与步骤

下面以图 14-43 所示的柱塞泵为例说明读装配图的方法与步骤。

1. 概况了解并分析视图

（1）阅读有关资料

读装配图不仅要有投影和表达方法的知识，而且还必须具备一定的专业知识。因此，首先要通过阅读有关说明书、装配图中的技术要求、标题栏及明细栏等了解柱塞泵的功用、性能和工作原理，了解柱塞泵是润滑系统中的供油装置，清楚知道装配体各组成零件的名称、类型、数量、材料等。

（2）分析视图

阅读装配图时，应分析全图采用了哪些表达方法，为什么采用这些表达方法。并分析各视图间的投影关系，进一步明确各视图所表达的内容。

柱塞泵装配图采用了两个基本视图、一个"A 向"局部视图。主视图为了表达柱塞泵的基本外形和三条装配干线，采用了全剖和一处局部剖视；俯视图为了表达柱塞泵的基本外形和两条装配干线，采用了一处局部剖视，而且使用了假想画法将与柱塞泵连接的零件和螺栓表达出来；为了说明柱塞泵的柱塞零件是如何上下运动的，采用了小轮及其连接零件的"A 向"视图和凸轮的假想画法。

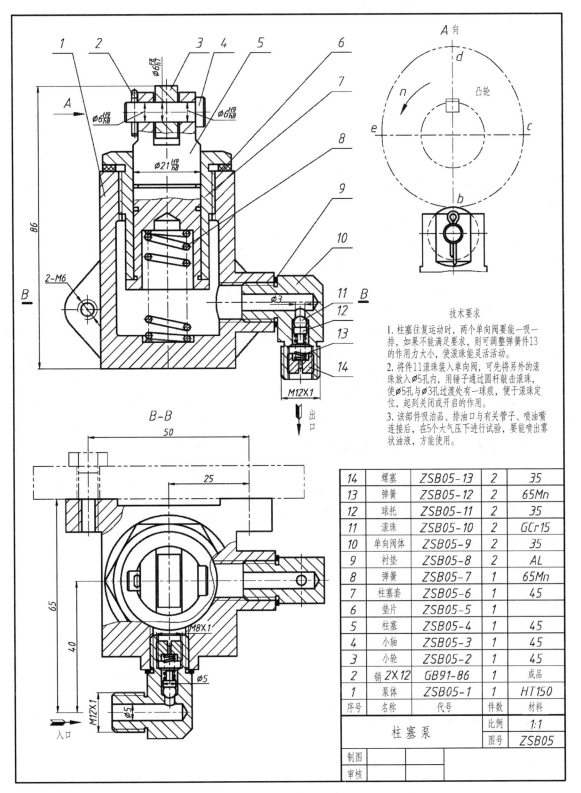

技术要求

1. 柱塞往复运动时，两个单向阀要能一吸一排，如果不能满足要求，则可调整弹簧件13的作用力大小，使滚珠能灵活活动。

2. 将件11滚珠装入单向阀，可先将另外的滚珠放入ø5孔内，用锤子通过圆杆敲击滚珠，使ø5孔与ø3孔过渡处有一球痕，便于滚珠定位，起到关闭或开启的作用。

3. 该部件吸泊品、排油口与有关管子、喷油嘴连接后，在5个大气压下进行试验，要能喷出雾状油液，方能使用。

14	螺塞	ZSB05-13	2	35
13	弹簧	ZSB05-12	2	65Mn
12	球托	ZSB05-11	2	35
11	滚珠	ZSB05-10	2	GCr15
10	单向阀体	ZSB05-9	2	35
9	衬垫	ZSB05-8	2	AL
8	弹簧	ZSB05-7	1	65Mn
7	柱塞套	ZSB05-6	1	45
6	垫片	ZSB05-5	1	
5	柱塞	ZSB05-4	1	45
4	小轴	ZSB05-3	1	45
3	小轮	ZSB05-2	1	45
2	销2X12	GB91-86	1	成品
1	泵体	ZSB05-1	1	HT150
序号	名称	代号	件数	材料
柱塞泵			比例	1:1
			图号	ZSB05
制图				
审核				

图 14-43　柱塞泵

2. 深入了解部件的工作原理和装配关系

(1)从主视图入手，根据各装配干线，对照零件在各视图中的投影关系。

(2)由各零件剖面线的不同方向和间隔，分清零件的轮廓。

(3)由装配图上所标注的配合代号，了解零件间的配合关系。

(4)根据常见结构的表达方法，识别齿轮、轴承、螺纹等零件或结构。

(5)根据零件序号对照明细栏，找出零件的数量、材料、规格，帮助了解零件的作用，确定零件在装配图中的位置和范围。

(6)利用一般零件结构有对称性的特点，利用相互连接两零件的接触面应大致相同的特点，帮助想象零件的结构形状。有时甚至还要借助于阅读有关的零件图，才能彻底读懂机器(或部件)的工作原理、装配关系及各零件的功用和结构特点。

参照以上步骤读完柱塞泵的装配图后，可以得知以下内容：

①柱塞 5 和柱塞套 7 以及泵体 1 形成了一条装配线，而且是一条主要装配线；

②小轮 3 和小轴 4 形成了第二条装配线；

③排油嘴单向阀体 10 和球托 12 及螺塞等部分形成了第三条装配线；

④吸油嘴形成了第四条装配线，其情况与排油嘴相同。

柱塞泵的工作原理：当凸轮(A 向视图中用细双点画线示出)绕其轴线旋转时，由于升程的改变，迫使柱塞 5 上下运动，并引起泵腔容积的变化，压力也随之变化，这样就不断地产生吸油和排油过程。具体过程如下：

①当凸轮上的 b 点转至图 14-43 所示位置时，弹簧 8 的弹力使柱塞 5 升至最高位置，此时泵腔容积增大，泵腔内压力减小至小于外界大气压力时，吸油嘴单向阀体 10 内的滚珠脱离$\phi 5$ 和 $\phi 3$ 过渡处的球痕位置，吸油嘴单向阀开启(此时，排油嘴的单向阀是关闭的)，油池中的油在大气压力的作用下，流进管道，经吸油嘴单向阀进入泵腔。

②当凸轮旋转半圈使 d 点处于最低位置过程中，柱塞 5 往下压直至最大位置，泵腔容积逐步减为最小，而压力随之增至最大，泵腔内的高压吸油嘴单向阀体的滚珠，经出口处连接的管道送至使用部位。在此过程中，吸油嘴的单向阀门(滚珠)是关闭的，以防止油逆流。

③凸轮不断旋转，柱塞 5 就不断地做往复运动，从而实现了吸、排润滑油的目的。

3. 分析零件

随着读图的逐步深入，进入分析零件阶段。分析零件的目的是弄清楚每个零件的结构形状和各零件间的装配关系。一台机器(或部件)上有标准件、常用件和一般零件。对于标准件、常用件一般是容易弄懂的，但一般零件有简单的、有复杂的，它们的作用和地位又各不相同，应先从主要零件开始分析，运用上述一般方法确定零件的范围、结构、形状、功用和装配关系。

柱塞泵的泵体是一个主要零件，必须认真分析主、俯视图，并结合零件结构的对称特点和所标注的尺寸想象出泵体的外形、内部孔结构和进出口的结构形状。

4. 归纳总结

在对装配关系和主要零件的结构进行分析的基础上，还要对技术要求、全部尺寸进行研究，进一步了解机器(或部件)的设计意图和装配工艺性。如柱塞的装配顺序应为：①小轴 4＋

小轮 3＋销 2 从右向左装入柱塞；②柱塞 5＋弹簧 8＋垫片 6＋柱塞套 7 由上向下装入泵体中；③再装上单向阀体 10 及其上的其他零件。

这样对整台机器(或部件)有一个完整的概念，为下一步拆画零件图打下基础。

14.7　由装配图拆画零件图

在设计过程中，是先根据设计要求画出装配图，然后再根据装配图画出零件图。所以，由装配图拆画零件图是设计工作中的一个重要环节。要正确地拆画出零件图必须做到：

(1)画图前，认真阅读装配图，全面深入了解设计意图，弄清楚装配关系、技术要求和每个零件的结构。

(2)画图时，不但要从设计方面考虑零件的作用和要求，而且还要从工艺方面考虑零件的制造和装配，应使所画的零件图符合设计和工艺要求。

下面对拆画零件图需要注意的几个问题进行详细说明。

14.7.1　拆画零件图要处理的几个问题

1. 零件分类

按照对零件的要求，把零件分成如下几类：

(1)标准零件。标准零件大多数属于外购件，因此不需要画出零件图，只要按照标准件的规定标记代号列出标准件的汇总表就可以了。

(2)借用零件。借用零件是借用定型产品上的零件。对这类零件，可利用已有的图样，而不必另行画图。

(3)特殊零件。特殊零件是设计时所确定下来的重要零件，在设计说明书中都附有这类零件的图样或重要数据，如汽轮机的叶片、喷嘴。对这类零件，应按给出的图样或数据绘制零件图。

(4)一般零件。这类零件基本上是按照装配图所体现的形状、大小和有关的技术要求来画图，是拆画零件的主要对象。

2. 视图处理

拆画零件图时，零件的表达方案是根据零件的结构形状特点考虑的，不强求与装配图一致。在多数情况下，壳体、箱座类零件的主视图可以与装配图一致。这样做，装配机器时，便于对照，如减速器箱体。对于轴套类零件，一般按加工位置选取主视图，即零件按轴线水平放置。

3. 对零件结构形状的处理

在装配图中，对零件上某些局部结构，往往未完全给出，如图 14-44 中的螺堵头部形状和图 14-45 中的泵盖外形，对零件上某些标准结构(如倒角、圆角、退刀槽等)，也未完全表达。拆画零件图时，应结合考虑设计和工艺的要求，补画这些结构。如零件上某些部分需要与某零件装配后一起加工，则应在零件图上注明，如图 14-46 所示。

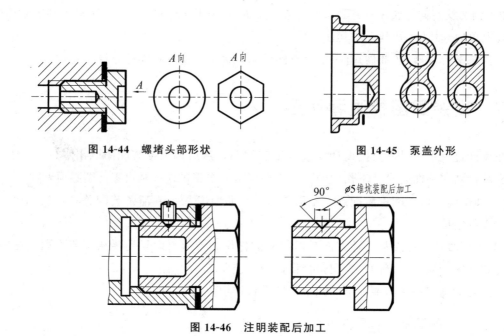

图 14-44　螺堵头部形状　　　　　　图 14-45　泵盖外形

图 14-46　注明装配后加工

当零件上有用弯曲卷边等塑性变形方法连接时，应画出其连接前的形状，如图 14-47、图 14-48 所示。

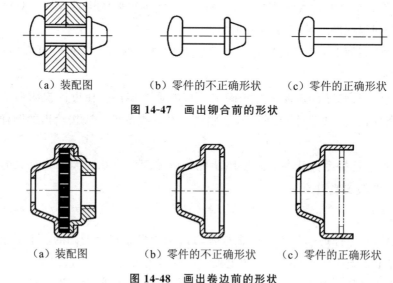

（a）装配图　　　　　（b）零件的不正确形状　　　　（c）零件的正确形状

图 14-47　画出铆合前的形状

（a）装配图　　　　（b）零件的不正确形状　　　　（c）零件的正确形状

图 14-48　画出卷边前的形状

4. 零件图上尺寸的处理

装配图上的尺寸不多，但各零件的结构形状及其大小，在画装配图时已经过设计人员的仔细考虑，虽未注尺寸数字，但基本上是合适的。因此，根据装配图画零件图，可以直接从图样上量取尺寸(用计算机软件绘图时可直接复制图形)。尺寸的注法可按前面章节讨论的方法和要求标注。尺寸大小则必须根据不同情况分别处理：

(1)装配图上已注出的尺寸，在有关的零件图上直接注出。对于配合尺寸和某些相对位置尺寸要注出偏差数值。

（2）与标准件相连接或配合的有关尺寸，如螺纹尺寸、销孔尺寸等，要从相应标准中查取。

（3）某些零件，在明细栏中给定了尺寸，如弹簧尺寸、垫片厚度等，要按给定尺寸注写。

（4）根据装配图所给的数据应进行计算的尺寸，如齿轮的分度圆、齿顶圆直径尺寸等，要经过计算，然后注写。

（5）相邻零件接触面的有关尺寸及连接件的有关定位尺寸要一致。

（6）有标准规定的尺寸，如倒角、沉孔、螺纹退刀槽、砂轮越程槽等，要从有关手册中查取。

其他尺寸均从装配图中直接量取标注。

5. 零件表面粗糙度的确定

零件上各表面的粗糙度是根据其作用和要求确定的。一般接触面与配合面的粗糙度数值较小，自由表面的粗糙度数值一般较大。但是有密封、耐腐蚀、美观等要求的表面粗糙度数值应较小。

6. 关于零件图的技术要求

技术要求在零件图中占重要地位，它直接影响零件的加工质量。但是正确制订技术要求，涉及许多专业知识，需要在后续的专业课程中学习，本书不作进一步介绍。

14.7.2　拆画零件图举例

绘制零件图的方法和步骤，在零件图这一章节中已经讨论，此处以拆画柱塞泵体零件为例，介绍拆画零件图中应处理的几个问题。

1. 确定表达方案

根据零件序号 1 和剖面符号，在装配图上两视图中找到泵体的投影，确定泵体的整个轮廓。泵体的主视图可按装配图的位置布置，但为了表达清楚前面的进口结构形状，主视图采用了局部剖视，如图 14-49 所示。为了完整表达内部结构，也便于尺寸保证，选择了全剖的左视图。按表达完整、清晰的要求，又选择了俯视图，其中俯视图中连接板的螺栓孔结构采用了局部剖视。

2. 尺寸标注

除一般尺寸可直接从装配图上量取和按装配图上已给出的尺寸标注外，需处理几个特殊尺寸。

（1）根据单向阀体螺纹尺寸，查表取标准值定出进出口尺寸。

（2）根据柱塞套和泵体螺纹结构，查表取标准值定出泵体此处的螺纹尺寸。

3. 表面粗糙度

参考有关表面粗糙度资料，根据柱塞泵的零件装配结构，选定泵体各加工面的粗糙度。

4. 技术要求

根据柱塞泵的工作情况，应注出泵体相应的技术要求。图 14-49 和图 14-50 所示为泵体的工作图及柱塞泵的其他零件图。

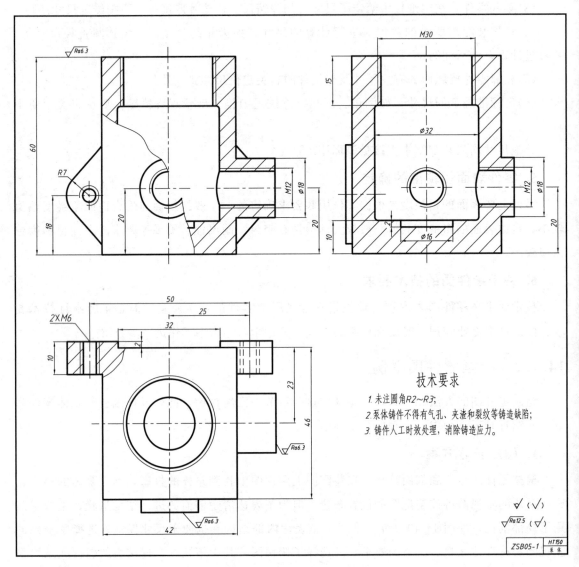

技术要求

1. 未注圆角R2~R3;
2. 泵体铸件不得有气孔、夹渣和裂纹等铸造缺陷;
3. 铸件人工时效处理，消除铸造应力。

图 14-49 柱塞泵体的工作图

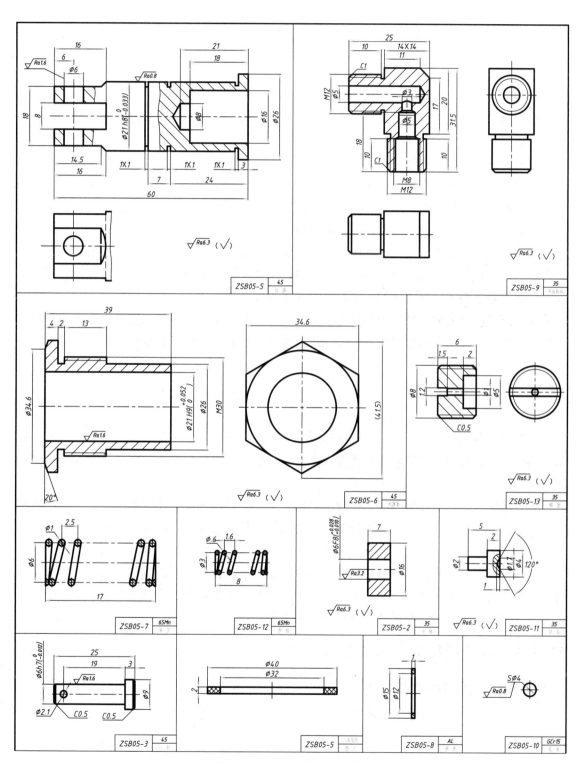

图 14-50　柱塞泵的其他零件图

第 15 章　零部件的测绘

根据零部件的实物，通过测量画出草图，然后分析、绘制出全部零件图和装配图的过程称为测绘。

测绘与设计不同，设计是先有图纸后有样机，而测绘是先有实物，然后根据实物再画出图纸。测绘在生产实践中应用非常广泛，新产品设计、产品仿制、对原有设备进行技术改造或修配等都需要用到测绘。同时，测绘仿制也可为自行设计提供宝贵的经验。因此，测绘是工程技术人员必须掌握的一项重要的基本技能。

由于零部件的测绘不仅要根据实物绘出图形，还必须标注尺寸及公差、表面粗糙度、形位公差、零件材料及热处理等各项技术要求等，而这些都是测绘人员在分析过程中要仔细考虑的内容，是测绘人员必须掌握的知识、技术要求较高。

本门课程所讲述的零部件测绘的主要内容是关于零件相关尺寸的测量，至于所测量的尺寸数据的处理、技术要求的拟订等，有待于后续课程的学习，也可参考有关书籍。

15.1　零件的测绘

对原有设备进行更新、改造，或机器设备由于某些原因不能正常工作、又没有图纸和技术资料可查时，都需要对原机或有关零部件进行测绘，以满足修配工作的需要和保证生产的正常进行。

零件的测绘工作常在机器的工作现场进行，由于受到现场条件简陋的限制，一般必须根据零件的结构形状，由目测估计图形与实物的比例，徒手绘制出零件草图，测量并标注尺寸和技术要求，然后再由零件草图整理成零件图。

零件草图是绘制零件图的重要依据，必要时还可以直接用来制造零件。因此，零件草图必须具备零件图应有的全部内容。要求做到图面整洁、图形正确、表达清晰、线型分明、尺寸完整、字体工整，并注写出技术要求的有关内容。

15.1.1　零件测绘的方法和步骤

1. 零件测绘前的准备工作

在测量零件、徒手绘制零件草图之前，首先应该对零件进行以下内容的详细分析。

（1）了解该零件的名称和用途。

（2）鉴定该零件是由什么材料制成的。

（3）对该零件进行结构分析。因为零件的每一个结构都有一定的功用，所以必须弄清它们的功用。这项工作在测绘磨损、破旧和带有某些缺陷的零件时尤为重要。在分析的基础上把它改正过来，只有这样，才能完整、清晰、简洁地表达它们的结构形状，并且完整、合理、清晰地标注出它们的尺寸。

（4）对该零件进行工艺分析。因为同一零件可以按不同的加工顺序制造，故其结构形状的表达、基准的选择和尺寸的标注也不一样。

（5）拟订该零件的表达方案。通过上述分析，会对该零件有更深刻的认识，在此基础上，再确定主视图、视图数量和表达方法。

值得注意的是，因测绘大多是在现场徒手进行草图的绘制，因此，徒手绘图的画法必须熟练掌握，这对今后的学习和工作都是非常重要的。

2. 徒手绘制零件草图的步骤

现以图 15-1 所示的拨盘为例，说明零件草图的绘制步骤。

对该拨盘用上述的步骤进行分析后，就可以绘制拨盘的零件草图，其具体步骤如下：

（1）在图纸上定出各个视图的位置。根据图纸空间和零件尺寸的大小，目测比例，画出各视图的基准线、中心线，如图 15-2（a）所示。安排各个视图的位置时，应考虑到各视图间应留有标注尺寸的位置。同时，在右下角留出标题栏的位置空间。

图 15-1　拨盘

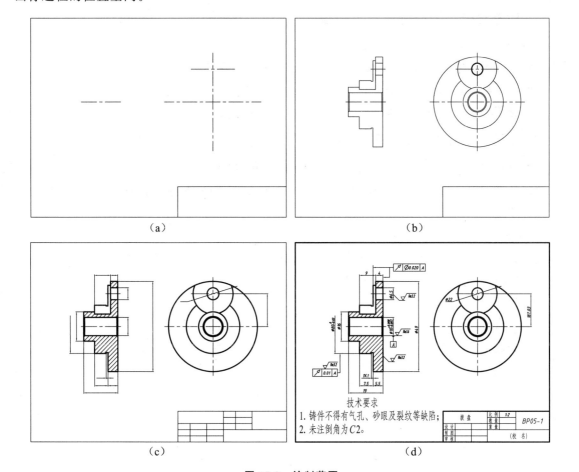

（a）　　　　　　　　　　（b）

（c）　　　　　　　　　　（d）

图 15-2　绘制草图

(2)以目测比例，详细地画出零件的外部及内部的结构形状，如图 15-2(b)所示。

(3)选择基准，在拨盘零件的草图中先全部画出尺寸界限、尺寸线和箭头。经仔细校核后，将全部轮廓线描深，画出剖面线。熟练时也可一次画好，如图 15-2(c)所示。

(4)测量尺寸，定出技术要求，并将尺寸数字、技术要求注入图中；注出零件各表面粗糙度符号及形位公差符号，如图 15-2(d)所示。

需要注意的是，零件上的全部尺寸应集中一起测量，使有联系的尺寸能够联系起来，这不但可以提高工作效率，还可以避免错误或遗漏尺寸；零件的表面粗糙度、公差与配合、热处理等技术要求，可以根据零件的功用，参照类似的图样或资料，用类比法加以确定。

15.1.2　由零件徒手图画零件工作图的方法和步骤

这里主要讨论根据测绘的零件徒手图来整理零件工作图的方法和步骤。零件徒手图是在现场(车间)测绘的，测绘的时间不允许太长，有些问题只要表达清楚就可以了，不一定是最完善的。因此，在整理零件工作图时，需要对零件徒手图再进行审查校核。有些参数需要设计、计算和选用，如表面粗糙度、尺寸公差、形位公差、材料及表面处理等；也有些问题需要重新加以考虑，如表达方案的选择、尺寸的标注等。经过复查、补充、修改后才开始画零件工作图。画零件工作图的具体方法和步骤如下：

1. 对零件徒手图进行审查与校核

(1)表达方案是否完整、清晰和简便。

(2)零件上的结构形状是否有多、少、损坏、疵病等情况。

(3)尺寸标注是否完整、清晰、合理。

(4)技术要求是否满足零件的性能要求，而且经济效益较好。

2. 画零件工作图的方法和步骤

(1)选择比例。根据实际零件的复杂程度选择比例(尽量采用 1∶1)。

(2)选择图面。根据表达方案、比例，留出标注尺寸和注释要求的位置，选择标准图幅。

(3)画底稿。

①定出各视图的基准线。

②画出图形。

③标注出尺寸。

④注写出技术要求。

⑤填写标题栏。

(4)校核。

(5)描深。

(6)审核。

15.2　测量尺寸的工具和方法

15.2.1　测量工具

　　测量尺寸的常用简单工具有钢直尺、外卡钳和内卡钳，测量比较精密的零件时要用游标卡尺、千分尺或其他工具，如图 15-3 所示。游标卡尺和千分尺上有尺寸刻度，测量零件时可直接从刻度上读出零件的尺寸。用内、外卡钳测量时，必须借助直尺才能读出零件的尺寸。另外，还有用于测量圆角半径用的圆角规，用于测量螺纹螺距的螺纹规，用于测量角度用的角度尺，等等。

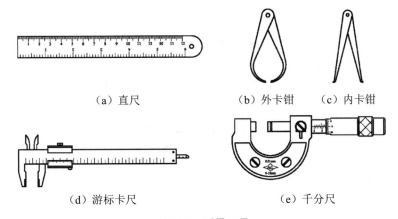

| （a）直尺 | （b）外卡钳 | （c）内卡钳 |

（d）游标卡尺　　　　　　　　　　　（e）千分尺

图 15-3　测量工具

　　测量尺寸时必须注意以下几点。

　　(1)根据零件尺寸所需的精确程度，要选用相应的测量工具测量。如一般精度尺寸可采用钢直尺、外卡钳、内卡钳测量读出数值，精度较高的尺寸需要用游标卡尺或千分尺测量。

　　(2)有配合关系的尺寸，如孔与轴的配合尺寸，一般要用游标卡尺先测出直径尺寸(通常测量轴比较容易)，再根据测得的直径尺寸查阅有关手册确定标准的基本尺寸或公称直径。

　　(3)没有配合关系的尺寸或不重要的尺寸，可将测得的尺寸做圆整(调整到整数)。

　　(4)零件上标准结构(如键槽、退刀槽、销孔、中心孔、螺纹、齿轮等)的尺寸，必须根据测得的尺寸查阅相应国家标准，并予以标准化。

15.2.2　常用测量方法

1. 线性尺寸的测量

　　(1)用钢直尺测量

　　钢直尺是用不锈钢薄板制成的一种刻度尺，尺面上刻有公制的刻度，最小单位为 1mm，部分直尺最小单位为 0.5mm。钢直尺可以直接测量尺寸，但误差比较大，常用来测量一般精度的尺寸。钢直尺的测量方法如图 15-4(a)所示。

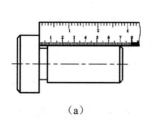
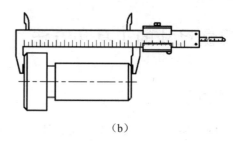

（a）

（b）

图 15-4　线性尺寸的测量

（2）用游标卡尺测量

游标卡尺是一种测量精度较高的量具，可以测得毫米的小数值，如图 15-4（b）所示。游标卡尺的使用方法及注意事项如下：

①根据被测工件的特点、尺寸大小和精度要求，选用不同的类型、测量范围和分度值。

②测量前应将游标卡尺擦干净，并将两爪合并，检查游标卡尺的精度情况，大规格的游标卡尺要用标准棒校准检查。

③测量时，被测工件与游标卡尺要对正，测量位置要准确，两量爪与被测工件表面接触松紧合适。

④严禁在毛坯面、运动工件或温度较高的工件上进行测量，以防损伤量具精度和影响测量精度。

2. 直径尺寸的测量

（1）用卡钳测量直径

卡钳是间接测量工具，必须与钢直尺或其他带有刻度的量具配合使用读出尺寸。卡钳有内卡钳和外卡钳两种。内卡钳用来测量内径，外卡钳用来测量外径，由于测量误差较大，常用来测量一般精度的直径尺寸。测量方法如图 15-5 所示。

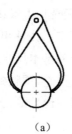

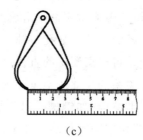

（a）　　　　　　　　（b）　　　　　　　　　　　（c）

图 15-5　用卡钳测量直径

（2）用游标卡尺测量直径

游标卡尺有上下两对卡脚，上卡脚称为内测量爪，用来测量内径，如图 15-6（a）所示，下卡脚称为外测量爪，用来测量外径，如图 15-6（b）所示，测得的直径尺寸可以在游标卡上直接读出。

有深度尺的游标卡尺还可以测量孔和槽的深度及孔内台阶的高度尺寸，其尺身固定在游标卡尺的对面，可随主尺背面的导槽移动。测量深度时，把主尺端面紧靠在被测工件的表面上，再向工件的孔或槽内移动游标尺身，使深度尺和孔或槽的底部接触，然后拧紧螺钉，锁定游标，取出游标卡尺后读取数值，测量方法如图 15-7 所示。

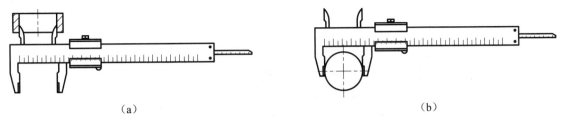

(a) (b)

图 15-6 用游标卡尺测量直径

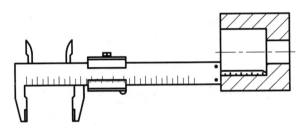

图 15-7 有深度尺的游标卡尺

(3)用千分尺测量直径

千分尺是测量中最常用的精密量具之一，其测量精度为 0.01mm。按照用途不同可分为外径千分尺、内径千分尺、深度千分尺、内测千分尺和螺纹千分尺。图 15-8 所示为用外径千分尺测量工件的外径。

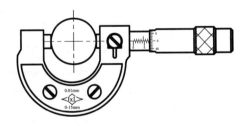

图 15-8 用外径千分尺测量工件的外径

千分尺的使用方法及注意事项。

①根据被测工件的特点、尺寸大小和精度要求选用合适的类型、测量范围和分度值。一般测量范围为 25mm。

②测量前，先将千分尺的两测头擦拭干净，再进行零位校对。

③测量时，被测工件与千分尺要对正，以保证测量位置准确。使用千分尺时，先调节微分筒，使其开度稍大于所测尺寸，测量时可先转动微分筒，当测微螺杆即将接触工件表面时转动棘轮，测砧、螺杆端面与被测工件表面即将接触时，应旋转测力装置，听到"嗒嗒"响声即停，不能再旋转微分筒。

④严禁在工件的毛坯面、运动工件或温度较高的工件上测量，以防损伤千分尺的精度和影响测量精度。

⑤使用完毕后擦净，并涂抹一薄层的专用油，然后放入专用盒，放置于干燥处。

(4)阶梯孔直径的测量

在测量阶梯孔的直径时，会遇到外面孔小、里面孔大的情况，此时游标卡尺无法进入里面孔内测量，这时可用内卡钳测量，如图 15-9(a)所示，也可用特殊量具（内外同值卡钳），如图 15-9(b)所示。

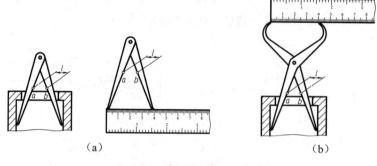

图 15-9　阶梯孔直径的测量

3. 两孔中心距和孔中心高的测量

(1)两孔中心距的测量

精度较低的中心距可用卡钳和钢直尺配合测量，测量方法如图 15-10(a)所示。当两孔直径不相同时，可测量两孔水平方向同侧象限点间的距离即为两孔中心距；也可测量两孔水平方向的距离 A(或 B)，再分别测量得到两孔的直径分别为 D_1 和 D_2，则两孔中心距为 $A+1/2(D_1+D_2)$ 或 $B-1/2(D_1+D_2)$。

精度较高的中心距可用游标卡尺测量，测量方法如图 15-10(b)所示。

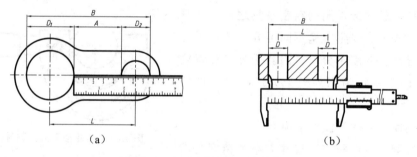

图 15-10　两孔中心距的测量

(2)孔中心高度的测量

如果零件的底面和孔都经过机械加工，精度较高，可以用游标卡尺测量得到孔中心高度；当测量精度要求不高时，可用卡钳配合钢直尺进行测量，如图 15-11 所示。

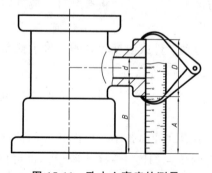

图 15-11　孔中心高度的测量

4. 壁厚的测量

零件的壁厚可用钢直尺或卡钳和钢直尺配合测量，也可用游标卡尺和量块配合测量，如图 15-12 所示。

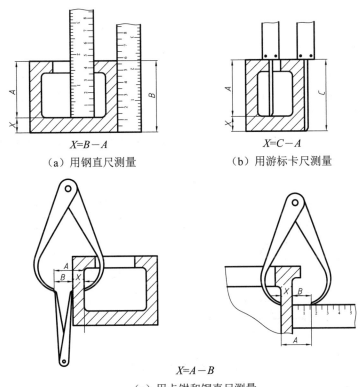

（a）用钢直尺测量　　　$X=B-A$

（b）用游标卡尺测量　　　$X=C-A$

$X=A-B$

（c）用卡钳和钢直尺测量

图 15-12　零件壁厚的测量

5. 标准结构的测量

（1）螺纹的测量

螺纹需要测出螺纹的直径和螺距。螺纹的旋向和线数可以通过直接观察得到。对于外螺纹，可测量外径和螺距；对于内螺纹，可测量内径和螺距。螺距的测量可用螺纹规或直尺测量，螺纹规是由一组带牙的钢片组成，每片的螺距都标有数值，只要在螺纹规上找到一片与被测螺纹的牙型完全吻合，根据该片上的数值就可以得到被测螺纹的螺距大小，如图 15-13（a）所示。然后把测得的螺距和内外径的数值与螺纹标准核对，选取与其相近的标准。

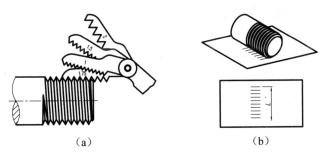

（a）　　　　　　　　（b）

图 15-13　螺纹的测量

也可以用游标卡尺先测量出螺纹大径，再用薄纸压痕法测出螺距，判断出螺纹的线数和旋向后，根据牙型、大径、螺距查标准螺纹表，取最接近的标准值。测量方法如图 15-13(b) 所示。

（2）齿轮的测量

直齿圆柱齿轮的测量一般步骤如下：

①数出齿轮的齿数。

②测量齿顶圆直径 d_a，如图 15-14(a) 所示。当齿轮的齿数是偶数时，可直接量得 d_a；当齿数为奇数时，应通过测出轴孔孔径 D 和孔壁至齿顶的径向距离 H，如图 15-14(b)，然后按公式 $d_a = D + 2H$ 算出 d_a。

③根据齿轮计算公式计算出模数，再查标准模数表选取最接近的标准模数。

④根据齿轮计算公式计算出齿轮各部分的尺寸。

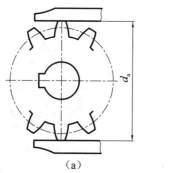 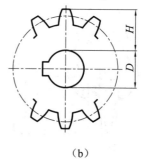

（a）   （b）

图 15-14　齿轮的测量

6. 圆角、曲面和曲线的测量

（1）圆角半径的测量

零件上的圆角半径可用圆角规测量。每组圆角规有很多不锈钢片，一端测量外圆角，另一端测量内圆角，每一片均标有圆角半径的数值。测量时，只要在圆角规中找到与零件被测部分的圆角形状完全吻合的一片，就可以得知圆角半径大小，如图 15-15 所示。

图 15-15　圆角半径的测量

（2）曲面和曲线的测量

①拓印法。对于柱面部分的曲率半径的测量，可用纸拓印其轮廓，得到如实的平面曲线，然后判定该曲线的圆弧连接情况，测量曲率半径，如图 15-16 所示。

②铅丝法。对于曲线回转面零件的母线曲率半径的测量，可用铅丝弯成实形后，得到如实的平面曲线。然后判定曲线的圆弧连接的情况，最后用中垂线法求得各段圆弧的中心，测量其半径，如图 15-17 所示。

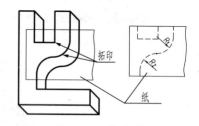

图 15-16　拓印法

③坐标法。一般的曲线和曲面都可用直尺和三角板定出曲面上各点的坐标，在图上画出曲线，求出曲率半径，如图 15-18 所示。

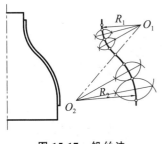

图 15-17　铅丝法

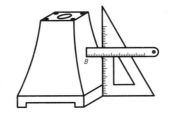

图 15-18　坐标法

7. 角度的测量

万能角度尺是一种通用的角度测量工具，其结构如图 15-19（a）所示。

测量时，根据产品被测部位的情况，先调整好角尺或直尺的位置，用卡块上的螺钉把它们紧固住，再来调整角度尺测量面与其他有关测量面之间的夹角。这时，要先松开制动头上的螺钉，移动主尺做出粗调整，然后再旋转扇形板背面的微动装置做细调整，直到两个测量面与被测的表面密切贴合为止，如图 15-19（b）所示。然后拧紧制动器上的螺钉，把角度尺取下来，根据游标尺上的刻度，便可以读出所要测量的角度值。

测量不同范围的角度时，所使用万能角度尺上的结构是有所不同的。

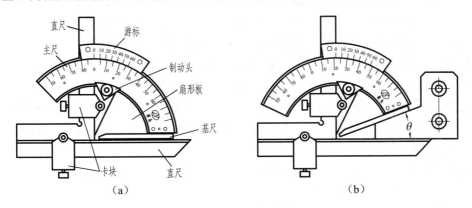

（a）　　　　　　　　　　　　　　（b）

图 15-19　角度的测量

15.3　部件的测绘

所谓部件的测绘，就是将整台机器或部件的各个零件拆卸出来，测量并绘制出除标准零件以外的所有零件的草图，然后根据这些零件的草图进行归纳整理，绘制出零件图、装配图的过程。下面以图 15-20 所示的单级圆柱齿轮减速器为例讲解机器或部件测绘的步骤与方法。

1. 全面分析需测绘的部件

在具体测绘之前，首先应该了解测绘该部件的任务和目的，以决定测绘工作的内容和要求。如为了设计新产品提供参考图样，测绘时可进行修改；如为了补充图样或制作备件，测绘时必须准确，不得修改。

此外，应该通过阅读有关技术文件资料和同类产品图样，以及直接向有关人员广泛了解

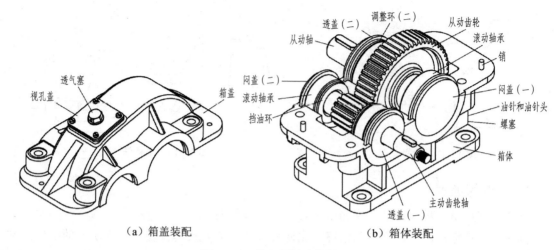

（a）箱盖装配 （b）箱体装配

图 15-20　单级圆柱齿轮减速器

使用情况，分析部件的构造、功用、工作原理、传动系统、大体的技术性能和使用运转情况，并检测有关的技术性能指标和一些重要的装配尺寸，如零件间的相对位置尺寸、运动极限尺寸以及装配间隙等，为下一步的拆装工作和测绘工作打下基础。

如图 15-20 所示，减速器的箱体采用剖分式，分成箱体和箱盖。从动轴上装有两个深沟球轴承，起支撑和固定轴的作用，轴套顶住轴承内圈，端盖、调整环压在轴承外圈，以防止轴向窜动，同时利用调整环调整端盖与轴承外圈之间的间隙。主动轴的装配结构与此相似。

齿轮采用油池浸油润滑，齿轮传动时溅起的油及充满减速箱内的油雾，使齿轮得到润滑。箱盖上的视孔盖使用透明亚克力材料，在不开盖的情况下可以直接观察齿轮啮合情况。打开视孔盖后，也可以将润滑油注入箱体。为排除减速器工作时油温升高而产生的热空气和油蒸汽，视孔盖上装有通气塞。箱体下部装有油针，用来检查箱体内的油量。换油时，拧开箱体下部的螺塞即可放油。

减速器主动齿轮轴和从动轴均采用毡圈密封，主动轴上还装有挡油环，以防止啮合区的机油溅入轴承，稀释了润滑脂。

2. 拆卸部件，画出装配示意图

为便于部件被拆卸后的装配复原，在拆卸过程中应尽量做好各项原始记录，通常的做法是绘制装配示意图，当然也可以运用拍照或录视频等方法。

装配示意图是以简单图线和国家标准规定的机构、组件的简图符号，以示意的方法表达每个零件的相互位置、装配关系的记录性图样，而不是整个部件的结构和各零件的具体形状，如图 15-21 所示。画装配示意图时，零件的表达不受前后层次（或可见不可见）的限制，两零件的接触面间、配合面间应留出空隙。

在部件拆卸之前，首先要认真研究并制订拆卸顺序和拆卸方法。根据部件的组成情况及装配工作的特点，把部件分为几个组成部分，依次拆卸，可用打钢印、贴标签或写件号等方法对每一个零件编上件号，分区分组地放置在规定的地方，以免损坏、丢失、生锈或放乱，以便测绘后重新装配时，能保证部件的性能和要求。

此外，拆卸工作要有相应的工具和正确的方法。为保证顺利拆卸，对不可拆卸连接和过盈配合的零件尽量不拆，以免损坏零件，保证部件原有的完整性、精确性和密封性。

　　部件在拆卸之后显示出零件之间的真实装配关系。拆卸时必须一边拆卸一边补充、更正，画出装配示意图，记录各零件间的装配关系，并对装配示意图中各个零件进行编号（注意：要和零件标签上的编号一致），以此作为绘制装配图和重新装配的依据。

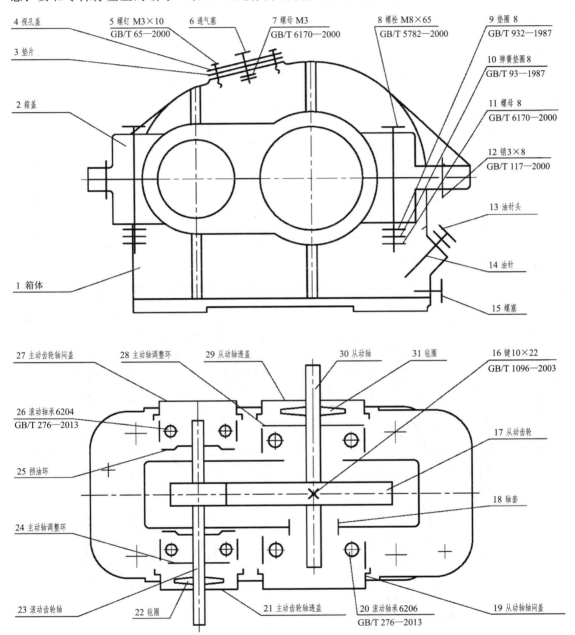

图 15-21　装配示意图

3. 画零件草图

　　因测绘工作受时间及工作场地的限制，必须徒手画出部件中除标准件外所有零件的草图，在这个画图过程中，应尽可能地考虑到各零件间的尺寸协调关系。图 15-22～图 15-24 所示为单级圆柱齿轮减速器中各零件草图修正后的零件图。

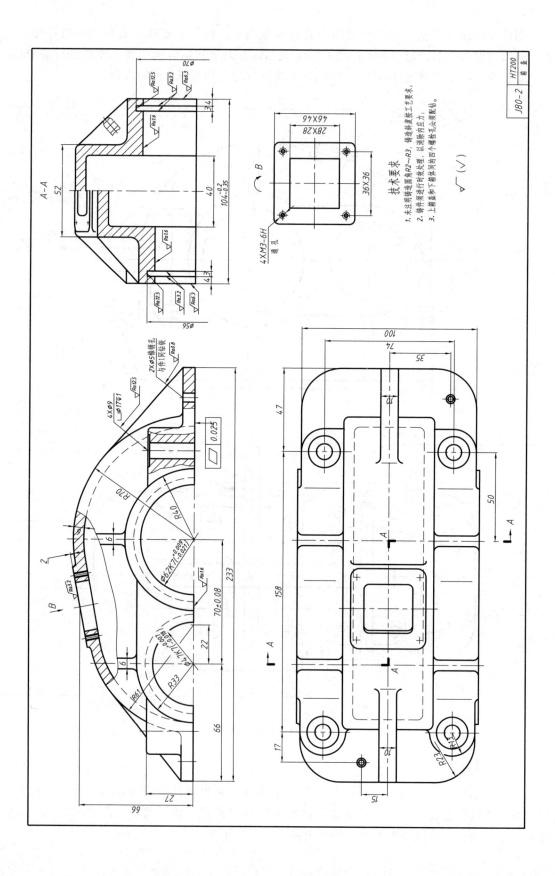

技术要求

1. 未注明铸造圆角R2~R3，铸造斜度按铸工艺要求。

2. 铸件铸造后时效处理，以消除内应力。

3. 上箱盖和下箱体的四个螺栓孔必须配钻。

$\sqrt{\quad}$ (√)

J80-2

HT200

箱盖

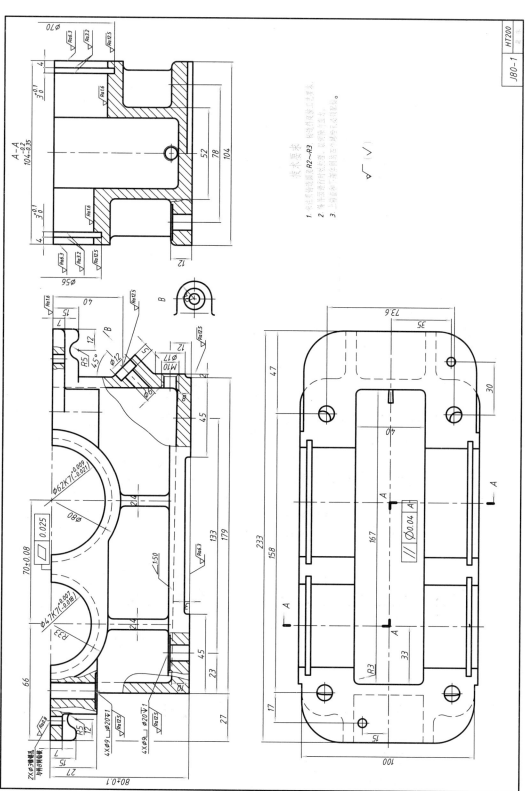

图15-22 修正后的零件图 (1)

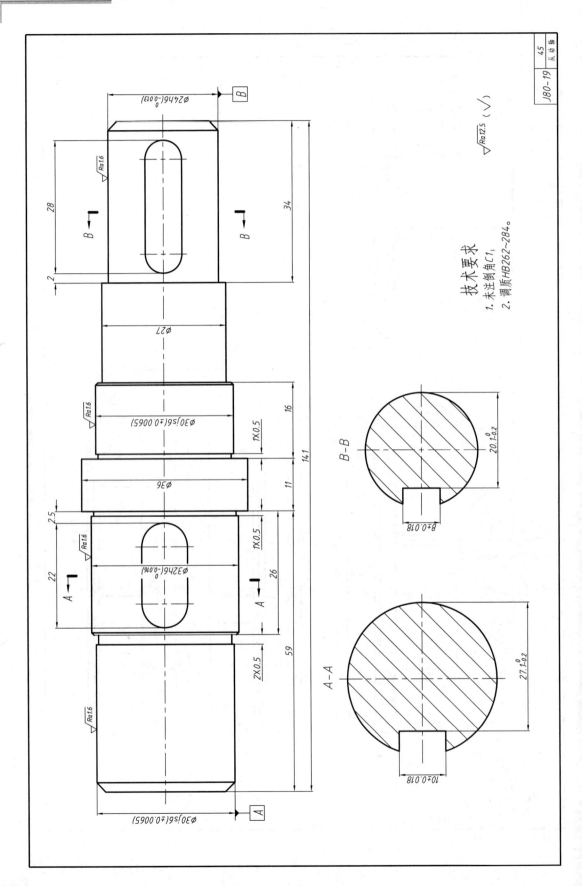

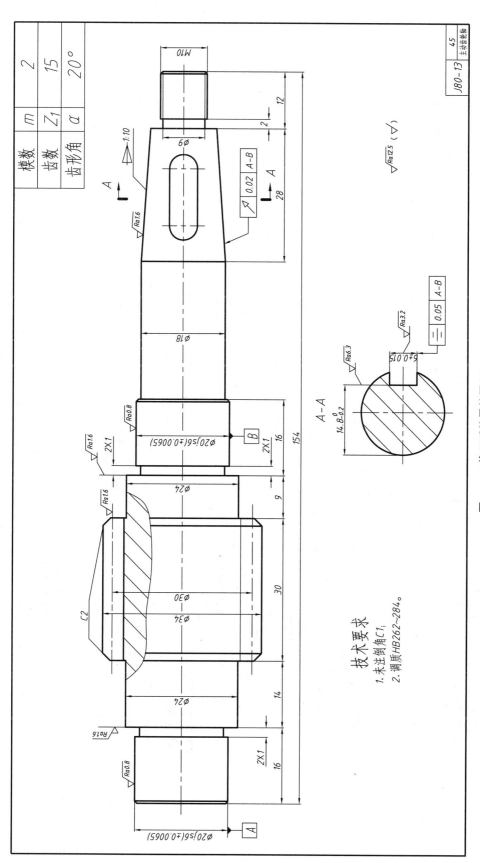

模数	m	2
齿数	Z_1	15
齿形角	α	20°

J80-13　45　主动齿轮轴

技术要求

1. 未注倒角C1；
2. 调质HB262~284。

图15-23　修正后的零件图（2）

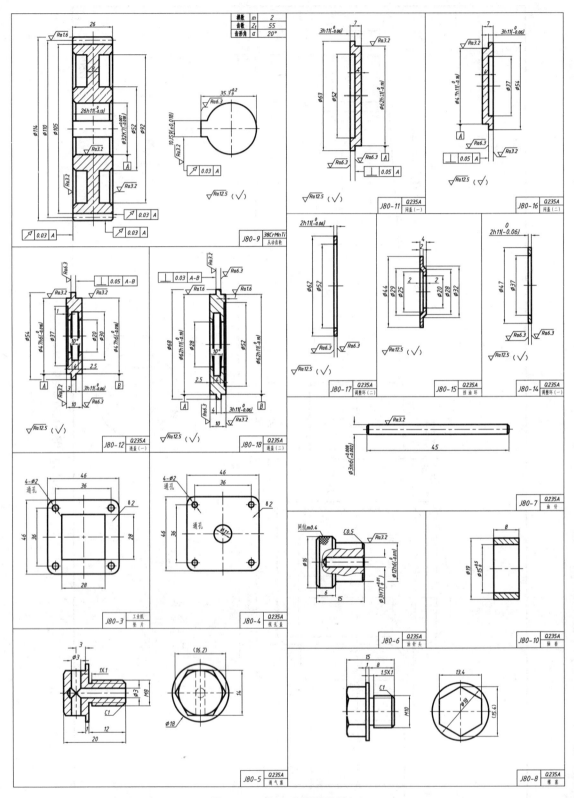

图 15-24　修正后的零件图(3)

4. 装配图的画法

（1）表达方案的拟订

①选择主视图。一般按部件的工作位置选择，并使主视图能够表示机器（或部件）的工作原理、传动系统、零件间主要的或较多的装配关系。

②视图数量和表达方法的确定。机器（或部件）上都存在一些装配干线，如该减速器是以主、被动轴为同一平面上的两条装配干线。为了清楚地表达这些装配关系，一般都通过装配干线的轴线选取剖切平面，画出俯视图。为了便于看图，各视图摆放的位置应尽可能符合投影关系。

减速器装配图的主视图表达整个部件的外部形状，以及某些次要干线（如螺栓连接、油针、螺塞、视孔盖等）的装配关系和零件间的位置。俯视图采用沿结合面剖切的画法，可以清楚地表达出减速器的两条主要装配干线的装配关系。左视图则补充表达了箱盖和箱体的外部形状。

（2）单级圆柱齿轮减速器装配图的画图步骤

①根据表达方案，选择合适的图幅和比例，在图纸中画出主要基准线，即三视图中主动齿轮轴和从动轴装配干线的轴线和中心线，主、左视图的底面和俯视图中主要对称面的对称线。

②画图时，一般可从主视图画起，几个视图配合一起画。因装配干线主要在俯视图，所以该减速器装配图是先画沿结合面剖切的全剖俯视图，然后再画主、左视图。画每个视图时，应该先从主要装配干线（主要零件，如齿轮、轴、轴承等）画起，逐次向外扩展。

③完成主要装配干线后，再将其他装配结构一一画完。

④补充其他细节，完成单级减速器装配图的全部图形。

⑤编写零件件号，填写明细栏、标题栏和技术要求。

⑥ 检查、描深。

整个画图步骤如图 15-25～图 15-34 所示。

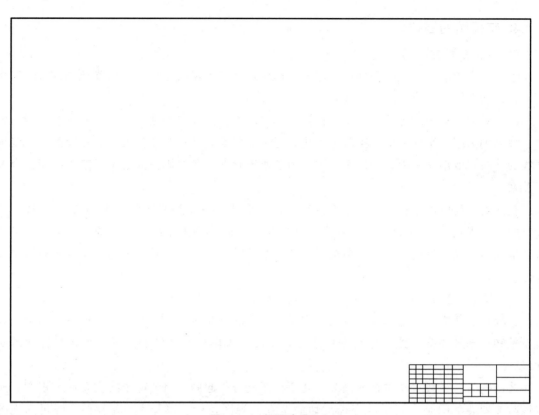

图 15-25　画图步骤(1)

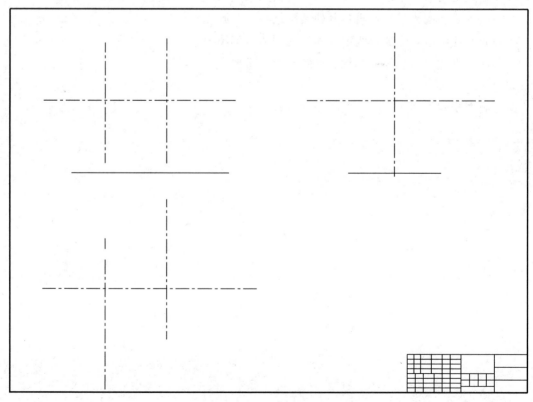

图 15-26　画图步骤(2)

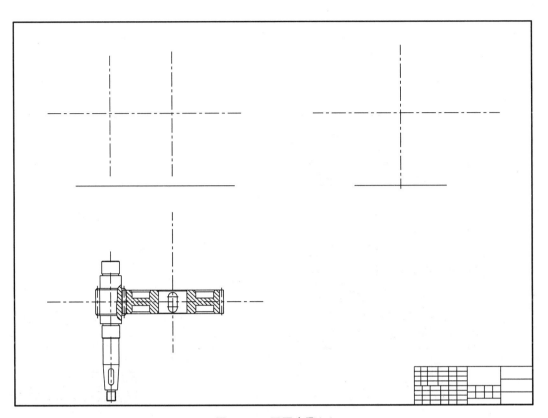

图 15-27 画图步骤(3)

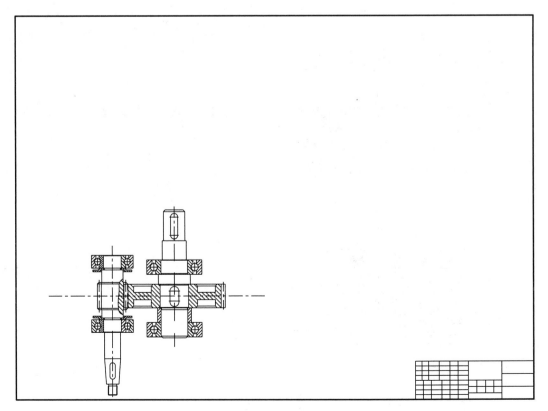

图 15-28 画图步骤(4)

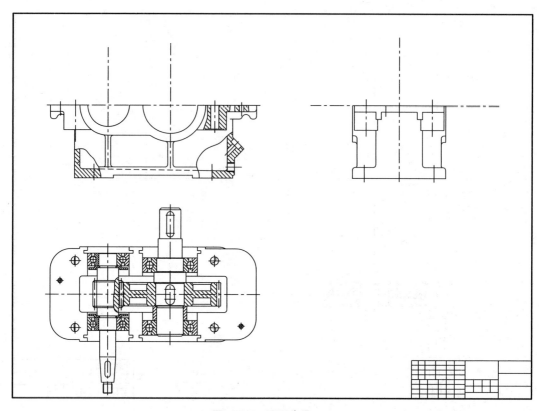

图 15-29　画图步骤(5)

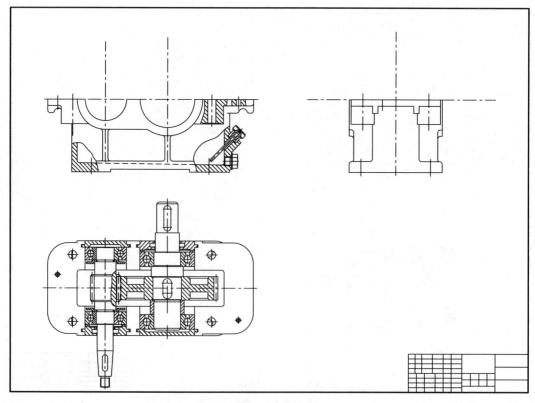

图 15-30　画图步骤(6)

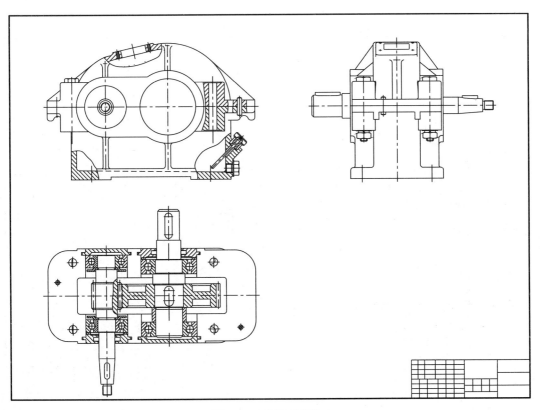

图 15-31　画图步骤(7)

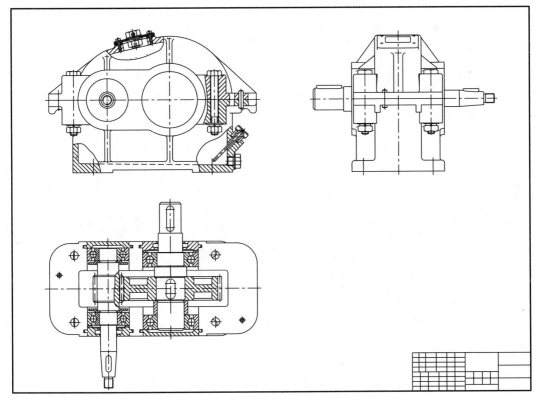

图 15-32　画图步骤(8)

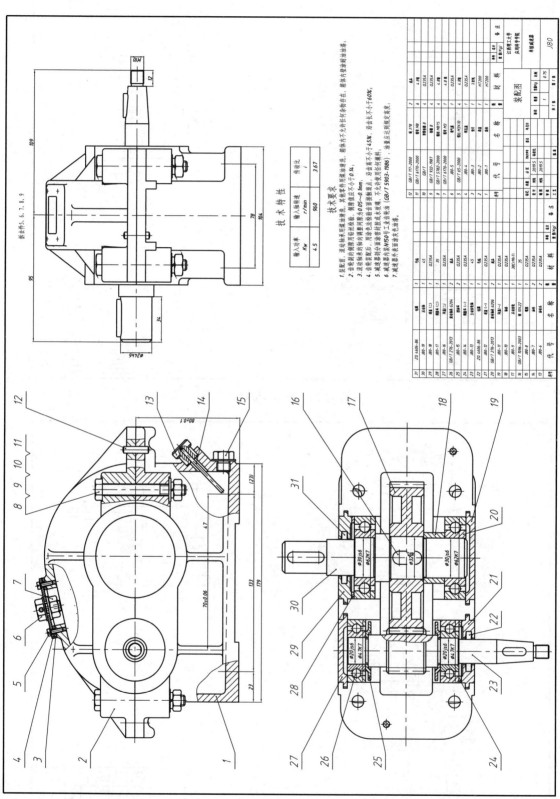

图15-33 画图步骤(9)

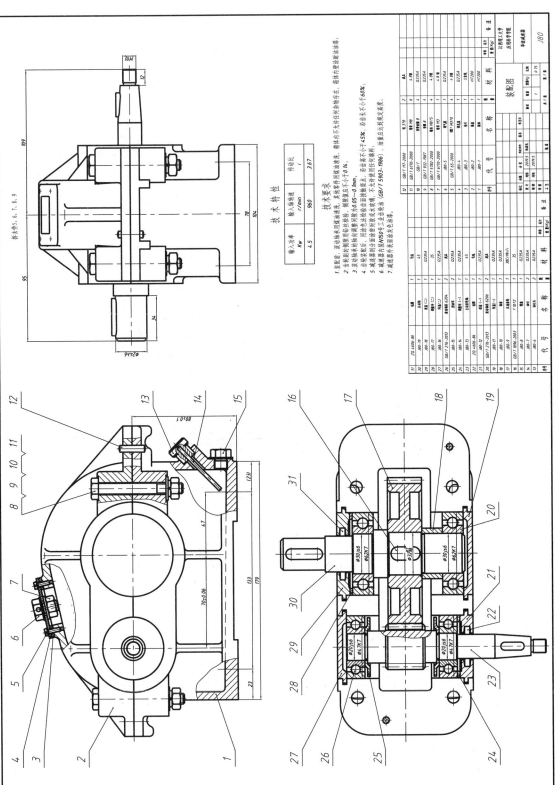

图15-34 画图步骤(10)

第16章 立体表面的展开

在冶金、化工、造船、电子等行业中广泛使用一些金属薄板制品，如管道、容器、接头等，如图 16-1 所示为某选矿厂的部分通风系统图。在制造这些金属薄板制品时，首先要将立体的表面按其实际形状和大小，依次连续地平摊在一个平面上，画出其图形以指导切割下料、弯卷成形和焊接或铆接工作，这种图形就称为立体的表面展开图。

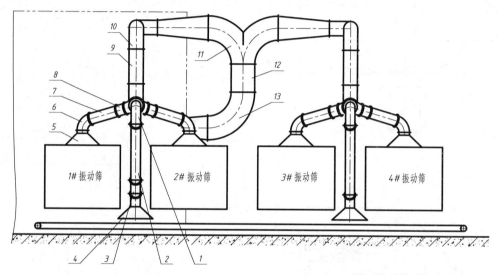

1—皮带集气罩；2—钝角弯头；3—直管 1；4—钝角弯头 2；5—振动筛集气罩；6—钝角弯头 3；7—直管 2；8—钝角弯头 4；9—直管 3；10—90°弯头 1；11—三通；12—直管 4；13—90°弯头 2。

图 16-1 某选矿厂的部分通风系统图

立体的表面按其几何性质的不同，具体可分为平面立体、可展曲面、不可展曲面和变形接头四大类。立体的类型不同，展开图的画法也不同，下面介绍这四类立体展开图的画法。

16.1 平面立体的表面展开

平面立体是由若干个平面组成的一个空间立体，其表面展开后为三角形、四边形组成的多边形，如棱柱和棱锥（台）。

例 16-1 求图 16-2 所示三棱锥的表面展开图。

解：该三棱锥由四个平面形成，只需将它的底面和三个棱锥面三角形依次展开摊平即可。三棱锥的底面平行于 H 面，在俯视图中的投影反映实形，可直接抄画，如图 16-2（b）中的△ABC 所示；三个棱锥面因和 H 面和 V 面都是倾斜的，在俯视图和主视图中都没有反映实形，必须求出。每个棱锥面都是由底面的一条边和两条棱线形成，故只需求出三条棱线

SA，SB 和 SC 的实际长度。

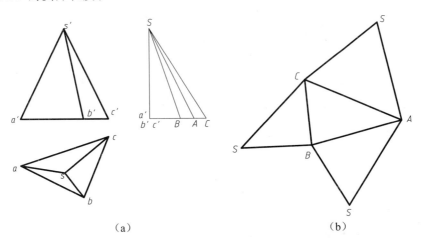

（a）　　　　　　　　　　　　　　（b）

图 16-2　三棱锥的表面展开

在求直线的实际长度时可知，以直线在主视图中沿 Z 方向的投影长度为一直角边（如三条棱线在 Z 方向的投影长度为 $sa'=sb'=sc'$），在俯视图中的投影长度为另一直角边（如三条棱线分别为 $sa=a'A$，$sb=b'B$，$sc=c'C$），分别求出三条棱线的实际长度 SA，SB，SC。利用求出的三条棱线实际长度 SA，SB，SC 和底面上的三条反映实际长度的三边 ab，bc，ca，按四个面组成的顺序依次摊平画在一个平面上，如图 16-2（b）所示，即得到三棱锥的表面展开图。

例 16-2　求图 16-3 所示倒四棱锥台的四个棱锥面的表面展开图。

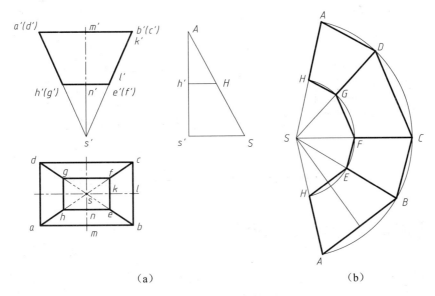

（a）　　　　　　　　　　　　　　（b）

图 16-3　倒四棱锥台的四个棱锥面的表面展开（解法一）

解法一：

该四棱锥台的特点是四条棱线相交于点 S，且四条棱线的长度相等。

（1）先延长四条棱线交于点 S，利用直角三角形法求出棱线 SA 的实际长度，如图 16-3（a）所示。以 S 点为圆心，SA 为半径作一圆弧。

(2)因矩形 $abcd$ 反映实形,其各边反映实际长度。在圆弧上截取弦长 $AB=ab$,$BC=bc$,$CD=cd$,$DA=da$,得 A,B,C,D 四个交点,再将各交点分与点 S 相连,所得四个相连的等腰三角形为完整的四棱锥的棱锥面展开图。

(3)再次利用直角三角形法,求出四棱锥台的一条棱线 AH 的实际长度,如图 16-3(a)所示。在 AS 上截取 AH 的实际长度,求得点 H,由 H 点作首尾相连且分别与 AB,BC,CD,DA 各底边平行的线段,截出的部分即为四棱锥台棱锥面的表面展开图,如图 16-3(b)所示。

解法二:

(1)用直角三角形法分别求出棱锥台的棱面 $ABEH$ 的对称线 MN、棱台面 $BCFE$ 的对称线 KL、对角线 BF 的实际长度,如图 16-4(a)所示。

(2)因俯视图中的矩形 $abcd$,$hefg$ 都反映实形,其各边反映实际长度。作 $AB=ab$,$HE=he$,再利用求得的 MN 的实际长度,可作出一个棱锥台侧面 $ABEH$ 的实形,如图 16-4(b)所示。

(3)再用求得的 EF,BF 的实际长度求出点 F,过 B 点作 EF 的平行线,且截取 $BC=bc$,可求得相邻的另一棱锥台侧面的实形,剩余的两侧面可根据对称且相等的关系求出,最终的四棱锥台四个侧面的展开图如图 16-4(b)所示。

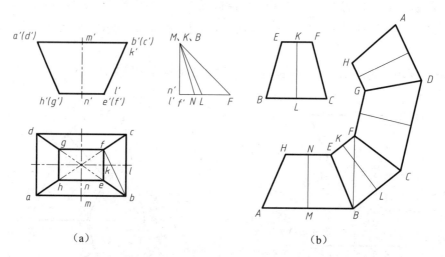

(a)　　　　　　　　　　**(b)**

图 16-4　倒四棱锥台的四个棱锥面的表面展开(解法二)

16.2　可展曲面的表面展开

可展曲面是能整块地、准确地展成平面图形的曲面。常见的可展曲面有圆柱面、圆锥面等。

16.2.1　柱面展开

柱面展开时,是在柱面上引出若干条与轴线平行的素线,将两素线间的表面近似地作为一个四边形平面来画展开图,最后将各素线的端点连成直线或光滑曲线。

例 16-3　求图 16-5(a)所示截头圆柱面的展开图。

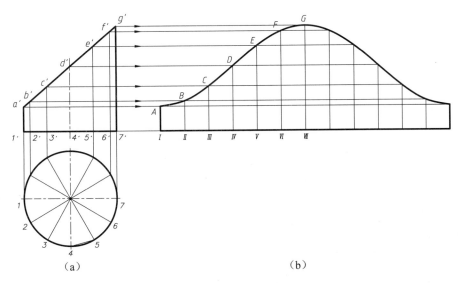

图 16-5　截头圆柱面的展开

解：(1)将俯视图中的底圆周分为 12 等份，取半个圆周上的各等分点分别为 1，2，…，7，由各等分点引出主视图上的各条素线 $1'a'$，$2'b'$，…，$7'g'$。

(2)将底圆展成长度为 $2\pi d$ 的直线，再等分为 12 份。也可在底圆周上取弦长，如点 4，5 间的弦长为 ⅣⅤ，共量取 12 次，得到底圆周周长的近似直线。

(3)自各等分点引垂直线等于各自素线长度，如 ⅠA = $1'a'$，ⅡB = $2'b'$，…，ⅦG = $7'g'$，得到端点 A，B，…，G，将各端点连成光滑的曲线，如图 16-5(b)所示。

(4)再通过对称关系得到如图 16-5(b)所示展开图。

16.2.2　锥面展开

例 16-4　求图 16-6(a)所示圆锥体被斜平面截切后圆锥面的展开图。

解：完整的圆锥面展开后为一扇形，该斜切圆锥台因被斜平面截去锥顶，展开图上应将斜平面以上部分的展开图截去。

(1)将圆锥底圆圆周分成 12 等份，并求出等分点在主视图中的投影。

(2)将主视图上底圆的等分点与圆锥顶点连接，求出各连接线与斜平面投影的交点，这些交点与各自的等分点间的连线是斜切圆锥台的 12 条素线。

(3)用直角三角形法求出 12 条素线的实际长度。

(4)将完整的圆锥面展开，在底圆周展开后的圆弧上也分成 12 等份，并将 12 个等分点与锥顶连接，形成 12 条完整的素线。

(5)用第(3)步求得的素线实际长度在展开后的圆锥面上截取 12 条素线剩余的长度，得到各自的截取点 G，F_2，…，G。

(6)用曲线将截取点顺次光滑连接，即求得斜切圆锥台的圆锥面展开图，如图 16-6(b)所示。

斜切圆锥台的圆锥面展开图最好以最短的素线作为两侧的边缘，如图 16-6(b)所示；如以最长的素线作为边缘，如图 16-6(c)所示，下料后的板件在边缘处较难弯卷成形，且焊缝较长，增加了制造难度和制造成本。

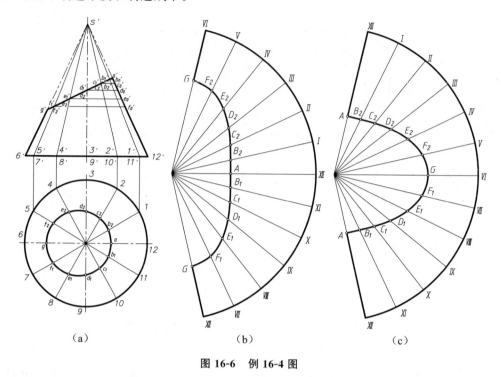

（a） （b） （c）

图 16-6　例 16-4 图

例 16-5　求图 16-7(a)所示的斜顶圆锥面的展开图。

解：由图 16-7(a)可以看出，斜顶圆锥面上各条素线的长度完整且不等长，故只需求出每条素线的实际长度即可求得其展开图，主视图的右边的细线是用直角三角形法求各条素线实际长度。（该斜顶圆锥也可看成一个正圆锥被一斜面截去了底部形成，即可采用另一种方式求其圆锥面的展开图，读者可自行思考。）

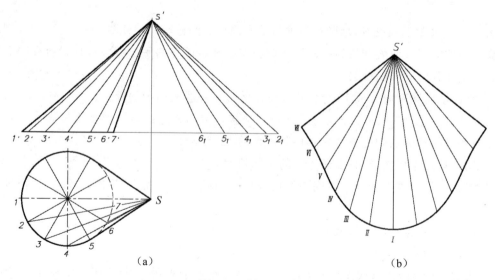

（a） （b）

图 16-7　例 16-5 图

（1）将底圆分成 12 等份，画出前半个锥面上各等分点素线的两面投影。

（2）用直角三角形法求出各条素线的实际长度如图 16-7(a)所示。

（3）以 $S'Ⅰ = s'1'$ 为基线，由Ⅰ点量取ⅠⅡ等于底圆圆周周长的 1/12，与 $S'Ⅱ = S'2_1$ 交于点Ⅱ，用相似作法分别求出交点Ⅲ，Ⅳ，Ⅴ，Ⅵ，Ⅶ。

（4）用曲线光滑连接Ⅰ，Ⅱ，…，Ⅶ及各对称点，得到斜顶圆锥面的展开图如图 16-7(b)所示。

例 16-6　求图 16-8(a)所示的两相贯圆柱面的展开图。

解：两相贯圆柱面以相贯线为界，分为垂直圆柱面 A 和水平圆柱面 B。

（1）圆柱面 A 的素线长度沿相贯线变化，在主视图上反映实际长度。

（2）将圆柱面 A 的圆周分成 12 等份，根据各等分点的素线实际长度画出圆柱面 A 的展开图。

（3）圆柱面 B 展开时需将相贯线范围内的部分截去，因此必须作出相贯线展开后的形状和位置。

（4）在圆柱面 B 展开图的对应素线上，找出相贯线上对应点的位置，用曲线光滑地连接求得的各点，得到圆柱面 B 的展开图(图中只画出相贯线周围的局部部分)。

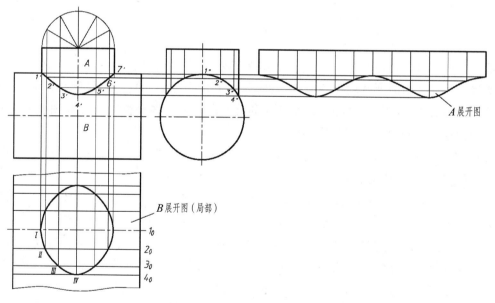

图 16-8　例 16-6 图

16.3　不可展曲面的表面展开

扭曲面、曲线面及不规则曲面等称为不可展曲面，常见的不可展曲面包括：球面、圆环面和螺旋面等，以下分别介绍球面和圆环面的展开图画法。

16.3.1 球面的展开

球面的展开有柱面法和锥面法两种，现分别介绍如下。

例 16-7 用柱面法求图 16-9 中球面的展开图。

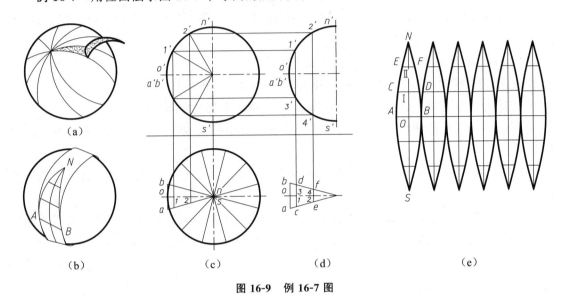

图 16-9 例 16-7 图

解： 如图 16-9(a)所示，过球心作一系列铅垂面，均匀地截球面为若干等份。把每一等份近似地看作截球面的圆柱面的一部分，如图 16-9(b)所示，然后将其按圆柱面展开。每一等份展开后形成一柳叶状，画出一条柳叶状的展开图，其他各条柳叶状展开图也完全相同，即得球面的近似展开图。具体作图步骤如下：

(1)在图 16-9(c)的水平投影上，过圆心将圆周分成 12 等份，作出每一等份球面的外切圆柱面，如图 16-9(c)中的 *nabs*。

(2)在正投影面上，将正视转向线的正面投影 *n'o's'* 弧长分成 6 等分。如图 16-9(d)所示，将弧 *n'o's'* 展开成直线 *NOS*，并在其上确定等分点 Ⅰ，Ⅱ，如图 16-9(e)所示。

(3)在展开图上确定柳叶形在 Ⅰ，Ⅱ 等分点的宽度，在投影图上作出 1'2' 等点处的纬线，其在每一柳叶形上的纬线所占弧长为 $\overset{\frown}{ab}$，$\overset{\frown}{cd}$，$\overset{\frown}{ef}$。在展开图上作 $OA=OB=oa$（或取切线长 *oa*）、作 $ⅠC=ⅠD=1c$（或取切线长 *1c*）、$ⅡE=ⅡF=2e$（或取切线长 *2a*）。以曲线光滑连接 *ACEN* 及 *BDFN*，得到上半个柳叶形，下半部与上半部对称。

(4)按同样方法画出 12 片柳叶形，得到整个球面的近似展开图。

例 16-8 用锥面法求图 16-10 中球面的展开图。

解： 先在球面上作 6 条纬线，把球面分成 7 部分。然后把其中的部分 Ⅰ 近似地当作柱面来展开；再把 Ⅱ，Ⅲ，Ⅴ，Ⅵ 4 部分当作截头正圆锥面来展开；把 Ⅳ，Ⅶ 当作正圆锥面来展开。各个锥面部分的顶点分别为 S_1，S_2，S_3 等点。其中 Ⅱ 与 Ⅴ、Ⅲ 与 Ⅵ、Ⅳ 与 Ⅶ 形状分别相同。将各部分分别画出，即可完成球面的这种近似展开图，如图 16-10 所示。

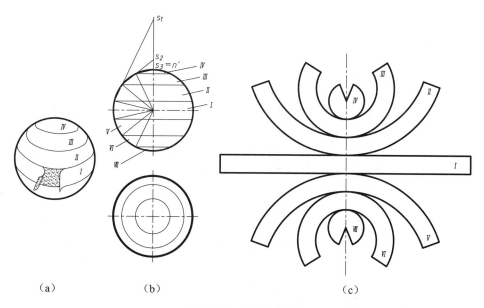

图 16-10 例 16-8 图

16.3.2 圆环面的展开

例 16-9 求作图 16-11(a)中 1/4 圆环面(直角弯头)的近似展开图。

解: 弯头用于连接两个轴线成一定夹角的管道,它在几何上是一个圆环的一部分。圆环面不可展,制造也不方便,在工程应用中常用多节圆柱管代替,如图 16-11(c)所示。为了将圆环面分成 5 小段,实际作图时,需要的基本数据有:管径ϕ、弯管弯曲半径 R、回转角 θ,另外还必须求出每小段的圆心角之半 α[见图 16-11(b)],α 可按以下公式计算。

$$\alpha = \frac{\theta}{2N-2}$$

式中,N 为所分段数。

直角弯头的回转角 $\theta=90°$,由此可计算出 $\alpha=11.25°$。从图 16-11(c)中可看出,直角弯头由 5 段圆柱管代替后,首尾两段成对称形状,圆心角均为 $11.25°$;中间 3 段可看作对称形状的首尾两段组成,每段的圆心角为 $22.5°$。

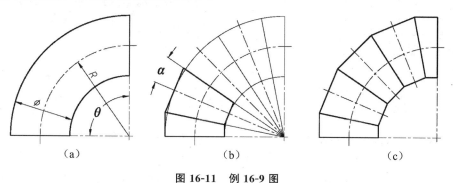

图 16-11 例 16-9 图

将 5 小段圆柱管重新组合后可形成如图 16-12(a)所示的正圆柱面,首段圆柱面的展开图可按照图 16-5 的步骤画出,其余各段圆柱面也都按此步骤画出,最后 5 小段全部圆柱面(全体弯管)的展开图如图 16-12(b)所示。

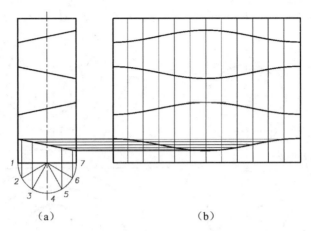

（a）　　　　　　　　　　　　（b）

图 16-12　5 小段圆柱管重新组合后的正圆柱面和展开图

16.4　变形接头的表面展开

变形接头用于连接形状和大小都不相同的管道，它们的结构形状也千差万别，在画展开图时必须根据具体情况把它们划分成许多平面、柱面、锥面这些可展曲面，然后依次画出每一部分的展开图，最终才能得到整个变形接头的展开图。

例 16-10　求图 16-13（a）所示方圆接头（上方为圆形筒口、下方为矩形筒口）的表面展开图。

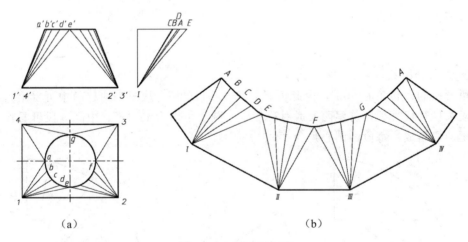

（a）　　　　　　　　　　　　　（b）

图 16-13　例 16-10 图

解：在画这种变形接头的展开图前，首先必须仔细分析它的表面组成。

一般，分析的原则如下：

（1）应把变形接头表面分解成一些简单的表面（平面或可展曲面）。

（2）应尽量使变形接头的曲面部分保持成一个光滑的表面。

由图 16-13 中所给的条件，变形接头的上方接口为圆，一定是由曲面包围该圆；下方接口为矩形，则可由平面图形与矩形各边相联系。在圆周上均匀取四点（A，E，F，G），将圆周分为四段圆弧，每段圆弧各与下方矩形的顶点（Ⅰ，Ⅱ，Ⅲ，Ⅳ）组成一个锥面；下方矩形每一边和圆上各自的分点组成一个等腰三角形。经上述分析，整个方圆接头的表面可由四个锥面和四个等腰三角形组成，如图 16-13(a)所示。

作展开图时，可先根据等腰三角形的实际长度画出△ⅡFⅢ，然后分别沿ⅡF 和ⅢF 两边画出锥面 EⅡF，FⅢG 的展开图，再次画出其他各等腰三角形和锥面，便可得到整个变形接头的表面展开图，如图 16-13(b)所示。

例 16-11　求图 16-14(a)所示变形接头的表面展开图。

解：由图 16-14 可以看出，该变形接头的上、下两端为直径不等且不平行的两圆，连接两圆间的曲面是斜椭圆锥面。这种曲面可将其近似地分成若干小块的三角形，再依次求出各三角形的实形，则可得到其表面展开图。具体步骤如下：

（1）分别将两端的圆周均分为 12 等份（因图形前后对称，只画出前面的一半），并在正面和水平投影中分别标出各等分点，如图 16-14(a)所示。

（2）分别连接出 12 个三角形，对应的点 1 与 a、2 与 b、……用细实线相连，顶圆上的 a，b，…再与顺延的下一个点用虚线相连，如 a 与 2、b 与 3、……分别相连。

（3）用直角三角形法求出各三角形所有各边的实际长度，如图 16-14(a)所示主视图右边的图，其中 a′1′和 g′7′反映实际长度不需另外求出。

（4）从 AⅠ开始画三角形，第一个三角形 AⅠⅡ，其中 AⅠ＝a′1′，ⅠⅡ＝12 点间的弧长，……依次画出全部三角形，即可得到该变形接头的展开图，如图 16-14(b)所示。

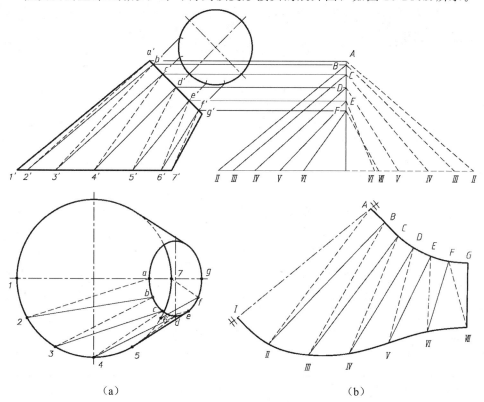

图 16-14　例 16-11 图

附　录

附录 A　螺纹及螺纹紧固件

1. 普通螺纹基本尺寸(GB/T 193—2003、GB/T 196—2003)

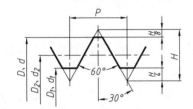

标记示例：

公称直径为 20mm、螺距为 1.5mm、左旋的

细牙普通螺纹：M20×1.5LH

表 A-1　直径与螺距系列、基本尺寸　　　　　　　单位：mm

公称直径 D、d		螺距 P		粗牙小径 D_1、d_1	公称直径 D、d		螺距 P		粗牙小径 D_1、d_1
第一系列	第二系列	粗牙	细牙		第一系列	第二系列	粗牙	细牙	
3		0.5	0.35	2.459		22	2.5	2, 1.5, 1	19.294
	3.5	0.6		2.850	24		3		20.752
4		0.7	0.5	3.242		27	3		23.752
	4.5	0.75		3.688	30		3.5	(3), 2, 1.5, 1	26.211
5		0.8		4.134		33	3.5	(3), 2, 1.5	29.211
6		1	0.75	4.917	36		4	3, 2, 1.5	31.670
	7	1		5.917		39	4		34.670
8		1.25	1, 0.75	6.647	42		4.5	4, 3, 2, 1.5	37.129
10		1.5	1.25, 1, 0.75	8.376		45	4.5		40.129
12		1.75	1.25, 1	10.106	48		5		42.587
	14	2	1.5, 1.25, 1	11.835		52	5		46.587
16		2	1.5, 1	13.835	56		5, 5		50.046
	18	2.5	2, 1.5, 1	15.294		60	5.5		54.046
20		2.5		17.294	64		6		57.505

　　注：1. 优先选用第一系列，括号内尺寸尽可能不用，第三系列未列入。

　　　　2. M14×1.25 仅用于火花塞。

　　　　3. 中径 D_2、d_2 未列入。

表 A-2　细牙普通螺纹螺距与小径的关系　　　　　　　　　单位：mm

螺距 P	小径 D_1、d_1	螺距 P	小径 D_1、d_1	螺距 P	小径 D_1、d_1
0.35	$d-1+0.621$	1	$d-2+0.917$	2	$d-3+0.835$
0.5	$d-1+0.459$	1.25	$d-2+0.647$	3	$d-3+0.752$
0.75	$d-1+0.6188$	1.5	$d-2+0.376$	4	$d-3+0.670$

注：表中的小径按 $D_1=d_1=d-2\times\dfrac{5}{8}H$，$H=\dfrac{\sqrt{3}}{2}P$ 计算得出。

2. 梯形螺纹(GB/T 5796.3—2005)

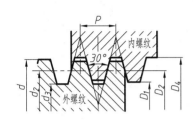

标记示例：

公称直径为 24mm、螺距为 5mm 的单线右旋梯形螺纹：

$$Tr24\times5$$

公称直径为 24mm、导程为 10mm、螺距为 5mm 的双线左旋梯形螺纹：

$$Tr24\times10(P5)LH$$

表 A-3　直径与螺距系列、基本尺寸　　　　　　　　　单位：mm

公称直径		螺距	中径	大径	小径	
第一系列	第二系列	P	$d_2=D_2$	D_4	d_3	D_1
8		1.5	7.250	8.300	6.200	6.500
	9	1.5	8.250	9.300	7.200	7.500
		2	8.000	9.500	6.500	7.000
10		1.5	9.250	10.300	8.200	8.500
		2	9.000	10.500	7.500	8.000
	11	2	10.000	11.500	8.500	9.000
		3	9.500	11.500	7.500	8.000
12		2	11.000	12.500	9.500	10.000
		3	10.500	12.500	8.500	9.000
	14	2	13.000	14.500	11.500	12.000
		3	12.500	14.500	10.500	11.000
16		2	15.000	16.500	13.500	14.000
		4	14.000	16.500	11.500	12.000
	18	2	17.000	18.500	15.500	16.000
		4	16.000	18.500	13.500	14.000
20		2	19.000	20.500	17.500	18.000
		4	18.000	20.500	15.500	16.000

公称直径		螺距	中径	大径	小径	
第一系列	第二系列	P	$d_2 = D_2$	D_4	d_3	D_1
	22	3	20.500	22.500	18.500	19.000
		5	19.500	22.500	16.500	17.000
		8	18.000	23.000	13.000	14.000
24		3	22.500	24.500	20.500	21.000
		5	21.500	24.500	18.500	19.000
		8	20.000	25.000	15.000	16.000
	26	3	24.500	26.500	22.500	23.000
		5	23.500	26.500	20.500	21.000
		8	22.000	27.000	17.000	18.000
28		3	26.500	28.500	24.500	25.000
		5	25.500	28.500	22.500	23.000
		8	24.000	29.000	19.000	20.000
	30	3	28.500	30.500	26.500	27.000
		6	27.000	31.000	23.000	24.000
		10	25.000	31.000	19.000	20.000
32		3	30.500	32.500	28.500	29.000
		6	29.000	33.000	25.000	26.000
		10	27.000	33.000	21.000	22.000

3. 55°非密封管螺纹(GB/T 7307—2001)

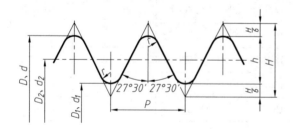

标记示例:

管子尺寸代号为 3/4、A 级右旋圆柱外螺纹:

$$G3/4A$$

表 A-4　55°非密封管螺纹的基本尺寸和公差　　　　　　　　　　　　单位：mm

尺寸代号	每25.4mm 内的螺纹牙数	螺距 P	牙高 h	基本直径		
				大径 $d=D$	中径 $D_2=D_2$	小径 $d_1=D_1$
1/2	14	1.814	1.162	20.955	19.793	18.631
5/8	14	1.814	1.162	22.911	21.749	20.587
3/4	14	1.814	1.162	26.441	25.279	24.117
7/8	14	1.814	1.162	30.201	29.039	27.877
1	11	2.309	1.479	33.249	31.770	30.291
$1\frac{1}{8}$	11	2.309	1.479	37.879	36.418	34.939
$1\frac{1}{4}$	11	2.309	1.479	41.910	40.431	38.952
$1\frac{1}{2}$	11	2.309	1.479	47.803	46.324	44.845
$1\frac{3}{4}$	11	2.309	1.479	53.746	52.267	50.788
2	11	2.309	1.479	59.614	58.135	56.656

尺寸代号	外螺纹				内螺纹			
	大径公差		中径公差		中径公差		小径公差	
	下极限偏差	上极限偏差	下极限偏差		上极限偏差	下极限偏差	上极限偏差	下极限偏差	上极限偏差
			A 级	B 级					
1/2	−0.284	0	−0.142	−0.284	0	0	+0.142	0	+0.541
5/8	−0.284	0	−0.142	−0.284	0	0	+0.142	0	+0.541
3/4	−0.284	0	−0.142	−0.284	0	0	+0.142	0	+0.541
7/8	−0.284	0	−0.142	−0.284	0	0	+0.142	0	+0.541
1	−0.360	0	−0.180	−0.360	0	0	+0.180	0	+0.640
$1\frac{1}{8}$	−0.360	0	−0.180	−0.360	0	0	+0.180	0	+0.640
$1\frac{1}{4}$	−0.360	0	−0.180	−0.360	0	0	+0.180	0	+0.640
$1\frac{1}{2}$	−0.360	0	−0.180	−0.360	0	0	+0.180	0	+0.640
$1\frac{3}{4}$	−0.360	0	−0.180	−0.360	0	0	+0.180	0	+0.640
2	−0.360	0	−0.180	−0.360	0	0	+0.180	0	+0.640

4. 55°密封管螺纹(GB/T 7306.1—2000、GB/T 7306.2—2000)

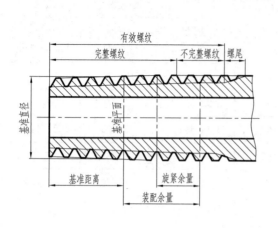
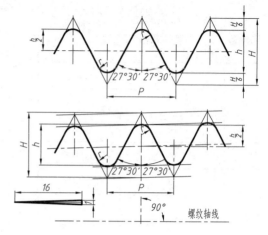

标记示例:

(1)螺纹特征代号:Rp 表示圆柱内螺纹;Rc 表示圆锥内螺纹;R_1 表示与圆柱内螺纹配合的圆锥外螺纹;R_2 表示与圆锥内螺纹相配合的圆锥外螺纹。

例:尺寸代号为 3/4 的右旋圆柱内螺纹的标记为 Rp3/4;尺寸代号为 2 的与圆柱内螺纹配合的右旋圆锥外螺纹的标记为 R_1。

(2)当螺纹为左旋时,应在尺寸代号后加注"LH"。

(3)表示螺纹副时,螺纹的特征代号为"Rp/R_1",前面为内螺纹的特征代号,后面为外螺纹的特征代号,中间用斜线分开。

例:由尺寸代号为 2 的右旋圆锥外螺纹与圆柱内螺纹所组成的螺纹副的标记为 Rp/R_1。

表 A-5　55°密封管螺纹的基本尺寸和公差　　　　　　单位:mm

尺寸代号	每 25.4mm 内的螺纹牙数 n	螺距 P	牙高 h	基准平面内的基本直径/mm			基准距离	有效螺纹长度
				大径(基准直径)$d=D$	中径 $d_2=D_2$	小径 $d_1=D_1$		
1/16	28	0.907	0.581	7.723	7.142	6.561	4.0	6.5
1/8	28	0.907	0.581	9.728	9.147	8.566	4.0	6.5
1/4	19	1.337	0.856	13.157	12.301	11.445	6.0	9.7
3/8	19	1.337	0.856	16.662	15.806	14.950	6.4	10.1
1/2	14	1.814	1.162	20.955	19.793	18.631	8.2	13.2
3/4	14	1.814	1.162	26.441	25.279	24.117	9.5	14.5
1	11	2.309	1.479	33.249	31.770	30.291	10.4	16.8
$1\frac{1}{4}$	11	2.309	1.479	41.910	40.431	38.952	12.7	19.1
$1\frac{1}{2}$	11	2.309	1.479	47.803	46.324	44.845	12.7	19.1

续表

尺寸代号	每25.4mm内的螺纹牙数 n	螺距 P	牙高 h	基准平面内的基本直径/mm			基准距离	有效螺纹长度
				大径（基准直径）$d=D$	中径 $d_2=D_2$	小径 $d_1=D_1$		
2	11	2.309	1.479	59.614	58.135	56.656	15.9	23.4
$2\frac{1}{2}$	11	2.309	1.479	75.184	73.705	72.226	17.5	26.7
3	11	2.309	1.479	87.884	86.405	84.926	20.6	29.8
4	11	2.309	1.479	113.030	111.551	110.072	25.4	35.8
5	11	2.309	1.479	138.430	136.951	135.472	28.6	40.1
6	11	2.309	1.479	163.830	162.351	160.872	28.6	40.1

5. 六角头螺栓(GB/T 5782—2016)

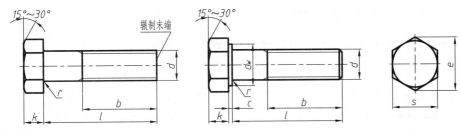

标记示例：

螺纹规格为 M12、公称长度 $l=65$mm、性能等级为 4.8 级、表面不经处理、C 级的六角头螺栓：

螺栓　GB/T 5782　M12×65

表 A-6　六角头螺栓　　　　　　　　　　　　　　　　　　单位：mm

螺纹规格				M5	M6	M8	M10	M12	M16	M20	M24	M30	M36
b 参考	$l\leqslant125$			16	18	22	26	30	38	46	54	66	—
	$125<l\leqslant200$			22	24	28	32	36	44	52	60	72	84
	$l>200$			35	37	41	45	49	57	65	73	85	97
c	max			0.5	0.5	0.6	0.6	0.6	0.8	0.8	0.8	0.8	0.8
	min			0.15	0.15	0.15	0.15	0.15	0.2	0.2	0.2	0.2	0.2
d_w	产品等级	A	max	6.88	8.88	11.63	14.63	16.63	22.49	28.19	33.61	—	—
		B	min	6.74	8.74	11.47	14.47	16.47	22	27.7	33.25	42.75	51.11
e	产品等级	A	min	8.79	11.05	14.38	17.77	20.03	26.75	33.53	39.98	—	—
		B		8.63	10.89	14.20	17.59	19.85	26.17	32.95	39.55	50.85	60.79

螺纹规格			M5	M6	M8	M10	M12	M16	M20	M24	M30	M36
	公称		3.5	4	5.3	6.4	7.5	10	12.5	15	18.7	22.5
k	产品等级	A max	3.65	4.15	5.45	6.58	7.68	10.18	12.715	15.215	—	—
		A min	3.35	3.85	5.15	6.22	7.32	9.82	12.285	14.785	—	—
		B max	3.74	4.24	5.54	6.69	7.79	10.29	12.85	15.35	19.12	22.92
		B min	3.26	3.76	5.06	6.11	7.21	9.71	12.15	14.65	18.28	22.08
r	min		0.2	0.25	0.4	0.4	0.6	0.6	0.8	0.8	1	1
s	公称＝max		8.00	10.00	13.00	16.00	18.00	24.00	30.00	36.00	46	55.0
	产品等级 A	min	7.78	9.78	12.73	15.73	17.73	23.57	29.67	35.38	—	—
	产品等级 B		7.64	9.64	12.57	15.57	17.57	23.16	29.16	35.00	45	53.8
l（商品规格范围）			25～50	30～60	40～80	45～100	50～120	65～160	80～200	90～240	110～300	140～360
l 系列			25，30，35，40，45，50，55，60，65，70，80，90，100，110，120，130，140，150，160，180，200，220，240，260，280，300，320，340，360									

6. 双头螺柱(GB/T 897—1988～GB/T 900—1988)

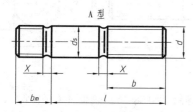
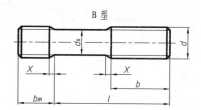

A 型 B 型

标记示例：

两端均为粗牙普通螺纹、$d=10\text{mm}$、$l=50\text{mm}$、性能等级为 4.8 级、不经表面处理、B 型、$b_m=1.25d$ 的双头螺柱：

螺柱 GB/T 898 M10×50

旋入机体一端为粗牙普通螺纹、旋螺母一端为螺距 $P=1\text{mm}$ 的细牙普通螺纹、$d=10\text{mm}$、$l=50\text{mm}$、性能等级为 4.8 级、不经表面处理 A 型、$b_m=1.25d$ 的双头螺柱：

螺柱 GB/T 898 AM10—M10×1×50

表 A-7 双头螺柱　　　　　　　　　　　　　　　　　　　　　　　单位：mm

螺纹规格	b_m				$\dfrac{l}{b}$
	GB/T 897—1988 $b_m=1d$	GB/T 897—1988 $b_m=1.25d$	GB/T 897—1988 $b_m=1.5d$	GB/T 897—1988 $b_m=2d$	
M5	5	6	8	10	$\dfrac{16\sim22}{10}$，$\dfrac{25\sim50}{16}$
M6	6	8	10	12	$\dfrac{20\sim22}{10}$，$\dfrac{25\sim30}{14}$，$\dfrac{32\sim75}{18}$

续表

螺纹规格	b_m				$\dfrac{l}{b}$
	GB/T 897—1988 $b_m=1d$	GB/T 897—1988 $b_m=1.25d$	GB/T 897—1988 $b_m=1.5d$	GB/T 897—1988 $b_m=2d$	
M8	8	10	12	16	$\dfrac{20\sim22}{12}$, $\dfrac{25\sim30}{16}$, $\dfrac{32\sim90}{22}$
M10	10	12	15	20	$\dfrac{25\sim28}{14}$, $\dfrac{30\sim38}{16}$, $\dfrac{40\sim120}{26}$, $\dfrac{130}{32}$
M12	12	15	18	24	$\dfrac{25\sim28}{14}$, $\dfrac{30\sim38}{16}$, $\dfrac{40\sim120}{26}$, $\dfrac{130}{32}$
(M14)	14	18	21	28	$\dfrac{30\sim35}{18}$, $\dfrac{38\sim45}{25}$, $\dfrac{50\sim120}{34}$, $\dfrac{130\sim180}{40}$
M16	16	20	24	32	$\dfrac{30\sim38}{20}$, $\dfrac{40\sim55}{30}$, $\dfrac{60\sim120}{34}$, $\dfrac{130\sim200}{44}$
(M18)	18	22	27	36	$\dfrac{35\sim40}{22}$, $\dfrac{45\sim60}{30}$, $\dfrac{65\sim120}{42}$, $\dfrac{130\sim200}{48}$
M20	20	25	30	40	$\dfrac{35\sim40}{25}$, $\dfrac{45\sim65}{35}$, $\dfrac{70\sim120}{46}$, $\dfrac{130\sim200}{52}$
(M22)	22	28	33	44	$\dfrac{40\sim45}{30}$, $\dfrac{50\sim70}{40}$, $\dfrac{75\sim120}{50}$, $\dfrac{130\sim200}{56}$
M24	24	30	36	48	$\dfrac{45\sim50}{30}$, $\dfrac{55\sim75}{45}$, $\dfrac{80\sim120}{54}$, $\dfrac{130\sim200}{60}$
(M27)	27	35	40	54	$\dfrac{50\sim60}{35}$, $\dfrac{65\sim85}{50}$, $\dfrac{90\sim120}{60}$, $\dfrac{130\sim200}{66}$
M30	30	38	45	60	$\dfrac{60\sim65}{40}$, $\dfrac{70\sim90}{50}$, $\dfrac{95\sim120}{66}$, $\dfrac{130\sim200}{72}$, $\dfrac{210\sim250}{85}$
(M33)	33	41	49	66	$\dfrac{65\sim70}{45}$, $\dfrac{75\sim95}{60}$, $\dfrac{100\sim120}{72}$, $\dfrac{130\sim200}{78}$, $\dfrac{210\sim300}{91}$
M36	36	45	54	72	$\dfrac{65\sim75}{45}$, $\dfrac{80\sim110}{60}$, $\dfrac{120}{78}$, $\dfrac{130\sim200}{84}$, $\dfrac{210\sim300}{97}$

7. 内六角圆柱头螺钉(GB/T 70.1—2008)

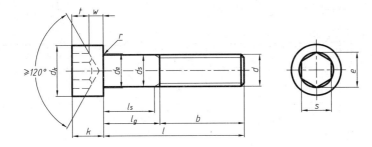

标记示例:

螺纹规格 $d=$ M5、公称长度 $l=$ 20mm、性能等级为 8.8 级、表面氧化的内六角头螺钉:

螺钉 GB/T 70.1 M5×20

表 A-8　内六角圆柱头螺钉　　　　　　　　　　　　　　　　　单位：mm

螺纹规格 d		M5	M6	M8	M10	M12	M16	M20	M24	M30	M36
螺距　P		0.8	1	1.25	1.5	1.75	2	2.5	3	3.5	4
b 参考		22	24	28	32	36	44	52	60	72	84
d_k	max	8.5	10	13	16	18	24	30	36	45	54
	min	8.28	9.78	12.73	15.73	17.73	23.67	29.67	35.61	44.61	53.54
d_a	max	5.7	6.8	9.2	11.2	13.7	17.7	22.4	26.4	33.4	39.4
d_s	max	5	6	8	10	12	16	20	24	30	36
	min	4.82	5.82	7.78	9.78	11.73	15.73	19.67	23.67	29.67	35.61
e	min	4.583	5.723	6.683	9.149	11.429	15.996	19.437	21.734	25.154	30.854
k	max	5	6	8	10	12	16	20	24	30	36
	min	4.82	5.70	7.64	9.64	11.57	15.57	19.48	23.48	29.48	35.38
r	min	0.2	0.25	0.4	0.4	0.6	0.6	0.8	0.8	1	1
s	公称	4	5	6	8	10	14	17	19	22	27
	max	4.095	5.14	6.14	8.175	10.175	14.212	17.23	19.275	22.275	27.275
	min	4.02	5.02	6.02	8.025	10.025	14.032	17.05	19.065	22.065	27.065
t	min	2.5	3	4	5	6	8	10	12	15.5	19
w	min	1.9	2.3	3.3	4	4.8	6.8	8.6	10.4	13.1	15.3
商品规格长度 l		8~50	10~60	12~80	16~100	20~120	25~160	30~200	40~200	45~200	55~200
全螺纹长度 l		8~20	10~30	12~35	16~40	20~50	25~60	30~70	40~80	45~100	55~110
l 系列		8, 10, 12, 16, 20, 25, 30, 35, 40, 45, 50, 55, 60, 65, 70, 80, 90, 100, 110, 120, 130, 140, 150, 160, 180, 200									

8. 开槽沉头螺钉(GB/T 68—2016)

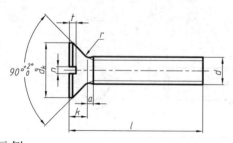 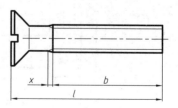

标记示例：

螺纹规格 d＝M5、公称长度 l＝16mm、性能等级为 4.8 级、不经表面处理的开槽沉头螺钉：

$$螺钉\quad GB/T\ 68\quad M5\times16$$

表 A-9　开槽沉头螺钉 　　　　　　　　　　　　　　　　　　　　　　　　　单位：mm

螺纹规格 d			M1.6	M2	M2.5	M3	M4	M5	M6	M8	M10
螺距　P			0.35	0.4	0.45	0.5	0.7	0.8	1	1.25	1.5
a	max		0.7	0.8	0.9	1	1.4	1.6	2	2.5	3
b	min		25				38				
d_k	理论值	max	3.6	4.4	5.5	6.3	9.4	10.4	12.6	17.3	20
	实际值	公称＝max	3	3.8	4.7	5.5	8.4	9.3	11.3	15.8	18.3
		min	2.7	3.5	4.4	5.2	8.04	8.94	10.87	15.37	17.78
k	公称＝max		1	1.2	1.5	1.65	2.7	2.7	3.3	4.65	5
n	公称		0.4	0.5	0.6	0.8	1.2	1.2	1.6	2	2.5
	max		0.6	0.7	0.8	1	1.51	1.51	1.91	2.31	2.81
	min		0.46	0.56	0.66	0.86	1.26	1.26	1.66	2.06	2.56
r	max		0.4	0.5	0.6	0.8	1	1.3	1.5	2	2.5
t	max		0.5	0.6	0.75	0.85	1.3	1.4	1.6	2.3	2.6
	min		0.32	0.4	0.5	0.6	1	1.1	1.2	1.8	2
x	max		0.9	1	1.1	1.25	1.75	2	2.5	3.2	3.8
通用规格长度 l			2.5～16	3～20	4～25	5～30	6～40	8～50	8～60	10～80	12～80
l 系列			2.5，3，4，5，6，8，10，12，(14)，16，20，25，30，35，40，45，50，(55)，60，(65)70，(75)，80								

注：1. 尽可能不采用括号内的规格。

　　2. 公称长度 $l \leqslant 30$mm、螺纹规格 d 在 M1.6～M3 的螺钉，应制出全螺纹；公称长度 $l \leqslant 45$mm、而螺纹规格在 M4～M10 的螺钉也应制出全螺纹。

9. 开槽圆柱头螺钉(GB/T 65—2016)

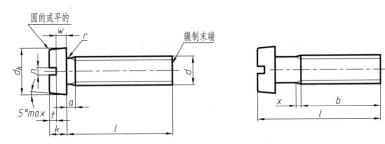

标记示例：

　　螺纹规格 d＝M5、公称长度 l＝20mm、性能等级为 4.8 级、不经表面处理的 A 级开槽圆柱头螺钉：

螺钉　GB/T 65　M5×20

表 A-10　开槽沉头螺钉　　　　　　　　　　　　　　　单位：mm

螺纹规格 d		M1.6	M2	M2.5	M3	M4	M5	M6	M8	M10
螺距　 P		0.35	0.4	0.45	0.5	0.7	0.8	1	1.25	1.5
a	max	0.7	0.8	0.9	1	1.4	1.6	2	2.5	3
b	min	25	25	25	25	38	38	38	38	38
d_k	公称＝max	3.00	3.80	4.50	5.50	7.00	8.50	10.00	13.00	16.00
	min	2.86	3.62	4.32	0.32	6.78	8.28	9.78	12.73	15.73
k	公称＝max	1.10	1.40	1.80	2.00	2.60	3.30	3.9	5.0	6.0
	min	0.96	1.26	1.66	1.86	2.46	3.12	3.6	4.7	5.7
n	公称	0.4	0.5	0.6	0.8	1.2	1.2	1.6	2	2.5
	max	0.60	0.70	0.80	1.00	1.51	1.51	1.91	2.31	2.81
	min	0.46	0.56	0.66	0.86	1.26	1.26	1.66	2.06	2.56
r	min	0.1	0.1	0.1	0.1	0.2	0.2	0.25	0.4	0.4
t	min	0.45	0.6	0.7	0.85	1.1	1.3	1.6	2	2.4
w	min	0.4	0.5	0.7	0.75	1.1	1.3	1.6	2	2.4
x	max	0.9	1	1.1	1.25	1.75	2	2.5	3.2	3.8
全螺纹长度 l		2～30	3～30	3～30	4～30	5～40	6～40	8～40	10～30	12～40
通用规格长度 l		2～16	3～20	3～25	4～30	5～40	6～50	8～60	10～80	12～80
l 系列										

l 系列	2，3，4，5，6，8，10，12，(14)，16，20，25，30，35，40，45，50，(55)，60，(65)70，(75)，80

注：1. 尽可能不采用括号内的规格。

　　2. 公称长度 l≤40mm 的螺钉，制出全螺纹。

10. 紧定螺钉

开槽锥端紧定螺钉	开槽平端紧定螺钉	开槽长圆柱端紧定螺钉
GB/T 71—1985	GB/T 73—1985	GB/T 75—1985

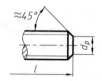

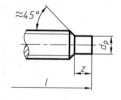

标记示例：

螺纹规格 d＝M5、公称长度 l＝12mm、性能等级为 14H 级、表面氧化的开槽锥端紧定螺钉：

　　　　　　　　螺钉　GB/T 715　M5×12

表 A-11　紧定螺钉　　　　　　　　　　　　　　　　　单位：mm

螺纹规格 d		M1.2	M1.6	M2	M2.5	M3	M4	M5	M6	M8	M10	M12
螺距	P	0.25	0.35	0.4	0.45	0.5	0.7	0.8	1	1.25	1.5	1.75
d_t	$\approx$	螺　纹　小　径										
d_t	min	—	—	—	—	—	—	—	—	—	—	—
d_t	max	0.12	0.16	0.2	0.25	0.3	0.4	0.5	1.5	2	2.5	3
n	公称	0.2	0.25	0.25	0.4	0.4	0.6	0.8	1	1.2	1.6	2
n	min	0.26	0.31	0.31	0.46	0.46	0.66	0.86	1.06	1.26	1.66	2.06
n	max	0.4	0.45	0.45	0.6	0.6	0.8	1	1.2	1.51	1.91	2.31
t	min	0.4	0.56	0.64	0.72	0.8	1.12	1.28	1.6	2	2.4	2.8
t	max	0.52	0.74	0.84	0.95	1.05	1.42	1.63	2	2.5	3	3.6
z		—	1.05	1.25	1.55	1.75	2.25	2.75	3.25	4.3	5.3	6.3
商品规格长度 l	GB/T 71—1985	2~6	2~8	3~10	3~12	4~16	6~20	8~25	8~30	10~40	12~50	14~60
商品规格长度 l	GB/T 73—1985	2~6	2~6	2~6	2.5~12	3~16	4~20	5~25	6~30	8~40	10~50	12~60
商品规格长度 l	GB/T 75—1985	—	2.5~8	3~10	4~12	5~16	6~20	8~25	8~30	10~40	12~50	14~60
l 系列		2，2.5，3，4，5，6，8，10，12，（14），16，20，25，30，35，40，45，50，（55），60										

11. 六角螺母

六角螺母—C 级　　　　　　　1 型六角螺母—A 级和 B 级　　　　　　薄型六角螺母
GB/T 41—2016　　　　　　　　GB/T 6170—2015　　　　　　　　GB/T 6172.1—2015

标记示例：

螺纹规格为 M12、性能等级为 8 级、表面不经处理、产品等级为 A 级的 1 型六角螺母：

螺母　GB/T 6170　M12

表 A-12　六角螺母　　　　　　　　　　　　　　　　　　　　　单位：mm

螺纹规格　D		M3	M4	M5	M6	M8	M10	M12	M16	M20	M24	M30	M36
螺距　　　　P		0.5	0.7	0.8	1	1.25	1.5	1.75	2	2.5	3	3.5	4
c	GB/T 41	—	—	—	—	—	—	—	—	—	—	—	—
	GB/T 6170 max	0.4	0.4	0.5	0.5	0.6	0.6	0.6	0.8	0.8	0.8	0.8	0.8
	GB/T 6170 min	0.15	0.15	0.15	0.15	0.15	0.15	0.15	0.2	0.2	0.2	0.2	0.2
	GB/T6172.1	—	—	—	—	—	—	—	—	—	—	—	—
d_w	GB/T 41	—	—	—	—	—	—	—	—	—	—	—	—
	GB/T 6170 min	4.60	5.90	6.90	8.90	11.60	14.60	16.60	22.50	27.70	33.30	42.80	51.10
	GB/T6172.1	—	—	—	—	—	—	—	—	—	—	—	—
e	GB/T 41 min	—	—	8.63	10.89	14.20	17.59	19.85	26.17	32.95	39.55	50.85	60.79
	GB/T 6170 min	6.01	7.66	8.79	11.05	14.38	17.77	20.03	26.75	32.95	39.55	50.85	60.79
	GB/T6172.1 min	6.01	7.66	8.79	11.05	14.38	17.77	20.03	26.75	32.95	39.55	50.85	60.79
m	GB/T 41 max	—	—	5.60	6.40	7.90	9.50	12.20	15.90	19.00	22.30	26.40	31.90
	GB/T 41 min	—	—	4.40	4.90	6.40	8.00	10.40	14.10	16.90	20.20	24.30	29.40
	GB/T 6170 max	2.40	3.20	4.70	5.20	6.80	8.40	10.80	14.80	18.00	21.50	25.60	31.00
	GB/T 6170 min	2.15	2.90	4.40	4.90	6.44	8.04	10.37	14.10	16.90	20.20	24.30	29.40
	GB/T6172.1 max	1.80	2.20	2.70	3.20	4.00	5.00	6.00	8.00	10.00	12.00	15.00	18.00
	GB/T6172.1 min	1.55	1.95	2.45	2.90	3.70	4.70	5.70	7.42	9.10	10.90	13.90	16.90
s	GB/T 41 公称＝max	—	—	8.00	10.00	13.00	16.00	18.00	24.00	30.00	36.00	46.00	55.00
	GB/T 41 min	—	—	7.64	9.64	12.57	15.57	17.57	23.16	29.16	35.00	45.00	53.80
	GB/T 6170 公称＝max	5.50	7.00	8.00	10.00	13.00	16.00	18.00	24.00	30.00	36.00	46.00	55.00
	GB/T 6170 min	5.32	6.78	7.78	9.78	12.73	15.73	17.73	23.67	29.16	35.00	45.00	53.80
	GB/T6172.1 公称＝max	5.50	7.00	8.00	10.00	13.00	16.00	18.00	24.00	30.00	36.00	46.00	55.00
	GB/T6172.1 min	5.32	6.78	7.78	9.78	12.73	15.73	17.73	23.67	29.16	35.00	45.00	53.80

12. 开槽螺母(GB/T 6179—1986)

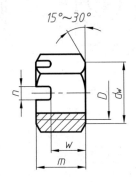
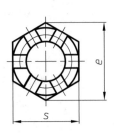

标记示例：

螺纹规格 $D=$ M12、性能等级为 5 级、表面不经处理、产品等级为 C 级的 1 型六角开槽螺母：

螺母　GB/T 6179—1986　M12

表 A-13　开槽螺母 单位：mm

螺纹规格 D		M5	M6	M8	M10	M12	(M14)	M16	M20	M24	M30	M36
d_w	min	6.9	8.7	11.5	14.5	16.5	19.2	22	27.7	33.2	42.7	51.1
e	min	8.63	10.89	14.20	17.59	19.85	22.78	26.17	32.95	39.55	50.85	60.79
m	max	6.7	7.7	9.8	12.4	15.8	17.8	20.8	24	29.5	34.6	40
	min	5.2	6.2	8.3	10.6	14	16	18.7	21.9	27.4	32.1	37.5
n	max	2	2.6	3.1	3.4	4.25	4.25	5.7	5.7	6.7	8.5	8.5
	min	1.4	2	2.5	2.8	3.5	3.5	4.5	4.5	5.5	7	7
s	max	8	10	13	16	18	21	24	30	36	46	55
	min	7.64	9.64	12.57	15.57	17.57	20.16	23.16	29.16	35	45	53.8
w	max	4.7	5.2	6.8	8.4	10.8	12.8	14.8	18	21.5	25.6	31
	min	4.22	4.72	6.22	7.82	10.1	12.1	14.1	17.3	20.66	24.76	30
开口销		1.2×12	1.6×14	2×16	2.5×20	3.2×22	3.2×25	4×28	4×16	5×40	6.3×50	6.3×63

13. 平垫圈

小垫圈　　　　　　　　平垫圈　　　　　　　　平垫圈—倒角型
GB/T 848—2002　　　　GB/T 97.1—2002　　　　GB/T 97.2—2002

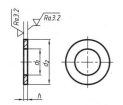 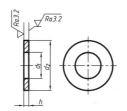 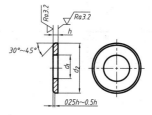

标记示例：

标准系列、公称规格 8mm、由钢制造的硬度等级为 200HV、表面不经处理、产品等级为 A 级、倒角型的平垫圈：

垫圈　GB/T 97.2　8

表 A-14　平垫圈 单位：mm

公称规格（螺纹大径 d）			3	4	5	6	8	10	12	16	20	24	30	36
d_1	GB/T 848—2016	公称=min	3.2	4.3	5.3	6.4	8.4	10.5	13	17	21	25	31	37
		max	3.38	4.48	5.48	6.62	8.62	10.77	13.27	17.27	21.33	25.33	31.39	37.62
	GB/T 97.1—2016	公称=min	3.2	4.3	5.3	6.4	8.4	10.5	13	17	21	25	31	37
		max	3.38	4.48	5.48	6.62	8.62	10.77	13.27	17.27	21.33	25.33	31.39	37.62

续表

公称规格（螺纹大径 d）			3	4	5	6	8	10	12	16	20	24	30	36
d_1	GB/T 97.2—2016	公称＝min	—	—	5.3	6.4	8.4	10.5	13	17	21	25	31	37
		max	—	—	5.48	6.62	8.62	10.77	13.27	17.27	21.33	25.33	31.39	37.62
d_2	GB/T 848—2016	公称＝max	6	8	9	11	15	18	20	28	34	39	50	60
		min	5.7	7.64	8.64	10.57	14.57	17.57	19.48	27.48	33.38	38.38	49.38	58.8
	GB/T 97.1—2016	公称＝max	7	9	10	12	16	20	24	30	37	44	56	66
		min	6.64	8.64	9.64	11.57	15.57	19.48	23.48	29.48	36.38	43.38	55.26	64.8
	GB/T 97.2—2016	公称＝max	—	—	10	12	16	20	24	30	37	44	56	66
		min	—	—	9.64	11.57	15.57	19.48	23.48	29.48	36.38	43.38	55.26	64.8
h	GB/T 848—2016	公称	0.5	0.5	1	1.6	1.6	1.6	2	2.5	3	4	4	5
		max	0.55	0.55	1.1	1.8	1.8	1.8	2.2	2.7	3.3	4.3	4.3	5.6
		min	0.45	0.45	0.9	1.4	1.4	1.4	1.8	2.3	2.7	3.7	3.7	4.4
	GB/T 97.1—2016	公称	0.5	0.8	1	1.6	1.6	2	2.5	3	3	4	4	5
		max	0.55	0.9	1.1	1.8	1.8	2.2	2.7	3.3	3.3	4.3	4.3	5.6
		min	0.45	0.7	0.9	1.4	1.4	1.8	2.3	2.7	2.7	3.7	3.7	4.4
	GB/T 97.2—2016	公称	—	—	1	1.6	1.6	2	2.5	3	3	4	4	5
		max	—	—	1.1	1.8	1.8	2.2	2.7	3.3	3.3	4.3	4.3	5.6
		min	—	—	0.9	1.4	1.4	1.8	2.3	2.7	2.7	3.7	3.7	4.4

14. 弹簧垫圈

标准型弹簧垫圈
GB/T 93—1987

轻型弹簧垫圈
GB/T 859—1987

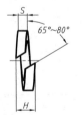 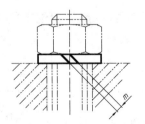

标记示例：

规格 10mm、材料为 65Mn、表面氧化处理的标准型弹簧垫圈：

垫圈　GB/T 93—1987　10

表 A-15　弹簧垫圈　　　　　　　　　　　　　　　　　　　　　单位：mm

公称规格 （螺纹大径）		3	4	5	6	8	10	12	16	20	24	30	36
d		3.1	4.1	5.1	6.1	8.1	10.2	12.2	16.2	20.2	24.5	30.5	36.5
H	GB/T 93—1987	1.6	2.2	2.6	3.2	4.2	5.2	6.2	8.2	10	12	15	22.5
	GB/T 859—1987	1.2	1.6	2.2	2.6	3.2	4	5	6.4	8	10	12	—
S(*b*)	GB/T 93—1987	0.8	1.1	1.3	1.6	2.1	2.6	3.1	4.1	5	6	7.5	9
S	GB/T 859—1987	0.6	0.8	1.1	1.3	1.6	2	2.5	3.2	4	5	6	—
m≤	GB/T 93—1987	0.4	0.55	0.65	0.8	1.05	1.3	1.55	2.05	2.5	3	3.75	4.5
	GB/T 859—1987	0.3	0.4	0.55	0.65	0.8	1	1.25	1.6	2	2.5	3	—
b	GB/T 859—1987	1	1.2	1.5	2	2.5	3	3.5	4.5	5.5	7	9	—

附录 B　键、销

1. 普通平键（GB/T 1095—2003）

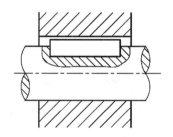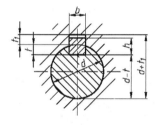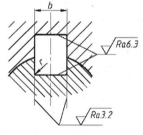

表 B-1　普通平键、键槽的剖面尺寸与公差　　　　　　　　　　单位：mm

轴径	键	键槽										
公称直径 *d*	公称 尺寸 *b*×*h*	宽度偏差						深　度				半径 *r*
		较松键连接		一般键连接		较紧键连接		轴		毂		
		轴 H9	毂 D10	轴 N9	毂 JS9	轴和毂 P9		*t*	极限 偏差	*t*₁	极限 偏差	最小	最大
6～8	2×2	+0.025 0	+0.060 +0.020	−0.004 −0.029	±0.0125	−0.006 −0.031		1.2	+0.1 0	1	+0.1 0	0.08	0.16
>8～10	3×3							1.8		1.4			
>10～12	4×4	+0.030 0	+0.078 +0.030	0 −0.030	±0.015	−0.012 −0.042		2.5		1.8		0.16	0.25
>12～17	5×5							3.0		2.3			
>17～22	6×6							3.5		2.8			

续表

轴径 公称直径 d	键 公称尺寸 b×h	键槽 宽度偏差 较松键连接 轴 H9	毂 D10	一般键连接 轴 N9	毂 JS9	较紧键连接 轴和毂 P9	深度 轴 t	极限偏差	毂 t_1	极限偏差	半径 r 最小	最大
>22~30	8×7	+0.036	+0.098	0	±0.018	−0.015	4.0		3.3		0.16	0.25
>30~38	10×8	0	+0.040	−0.036		−0.051	5.0		3.3			
>38~44	12×8						5.0		3.3			
>44~50	14×9	+0.043	+0.120	0	±0.0215	−0.018	5.5		3.8		0.25	0.40
>50~58	16×10	0	+0.050	−0.043		−0.061	6.0	+0.2	4.3	+0.2		
>58~65	18×11						7.0	0	4.4	0		
>65~75	20×12						7.5		4.9			
>75~85	22×14	+0.052	+0.149	0	±0.026	−0.022	9.0		5.4		0.40	0.60
>85~95	25×14	0	+0.065	−0.052		−0.074	9.0		5.4			
>95~110	28×16						10.0		6.4			

2. 普通平键的形式与尺寸

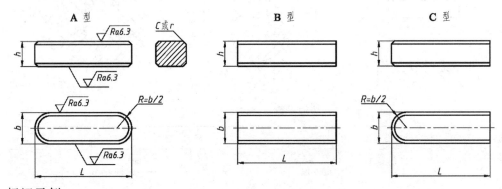

A 型   B 型   C 型

标记示例：

圆头普通平键（A 型）、$b=18$mm、$h=11$mm、$L=100$mm：

GB/T 1096　键 18×11×100

表 B-2　普通平键的尺寸　　　　　　　单位：mm

b	2	3	4	5	6	8	10	12	14	16	18	20	22	25	28
h	2	3	4	5	6	7	8	8	9	10	11	12	14	14	16
C 或 r	0.16~0.25			0.25~0.40			0.40~0.60						0.60~0.80		
长度范围 L	6~20	6~36	8~45	10~56	14~70	18~90	22~110	28~140	36~160	45~180	50~200	56~220	63~2500	70~280	80~320
L 的系列	6，8，10，12，14，16，18，20，22，25，28，32，36，40，45，50，56，63，70，80，90，100，110，125，140，160，180，200，220，250，280，320														

3. 圆锥销(GB/T 117—2000)

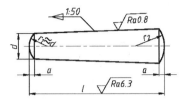

标记示例：

公称直径 $d=5mm$、公称长度 $l=35mm$、材料为 35 钢、热处理硬度 28～38HRC、表面氧化处理的 A 型圆锥销：

销 GB/T 117　5×35

表 B-3　圆锥销　　　　　　　　　　　　　　　　　单位：mm

d h10	0.6	0.8	1	1.2	1.5	2	2.5	3	4	5	6	8	10	12	16	20
$a\approx$	0.08	0.1	0.12	0.16	0.2	0.25	0.3	0.4	0.5	0.63	0.8	1	1.2	1.6	2	2.5
商品规格 l	4～8	5～12	6～16	6～20	8～24	10～35	10～35	12～45	14～55	18～60	22～90	22～120	26～160	32～180	40～200	45～200
l 系列	2，3，4，5，6，8，10，12，14，16，18，20，22，24，26，28，30，32，35，40，45，50，55，60，65，70，75，80，85，90，95，100，120，140，160，180，200															
材　料	GB/T 119.1 钢：奥氏体不锈钢 A_1。GB/T 119.2 钢：A 型，普通淬火；B 型，表面淬火；马氏体不锈钢 C_1															

4. 圆柱销(GB/T 119.1—2000)

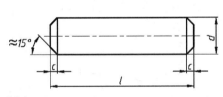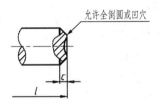

允许全倒圆或凹穴

标记示例：

公称直径 $d=5mm$、公称长度 $l=30mm$、材料为 35 钢、热处理硬度 28～38HRC、表面氧化处理的 A 型圆柱销：

销 GB/T 119.1　5×30

表 B-4　圆柱销　　　　　　　　　　　　　　　　　单位：mm

d h10	0.6	0.8	1	1.2	1.5	2	2.5	3	4	5	6	8	10	12	16	20
$a\approx$	0.12	0.16	0.2	0.25	0.3	0.35	0.4	0.5	0.63	0.8	1.2	1.6	2	2.5	3	3.5
商品规格 l	2～6	2～8	4～10	4～12	4～16	6～20	6～24	8～30	8～40	10～50	12～60	14～80	18～95	22～140	26～180	35～200
l 系列	2，3，4，5，6，8，10，12，14，16，18，20，22，24，26，28，30，32，35，40，45，50，55，60，65，70，75，80，85，90，95，100，120，140，160，180，200															
材　料	易切钢：Y12、Y15；碳素钢：35、45；合金钢：30CrMnSiA；不锈钢：1Cr13、2Cr13、Cr17Ni2、0Cr18Ni9Ti															

5. 开口销(GB/T 91—2000)

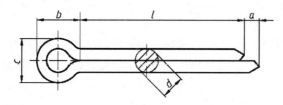

允许制造的形式

标记示例：

公称直径 d＝5mm、公称长度 l＝50mm、材料为低碳钢、不经表面处理的开口销：

销 GB/T 91　5×30

表 B-5　开口销

单位：mm

			0.6	0.8	1	1.2	1.6	2	2.5	3.2	4	5	6.3	8	10
公称规格			0.6	0.8	1	1.2	1.6	2	2.5	3.2	4	5	6.3	8	10
d	max		0.5	0.7	0.9	1.0	1.4	1.8	2.3	2.9	3.7	4.6	5.9	7.5	9.5
	min		0.4	0.6	0.8	0.9	1.3	1.7	2.1	2.7	3.5	4.4	5.7	7.3	9.3
a	max		1.6	1.6	1.6	2.5	2.5	2.5	2.5	3.2	4	4	4	4	6.3
b	≈		2	2.4	3	3	3.2	4	5	6.4	8	10	12.6	16	20
c	max		1	1.4	1.8	2	2.8	3.6	4.6	5.8	7.4	9.2	11.8	15	19
商品规格 l			4～12	5～16	6～20	8～25	8～32	10～40	12～50	14～63	18～80	22～100	32～125	40～160	45～200
使用的直径	螺栓	＞	—	2.5	3.5	4.5	5.5	7	9	11	14	20	27	39	56
		≤	2.5	3.5	4.5	5.5	7	9	11	14	20	27	39	56	80
	U形销	＞	—	2	3	4	5	6	8	9	12	17	23	29	44
		≤	2	3	4	5	6	8	9	12	17	23	29	44	69
材料			①碳素钢：Q215、Q235；②铜合金：H63；③不锈钢：1Cr17Ni7、0Cr18Ni9Ti；④其他材料由供需双方协议												
表面处理			①钢：不经处理、镀锌钝化、磷化；②铜、不锈钢：简单处理；③其他表面镀层或表面处理，由供需双方协议												

附录 C　滚动轴承

1. 深沟球轴承(GB/T 276—2013，GB/T 5868—2003)

6000型

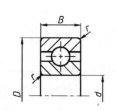
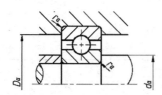

标记示例：

内径 d＝30mm 的 6000 型深沟球轴承、尺寸系列为(0)3、组合代号为63：

滚动轴承 6306　GB/T 276—2013

表 C-1　深沟球轴承　　　　　　　　　　　　　　　　单位：mm

轴承代号	基本尺寸				安装尺寸		
	d	D	B	r_s min	d_a min	D_a max	r_{as} max
(0)1 尺寸系列							
6000	10	26	8	0.3	12.4	23.6	0.3
6001	12	28	8	0.3	14.4	25.6	0.3
6002	15	32	9	0.3	17.4	29.6	0.3
6003	17	35	10	0.3	19.4	32.6	0.3
6004	20	42	12	0.6	25	37	0.6
6005	25	47	12	0.6	30	42	0.6
6006	30	55	13	1	36	49	1
6007	35	62	14	1	41	56	1
6008	40	68	15	1	46	62	1
6009	45	75	16	1	51	69	1
6010	50	80	16	1	56	74	1
6011	55	90	18	1.1	62	83	1
6012	60	95	18	1.1	67	88	1
6013	65	100	18	1.1	72	93	1
6014	70	110	20	1.1	77	103	1
6015	75	115	20	1.1	82	108	1
6016	80	125	22	1.1	87	118	1
6017	85	130	22	1.1	92	123	1
6018	90	140	24	1.5	99	131	1.5
6019	95	145	24	1.5	104	136	1.5
6020	100	150	24	1.5	109	141	1.5
(0)2 尺寸系列							
6200	10	30	9	0.6	15	25	0.6
6201	12	32	10	0.6	17	27	0.6
6202	15	35	11	0.6	20	30	0.6
6203	17	40	12	0.6	22	35	0.6
6204	20	47	14	1	26	41	1
6205	25	52	15	1	31	46	1
6206	30	62	16	1	36	56	1
6207	35	72	17	1.1	42	65	1
6208	40	80	18	1.1	47	73	1

轴承代号	基本尺寸				安装尺寸		
	d	D	B	r_s min	d_a min	D_a max	r_{as} max
6209	45	85	19	1.1	52	78	1
6210	50	90	20	1.1	57	83	1
6211	55	100	21	1.5	64	91	1.5
6212	60	110	22	1.5	69	101	1.5
6213	65	120	23	1.5	74	111	1.5
6214	70	125	24	1.5	79	116	1.5
6215	75	130	25	1.5	84	121	1.5
6216	80	140	26	2	90	130	2
6217	85	150	28	2	95	140	2
6218	90	160	30	2	100	150	2
6219	95	170	32	2.1	107	158	2.1
6220	100	180	34	2.1	112	168	2.1
(0)3 尺寸系列							
6300	10	35	11	0.6	15	30	0.6
6301	12	37	12	1	18	31	1
6302	15	42	13	1	21	36	1
6303	17	47	14	1	23	41	1
6304	20	52	15	1.1	27	45	1
6305	25	62	17	1.1	32	55	1
6306	30	72	19	1.1	37	65	1
6307	35	80	21	1.5	44	71	1.5
6308	40	90	23	1.5	49	81	1.5
6309	45	100	25	1.5	54	91	1.5
6310	50	110	27	2	60	100	2
6311	55	120	29	2	65	110	2
6312	60	130	31	2.1	72	118	2.1
6313	65	140	33	2.1	77	128	2.1
6314	70	150	35	2.1	82	138	2.1
6315	75	160	37	2.1	87	148	2.1
6316	80	170	39	2.1	92	158	2.1
6317	85	180	41	3	99	166	2.5
6318	90	190	43	3	104	176	2.5

续表

轴承代号	基本尺寸				安装尺寸		
	d	D	B	r_s min	d_a min	D_a max	r_{as} max
6319	95	200	45	3	109	186	2.5
6320	100	215	47	3	114	201	2.5
(0)4 尺寸系列							
6403	17	62	17	1.1	24	55	1
6404	20	72	19	1.1	27	65	1
6405	25	80	21	1.5	34	71	1.5
6406	30	90	23	1.5	39	81	1.5
6407	35	100	25	1.5	44	91	1.5
6408	40	110	27	2	50	100	2
6409	45	120	29	2	55	110	2
6410	50	130	31	2.1	62	118	2.1
6411	55	140	33	2.1	67	128	2.1
6412	60	150	35	2.1	72	138	2.1
6413	65	160	37	2.1	77	148	2.1
6414	70	180	42	3	84	166	2.5
6415	75	190	45	3	89	176	2.5
6416	80	200	48	3	94	186	2.5
6417	85	210	52	4	103	192	3
6418	90	225	54	4	108	207	3
6420	100	250	58	4	118	232	3

2. 圆锥滚子轴承(GB/T 297—2015，GB/T 5868—2003)

30000型

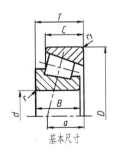

基本尺寸

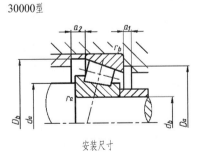

安装尺寸

标记示例：

内径 $d=25$mm，尺寸系列代号为03
的圆锥滚子轴承：

　滚动轴承　30305　GB/T 297—2015

表 C-2　圆锥滚子轴承　　　　　　　　　　　　　　　　　单位：mm

轴承代号	基本尺寸								安装尺寸								
	d	D	T	B	C	r_s min	r_{1s} min	a ≈	d_a min	d_b max	D_a min	D_a max	D_b min	a_1 min	a_2 min	r_{as} max	r_{bs} max
02 尺寸系列																	
30203	17	40	13.25	12	11	1	1	9.9	23	23	34	34	37	2	2.5	1	1
30204	20	47	15.25	14	12	1	1	11.2	26	27	40	41	43	2	3.5	1	1
30205	25	52	16.25	15	13	1	1	12.5	31	31	44	46	48	2	3.5	1	1
30206	30	62	17.25	16	14	1	1	13.8	36	37	53	56	58	2	3.5	1	1
30207	35	72	18.25	17	15	1.5	1.5	15.3	42	44	62	65	67	3	3.5	1.5	1.5
30208	40	80	19.75	18	16	1.5	1.5	16.9	47	49	69	73	75	3	4	1.5	1.5
30209	45	85	20.75	19	16	1.5	1.5	18.6	52	53	74	78	80	3	5	1.5	1.5
30210	50	90	21.75	20	17	1.5	1.5	20	57	58	79	83	86	3	5	1.5	1.5
30211	55	100	22.75	21	18	2	1.5	21	64	64	88	91	95	4	5	2	1.5
30212	60	110	23.75	22	19	2	1.5	22.3	69	69	96	101	103	4	5	2	1.5
30213	65	120	24.75	23	20	2	1.5	23.8	74	77	106	111	114	4	5	2	1.5
30214	70	125	26.25	24	21	2	1.5	25.8	79	81	110	116	119	4	5.5	2	1.5
30215	75	130	27.25	25	22	2	1.5	27.4	84	85	115	121	125	4	5.5	2	1.5
30216	80	140	28.25	26	22	2.5	2	28.1	90	90	124	130	133	4	6	2.1	2
30217	85	150	30.5	28	24	2.5	2	30.3	95	96	132	140	142	5	6.5	2.1	2
30218	90	160	32.5	30	26	2.5	2	32.3	100	102	140	150	151	5	6.5	2.1	2
30219	95	170	34.5	32	27	3	2.5	34.2	107	108	149	158	160	5	7.5	2.5	2.1
30220	100	180	37	34	29	3	2.5	36.4	112	114	157	168	169	5	8	2.5	2.1
03 尺寸系列																	
30302	15	42	14.25	13	11	1	1	9.6	21	22	36	36	38	2	3.5	1	1
30303	17	47	15.25	14	12	1	1	10.4	23	25	40	41	43	3	3.5	1	1
30304	20	52	16.25	15	13	1.5	1.5	11.1	27	28	44	45	48	3	3.5	1.5	1.5
30305	25	62	18.25	17	15	1.5	1.5	13	32	34	54	55	58	3	3.5	1.5	1.5
30306	30	72	20.75	19	16	1.5	1.5	15.3	37	40	62	65	66	3	5	1.5	1.5
30307	35	80	22.75	21	18	2	1.5	16.8	44	45	70	71	74	3	5	2	1.5
30308	40	90	25.25	23	20	2	1.5	19.5	49	52	77	81	84	3	5.5	2	1.5
30309	45	100	27.25	25	22	2	1.5	21.3	54	59	86	91	94	3	5.5	2	1.5
30310	50	110	29.25	27	23	2.5	2	23	60	65	95	100	103	4	5.5	2	2
30311	55	120	31.5	29	25	2.5	2	24.9	65	70	104	110	112	4	6.5	2.5	2
30312	60	130	33.5	31	26	3	2.5	26.6	72	76	112	118	121	5	7.5	2.5	2.1
30313	65	140	36	33	28	3	2.5	28.7	77	83	122	128	131	5	8	2.5	2.1

续表

轴承代号	基本尺寸								安装尺寸								
	d	D	T	B	C	r_s min	r_{1s} min	a $\approx$	d_a min	d_b max	D_a min	D_a max	D_b min	a_1 min	a_2 min	r_{as} max	r_{bs} max
30314	70	150	38	35	30	3	2.5	30.7	82	89	130	138	141	5	8	2.5	2.1
30315	75	160	40	37	31	3	2.5	32	87	95	139	148	150	5	9	2.5	2.1
30316	80	170	42.5	39	33	3	2.5	34.4	92	102	148	158	160	5	9.5	2.5	2.1
30317	85	180	44.5	41	34	4	3	35.9	99	107	156	166	168	6	10.5	3	2.5
30318	90	190	46.5	43	36	4	3	37.5	104	113	165	176	178	6	10.5	3	2.5
30319	95	200	49.5	45	38	4	3	40.1	109	118	172	186	185	6	11.5	3	2.5
30320	100	215	51.5	47	39	4	3	42.2	114	127	184	201	199	6	12.5	3	2.5
22 尺寸系列																	
32206	30	62	21.25	20	17	1	1	15.6	36	36	52	56	58	3	4.5	1	1
32207	35	72	24.25	23	19	1.5	1.5	17.9	42	42	61	65	68	3	5.5	1.5	1.5
32208	40	80	24.75	23	19	1.5	1.5	18.9	47	48	68	73	75	3	6	1.5	1.5
32209	45	85	24.75	23	19	1.5	1.5	20.1	52	53	73	78	81	3	6	1.5	1.5
32210	50	90	24.75	23	19	1.5	1.5	21	57	57	78	83	86	3	6	1.5	1.5
32211	55	100	26.74	25	21	2	1.5	22.8	64	62	87	91	96	4	6	2	1.5
32212	60	110	29.75	28	24	2	1.5	25	69	68	95	101	105	4	6	2	1.5
32213	65	120	32.75	31	27	2	1.5	27.3	74	75	104	111	115	4	6	2	1.5
32214	70	125	33.25	31	27	2	1.5	28.8	79	79	108	116	120	4	6.5	2	1.5
32215	75	130	33.25	31	27	2	1.5	30	84	84	115	121	126	4	6.5	2	1.5
32216	80	140	35.25	33	28	2.5	2	31.4	90	89	122	130	135	5	7.5	2.1	2
32217	85	150	38.5	36	30	2.5	2	33.9	95	95	130	140	143	5	8.5	2.1	2
32218	90	160	42.5	40	34	2.5	2	36.8	100	101	138	150	153	5	8.5	2.1	2
32219	95	170	45.5	43	37	3	2.5	39.2	107	106	145	158	163	5	8.5	2.5	2.1
32220	100	180	49	46	39	3	2.5	41.9	112	113	154	168	172	5	10	2.5	2.1
23 尺寸系列																	
32303	17	47	20.25	19	16	1	1	12.3	23	24	39	41	43	3	4.5	1	1
32304	20	52	22.25	21	18	1.5	1.5	13.6	27	26	43	45	48	3	4.5	1.5	1.5
32305	25	62	25.25	24	20	1.5	1.5	15.9	32	32	52	55	58	3	5.5	1.5	1.5
32306	30	72	28.75	27	23	1.5	1.5	18.9	37	38	59	65	66	4	6	1.5	1.5
32307	35	80	32.75	31	25	2	1.5	20.4	44	43	66	71	74	4	8.5	2	1.5
32308	40	90	35.25	33	27	2	1.5	23.3	49	49	73	81	83	4	8.5	2	1.5
32309	45	100	38.25	36	30	2	1.5	25.6	54	56	82	91	93	4	8.5	2	1.5
32310	50	110	42.25	40	33	2.5	2	28.2	60	61	90	100	102	5	9.5	2	2
32311	55	120	45.5	43	35	2.5	2	30.4	65	66	99	110	111	5	10	2.5	2

轴承代号	基本尺寸								安装尺寸								
	d	D	T	B	C	r_s min	r_{1s} min	a ≈	d_a min	d_b max	D_a min	D_a max	D_b min	a_1 min	a_2 min	r_{as} max	r_{bs} max
32312	60	130	48.5	46	37	3	2.5	32	72	72	107	118	122	6	11.5	2.5	2.1
32313	65	140	51	48	39	3	2.5	34.3	77	79	117	128	131	6	12	2.5	2.1
32314	70	150	54	51	42	3	2.5	36.5	82	84	125	138	141	6	12	2.5	2.1
32315	75	160	58	55	45	3	2.5	39.4	87	91	133	148	150	7	13	2.5	2.1
32316	80	170	61.5	58	48	3	2.5	42.1	92	97	142	158	160	7	13.5	2.5	2.1
32317	85	180	63.5	60	49	4	3	43.5	99	102	150	166	168	8	14.5	3	2.5
32318	90	190	67.5	64	53	4	3	46.2	104	107	157	176	178	8	14.5	3	2.5
32319	95	200	71.5	67	55	4	3	49	109	114	166	186	187	8	16.5	3	2.5
32320	100	215	77.5	73	60	4	3	52.9	114	122	177	201	201	8	17.5	3	2.5

3. 推力球轴承(GB/T 301—1995，GB/T 5868—2003)

51000型   52000型

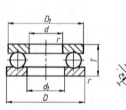 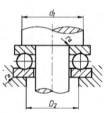 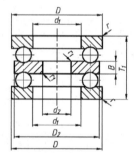 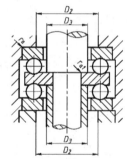

标记示例：

内径 d＝30mm、51000 型推力球轴承、12 尺寸系列：

滚动轴承 51206 GB/T 301—1995

表 C-3 推力球轴承   单位：mm

轴承代号		基本尺寸												安装尺寸				
	d	d_2	D	T	T_1	d_1 min	D_1 max	B	r_s mn	r_{1s} min	D_{2s} max	d_1 min	D_2 max	r_a max	r_{a1} max	D_3
12(51000 型)、22(52000 型)尺寸系列																
51200	—	10	—	26	11	—	12	26	—	0.6	—	—	20	16	0.6	—	—
51201	—	12	—	28	11	—	14	28	—	0.6	—	—	22	18	0.6	—	—
51202	52202	15	10	32	12	22	17	32	5	0.6	0.3	32	25	22	0.6	0.3	15
51203	—	17	—	35	12	—	19	35	—	0.6	—	—	28	24	0.6	—	—
51204	52204	20	15	40	14	26	22	40	6	0.6	0.3	40	32	28	0.6	0.3	20

轴承代号		基本尺寸												安装尺寸				
		d	d_2	D	T	T_1	d_1 min	D_1 max	B	r_s mn	r_{1s} min	D_{2s} max	d_1 min	D_2 max	r_a max	r_{a1} max	D_3
51205	52205	25	20	47	15	28	27	47	7	0.6	0.3	47	38	34	0.6	0.3	25
51206	52206	30	25	52	16	29	32	52	7	0.6	0.3	52	43	39	0.6	0.3	30
51207	52207	35	30	62	18	34	37	62	8	1	0.3	62	51	46	1	0.3	35
51208	52208	40	30	68	19	36	42	68	9	1	0.6	68	57	51	1	0.6	40
51209	52209	45	35	73	20	37	47	73	9	1	0.6	73	62	56	1	0.6	45
51210	52210	50	40	78	22	39	52	78	9	1	0.6	78	67	61	1	0.6	50
51211	52211	55	45	90	25	45	57	90	10	1	0.6	90	76	69	1	0.6	55
51212	52212	60	50	95	26	46	62	95	10	1	0.6	95	81	74	1	0.6	60
51213	52213	65	55	100	27	47	67	100	10	1	0.6	100	86	79	1	0.6	65
51214	52214	70	55	105	27	47	72	105	10	1	1	105	91	84	1	1	70
51215	52215	75	60	110	27	47	77	110	10	1	1	110	96	89	1	1	75
51216	52216	80	65	115	28	48	82	115	10	1	1	115	101	94	1	1	80
51217	52217	85	70	125	31	55	88	125	12	1	1	125	109	101	1	1	85
51218	52218	90	75	135	35	62	93	135	14	1.1	1	135	117	108	1	1	90
51220	52220	100	85	150	38	67	103	150	15	1.1	1	150	130	120	1	1	100
13(51000 型)、23(52000 型)尺寸系列																		
51304	—	20	—	47	18	—	22	47	—	1	—	—	—	—	1	—	—
51305	52305	25	20	52	18	34	27	52	8	1	0.3	52	41	36	1	0.3	25
51306	52306	30	25	60	21	38	32	60	9	1	0.3	60	48	42	1	0.3	30
51307	52307	35	30	68	24	44	37	68	10	1	0.3	68	55	48	1	0.3	35
51308	52308	40	30	78	26	49	42	78	12	1	0.6	78	63	55	1	0.6	40
51309	52309	45	35	85	28	52	47	85	12	1	0.6	85	69	61	1	0.6	45
51310	52310	50	40	95	31	58	52	95	14	1.1	0.6	95	77	68	1	0.6	50
51311	52311	55	45	105	35	64	57	105	15	1.1	0.6	105	85	75	1	0.6	55
51312	52312	60	50	110	35	64	62	110	15	1.1	0.6	110	90	80	1	0.6	60
51313	52313	65	55	115	36	65	67	115	15	1.1	0.6	115	95	85	1	0.6	65
51314	52314	70	55	125	40	72	72	125	16	1.1	1	125	103	92	1	1	70
51315	52315	75	60	135	44	79	77	135	18	1.5	1	135	111	99	1.5	1	75
51316	52316	80	65	140	44	79	82	140	18	1.5	1	140	116	104	1.5	1	80
51317	52317	85	70	150	49	87	88	150	19	1.5	1	150	124	111	1.5	1	85
51318	52318	90	75	155	50	88	93	155	19	1.5	1	155	129	116	1.5	1	90
51329	52320	100	80	170	55	97	103	170	21	1.5	1	170	142	128	1.5	1	100

续表

轴承代号		基本尺寸											安装尺寸				
		d	d_2	D	T	T_1	d_1 min	D_1 max	B	r_s mn	r_{1s} min	D_{2s} max	d_1 min	D_2 max	r_a max	r_{a1} max	D_3

14(51000 型)、24(52000 型)尺寸系列

轴承代号		d	d_2	D	T	T_1	d_1 min	D_1 max	B	r_s mn	r_{1s} min	D_{2s} max	d_1 min	D_2 max	r_a max	r_{a1} max	D_3
51405	52405	25	15	60	24	45	27	60	11	1	0.6	60	46	39	1	0.6	25
51406	52406	30	20	70	28	52	32	70	12	1	0.6	70	54	46	1	0.6	30
51407	52407	35	25	80	32	59	37	80	14	1.1	0.6	80	62	53	1	0.6	35
51408	52408	40	30	90	36	65	42	90	15	1.1	0.6	90	70	60	1	0.6	40
51409	52409	45	35	100	39	72	47	100	17	1.1	0.6	100	78	67	1	0.6	45
51410	52410	50	40	110	43	78	52	110	18	1.5	0.6	110	86	74	1.5	0.6	50
51411	52411	55	45	120	48	87	57	120	20	1.5	0.6	120	94	81	1.5	0.6	55
51412	52412	60	50	130	51	93	62	130	21	1.5	0.6	130	102	88	1.5	0.6	60
51413	52413	65	50	140	56	101	68	140	23	2	1	140	110	95	2.0	1	65
51414	52414	70	55	150	60	107	73	150	24	2	1	150	118	102	2.0	1	70
51415	52415	75	60	160	65	115	78	160	26	2	1	160	125	110	2.0	1	75
51416	—	80	—	170	68	—	83	170	—	2.1	—	—	133	117	2.1	—	80
51417	52417	85	65	180	72	128	88	177	29	2.1	1.1	179.5	141	124	2.1	1	85
51418	52418	90	70	190	77	135	93	187	30	2.1	1.1	189.5	149	131	2.1	1	90
51420	52420	100	80	210	85	150	103	205	33	3	1.1	209.5	165	145	2.5	1	100

附录 D　零件的标准结构尺寸

表 D-1　标准尺寸(摘自 GB/T 2822—2005)　　　　单位：mm

R10	1.00，1.25，1.60，2.00，2.50，3.15，4.00，5.00，6.30，8.00，10.0，12.5，16.0，20.0，25.0，31.5，40.0，50.0，63.0，80.0，100，125，160，200，315，400，500，630，800，1000，
R20	1.12，1.40，1.80，2.24，2.80，3.55，4.50，5.60，7.10，9.00，11.2，14.0，18.0，22.4，28.0，35.5，45.0，56.0，71.0，90.0，112.140，180，224，280，355，450，560，710，900
R30	13.2，15.0，17.0，19.0，21.2，23.6，26.5，30.0，33.5，37.5，42.5，47.5，53.0，60.0，67.0，75.0，85.0，95.0，106，118，132，150，170，190，212，236，265，300，335，375，425，475，530，600，670，750，850，950

注：1. 标准尺寸为直径、长度、高度等系列尺寸；

　　2. 本表仅摘录 1~1000mm 范围内优先数系 R 系列中的标准尺寸；

　　3. 选择尺寸时，按照 R10、R20、R30 的顺序。

表 D-2　零件倒圆与倒角(摘自 GB/T 6403.4—2006)　　　　　　单位：mm

	零件形式	
	装配形式	

	直径 D	$\leqslant 3$		$>3\sim 6$		$>6\sim 10$		$>10\sim 18$
R，C	R_1	0.1	0.2	0.3	0.4	0.5	0.6	0.8
	$C_{\max}(C<0.58R_1)$	—	0.1	0.1	0.2	0.2	0.3	0.4

	直径 D	$>18\sim 130$		$>30\sim 50$		$>50\sim 80$	$>80\sim 120$	$>120\sim 180$
R，C	R_1	1.0	1.2	1.6	2.0	2.5		3.0
	$C_{\max}(C<0.58R_1)$	0.5	0.6	0.8	1.0		1.2	1.6

	直径 D	$>180\sim 250$	$>250\sim 320$	$>320\sim 400$	$>400\sim 500$	$>500\sim 630$	$>630\sim 800$
R，C	R_1	4.0	5.0	6.0	8.0	10	12
	$C_{\max}(C<0.58R_1)$	2.0	2.5	3.0	4.0	5.0	6.0

表 D-3　砂轮越程槽(摘自 GB/T 6403.5—2008)　　　　　　单位：mm

结构									
	（a）磨外圆				（b）磨内圆			（c）磨外端面	
尺寸	b_1	0.6	1.0	1.6	2.0	3.0	4.0	5.0	8.0	10
	b_2	2.0	3.0		4.0		5.0		8.0	10
	h	0.1	0.2		0.3	0.4		0.6	0.8	1.2
	r	0.2	0.5		0.8	1.0		1.6	2.0	3.0
	d	~ 10			$>10\sim 50$		$>50\sim 100$		>100	

附录 E 轴、孔的常用及优先选用公差带的极限偏差

表 E-1 轴的常用及优先选用公差带极限偏差　　　　　　　　　单位：μm

基本尺寸/mm		常用及优先公差带（带圈者为优先公差带）											
		a	b		c			d				e		
大于	至	11	11	12	9	10	⑪	8	⑨	10	11	7	8	9
—	3	−270 −330	−140 −200	−140 −240	−60 −85	−60 −100	−60 −120	−20 −34	−20 −45	−20 −60	−20 −80	−14 −24	−14 −28	−14 −39
3	6	−270 −345	−140 −215	−140 −260	−70 −100	−70 −118	−70 −145	−30 −48	−30 −60	−30 −78	−30 −105	−20 −32	−20 −38	−20 −50
6	10	−280 −370	−150 −240	−150 −300	−80 −116	−80 −138	−80 −170	−40 −62	−40 −76	−40 −98	−40 −130	−25 −40	−25 −47	−25 −61
10	14	−290 −400	−150 −260	−150 −330	−95 −138	−95 −165	−95 −205	−50 −77	−50 −93	−50 −120	−50 −160	−32 −50	−32 −59	−32 −75
14	18													
18	24	−300 −430	−160 −290	−160 −370	−110 −162	−110 −194	−110 −240	−65 −98	−65 −117	−65 −149	−65 −195	−40 −61	−40 −73	−40 −92
24	30													
30	40	−310 −470	−170 −330	−170 −420	−120 −182	−120 −220	−120 −280	−80 −119	−80 −142	−80 −180	−80 −240	−50 −75	−50 −89	−50 −112
40	50	−320 −480	−180 −340	−180 −430	−130 −192	−130 −230	−130 −290							
50	65	−340 −530	−190 −380	−190 −490	−140 −214	−140 −260	−140 −330	−100 −146	−100 −174	−100 −220	−100 −290	−60 −90	−60 −106	−60 −134
65	80	−360 −550	−200 −390	−200 −500	−150 −224	−150 −270	−150 −340							
80	100	−380 −600	−220 −440	−220 −570	−170 −257	−170 −310	−170 −390	−120 −174	−120 −207	−120 −260	−120 −340	−72 −107	−72 −126	−72 −159
100	120	−410 −630	−240 −460	−240 −590	−180 −267	−180 −320	−180 −400							
120	140	−460 −710	−260 −510	−260 −660	−200 −300	−200 −360	−200 −450	−145 −208	−145 −245	−145 −305	−145 −395	−85 −125	−85 −148	−85 −185
140	160	−520 −770	−280 −530	−280 −680	−210 −310	−210 −370	−210 −460							
160	180	−580 −830	−310 −560	−310 −710	−230 −330	−230 −390	−230 −480							
180	200	−660 −950	−340 −630	−340 −800	−240 −355	−240 −425	−240 −530	−170 −242	−170 −285	−170 −355	−170 −460	−100 −146	−100 −172	−100 −215
200	225	−740 −1030	−380 −670	−380 −840	−260 −375	−260 −445	−260 −550							
225	250	−820 −1110	−420 −710	−420 −880	−280 −395	−280 −465	−280 −570							

续表

基本尺寸/mm		常用及优先公差带(带圈者为优先公差带)												
		a	b		c			d				e		
大于	至	11	11	12	9	10	⑪	8	⑨	10	11	7	8	9
250	280	−920 −1240	−480 −800	−480 −1000	−300 −430	−300 −510	−300 −620	−190 −271	−190 −320	−190 −400	−190 −510	−110 −162	−110 −191	−110 −240
280	315	−1050 −1370	−540 −860	−540 −1060	−330 −460	−330 −540	−330 −650							
315	355	−1200 −1560	−600 −960	−600 −1170	−360 −500	−360 −590	−360 −720	−210 −299	−210 −350	−210 −440	−210 −570	−125 −182	−125 −214	−125 −265
355	400	−1350 −1710	−680 −1040	−680 −1250	−400 −540	−400 −630	−400 −760							
400	450	−1500 −1900	−760 −1160	−760 −1390	−440 −590	−440 −690	−440 −840	−230 −327	−230 −385	−230 −480	−230 −630	−135 −198	−135 −232	−135 −290
450	500	−1650 −2050	−840 −1240	−840 −1470	−480 −635	−480 −730	−480 −880							

基本尺寸/mm		常用及优先公差带(带圈者为优先公差带)														
		f					g			h						
大于	至	5	6	⑦	8	9	5	⑥	7	5	⑥	⑦	8	⑨	10	⑪	12
—	3	−6 −10	−6 −12	−6 −16	−6 −20	−6 −31	−2 −6	−2 −8	−2 −12	0 −4	0 −6	0 −10	0 −14	0 −25	0 −40	0 −60	0 −100
3	6	−10 −15	−10 −18	−10 −22	−10 −28	−10 −40	−4 −9	−4 −12	−4 −16	0 −5	0 −8	0 −12	0 −18	0 −30	0 −48	0 −75	0 −120
6	10	−13 −19	−13 −22	−13 −28	−13 −35	−13 −49	−5 −11	−5 −14	−5 −20	0 −6	0 −9	0 −15	0 −22	0 −36	0 −58	0 −90	0 −150
10	14	−16 −24	−16 −27	−16 −34	−16 −43	−16 −59	−6 −14	−6 −17	−6 −24	0 −8	0 −11	0 −18	0 −27	0 −43	0 −70	0 −110	0 −180
14	18																
18	24	−20 −29	−20 −33	−20 −41	−20 −53	−20 −72	−7 −16	−7 −20	−7 −28	0 −9	0 −13	0 −21	0 −33	0 −52	0 −84	0 −130	0 −210
24	30																
30	40	−25 −36	−25 −41	−25 −50	−25 −64	−25 −87	−9 −20	−9 −25	−9 −34	0 −11	0 −16	0 −25	0 −39	0 −62	0 −100	0 −160	0 −250
40	50																
50	65	−30 −43	−30 −49	−30 −60	−30 −76	−30 −104	−10 −23	−10 −29	−10 −40	0 −13	0 −19	0 −30	0 −46	0 −74	0 −120	0 −190	0 −300
65	80																
80	100	−36 −51	−36 −58	−36 −71	−36 −90	−36 −123	−12 −27	−12 −34	−12 −47	0 −15	0 −22	0 −35	0 −54	0 −87	0 −140	0 −220	0 −350
100	120																
120	140	−43 −61	−43 −68	−43 −83	−43 −106	−43 −143	−14 −32	−14 −39	−14 −54	0 −18	0 −25	0 −40	0 −63	0 −100	0 −160	0 −250	0 −400
140	160																
160	180																

基本尺寸/mm		常用及优先公差带(带圈者为优先公差带)															
		f					g			h							
大于	至	5	6	⑦	8	9	5	⑥	7	5	⑥	⑦	8	⑨	10	⑪	12
180	200	−50 −70	−50 −79	−50 −96	−50 −122	−50 −165	−15 −35	−15 −44	−15 −61	0 −20	0 −29	0 −46	0 −72	0 −115	0 −185	0 −290	0 −460
200	225																
225	250																
250	280	−56 −79	−56 −88	−56 −108	−56 −137	−56 −186	−17 −40	−17 −49	−17 −69	0 −23	0 −32	0 −52	0 −81	0 −130	0 −210	0 −320	0 −520
280	315																
315	355	−62 −87	−62 −98	−62 −119	−62 −151	−62 −202	−18 −43	−18 −54	−18 −75	0 −25	0 −36	0 −57	0 −89	0 −140	0 −230	0 −360	0 −570
355	400																
400	450	−68 −95	−68 −108	−68 −131	−68 −165	−68 −223	−20 −47	−20 −60	−22 −83	0 −27	0 −40	0 −63	0 −97	0 −155	0 −250	0 −400	0 −630
450	500																

基本尺寸/mm		常用及优先公差带(带圈者为优先公差带)														
		js			k			m			n			p		
大于	至	5	6	7	5	⑥	7	5	6	7	5	⑥	7	5	⑥	7
—	3	±2	±3	±5	+4 0	+6 0	+10 0	+6 +2	+8 +2	+12 +2	+8 +4	+10 +4	+14 +4	+10 +6	+10 +6	+16 +6
3	6	±2.5	±4	±6	+6 +1	+9 +1	+13 +1	+9 +4	+12 +4	+16 +4	+13 +8	+16 +8	+20 +8	+7 +12	+20 +12	+24 +12
6	10	±3	±4.5	±7	+7 +1	+10 +1	+16 +1	+12 +6	+15 +6	+21 +6	+16 +10	+19 +10	+25 +10	+21 +15	+24 +15	+30 +15
10	14	±4	±5.5	±9	+9 +1	+12 +1	+19 +1	+15 +7	+18 +7	+25 +7	+20 +12	+23 +12	+30 +12	+26 +18	+29 +18	+36 +18
14	18															
18	24	±4.5	±6.5	±10	+11 +2	+15 +2	+23 +2	+17 +8	+21 +8	+29 +8	+24 +15	+28 +15	+36 +15	+31 +22	+35 +22	+43 +22
24	30															
30	40	±5.5	±8	±12	+13 +2	+18 +2	+27 +2	+20 +9	+25 +9	+34 +9	+28 +17	+33 +17	+42 +17	+37 +26	+42 +26	+51 +26
40	50															
50	65	±6.5	±9.5	±15	+5 +2	+21 +2	+32 +2	+24 +11	+30 +11	+41 +11	+33 +20	+39 +20	+50 +20	+45 +32	+51 +32	+62 +32
65	80															
80	100	±7.5	±11	±17	+18 +3	+25 +3	+38 +3	+28 +13	+35 +13	+48 +13	+38 +23	+45 +23	+58 +23	+52 +37	+59 +37	+72 +37
100	120															
120	140	±9	±12.5	±20	+21 +3	+28 +3	+43 +3	+33 +15	+40 +15	+55 +15	+45 +27	+52 +27	+67 +27	+61 +43	+68 +43	+83 +43
140	160															
160	180															

续表

基本尺寸/mm		常用及优先公差带（带圈者为优先公差带）														
		js			k			m			n			p		
大于	至	5	6	7	5	⑥	7	5	6	7	5	⑥	7	5	⑥	7
180	200	±10	±14.5	±23	+24 +4	+33 +4	+50 +4	+37 +17	+46 +17	+63 +17	+54 +31	+60 +31	+77 +31	+70 +50	+79 +50	+96 +50
200	225	±10	±14.5	±23	+24 +4	+33 +4	+50 +4	+37 +17	+46 +17	+63 +17	+54 +31	+60 +31	+77 +31	+70 +50	+79 +50	+96 +50
225	250	±10	±14.5	±23	+24 +4	+33 +4	+50 +4	+37 +17	+46 +17	+63 +17	+54 +31	+60 +31	+77 +31	+70 +50	+79 +50	+96 +50
250	280	±11.5	±16	±26	+27 +4	+36 +4	+56 +4	+43 +20	+52 +20	+72 +20	+57 +34	+66 +34	+86 +34	+79 +56	+88 +56	+108 +56
280	315	±11.5	±16	±26	+27 +4	+36 +4	+56 +4	+43 +20	+52 +20	+72 +20	+57 +34	+66 +34	+86 +34	+79 +56	+88 +56	+108 +56
315	355	±12.5	±18	±28	+29 +4	+40 +4	+61 +4	+46 +21	+57 +21	+78 +21	+62 +37	+73 +37	+94 +37	+87 +62	+98 +62	+119 +62
355	400	±12.5	±18	±28	+29 +4	+40 +4	+61 +4	+46 +21	+57 +21	+78 +21	+62 +37	+73 +37	+94 +37	+87 +62	+98 +62	+119 +62
400	450	±13.5	±20	±31	+32 +5	+45 +5	+68 +5	+50 +23	+63 +23	+86 +23	+67 +40	+80 +40	+103 +40	+95 +68	+108 +68	+131 +68
450	500	±13.5	±20	±31	+32 +5	+45 +5	+68 +5	+50 +23	+63 +23	+86 +23	+67 +40	+80 +40	+103 +40	+95 +68	+108 +68	+131 +68

基本尺寸/mm		常用及优先公差带（带圈者为优先公差带）														
		r			s			t			u		v	x	y	z
大于	至	5	6	7	5	⑥	7	5	6	7	⑥	7	6	6	6	6
—	3	+14 +10	+16 +10	+20 +10	+18 +14	+20 +14	+24 +14	—	—	—	+24 +18	+28 +18	—	+26 +20	—	+32 +26
3	6	+20 +15	+23 +15	+27 +15	+24 +19	+27 +19	+31 +19	—	—	—	+31 +23	+35 +23	—	+36 +28	—	+43 +35
6	10	+25 +19	+28 +19	+34 +19	+29 +23	+32 +23	+38 +23	—	—	—	+37 +28	+43 +28	—	+43 +34	—	+51 +42
10	14	+31 +23	+34 +23	+41 +23	+36 +28	+39 +28	+46 +28	—	—	—	+44 +33	+51 +33	—	+51 +40	—	+61 +50
14	18	+31 +23	+34 +23	+41 +23	+36 +28	+39 +28	+46 +28	—	—	—	+44 +33	+51 +33	+50 +39	+56 +45	—	+71 +60
18	24	+37 +28	+41 +28	+49 +28	+44 +35	+48 +35	+56 +35	—	—	—	+54 +41	+62 +41	+60 +47	+67 +54	+76 +63	+86 +73
24	30	+37 +28	+41 +28	+49 +28	+44 +35	+48 +35	+56 +35	+50 +41	+54 +41	+62 +41	+61 +43	+69 +48	+68 +55	+77 +64	+88 +75	+101 +88
30	40	+45 +34	+50 +34	+59 +34	+54 +43	+59 +43	+68 +43	+59 +48	+64 +48	+73 +48	+76 +60	+85 +60	+84 +68	+96 +80	+110 +94	+128 +112
40	50	+45 +34	+50 +34	+59 +34	+54 +43	+59 +43	+68 +43	+65 +54	+70 +54	+79 +54	+86 +70	+95 +70	+97 +81	+113 +97	+130 +114	+152 +136
50	65	+54 +41	+60 +41	+71 +41	+66 +53	+72 +53	+83 +53	+79 +66	+85 +66	+96 +66	+106 +87	+117 +87	+121 +102	+141 +122	+163 +144	+191 +172
65	80	+56 +43	+62 +43	+73 +43	+72 +59	+78 +59	+89 +59	+88 +75	+94 +75	+105 +75	+121 +102	+132 +102	+139 +120	+165 +146	+193 +174	+229 +210
80	100	+66 +51	+73 +51	+86 +51	+86 +71	+93 +71	+106 +71	+106 +91	+113 +91	+126 +91	+146 +124	+159 +124	+168 +146	+200 +178	+236 +214	+280 +258

基本尺寸/mm		常用及优先公差带（带圈者为优先公差带）														
		r			s			t			u		v	x	y	z
大于	至	5	6	7	5	⑥	7	5	6	7	⑥	7	6	6	6	6
100	120	+69 +54	+76 +54	+89 +54	+94 +79	+101 +79	+114 +79	+110 +104	+126 +104	+139 +104	+166 +144	+179 +144	+194 +172	+232 +210	+276 +254	+332 +310
120	140	+81 +63	+88 +63	+103 +63	+110 +92	+117 +92	+132 +92	+140 +122	+147 +122	+162 +122	+195 +170	+210 +170	+227 +202	+273 +248	+325 +300	+390 +365
140	160	+83 +65	+90 +65	+105 +65	+118 +100	+125 +100	+140 +100	+152 +134	+159 +134	+174 +134	+215 +190	+230 +190	+253 +228	+305 +280	+365 +340	+440 +415
160	180	+86 +68	+93 +68	+108 +68	+126 +108	+133 +108	+148 +108	+164 +146	+171 +146	+186 +146	+235 +210	+250 +210	+277 +252	+335 +310	+405 +380	+490 +465
180	200	+97 +77	+106 +77	+123 +77	+142 +122	+151 +122	+168 +122	+186 +166	+195 +166	+212 +166	+265 +236	+282 +236	+313 +284	+379 +350	+454 +425	+549 +520
200	225	+100 +80	+109 +80	+126 +80	+150 +130	+159 +130	+176 +130	+200 +180	+209 +180	+226 +180	+287 +258	+304 +258	+339 +310	+414 +385	+499 +470	+604 +575
225	250	+104 +84	+113 +84	+130 +84	+160 +140	+169 +140	+186 +140	+216 +296	+225 +196	+242 +196	+313 +284	+330 +284	+369 +340	+454 +425	+549 +520	+669 +640
250	280	+117 +94	+126 +94	+146 +94	+181 +158	+290 +158	+210 +158	+242 +218	+250 +218	+270 +218	+347 +315	+367 +315	+317 +385	+507 +475	+612 +580	+742 +710
280	315	+121 +98	+130 +98	+150 +98	+193 +170	+202 +170	+222 +170	+263 +240	+272 +240	+292 +240	+382 +350	+402 +350	+457 +425	+557 +525	+682 +650	+822 +790
315	355	+133 +108	+144 +108	+165 +108	+215 +190	+226 +190	+247 +190	+293 +268	+304 +268	+325 +268	+426 +390	+447 +390	+511 +475	+626 +590	+766 +730	+936 +900
355	400	+139 +114	+150 +114	+171 +114	+233 +208	+244 +208	+265 +208	+319 +294	+330 +294	+351 +294	+471 +435	+492 +435	+566 +530	+696 +660	+856 +820	+1036 +1000
400	450	+153 +126	+166 +126	+189 +126	+259 +232	+272 +232	+295 +232	+357 +330	+370 +330	+393 +330	+530 +490	+553 +490	+635 +595	+780 +740	+960 +920	+1140 +1100
450	500	+159 +132	+172 +132	+195 +132	+279 +252	+292 +252	+315 +252	+387 +360	+400 +360	+423 +360	+580 +540	+603 +540	+700 +660	+860 +820	+1040 +1000	+1200 +1250

注：基本尺寸小于1mm时，各级的 a 和 b 均不采用。

表 E-2　孔的常用及优先选用公差带的极限偏差　　　　　　　　单位：μm

基本尺寸/mm		常用及优先公差带（带圈者为优先公差带）												
		A	B	C		D				E		F			
大于	至	11	11	12	⑪	8	⑨	10	11	8	9	6	7	⑧	9
—	3	+330 +270	+200 +140	+240 +140	+120 +60	+34 +20	+45 +20	+60 +20	+80 +20	+28 +14	+39 +14	+12 +6	+16 +6	+20 +6	+31 +6
3	6	+345 +270	+215 +140	+260 +140	+145 +70	+48 +30	+60 +30	+78 +30	+105 +30	+38 +20	+50 +20	+18 +10	+22 +10	+28 +10	+40 +10
6	10	+370 +280	+240 +150	+300 +150	+170 +80	+62 +40	+76 +40	+98 +40	+130 +40	+47 +25	+61 +25	+22 +13	+28 +13	+35 +13	+49 +13

续表

基本尺寸/mm		常用及优先公差带（带圈者为优先公差带）											
		A	B		C	D				E		F		
大于	至	11	11	12	⑪	8	⑨	10	11	8	9	6	7	⑧	9
10	14	+400 +290	+260 +150	+330 +150	+205 +95	+77 +50	+93 +50	+120 +50	+160 +50	+59 +32	+75 +32	+27 +16	+34 +16	+43 +16	+59 +16
14	18														
18	24	+430 +300	+290 +160	+370 +160	+240 +110	+98 +65	+117 +65	+149 +65	+195 +65	+73 +40	+92 +40	+33 +20	+41 +20	+53 +20	+72 +20
24	30														
30	40	+470 +310	+330 +170	+420 +170	+280 +120	+119 +80	+142 +80	+180 +80	+240 +80	+89 +50	+112 +50	+41 +25	+50 +25	+64 +25	+87 +25
40	50	+480 +320	+340 +180	+430 +180	+290 +130										
50	65	+530 +340	+380 +190	+490 +190	+330 +140	+146 +100	+170 +100	+220 +100	+290 +100	+106 +60	+134 +60	+49 +30	+60 +30	+76 +30	+104 +30
65	80	+550 +360	+390 +200	+500 +200	+340 +150										
80	100	+600 +380	+440 +220	+570 +220	+390 +170	+174 +120	+207 +120	+260 +120	+340 +120	+126 +72	+159 +72	+58 +36	+71 +36	+90 +36	+123 +36
100	120	+630 +410	+460 +240	+590 +240	+400 +180										
120	140	+710 +460	+510 +260	+660 +260	+450 +200	+208 +145	+245 +145	+305 +145	+395 +145	+148 +85	+185 +85	+68 +43	+83 +43	+106 +43	+143 +43
140	160	+770 +520	+530 +280	+680 +280	+460 +210										
160	180	+830 +580	+560 +310	+710 +310	+480 +230										
180	200	+950 +660	+630 +340	+800 +340	+530 +240	+242 +170	+285 +170	+355 +170	+460 +170	+172 +100	+215 +100	+79 +50	+96 +50	+122 +50	+165 +50
200	225	+1030 +740	+670 +380	+840 +380	+550 +260										
225	250	+1110 +820	+710 +420	+880 +420	+570 +280										
250	280	+1240 +920	+800 +480	+1000 +480	+620 +300	+271 +190	+320 +190	+400 +190	+510 +190	+191 +110	+240 +110	+88 +56	+108 +56	+137 +56	+186 +56
280	315	+1370 +1050	+860 +540	+1060 +540	+650 +330										
315	355	+1560 +1200	+960 +600	+1170 +600	+720 +360	+299 +210	+350 +210	+440 +210	+570 +210	+214 +125	+265 +125	+98 +62	+119 +62	+151 +62	+202 +62
355	400	+1710 +1350	+1040 +680	+1250 +680	+760 +400										
400	450	+1900 +1500	+1160 +760	+1390 +760	+840 +440	+327 +230	+385 +230	+480 +230	+630 +230	+232 +135	+290 +135	+108 +68	+131 +68	+165 +68	+223 +68
450	500	+2050 +1650	+1240 +840	+1470 +840	+880 +480										

基本尺寸/mm		常用及优先公差带(带圈者为优先公差带)														
		G		H							Js			K		
大于	至	6	⑦	6	⑦	⑧	⑨	10	11	12	6	7	8	6	⑦	8
—	3	+8/+2	+12/+2	+6/0	+10/+0	+14/0	+25/0	+40/0	+60/0	+100/0	±3	±5	±7	0/−6	0/−10	0/−14
3	6	+12/+4	+16/+4	+8/0	+12/0	+18/0	+30/0	+48/0	+75/0	+120/0	±4	±6	±9	+2/−6	+3/−9	+5/−13
6	10	+14/+5	+20/+5	+9/0	+15/0	+22/0	+36/0	+58/0	+90/0	+150/0	±4.5	±7	±11	+2/−7	+5/−10	+6/−16
10	14	+17/+6	+24/+6	+11/0	+18/0	+27/0	+43/0	+70/0	+110/0	+180/0	±5.5	±9	±13	+2/−9	+6/−12	+8/−19
14	18	+17/+6	+24/+6	+11/0	+18/0	+27/0	+43/0	+70/0	+110/0	+180/0	±5.5	±9	±13	+2/−9	+6/−12	+8/−19
18	24	+20/+7	+28/+7	+13/0	+21/0	+33/0	+52/0	+84/0	+130/0	+210/0	±6.5	±10	±16	+2/−11	+6/−15	+10/−23
24	30	+20/+7	+28/+7	+13/0	+21/0	+33/0	+52/0	+84/0	+130/0	+210/0	±6.5	±10	±16	+2/−11	+6/−15	+10/−23
30	40	+25/+9	+34/+9	+16/0	+25/0	+39/0	+62/0	+100/0	+160/0	+250/0	±8	±12	±19	+3/−13	+7/−18	+12/−27
40	50	+25/+9	+34/+9	+16/0	+25/0	+39/0	+62/0	+100/0	+160/0	+250/0	±8	±12	±19	+3/−13	+7/−18	+12/−27
50	65	+29/+10	+40/+10	+19/0	+30/0	+46/0	+74/0	+120/0	+190/0	+300/0	±9.5	±15	±23	+4/−15	+9/−21	+14/−32
65	80	+29/+10	+40/+10	+19/0	+30/0	+46/0	+74/0	+120/0	+190/0	+300/0	±9.5	±15	±23	+4/−15	+9/−21	+14/−32
80	100	+34/+12	+47/+12	+22/0	+35/0	+54/0	+87/0	+140/0	+220/0	+350/0	±11	±17	±27	+4/−18	+10/−25	+16/−38
100	120	+34/+12	+47/+12	+22/0	+35/0	+54/0	+87/0	+140/0	+220/0	+350/0	±11	±17	±27	+4/−18	+10/−25	+16/−38
120	140	+39/+14	+54/+14	+25/0	+40/0	+63/0	+100/0	+160/0	+250/0	+400/0	±12.5	±20	±31	+4/−21	+12/−28	+20/−43
140	160	+39/+14	+54/+14	+25/0	+40/0	+63/0	+100/0	+160/0	+250/0	+400/0	±12.5	±20	±31	+4/−21	+12/−28	+20/−43
160	180	+39/+14	+54/+14	+25/0	+40/0	+63/0	+100/0	+160/0	+250/0	+400/0	±12.5	±20	±31	+4/−21	+12/−28	+20/−43
180	200	+44/+15	+61/+15	+29/0	+46/0	+72/0	+115/0	+185/0	+290/0	+460/0	±14.5	±23	±36	+5/−24	+13/−33	+22/−50
200	225	+44/+15	+61/+15	+29/0	+46/0	+72/0	+115/0	+185/0	+290/0	+460/0	±14.5	±23	±36	+5/−24	+13/−33	+22/−50
225	250	+44/+15	+61/+15	+29/0	+46/0	+72/0	+115/0	+185/0	+290/0	+460/0	±14.5	±23	±36	+5/−24	+13/−33	+22/−50
250	280	+49/+17	+69/+17	+32/0	+52/0	+81/0	+130/0	+210/0	+320/0	+520/0	±16	±26	±40	+5/−27	+16/−36	+25/−56
280	315	+49/+17	+69/+17	+32/0	+52/0	+81/0	+130/0	+210/0	+320/0	+520/0	±16	±26	±40	+5/−27	+16/−36	+25/−56
315	355	+54/+18	+75/+18	+36/0	+57/0	+89/0	+140/0	+230/0	+360/0	+570/0	±18	±28	±44	+7/−29	+17/−40	+28/−61
355	400	+54/+18	+75/+18	+36/0	+57/0	+89/0	+140/0	+230/0	+360/0	+570/0	±18	±28	±44	+7/−29	+17/−40	+28/−61
400	450	+60/+20	+83/+20	+40/0	+63/0	+97/0	+155/0	+250/0	+400/0	+630/0	±20	±31	±48	+8/−32	+18/−45	+29/−68
450	500	+60/+20	+83/+20	+40/0	+63/0	+97/0	+155/0	+250/0	+400/0	+630/0	±20	±31	±48	+8/−32	+18/−45	+29/−68

续表

| 基本尺寸/mm | | 常用及优先公差带(带圈者为优先公差带) | | | | | | | | | | | | | | |
大于	至	M6	M7	M8	N6	N⑦	N8	P6	P⑦	R6	R7	S6	S⑦	T6	T7	U⑦
—	3	-2 / -8	-2 / -12	-2 / -16	-4 / -10	-4 / -14	-4 / -18	-6 / -12	-6 / -16	-10 / -16	-10 / -20	-14 / -20	-14 / -24	—	—	-18 / -28
3	6	-1 / -9	0 / -12	+2 / -16	-5 / -13	-4 / -16	-2 / -20	-9 / -17	-8 / -20	-12 / -20	-11 / -23	-16 / -24	-15 / -27			-19 / -31
6	10	-3 / -12	0 / -15	+1 / -21	-7 / -16	-4 / -19	-3 / -25	-12 / -21	-9 / -24	-16 / -25	-13 / -28	-20 / -29	-17 / -32	—		-22 / -37
10	14	-4 / -15	0 / -18	+2 / -25	-9 / -20	-5 / -23	-3 / -30	-15 / -26	-11 / -29	-20 / -31	-16 / -34	-25 / -36	-21 / -39	—	—	-26 / -44
14	18	-4 / -15	0 / -18	+2 / -25	-9 / -20	-5 / -23	-3 / -30	-15 / -26	-11 / -29	-20 / -31	-16 / -34	-25 / -36	-21 / -39	—	—	-26 / -44
18	24	-4 / -17	0 / -21	+4 / -29	-11 / -24	-7 / -28	-3 / -36	-18 / -31	-14 / -35	-24 / -37	-20 / -41	-31 / -44	-27 / -48	—	—	-33 / -54
24	30	-4 / -17	0 / -21	+4 / -29	-11 / -24	-7 / -28	-3 / -36	-18 / -31	-14 / -35	-24 / -37	-20 / -41	-31 / -44	-27 / -48	-37 / -50	-33 / -54	-40 / -61
30	40	-4 / -20	0 / -25	+5 / -34	-12 / -28	-8 / -33	-3 / -42	-21 / -37	-17 / -42	-29 / -45	-25 / -50	-38 / -54	-34 / -59	-49 / -65	-45 / -70	-61 / -86
40	50	-4 / -20	0 / -25	+5 / -34	-12 / -28	-8 / -33	-3 / -42	-21 / -37	-17 / -42	-29 / -45	-25 / -50	-38 / -54	-34 / -59	-49 / -65	-45 / -70	-61 / -86
50	65	-5 / -24	0 / -30	+5 / -41	-14 / -33	-9 / -39	-4 / -50	-26 / -45	-21 / -51	-35 / -54	-30 / -60	-47 / -66	-42 / -72	-60 / -79	-55 / -85	-76 / -106
65	80	-5 / -24	0 / -30	+5 / -41	-14 / -33	-9 / -39	-4 / -50	-26 / -45	-21 / -51	-37 / -56	-32 / -62	-53 / -72	-48 / -78	-69 / -88	-64 / -94	-91 / -121
80	100	-6 / -28	0 / -35	+6 / -48	-16 / -38	-10 / -45	-4 / -58	-30 / -52	-24 / -59	-44 / -66	-38 / -73	-64 / -86	-58 / -93	-84 / -106	-78 / -113	-111 / -146
100	120	-6 / -28	0 / -35	+6 / -48	-16 / -38	-10 / -45	-4 / -58	-30 / -52	-24 / -59	-47 / -69	-41 / -76	-72 / -94	-66 / -101	-97 / -110	-91 / -126	-131 / -166
120	140	-8 / -33	0 / -40	+8 / -55	-20 / -45	-12 / -52	-4 / -67	-36 / -61	-28 / -68	-56 / -81	-48 / -88	-85 / -110	-77 / -117	-115 / -140	-107 / -147	-155 / -195
140	160	-8 / -33	0 / -40	+8 / -55	-20 / -45	-12 / -52	-4 / -67	-36 / -61	-28 / -68	-58 / -83	-50 / -90	-93 / -118	-85 / -125	-127 / -152	-119 / -159	-175 / -215
160	180	-8 / -33	0 / -40	+8 / -55	-20 / -45	-12 / -52	-4 / -67	-36 / -61	-28 / -68	-61 / -86	-53 / -93	-101 / -126	-93 / -133	-139 / -164	-131 / -171	-195 / -235
180	200	-8 / -37	0 / -46	+9 / -63	-22 / -51	-14 / -60	-5 / -77	-41 / -70	-33 / -79	-68 / -97	-60 / -106	-113 / -142	-105 / -151	157 / -186	149 / -195	219 / -265
200	225	-8 / -37	0 / -46	+9 / -63	-22 / -51	-14 / -60	-5 / -77	-41 / -70	-33 / -79	-71 / -100	-63 / -109	-121 / -150	-113 / -159	-171 / -200	-163 / -209	-241 / -287
225	250	-8 / -37	0 / -46	+9 / -63	-22 / -51	-14 / -60	-5 / -77	-41 / -70	-33 / -79	-75 / -104	-67 / -113	-131 / -160	-123 / -169	-187 / -216	-170 / -225	-267 / -313

画法几何与机械制图

续表

基本尺寸 /mm		常用及优先公差带（带圈者为优先公差带）												
		M			N			P		R		S		T	U
大于	至	6	7	8	6	⑦	8	6	⑦	6	7	6	⑦	6	7	⑦

大于	至	M6	M7	M8	N6	N⑦	N8	P6	P⑦	R6	R7	S6	S⑦	T6	T7	U⑦
250	280	−9 −41	0 −52	+9 −72	−25 −57	−14 −66	−5 −86	−47 −79	−36 −88	−85 −117	−74 −126	−149 −181	−138 −190	−209 −241	−198 −250	−295 −347
280	315									−89 −121	−78 −130	−161 −193	−150 −202	−231 −263	−220 −272	−330 −382
315	355	−10 −46	0 −57	+11 −78	−26 −62	−16 −73	−5 −94	−51 −87	−41 −98	−97 −133	−87 −144	−179 −215	−169 −226	−257 −293	−247 −304	−369 −426
355	400									−103 −139	−93 −150	−197 −233	−187 −244	−283 −319	−273 −330	−414 −471
400	450	−10 −50	0 −63	+11 −86	−27 −67	−17 −80	−6 −103	−55 −95	−45 −108	−113 −153	−103 −166	−219 −259	−209 −272	−317 −357	−307 −370	−467 −530
450	500									−119 −159	−109 −172	−239 −279	−229 −292	−347 −387	−337 −400	−517 −580

附录F　扳手空间

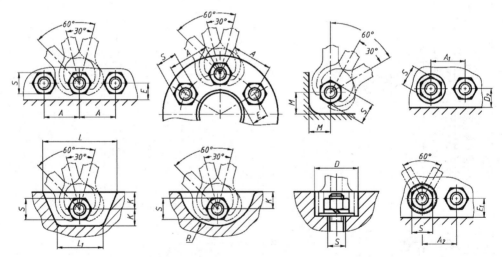

表 F-1　扳手空间（JB/ZQ 4005—1997）　　　　　　　　单位：mm

螺纹直径 d	S	A	A1	A2	E	E1	M	L	L1	R	D
3	5.5	18	12	12	5	7	11	30	24	15	14
4	7	20	16	14	6	7	12	34	28	16	16
5	8	22	16	15	7	10	13	36	30	18	20
6	10	26	18	18	8	12	15	46	38	20	24
8	13	32	24	22	11	14	18	55	44	25	28

368

续表

螺纹直径 d	S	A	A1	A2	E	E1	M	L	L1	R	D
10	16	38	28	26	13	16	22	62	50	30	30
12	18	42	—	30	14	18	24	70	55	32	—
14	21	48	36	34	15	20	26	80	65	36	40
16	24	55	38	38	16	24	30	85	70	42	45
18	27	62	45	42	19	25	32	95	75	46	52
20	30	68	48	46	20	28	35	105	85	50	56
22	34	76	55	52	24	32	40	120	95	58	60
24	36	80	58	55	24	34	42	125	100	60	70
27	41	90	65	62	26	36	46	135	110	65	76
30	46	100	72	70	30	40	50	155	125	75	82
33	50	108	76	75	32	44	55	165	130	80	88
36	55	118	85	82	36	48	60	180	145	88	95
39	60	125	90	88	38	52	65	190	155	92	100
42	65	135	96	96	42	55	70	205	165	100	106
45	70	145	105	102	45	60	75	220	175	105	112

附录 G　常用的金属材料与非金属材料

1. 金属材料

表 G-1　铸铁（灰铸铁：GB/T 9349—1988；球墨铸铁：GB/T 1348—1988；可锻铸铁：GB/T 9440—1988）

名称	牌号、等级	应用举例	说明
灰铸铁件	HT100	铸造应力小，不需人工时效，制作外罩、手把、手轮、底板	"HT"表示灰铸铁，后面的数字表示抗拉强度值（N/mm²）
	HT150	强度要求不高的端盖、汽轮泵体、阀壳、一般机床床身、皮带轮	
	HT200	承受较大弯曲应力，强度、耐磨性要求高的，要求保证气密性的铸件	
	HT250	基本同 HT200，但强度较高	
	HT300	可受高弯曲应力，要求高强度、高耐磨性的重要零件，要求保持特高气密性的铸件	
	HT350	齿轮、压力机机身、重负荷机床铸有导轨的床身、高压液压件的壳体	

续表

名称	牌号、等级	应用举例	说明
球墨铸铁件	QT400—18	塑性、韧性较好，焊接与切削性较好。制造农机具、犁铧、收割机、割草机、拖拉机轮毂、驱动桥壳体、差速器壳等	"QT"表示球墨铸铁，其后第一组数字表示抗拉强度值（N/mm^2），第二组数字表示伸长率（%）
	QT400—15		
	QT450—10		
	QT500—7	强度、塑性中等，切削性尚好。制造汽油机油泵齿轮、车辆轴瓦、飞轮	
	QT600—3	强度和耐磨性较好，塑性与韧性较低。制作内燃机曲轴、凸轮轴、连杆、农机具轻负荷齿轮、部分车床的主轴、空压机缸体、球磨机齿轮、各种车轮、小型水轮机主轴	
	QT700—2		
	QT800—2		
	QT900—2	高强度和耐磨性。制作内燃机曲轴、汽车用圆锥齿轮、转向节等	
可锻铸铁件	KTH450—06	制造承受低动载荷及静载荷的管道配件、中低压阀门	"KT"表示可锻铸铁，"H"表示黑心，"B"表示白心，第一组数字表示抗拉强度值（N/mm^2），第二组数字表示伸长率（%）
	KTH350—10	制造差速器壳、制动器、犁刀、铁道零件、运输机、纺织机械零件	
	KTZ450—06	制造曲轴、连杆、齿轮、摇臂凸轮轴、活塞环、轴承、犁铧、耙片、万向接头、棘轮、扳手、矿车轮及车工用零件	
	KTZ550—04		
	KTZ650—02		
	KTZ700—02		
可锻铸铁件	KTB350—04	薄壁铸件的韧性仍较好，焊接性能非常优良，可与钢钎焊，切削性好。用于制作 15mm 以下的薄壁铸件和焊后不需热处理的零件	
	KTB380—12		
	KTB400—05		
	KTB450—07		

表 G-2　钢（碳素结构钢：GB/T 700—2006；优质碳素结构钢：GB/T 699—1999；
合金结构钢：GB/T 3077—1999；碳素工具钢：GB/T 1298—1986；耐候钢：GB/T 4172—2000；
一般工程用铸造碳钢：GB/T 11352—1989）

名称	牌号、等级		应用举例	说明
碳素结构钢	Q215	A	制造拉杆、套圈、垫圈、渗碳零件及焊接件	"Q"为碳素结构钢区分点"屈"字的汉语拼音首位字母，后面数字表示屈服点数值。如 Q235 表示碳素结构钢屈服点为 $235N/mm^2$。新旧牌号对照：Q215—A2 Q235—A3 Q275—A5
		B		
	Q235	A	制造金属结构件，心部强度要求不高的渗碳或氰化零件，拉杆、连杆、车钩、吊钩、螺栓、螺母、套筒、轴及焊接件，C、D级用于重要的焊接结构	
		B		
		C		
		D		
	Q275	A	转轴、心轴、吊钩、拉杆、摇杆、楔等强度要求不高的零件，焊接性能尚可	
		B		
		C	轴类、链轮、齿轮、吊钩等强度要求较高的零件	
		D		

名称	牌号、等级	应用举例	说明
优质碳素结构钢	08F	制造塑性韧性高的机罩、管子、垫片、渗碳件、氰化件	牌号的两位数字表示平均含碳量，称碳的质量分数。45 号钢即表示碳的质量分数为0.45%，表示平均含碳量为 0.45%。 低碳钢（渗碳钢）：碳的质量分数≤0.25%； 中碳钢（调质钢）：碳的质量分数在（0.25～0.6)%之间； 高碳钢：碳的质量分数≥0.6%； 在牌号后加符号"F"表示沸腾钢
	10	制造拉杆、卡头、垫片、铆钉	
	15	制造塑性要求高的零件、渗碳件、紧固件、冲模锻件、化工容器等	
	20	件受力不大的零件、韧性要求高的零件、渗碳件、紧固件、冲模锻件	
	25	制造焊接设备、不受高应力的轴、滚子、连接器、紧固件等	
	30	制造需良好综合力学性能的螺钉、拉杆、轴、套筒、机座	
	35	一般不进行焊接，制造曲轴、转轴、杠杆、机身、法兰等	
	40	正火或调质状态下使用，制作辊子、轴、曲柄销、活塞杆等	
	45	调质后综合力学性能好，制作曲轴、传动轴、齿轮、蜗杆等	
	50	正火、调质后使用，制作齿轮、轧辊、机床主轴、连杆等	
	55		
	60	正火后使用，制作轧辊、轴、凸轮、钢丝绳等	
	65	制造小且简单的弹簧及弹簧式零件，正火状态下制作高耐磨性零件	
优质碳素结构钢	15Mn	制造心部力学性能要求高的渗碳零件，如凸轮轴、齿轮、联轴器等	锰的质量分数较高的钢，须加注化学元素符号"Mn"
	20Mn		
	30Mn	一般正火状态下使用，制作螺栓、螺母、杠杆、转轴、心轴	
	40Mn	制作承受疲劳负荷零件，如轴辊及高应力作用下的螺钉、螺母	
	45Mn	制造是受磨损零件，如转轴、心轴、齿轮、离合器盘、花键轴、万向节等	
	50Mn	制造耐磨性要求高、高负荷作用下的齿轮、齿轮轴、摩擦盘等	
	60Mn	制造螺旋弹簧、板簧、弹簧环、片、冷拔钢丝和发条	
	65Mn	制造较大尺寸的扁、圆弹簧和发条，经常受摩擦的农机零件，如犁、切刀等	

续表

名称	牌号、等级	应用举例	说明
合金结构钢	15Cr	制造小尺寸、简单、心部要求高的渗碳或氰化件，如齿轮、凸轮、活塞销等，渗碳表面硬度 56～62HRC	钢中加入了一定的合金元素，提高了钢的力学性能和耐磨性，也提高了钢在热处理时的淬透性，保证金属在较大截面上获得好的力学性能
	20Cr		
	30Cr	制造磨损、大冲击负荷下的重要零件，如轴、滚子、齿轮及重要螺栓等	
	40Cr	调质后综合力学性能好，制作轴、曲轴、汽车转向节、连杆、齿轮等	
	45Cr	制造拖拉机离合器、齿轮、柴油机连杆、螺栓、挺杆等	
	50Cr	制造支承辊心轴、强度和耐磨性高的轴、齿轮、油膜轴承的轴套等	
	15CrMn	制造齿轮、蜗轮、塑料模子、汽轮机密封轴套	
	20CrMn	制造无极变速器、摩擦轮、齿轮与轴	
	40CrMn	制造高速与高弯曲负荷下的齿轮轴、齿轮、水泵转子、离合器、高压容器盖板螺栓。	
碳素工具钢	T7	制造锻模、凿子、锤、小尺寸风动工具、钳工和木工工具	用"碳"或"T"后附以平均含碳量的千分数表示，有 T7～T13。高级优质碳素工具钢须在牌号后加注"A"
	T8	制造切削刃口在工作时不变热的水工和风动工具、钳工装配工具、冲头、钻、凿、斧、锯	
	T10	车刀、刨刀、拉丝模、钻头、丝锥、锯、钳工刮刀、锉刀	
耐候钢	Q235NH (16CuCr)	制造耐候性能要求较高的桥梁、建筑等结构的焊接构件	也称为耐大气腐蚀钢，在钢中加入少量合金元素（如 Cu、Cr、Ni 等），使其在基体表面形成保护层，提高钢材的耐候性能，同时保持良好的焊接性能
	Q295NH (12MnCuCr)		
	Q355NH (15MnCuCr)		
一般工程用铸造碳钢	ZG200—400	制造受力不大、要求韧性的各种形状机件，如机座、变速箱壳等	ZG230—450 表示：工程用铸钢，屈服点为 230N/mm^2，抗拉强度 450 230N/mm^2
	ZG230—450	制造机座、箱盖、箱体、底板、阀体、锤轮、工作温度在 450°以下的管路附件	
	ZG270—500	制造飞轮、轧钢机架、蒸汽锤、桩锤、联轴器、连杆、箱体、水压机工作缸、横梁等	
	ZG310—570	制造负荷较大的各种形状的零件，如联轴器、轮、气缸、齿轮圈、棘轮和重负荷机架等	
	ZG340—640	制造运输起重机中的齿轮、棘轮、联轴器及重要的机件	

表 G-3　有色金属及其合金（普通黄铜：GB/T 5232—1985；铸造铜合金：GB/T 1176—2013；
铸造铝合金：GB/T 1173—12013；铸造轴承合金：GB/T 1174—1992；硬铝：GB/T 3190—2008）

名称	合金牌号	合金名称（或代号）	铸造方法	应用举例	说明
普通黄铜	H62	普通黄铜		制造散热器、垫圈、弹簧、各种网、螺钉等	"H"表示黄铜，后面数字表示平均含铜量的百分数
铸造铜合金	ZCuSn5Pb5Zn5	5—5—5 锡青铜	S、J Li、Ia	制造高负荷、中速下工作的耐磨耐腐蚀件，如轴瓦、衬套、缸套及蜗轮等	"Z"为铸造汉语拼音的首位字母，各化学元素后面的数字表示该元素含量的百分数
	ZCuSn10P1	10—1 锡青铜	S、J Li、Ia	制造较高负荷（20MPa 以下）和高滑动速度（8m/s）下工作的耐磨件，如连杆、衬套、轴瓦、齿轮、蜗轮等	
	ZCuSn10P5	10—5 锡青铜	S J	制造耐蚀、耐酸件及破碎机衬套、轴瓦等	
	ZCuPb17Sn4Zn4	17—4—4 铅青铜	S J	制造一般耐磨件、轴承等	
	ZCuAl10Fe3	10—3 铝青铜	S、J Li、La	制造要求强度高、耐磨、耐蚀的零件，如轴套、螺母、蜗轮、齿轮等	
	ZCuAl10Fe3Mn2	10—3—2 铝青铜	S J		
	ZCuZn38	38 黄铜	S J	制造一般结构件和耐蚀件，如法兰、阀座、螺母等	
	ZCuZn40Pb2	40—2 铅黄铜	S J	制造一般用途的耐磨、耐蚀件，如轴套、齿轮等	
铸造铜合金	ZCuZn38Mn2Pb2	38—2—2 锰黄铜	S J	制造一般用途的结构件，如套筒、衬套、轴瓦、滑块等耐磨零件	
	ZCuZn16Si4	16—4 硅黄铜	S J	制造接触海水工作的管配件以及水泵、叶轮等	
铸造铝合金	ZAlSi2	ZL102 铝硅合金	SB、JB RB、KB J	制造气缸活塞以及高温工作的承受冲击载荷的复杂薄壁零件	ZL102 表示含硅 10%～13%、余量为铝的硅铝合金
	ZAlSi9Mg	ZL104 铝硅合金	J、R、K J SB、RB、KB J、JB	制造形状复杂的高温静载荷或受冲击作用的大型零件，如扇风机叶片、水冷气缸头	

续表

名称	合金牌号	合金名称（或代号）	铸造方法	应用举例	说明
铸造铝合金	ZAlMgSi1	ZL303 铝硅合金	S、J、R、K	制造高耐蚀性或在高温下工作的零件	
	ZAlZn11Si7	ZIA01 铝锌合金	R、K J	铸造性能较好，可不热处理，用于形状复杂的大型薄壁零件，耐蚀性差	
铸造轴承合金	ZSnSb12Pb10Cu4	锡基轴承合金	J	用于温度不高的中速、中载一般机器的主轴承衬	各化学元素后面的数字表示该元素含量的百分数
	ZSnSb11Cu6		J	制造重载、高速，工作温度＜110°的重要轴承	
	ZSnSb8Cu4		J	制造工作温度在100°以下的大型机器轴承及轴衬	
	ZPbSb16Sn160Cu2	铅基轴承合金	J	制造工作温度＜120°的无显著冲击载荷、重载高速的轴承	
	ZPbSb15Sn10		J	制造中速、中等冲击和中等载荷机器的轴承	
	ZPbSb15Sn5		J	制造工作温度小于80°～110°和低冲击载荷的低速、轻载机械的轴承	
铝合金	LY13	硬铝		适用于中等强度的零件，焊接性能好	含铜、镁和锰的合金

表 G-4　常用热处理工艺

名称	代号	说明	应用
退火	5111	将钢件加热到临界温度（一般是710～715℃，个别合金钢为800～900℃）以上30～50℃，保温一段时间，然后缓慢冷却（一般在炉中冷却）	用于消除铸、锻、焊零件的内应力，降低硬度，便于切削加工，细化金属晶粒，改善组织，增加韧性
正火	5121	将钢件加热到临界温度以上，保温一段时间，然后用空气冷却，冷却速度比退火快	用于处理低碳和中碳结构钢及渗碳零件，使其组织细化，增加强度与韧性，减少内应力，改善切削性能
淬火	5131	将钢件加热到临界温度以上，保温一段时间，然后在水，盐水或油中。个别材料在空气中急速冷却，使其得到高硬度	用来提高钢的硬度和强度极限，但淬火会引起内应力，使钢变脆，所以淬火后必须回火
回火	5141	回火是将淬硬的钢件加热到临界点以上的温度，保温一段时间，然后在空气中或油中冷却下来	用来消除淬火后的脆性和内应力，提高钢的塑性和冲击韧性

续表

名称	代号	说明	应用
调质	5151	淬火后在 450～650℃进行高温回火，称为调质	可使钢获得高的韧性和足够的强度，重要的齿轮、轴及丝杠等零件须调质处理
表面淬火和回火	5210	用火焰或高频电流将零件表面迅速加热至临界温度以上，急速冷却	使零件表面获得高硬度，而芯部保持一定的韧性，使零件既耐磨又能承受冲击。表面淬火常用来处理齿轮等
渗碳	5310	在渗碳剂中将钢件加热到 900～950℃，停留一定时间，将碳渗入钢表面，深度为 0.5～2mm，再淬火后回火	增加钢的耐磨性能、表面硬度、抗拉强度及疲劳极限。 适用于低碳、中碳(C＜0.40％)结构钢中的中小型零件
渗氮	5330	渗氮是在 500～600℃通入氨的炉子内加热，向钢的表面渗入氮原子的过程。氮化层为 0.025～0.8mm，氮化时间需 40～50h	增加钢件的耐磨性能、表面硬度、疲劳极限和抗蚀能力。 适用于合金钢、碳钢、铸铁件，如机床主轴、丝杠以及在潮湿碱水和燃烧气体介质的环境中工作的零件
氰化	Q59(氰化淬火后，回火值 56～62HRC)	在 820～860℃炉内通入碳和氮，保温 1～2h，使钢件的表面同时渗入碳、氮原子，可得到 0.2～0.5mm 的氰化层	增加表面硬度、耐磨性、疲劳强度和耐蚀性。 用于要求高、耐磨的中、小型机薄片零件和刀具等
时效	时效处理	低温回火后，精加工之前，加热到 100～160℃，保持 10～40h。对铸件也可用天然时效(放在露天中一年以上)	使工件消除内应力和稳定形状，用于量具、精密丝杠、床身导轨、床身等
发蓝发黑	发蓝或发黑	将金属零件放在很浓的碱和氧化剂溶液中加热氧化，使金属表面形成一层氧化铁所组成的保护性薄膜	防腐蚀、美观，用于一般连接的标准件和其他电子类零件
镀镍	镀镍	用电解的方法，在钢件表面镀一层镍	防腐蚀、美化
镀铬	镀铬	用电解的方法，在钢件表面镀一层铬	提高表面硬度、耐磨性和耐蚀能力，也用于修复零件上磨损了的表面
硬度	HB(布氏硬度)	材料抵抗硬的物体压入其表面的能力称"硬度"。根据测定的方法不同，可分布氏硬度、洛氏硬度和维氏硬度。硬度的测定是检验材料经热处理后的机械性能(硬度)	用于退火、正火、调质的零件及铸件的硬度检验
	HRC(洛氏硬度)		用于经淬火、回火及表面渗碳、渗氮等处理的零件硬度检验
	HV(维氏硬度)		用于薄层硬化零件的硬度检验

注：热处理工艺代号尚可细分，如空冷淬火代号为 5131a，油冷淬火代号为 131e，水冷淬火代号为 5131w 等。本附录不再罗列，详情请查阅 GB/T 12603—2005。

2. 非金属材料

表 G-5 非金属材料

材料名称	牌号	说明	应用举例
耐油石棉橡胶板	—	有厚度 0.4～0.3mm 的十种规格	制造供航空发动机用的煤油、润滑油及冷气系统结合处的密封衬垫材料
耐酸碱橡胶板	2030 2040	较高硬度 中等硬度	具有耐酸碱性能，可在温度 －30～＋60℃ 的 20％浓度的酸碱液体中工作，用作冲制密封性能较好的垫圈
耐油橡胶板	3001 3002	较高硬度	可在一定温度的机油、变压器油、汽油等介质中工作，适用于冲制各种形状的垫圈
耐热橡胶板	4001 4002	较高硬度 中等硬度	可在－30～＋100℃且压力不大的条件下，于热空气、蒸汽介质中工作，用作冲制各种垫圈和隔热垫板
酚醛层压板	3302－1 3302－2	3302－1 的力学性能比 3302－2 高	用作结构材料及用以制造各种机械零件
聚四氟乙烯树脂	SFL－4～13	耐腐蚀、耐高温(＋250℃)，并具有一定的强度，能切削加工成各种零件	用于腐蚀介质中，起密封和减磨作用，用作垫圈等
工业有机玻璃	—	耐盐酸、硫酸、草酸、烧碱和纯碱等一般酸碱以及二氧化硫、臭氧等气体腐蚀	用于制造耐腐蚀和需要透明的零件
油浸石棉盘根	YS450	盘根形状分 F(方形)，Y(圆形)、N(扭制)三种，按需选用	用于制造回转轴、往复活塞或阀门杆上的密封材料，介质为蒸汽、空气、工业用水、重质石油产品
橡胶石棉盘根	XS450	该牌号盘根只有 F(方形)	适用于蒸汽机、往复泵的活塞和阀门杆上的密封材料
工业用平面毛毡	112－44 232－36	厚度为 1～40mm。112－44 表示白色细毛块毡，密度为 0.44g/cm^3；232－36 表示灰色粗毛块毡，密度为 0.36g/cm^3	用作密封、防漏油、防震、缓冲衬垫等。按需要选用细毛、半粗毛、粗毛
软钢纸板		厚度为 0.5～3.0mm	用作密封连接处的密封垫片
尼龙	尼龙 6 尼龙 9 尼龙 66 尼龙 610 尼龙 1010	具有优良的机械强度和耐磨性。可以使用成形加工和切削加工制造零件，尼龙粉末还可喷涂于各种零件表面提高耐磨性和密封性	广泛用作机械、化工及电气零件，如轴承、齿轮、凸轮、滚子、辊轴、泵叶轮、风扇叶轮、蜗轮、螺钉、螺母、垫圈、高压密封圈、阀座、输油管、储油容器等。尼龙粉末还可喷涂于各种零件表面

续表

材料名称	牌号	说明	应用举例
MC 尼龙 （无填充）	—	强度特高	适用于制造大型齿轮、蜗轮、轴套、大型阀门密封圈、导向环、导轨、滚动轴承保持架、船尾轴承、起重汽车吊索绞盘蜗轮、柴油发动机燃料泵齿轮、矿山铲掘机轴承、水压机立柱导套、大型轧钢机辊道轴瓦等
聚甲醛 （均聚物）	—	具有良好的摩擦性能和抗磨损性能，尤其是具有优越的干摩擦性能	用于制造轴承、齿轮、凸轮、滚轮、辊子、阀门上的阀杆螺母、垫圈、法兰、垫片、泵叶轮、鼓风机叶片、弹簧、管道等
聚碳酸酯	—	具有高的冲击韧性和优异的尺寸稳定性	用于制造齿轮、蜗轮、蜗杆、齿条、凸轮、心轴、轴承、滑轮、铰链、传动链、螺栓、螺母、垫圈、铆钉、泵叶轮、汽车化油器部件、节流阀、各种外壳等

参考文献

[1]大连工学院工程画教研室. 机械制图[M]. 3版. 北京：高等教育出版社，1985.

[2]邹宜侯，窦墨林，潘海东. 机械制图[M]. 5版. 北京：清华大学出版社，2006.

[3]杨裕根. 画法几何及机械制图[M]. 北京：北京邮电大学出版社，2016.

[4]廖希亮，张莹，姚俊红，等. 画法几何与机械制图[M]. 北京：机械工业出版社，2018.

[5]赵森南，陈国平. 零件尺寸的合理标注[M]. 徐州：中国矿业大学出版社，1993.

[6]吴永健，董国耀. 机械图尺寸的合理标注[M]. 北京：国防工业出版社，1990.

[7]王家祥，陆玉兵. 机械制图测绘实训[M]. 北京：北京理工大学出版社，2011.

[8]王帆. 机器测绘[M]. 北京：机械工业出版社，1988.